全国高等院校应用型创新规划教材·计算机系列

数据结构(C 语言版)

温永刚　王琬茹　王向华　主编

清华大学出版社
北京

内 容 简 介

本书是作者根据多年教学的经验，并参考了近几年出版的国内外大学多种数据结构教材和书籍编写而成的。本书内容可以分为三个部分：第 1 部分包含第 1 章，对数据结构进行概要性说明；第 2 部分包含第 2 章至第 6 章，具体介绍线性表、堆栈、队列、串、数组、矩阵、广义表、二叉树、树和森林、图等内容；第 3 部分包含第 7 章和第 8 章，介绍各种数据的查找和排序方法。本书不仅内容广泛、涵盖的知识点全面，而且条理清晰、通俗易懂、图文并茂，有利于学生进行系统性的学习。

本书可以作为高等院校计算机及相关专业本、专科生“数据结构”课程的教材，也可作为从事各种程序设计和计算机应用工作人员的参考书。

图书在版编目(CIP)数据

数据结构(C 语言版)/温永刚，王琬茹，王向华主编. —北京：清华大学出版社，2019
(全国高等院校应用型创新规划教材・计算机系列)
ISBN 978-7-302-52901-9

Ⅰ. ①数…　Ⅱ. ①温…　②王…　③王…　Ⅲ. ①数据结构—高等学校—教材　②C 语言—程序设计—高等学校—教材　Ⅳ. ①TP311.12　②TP312.8

中国版本图书馆 CIP 数据核字(2019)第 083523 号

责任编辑：汤涌涛
封面设计：杨玉兰
责任校对：吴春华
责任印制：刘海龙
出版发行：清华大学出版社
网　　址：http://www.tup.com.cn, http://www.wqbook.com
地　　址：北京清华大学学研大厦 A 座　　邮　　编：100084
社 总 机：010-62770175　　邮　　购：010-62786544
投稿与读者服务：010-62776969, c-service@tup.tsinghua.edu.cn
质量反馈：010-62772015, zhiliang@tup.tsinghua.edu.cn
课件下载：http://www.tup.com.cn, 010-62791865
印 装 者：三河市君旺印务有限公司
经　　销：全国新华书店
开　　本：185mm×260mm　　印　张：19.25　　字　数：468 千字
版　　次：2019 年 7 月第 1 版　　印　次：2019 年 7 月第 1 次印刷
定　　价：49.00 元

产品编号：067258-01

前　　言

当用计算机来解决实际问题时，就要涉及数据的表示和数据的处理，而数据表示和数据处理正是数据结构课程的主要研究对象。学生通过这两方面的学习，可为学习后续课程特别是软件方面的课程打下坚实的基础，并得到必要的技能训练。因此数据结构课程是计算机或信息类等相关专业的一门重要的专业基础课程，对专业的学习起着举足轻重的作用，而数据结构也往往是研究生入学考试的必选科目之一。

本书根据应用型高等院校“计算机应用技术”专业的“数据结构”课程教学大纲编写，在教学内容上结合了应用型高等院校的实际教学情况。针对数据结构课程理论性强以及应用实践性较为突出的特点，本书在整个编写过程中做了以下几个方面的努力。

(1) 在内容上基本满足了研究生考试中对数据结构课程提出的要求。

(2) 在引入新概念或讲述新算法的过程中，尽可能使用简洁、清晰的语言进行表达，通过尽可能多的示例对教学内容进行直观的解释和说明，以便能够帮助读者正确地理解。

(3) 对于书中涉及的相关算法，尽可能地从“算法描述”“算法分析”和“算法讨论”三个方面进行全方位的讲述。

(4) 每章的后面，都附有大量的习题，以供教师备课及学生复习所学知识。

本书的完成，是基于作者多年教学经验的总结，更是参与写作的每一位同仁齐心协力的成果。本书由温永刚、王琬茹、王向华担任主编，本书第 1 章至第 3 章由王琬茹完成，第 4 章至第 7 章由温永刚完成，第 8 章由王向华完成。全书由温永刚和王向华总纂定稿。

本书在编写过程中参考了大量的相关著作、网络资料、教材和文献，吸取和借鉴了同行的相关成果，在此谨向有关作者表示诚挚的谢意和敬意!

限于编者水平，书中难免有不妥和疏漏之处，敬请读者批评指正。

编　者

目　录

第 1 章

绪　　论

本章要点

(1) 数据结构的基本概念和相关术语;
(2) 算法和算法分析中所涉及的相关概念与分析指标;
(3) 数据结构的主要研究内容以及学习内容;
(4) 抽象数据类型的表示与实现;
(5) 算法的基本概念以及算法评价的主要技术指标。

学习目标

(1) 理解数据结构的基本概念和术语;
(2) 了解数据结构的主要研究内容以及学习内容;
(3) 理解抽象数据类型的表示与实现;
(4) 掌握算法的基本概念以及算法评价的主要技术指标。

计算机的实际应用可以划分为两个主要的方面：数值计算的应用与非数值计算的应用。在数值计算的应用中，其核心部分是程序设计，数据只是一种输入、输出的参数。而在非数值计算的应用中，程序设计反而成为其计算的辅助手段，其核心是数据及其结构。数据结构正是随着计算机非数值计算应用的迅速发展而逐渐形成的。数据结构的历史始于 20 世纪 60 年代初，其研究内容较为模糊，在研究体系上也没有独立，而是融合于计算机科学的其他学科中，例如操作系统、编译原理、程序设计等。直到 20 世纪 60 年代末，《计算机程序设计技巧》的问世才为数据结构奠定了基础，较为全面系统地阐述了数据结构的研究对象，明确定义了不同类型的数据结构，数据结构作为一门独立的计算机学科才真正地发展起来，并开始转入方法体系。而进入新的历史发展时期，随着计算机应用的广泛深入，数据结构作为非数值计算应用的重要辅助工具，其地位与作用也日益明显和突出。本章主要介绍数据结构的相关概念与算法分析方法，是后序章节学习的基础。

1.1　数据结构的研究内容

计算机作为一种数据计算工具，其应用范围已经深入到人类社会的各个方面，既有纯粹的数值计算应用，也涉及越来越多的非数值计算应用。在非数值计算应用过程中，计算机解决实际问题时通常包含四个基本阶段。

(1) 分析问题阶段：对具体问题进行输入输出的边界界定，抽取问题的实质信息，对问题进行抽象，进而形成适当的数学模型。

(2) 数据结构设计阶段：设计合适的数据结构对象，实现解决问题所需的数据及数据之间的关系的描述与存储。

(3) 算法设计阶段：根据问题要求和数据结构的特点来选择和设计算法，同时要考虑算法的效率和占用的内存空间。

(4) 程序设计阶段：对设计的算法进行编程实现，最终开发调试出解决实际问题的应用程序软件。

在这四个阶段中，数据结构设计阶段与算法设计阶段之间的关系尤为密切相关，算法无不依附于具体的数据结构，数据结构直接关系到算法的选择和效率。

对于数据结构的研究内容，可以通过下列三个示例来加以说明和阐述。

【实例 1-1】线性表数据结构示例——企业员工信息表。

随着信息化建设的不断加强，现代企业管理中越来越多的信息资源管理是通过电子化手段来完成的，既节约了成本又提高了信息化处理速度。以企业员工信息管理为例，企业员工的相关基本信息包括员工的职工编号、姓名、性别、年龄、入职时间、工作部门、职务等。在进行信息化处理过程中，需要为员工信息的存储与操作设计合适的数据结构对象，实现相关的信息描述与存储。如表 1-1 所示，通过线性表数据结构可以较好地描述和存储员工信息。

表 1-1 企业员工信息表

职工编号	姓 名	性 别	年 龄	入职时间	工作部门	职 务
A10010	李光	男	50	2008-8-1	董事会	董事长
B10011	赵小渝	男	45	2008-6-1	财务部	财务总监
B10021	胡春婷	女	42	2010-10-1	人力资源部	人力总监
C10011	刘爱云	女	36	2009-4-1	财务部	员工
C10021	周一卓	男	34	2012-3-1	人力资源部	员工
C10031	王华强	男	28	2014-8-1	销售部	员工
……	……	……	……	……	……	……

通过该线性表，对企业中所有员工的信息依次进行了存放，较好地解决了数据的描述与存储。同时通过对该线性表进行相关的操作，例如查找、插入与删除等操作，即可以实现对企业员工的相关数据处理。

该线性表数据结构被广泛应用于图书馆图书信息管理、仓储信息管理、学生信息管理等诸如此类的数据管理应用中。在这类应用中，信息管理与数据操作的数据结构对象都是这种结构简单的线性表。

【实例 1-2】树状数据结构示例——家谱信息。

家谱用于记录某家族历代家族成员的情况与关系，其管理主要是实现对家庭成员的登记、查询以及维护。在使用计算机解决这一问题时，对其数据结构的设计一方面要求家谱信息的描述与存储要简洁直观，另一方面则要求可以较好地支持对家谱的存储、更新、查询、统计等操作。在具体的设计与实现上，可以采用如图 1-1 所示的树状数据结构进行描述与存储。

在本例中为了便于描述，假定只考虑家庭中的父子关系。在这个数据结构中，每个数据元素成员代表的是每个家庭成员，数据元素使用记录来表示，每个记录中包含所代表的家庭成员的姓名、出生日期、性别、死亡日期等。数据元素之间的关系是父子关系，用无向连线来表示，位于某数据元素下方的与其相连的各个数据元素，表示该家庭成员的子女。这样，一个家族中的各个家庭成员信息通过连线就构成了一个层次结构，这种分层的数据结构称为树状数据结构。

用这种数据结构存储家庭成员信息的同时，也可以方便地实现相关的数据操作，例如家庭成员的查找(个人查找、前辈查找、后代查找等)，家庭成员的添加、删除以及修改等操作。除了确定表示方式外，数据结构的任务还包括对这棵树的计算机物理存储、操作的抽象化。其中操作的抽象化旨在建立存取/访问树结构的基本计算机程序，以支持其他各种操作的实现。

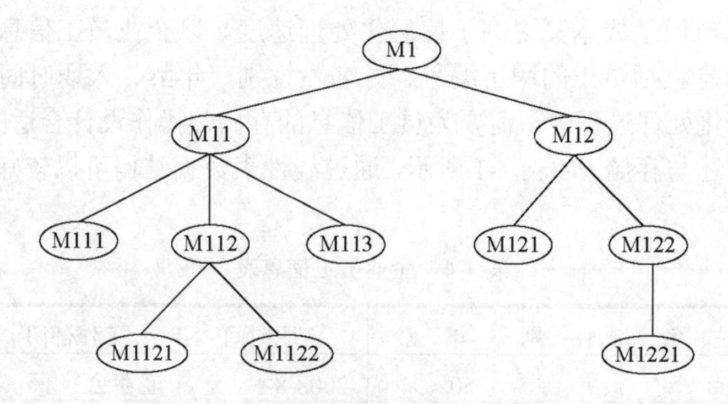

图 1-1　家谱关系的树状数据结构表示

【实例 1-3】网状数据结构示例——煤气管道铺设。

在小区的煤气管道建设过程中，n 幢居民楼之间需要铺设 n-1 条管道线路，居民楼之间的管道铺设可以存在多种方案，因此需要施工人员进行合理的规划，使铺设的管道长度最短。在解决这一实际问题过程中，其数据结构的设计与前面的线性表结构和树状结构都有着较大的区别，在这里引入了图状数据结构，将居民楼抽象为其中的若干个结点(node，也称节点，以下统称为结点)，而将管道抽象为连接这些结点的无向边，如图 1-2 所示。

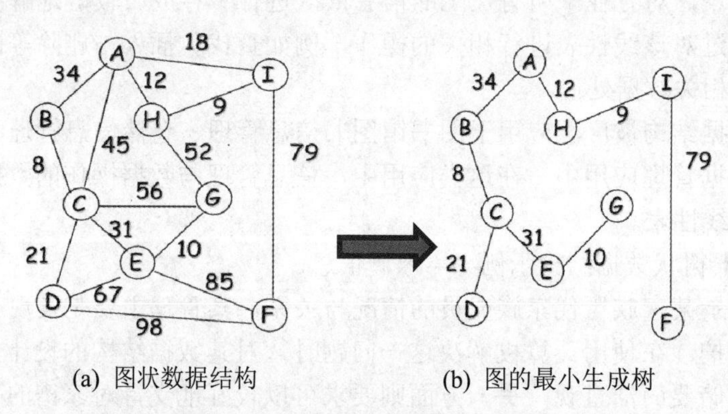

图 1-2　居民楼煤气管道架设示意图

在图 1-2(a)中利用图状数据结构描述出了居民楼之间的所有管道的架设方案，它代表的是一种网状关联。而将管道架设问题可以抽象转化为图结构的最小生成树问题，利用典型的求解算法即可得到管道架设的最优解决方案，如图 1-2(b)所示的最终管道架设方案。

以上所举的三个例子解决的都不是数值计算问题，非数值计算问题所使用的数学模型不再是传统的数学方程，而诸如线性表、树和图的数据结构，则正是数据结构这门学科需要讨论的问题。因此，数据结构可以理解为一门讨论“描述现实世界实体的数学模型(非数值计算)及其上的操作在计算机中如何表示和实现”的学科。

值得注意的是，“数据结构”一直伴随着计算机科学的发展而不断的发展。一方面，面向各专门领域中特殊问题的数据结构得到研究和发展，如多维树结构在遗传生物学中的应用；另一方面，随着面向对象技术的不断发展，面向对象程序设计将成为程序设计方法中的主流技术，而作为程序设计与软件技术基础的数据结构，它的方向与内容自然随着面向对象技术相应地进行调整，以保证它仍是程序设计的基础。

1.2　基本概念和术语

本节的主要内容是解释数据结构中常用的相关概念和术语的含义，以便让读者能更好地学习后续章节中的内容。

1.2.1　数据、数据元素、数据项和数据对象

数据(Data)：数据是描述客观事物信息的符号，是计算机系统可加工处理的对象。如数学计算中用的整数和实数，文本处理中用的字符串以及多媒体处理中用的音频、视频、图像等。

数据元素(Data Element)：能独立、完整地描述问题世界中实体的最小数据单位称为数据元素，也称为元素、记录。数据元素可用于完整地描述一个对象，在计算机程序处理中通常作为一个整体进行考虑与处理。例如表 1-1 中的一行记录(A10010, 李光, 男, 50, 2008-8-1, 董事会, 董事长)，代表一个具体企业员工的相关信息。

数据项(Data Item)：构成数据元素的不可分割的数据单位，具有独立的含义，也称为字段。例如表 1-1 中的职工编号、姓名、性别、年龄、入职时间、工作部门、职务都是数据项。

数据、数据元素和数据项三者之间存在着包含关系，即数据由数据元素组成，数据元素由若干数据项组成。

数据对象(Data Object)：同类数据元素的集合称为数据对象，是数据的一个子集。例如，偶数数据对象是集合 B={0, 2, 4, 6, …}，汉字数据对象是所有汉字的集合，实例 1-1 中的表 1-1 企业员工信息表也可以看作是由若干同类企业员工信息聚集而形成的数据对象。只要集合内元素的性质相同即可以称为一个数据对象。

1.2.2　数据结构

下面给出数据结构的定义。

数据结构(Data Structure)：数据元素之间的关系称为结构，而相互之间存在着一定关系的数据元素的集合及定义在其上的基本操作(运算)称为数据结构。利用集合论的方式也可以将数据结构定义为一个二元组(D, S)，其中 D(Data)是数据元素的有限集，S(Structure)是 D 上的关系的有限集。

因此，数据结构研究的是客观事物个体属性在计算机中表达及描述的方法，学习数据结构的内容主要包含三个基本方面。

(1)　数据对象的逻辑结构：数据对象中各数据元素之间的逻辑关系，例如线性表、树、图等。

(2)　数据对象的物理结构：在对数据对象进行访问和处理时，各个数据元素在计算机

物理介质中的实际存储方式，例如顺序存储结构与链式存储结构等。

(3) 数据对象中数据元素的运算操作：例如常用的数据元素检索、排序、插入、删除、修改等。

图 1-3 给出了几种基本的数据结构形式。要设计应用于计算机处理的数据结构形式，上述的定义必须联系于计算机的物理实现才有实际意义。

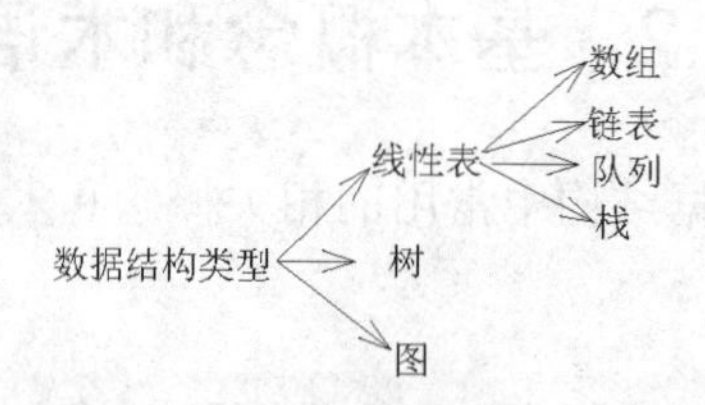

图 1-3 基本的数据逻辑结构类型

数据结构在计算机内存中的表示方法，我们称为数据结构的物理结构，以区别于前者的逻辑结构形式。物理结构有四种基本的形式，如图 1-4 所示。其中，索引结构用于文件操作，散列结构是对数据检索时采用的一种形式。

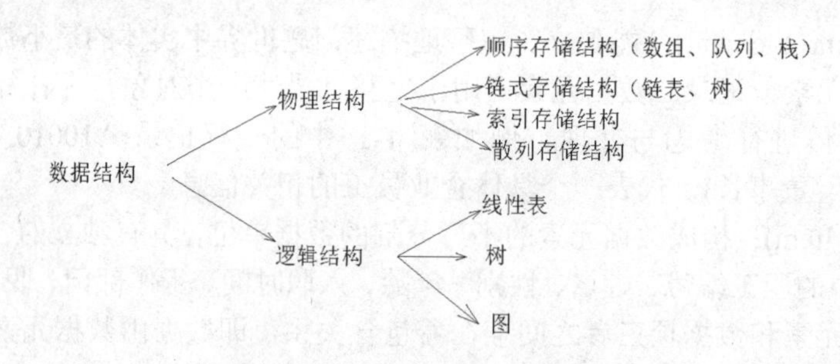

图 1-4 基本的数据物理结构类型

所谓顺序存储结构，是指将数据元素顺序地存放于计算机内存中一个连续的存储区域里，借助元素在存储器中的相对位置来表示元素之间的逻辑关系，也就是用数组描述的一群有限数据元素集合。

链式存储结构的特点，是在每个元素中加入一个指针域，它指向逻辑上相邻接的元素的存放地址，而数据元素在内存中的存放顺序与逻辑关系无关。即链式存储结构是用指针的指向来表达结点的逻辑关系，这也就是 C、Pascal 适用于数据结构设计的原因。图 1-5 给出了顺序、链式存储结构示意。它们都是描述，或者说存储了线性关系$<a_i, a_{i+1}>$，但方式不同。

数据结构有线性与非线性之分。一个数据结构的关系里，除去端点外，每一个结点有且仅有一个前驱和后继时，这个数据结构就是线性的，如数组、链表。如果数据结构关系中，其结点有一个以上的前驱或后继，则称为非线性的数据结构，如树、图。一般情况下，我们讨论非空有限集合 D 上只有单一关系 r 的数据结构。但是，在关系数据库设计时，讨论的则是非空有限集合 D 上的一组关系 R 的数据结构设计问题。

数据结构的物理表达问题，在有关参考书中已经明确给出，读者可以仔细阅读理解，对 C 语言不熟悉的读者要尤其注意指针和链式存储结构。

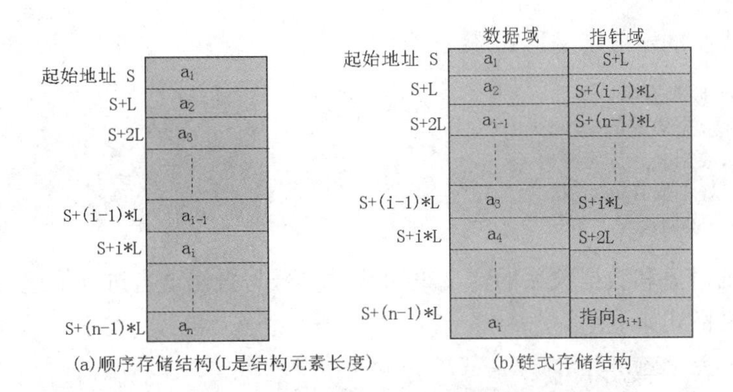

(a)顺序存储结构(L是结构元素长度)　(b)链式存储结构

图 1-5　向量的顺序存储结构与链式存储结构

在结束有关数据结构的概念讨论之前，我们再次明确地给出数据结构内容的三要素是：

数据结构=数据逻辑结构+物理结构+数据运算

数据运算是指对数据结构的检索、插入、排序、删除、更新等操作。此外，不同数据结构之间的运算效率也是我们要重点考虑的内容。

1.2.3　数据类型和抽象数据类型

1. 数据类型

数据类型(Data Type)是程序设计中与数据结构密切相关的一个概念，它指的是一个值的集合和定义在该值集上的一组操作的总称。例如程序设计语言中常用的整型变量，它涵盖两个基本范畴，一方面它是所用整数的集合，另一方面则是定义了在整数集合上的相关操作，如加、减、乘、除等运算。

用户可以使用的数据类型是由具体的程序设计语言进行定义并规范的，程序设计语言支持的数据类型反映了该设计语言的数据描述与数据处理能力。C 语言中除了支持常用的整型、实型、字符型等基本数据类型外，还允许用户创建自定义数据类型，例如数组类型、结构体类型等。

2. 抽象数据类型

当程序设计语言中所支持的数据类型在解决实际问题时无法正确、全面地进行数据描述、存储或处理时，用户可以使用现有的数据类型抽象构造出解决实际问题的高级数据类型，即抽象数据类型。

抽象数据类型(Abstract Data Type，ADT)：是一种更高层次的数据抽象，它是由用户定义，用以表示应用问题的数据模型，它由基本的数据类型组成，并包括一组在该模型上的相关操作。例如，用户可以使用整型、实型、字符型等 C 语言中已有的数据类型构造出线性表、栈、队列、树、图等更为复杂的抽象数据类型。

在具体组成上，可以将抽象数据类型划分为三个基本部分，分别是数据对象、数据对象上关系的集合以及数据对象基本操作集合。

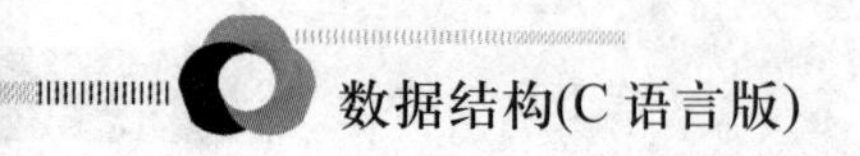

抽象数据类型的一般定义形式是：

```
ADT <抽象数据类型名>{
数据对象：<数据对象的定义>
数据关系：<数据关系的定义>
基本操作：<基本操作的定义>
} ADT <抽象数据类型名>
```

其中，数据对象和数据关系的定义采用数学符号与自然语言进行描述，对于其中的基本操作，其定义格式如下：

```
<基本操作名>(<参数表>)
初始条件：<初始条件描述>
操作结果：<操作结果描述>
```

相关说明：

(1) 在基本操作的定义中有两种参数：赋值参数与引用参数。赋值参数主要用于为操作数赋值，而引用参数除了可以赋值以外还可以实现操作结果返回，并在参数名前添加“&”符号以示区别。

(2) 定义中的“初始条件”描述了操作执行之前数据结构和参数应满足的条件，如果不满足条件，则操作失败并返回相应提示信息。

(3) 定义中的“操作结果”说明了操作正常完成之后，数据结构的变化状况和应返回的结果。

【实例 1-4】一个复数抽象数据类型的定义部分。

```
ADT Complex {
数据对象：D={c1, c2, c1, c2∈R }
数据关系：R={<e1, e2> | c1 是复数的实数部分，c2 是复数的虚数部分 }
基本操作：
AssignComplex( &Z, x, y )
操作结果：构造复数 Z,其实部和虚部,分别被赋予参数 x 和 y 的值。
DestroyComplex( &Z)
操作结果：复数 Z 被销毁。
GetReal( Z,&realPart )
初始条件：复数已存在。
操作结果：用 GetReal 返回复数 Z 的实部值。
GetImag( Z,&ImagPart )
初始条件：复数已存在。
操作结果：用 GetImag 返回复数 Z 的虚部值。
Add( z1,z2,&sum )
初始条件：z1, z2 是复数。
操作结果：用 sum 返回两个复数 z1,z2 的和。
} ADT Complex
```

有关抽象数据类型的相关说明：

(1) 抽象数据类型和数据类型本质上是一个概念。只是抽象数据类型所覆盖的范畴更广，它除了包含系统已定义并实现的数据类型之外，还包括用户自己定义的数据类型。

(2) 抽象数据类型最重要的特点是抽象和信息隐蔽。抽象的本质就是抽取反映问题本质的东西，忽略非本质的细节，使所设计的结构更具有一般性，可以解决一类问题。信息隐蔽就是对用户隐藏数据存储和操作实现的细节，使用户了解抽象操作或界面服务，通过界面中的服务来访问这些数据。

1.3　抽象数据类型的表示与实现

抽象数据类型需要通过固有数据类型(高级编程语言中已实现的数据类型)来实现。由于我们在高级程序设计语言的虚拟层次上讨论抽象数据类型的表现和实现，并且讨论的数据结构及其算法主要是便于理解，故采用伪码和 C 语言之间的类 C 语言作为描述的工具，有时也采用伪码描述一些只含抽象操作的抽象算法。这使得数据结构和算法的描述和讨论简明清晰，不拘泥于 C 语言的细节，又能容易转换成 C 或 C++程序。

本书采用的类 C 语言精选了 C 语言的一个核心子集，同时结合实际的教学内容进行了相关的扩充修改，增强了算法描述功能，其核心的语法内容介绍如下。

(1)　预定义常量和类型：

```
//函数结果状态代码
#define TRUE 1
#define FALSE 0
#define OK 1
#define ERROR 0
#define INFEASIBLE -1
#define OVERFLOW -2
//Status 是函数的类型，其值是函数结果状态代码
Typedef int Status;
```

(2)　数据结构的表示(存储结构)用类型定义(typedef)描述。数据元素类型约定为 ElemType，由用户在使用该数据类型时自行定义。

(3)　基本操作的算法都用以下形式的函数描述：

```
函数类型　函数名(函数参数表){
    //算法说明
    语句序列
} //函数名
```

除了函数的参数需要说明类型外，算法中使用的辅助变量可以不作变量说明，必要时对其作用给予注释。当函数返回值为函数结果状态码时，函数定义为 Status 类型。为了便于描述算法，除了值调用方式外，还增加了 C++语言引用调用的参数传递方式，在形参表中，以&开头的参数即为引用参数。

(4)　赋值语句：

```
简单赋值　变量名=表达式;
串联赋值　变量名 1=变量名　2=…=变量名　k=表达式;
成组赋值　(变量名 1,…,变量名 k)=(表达式 1,…,表达式 k)
结构名=结构名;
结构名=(值 1,…,值 k) ;
变量名[ ]=表达式;
```

```
变量名[起始下标…终止下标]=变量名[起始下标…终止下标];
交换赋值  变量名↔变量名;
条件赋值  变量名=条件表达式? 表达式 T: 表达式 F;
```

(5) 选择语句:

```
条件语句 1  if(表达式)语句;
条件语句 2  if(表达式)语句;
             else 语句;
开关语句 1  switch(表达式){
               case 值 1: 语句序列 1; break;
                   ⋮
               case 值 n: 语句序列 n; break;
               default: 语句序列 n+1;
            }
开关语句 2  switch{
               case 条件 1: 语句序列 1; break;
                   ⋮
               case 条件 n: 语句序列 n: break;
               default: 语句序列 n+1;
            }
```

(6) 循环语句:

```
for 语句        for(赋初值表达式序列;条件;修改表达式序列)语句;
while 语句      while(条件)语句;
do-while 语句   do{
                    语句序列;
                }while(条件);
```

(7) 结束语句:

```
函数结束语句        return 表达式;
                    return;
case 结束语句       break;
异常结束语句        exit(异常代码);
```

(8) 输入和输出语句:

```
输入语句  scanf([格式串],变量 1,…,变量 n);
输出语句  printf([格式串],表达式 1,…,表达式 n);
```

(9) 注释:

```
单行注释  // 文字序列
```

(10) 基本函数:

```
求最大值      max(表达式 1,…,表达式 n)
求最小值      min(表达式 1,…,表达式 n)
求绝对值      abs(表达式)
判定文件结束  eof (文件变量)或 eof
判定行结束    eoln(文件变量)或 eoln
```

(11) 逻辑运算约定。

与运算&&：对于 X&&Y，当 X 的值为 0 时，不再对 Y 求值。

或运算||：对于 X||Y，当 X 的值为非 0 时，不再对 Y 求值。

【实例 1-5】一个复数抽象数据类型的表示部分。

```
typedef  struct {              //复数类型
   float realpart;             //复数的实部
   float imagpart;             //复数的虚部
}complex;
```

【实例 1-6】复数抽象数据类型的实现(部分)。

```
void add( complex z1, complex z2, complex  &sum ) {
 // 以 sum 返回两个复数 z1, z2 的和
  sum.realpart = z1.realpart + z2.realpart;
  sum.imagpart = z1.imagpart + z2.imagpart;
}
```

1.4 算法和算法分析

算法与程序设计和数据结构密切相关，算法是解决问题的策略、规则、方法。算法的具体描述形式有很多，但计算机程序是对算法的一种精确描述，而且可以在计算机上运行。数据结构操作的实现方法就是算法问题，但该问题是针对数据结构的，是在给定的数据结构上进行的。一般的算法问题是直接面向应用的，它涉及数据结构的应用，但它的范围比数据结构中的操作更广。

1.4.1 算法的定义及特性

算法是规则的有穷序列，它是为解决某一特定类型的问题规定的一个运算过程。

一个算法必须具有下列特性。

(1) 有穷性：一个算法必须总是在执行有穷步之后结束，且每一步都在有穷时间内完成。

(2) 确定性：算法中的每一条指令必须有确切的含义，不存在二义性，对于每种情况，有待执行的每种动作必须严格而清楚地规定。

(3) 可行性：一个算法是可行的，即算法描述的操作都可以通过已经实现的基本运算执行有限次来实现。

(4) 输入：一个算法有零个或多个输入，它们是算法所需的初始量或被加工的对象的表示。这些输入取自某个特定的对象集合。

(5) 输出：一个算法有一个或多个输出，这些输出是与输入有着某些特定关系的量。

算法实质上是特定问题的可行的求解方法、规则与步骤。在算法的定义中对算法的描述方法并没有进行特定的规定，因此算法的描述方法具有较大的任意性。可以使用自然语言、数学方法或是某种程序设计语言进行算法描述，当使用程序设计语言进行算法描述时，就成为程序。

对于算法与程序而言，两者之间存着联系与差异：一个计算机程序是对一个算法使用某种程序设计语言的具体实现，但算法必须具有可终止的特性，而这一点却不适用于所有的计算机程序。

1.4.2 评价算法优劣的基本标准

算法的优劣主要是从正确性、可读性、健壮性以及复杂度等方面来评价。

(1) 正确性。正确性也称为有效性，是指算法能满足具体问题的要求，即对任何合法的输入，算法都能得出正确的结果。在实际应用过程中，通常采用测试的方法验证算法的正确性。

(2) 可读性。可读性是指算法可以理解的难易程度。一个优良的算法应首先满足人们理解与交流的需求，在此基础上再考虑计算机的可执行性。可读性强的算法易于被人们所理解，自然也就易于维护与调试修改。

(3) 健壮性。健壮性也称为鲁棒性，它代表算法对非法输入的抵抗能力。健壮性强的算法能对非法输入的数据进行正确的反应或进行相应的处理，而不是产生误动作或使系统陷入瘫痪。

(4) 复杂度。算法的复杂程度主要体现在算法运行时的时间与空间两方面。对于时间方面，好的算法要求执行效率较高，具体的衡量指标是时间复杂度；而对于空间方面，则要求算法应占用合理的存储容量，具体的衡量指标是空间复杂度。

1.4.3 算法的时间复杂度与空间复杂度

1. 时间复杂度

一般情况下，算法中基本操作重复执行的次数是问题规模 n 的某个函数 f(n)，算法的时间度量记作

$$T(n)=O(f(n))$$

它表示随着问题规模 n 的增大，算法执行时间的增长率和 f(n)的增长率相同，称作算法的渐近时间复杂度(Asymptotic Time complexity)，简称时间复杂度。

通常情况下，时间复杂度使用最深层循环内的语句中的原操作的执行频度(重复执行的次数)来表示。

【实例 1-7】求解下列 4 个程序段的时间复杂度。

```
(1)  {++m; s=0 ;}
(2)  for(i=1; i<=n; ++i)
        { ++m; s+=m   }
(3)  for(i=1; i<=n; ++i)
        for(j=1; j<=n; ++j)
            { ++m; s+=m; }
```

```
(4) for(i=1; i<=n; ++i)
        for(j=1; j<=n; ++j)
            for(k=1; k<=n; ++k)
            { ++m; s+=m; }
```

在这 4 个程序段中，可以使用 m+1 代表它们的原操作，因此每个程序段中 m+1 的频度即可代表各自程序的时间复杂度。

(1) m+1 的操作频度为 1，时间复杂度为 O (1)。

(2) m+1 的操作频度为 n，时间复杂度为 O (n)。

(3) m+1 的操作频度为 n*n，时间复杂度为 $O(n^2)$。

(4) m+1 的操作频度为 n*n*n，时间复杂度为 $O(n^3)$。

一般情况下，对一个问题(或一类算法)只需选择一种基本操作来讨论算法的时间复杂度即可，但有时也需要同时考虑几种基本操作，甚至可以对不同的操作赋予不同权值，以反映执行不同操作所需的相对时间，这种做法便于综合比较解决同一问题的两种完全不同的算法。

2. 空间复杂度

空间复杂度(Space complexity)是指算法编写成程序后，在计算机中运行时所需存储空间大小的度量。记作：

$$S(n)=O(f(n))$$

其中，n 为问题的规模(或大小)。计算机程序所涉及的存储空间一般包括三个方面。

(1) 程序本身所需要的指令、常数、变量所占用的存储空间。

(2) 程序需要输入数据的存储空间。

(3) 程序执行过程中，为实现程序计算所需信息的辅助空间。

通常情况下，算法的空间复杂度主要考虑辅助空间。例如，若算法中涉及的辅助信息存储在一维数组 a[n]中，则该算法的空间复杂度可以表示为 O(n)；若辅助信息存储在二维数组 a[n][m]中，则该算法的空间复杂度可以表示为 O(n*m)。

本 章 小 结

本章介绍了数据结构的基本概念和相关术语，以及算法和算法分析中涉及的相关概念与分析指标。主要内容如下。

(1) 数据结构是研究非数值计算程序设计中的操作对象，以及这些对象之间的关系和操作的学科。

(2) 数据结构的主要学习内容涵盖三个基本方面：数据对象的逻辑结构、数据对象的物理结构以及数据对象中数据元素的运算操作。

(3) 抽象数据类型是由用户定义，用以表示应用问题的数据模型，它由基本的数据类型组成，并包括一组在该模型上的相关操作。抽象数据类型可以划分为三个基本部分，分别是数据对象、数据对象上关系的集合以及数据对象基本操作集合。

(4) 抽象数据类型需要通过高级编程语言中已实现的数据类型来实现，本书采用的类 C 语言精选了 C 语言的一个核心子集来进行抽象数据类型的定义与描述。

(5) 算法是规则的有穷序列，它是为解决某一特定类型的问题规定的一个运算过程。算法具有五个基本特性，分别是有穷性、确定性、可行性、输入与输出。评价算法的优劣主要是从正确性、可读性、健壮性以及复杂度等方面来考虑，具体指标有时间复杂度 T(n)与空间复杂度 S(n)。

习　题

一、单选题

1. 数据结构是一门研究非数值计算的程序设计问题中计算机的①以及它们之间的②和运算等的学科。

① A. 操作对象　B. 计算方法　C. 逻辑存储　D. 数据映象

② A. 结构　B. 关系　C. 运算　D. 算法

2. 数据结构被形式地定义为(K,R)，其中 K 是①的有限集合，R 是 K 上的②有限集合。

① A. 算法　B. 数据元素　C. 数据操作　D. 逻辑结构

② A. 操作　B. 映象　C. 存储　D. 关系

3. 在数据结构中，从逻辑上可以把数据结构分成(　　)。

A. 动态结构和静态结构　B. 紧凑结构和非紧凑结构

C. 线性结构和非线性结构　D. 内部结构和外部结构

4. 线性表的顺序存储结构是一种(　　)的存储结构，线性表的链式存储结构是一种(　　)的存储结构。

A. 随机存取　B. 顺序存取　C. 索引存取　D. 散列存取

5. 算法分析的目的是①，算法分析的两个主要方面是②。

① A. 找出数据结构的合理性　B. 研究算法中的输入和输出的关系

C. 分析算法的效率以求改进　D. 分析算法的易懂性和文档性

② A. 空间复杂性和时间复杂性　B. 正确性和简明性

C. 可读性和文档性　D. 数据复杂性和程序复杂性

6. 计算机算法指的是①，它必具备输入、输出和②等五个特性。

① A. 计算方法　B. 排序方法

C. 解决问题的有限运算序列　D. 调度方法

② A. 可行性、可移植性和可扩充性　B. 可行性、确定性和有穷性

C. 确定性、有穷性和稳定性　D. 易读性、稳定性和安全性

二、填空题

1. 数据逻辑结构包括(　　)、(　　)和(　　)三种类型，树形结构和图形结构合称为(　　)。

2. 在线性结构中，第一个结点(　　)前驱结点，其余每个结点有且只有(　　)个前驱结

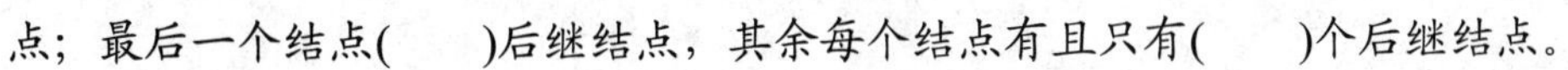

点；最后一个结点(　　)后继结点，其余每个结点有且只有(　　)个后继结点。

3. 在树形结构中，树根结点没有(　　)结点，其余每个结点有且只有(　　)个前驱结点，叶子结点没有(　　)结点，其余每个结点的后继结点可以(　　)。

4. 在图形结构中，每个结点的前驱结点数和后继结点数可以(　　)。

5. 线性结构中元素之间存在(　　)关系，树形结构中元素之间存在(　　)关系，图形结构中元素之间存在(　　)关系。

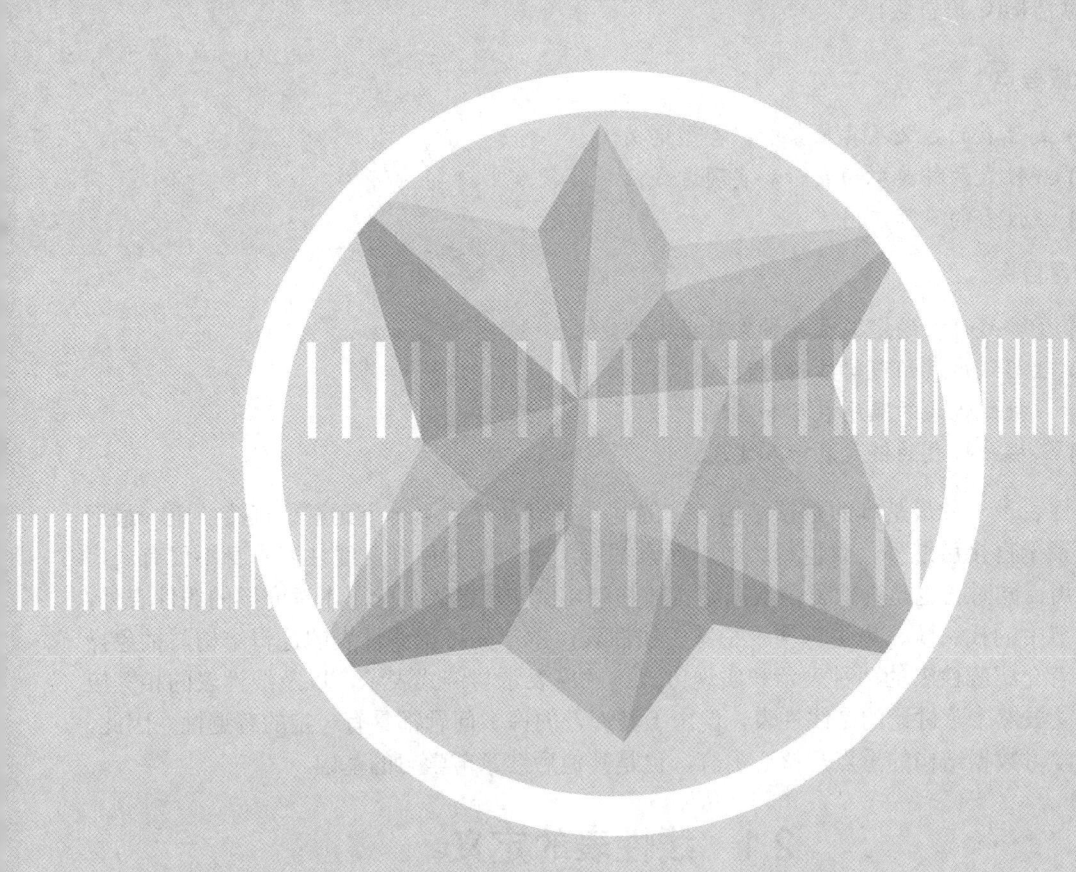

第2章

线 性 表

本章要点

(1) 线性表的定义及其抽象数据类型定义;
(2) 线性表两种典型的表示和实现方式;
(3) 线性表的实际应用。

学习目标

(1) 了解线性表的定义及其抽象数据类型定义;
(2) 理解线性表的逻辑结构特性;
(3) 掌握线性表的顺序表示和实现;
(4) 掌握线性表的链式表示和实现。

线性表是一种最基本的数据结构，它的基本特点是除了第一个元素无直接前驱，最后一个元素无直接后继外，其他每个数据元素都有一个前驱和后继。线性表本身不仅有着广泛的应用，同时它也是其他复杂数据结构的基础，例如单链表。除了本章介绍的线性表外，后续章节中的栈、队、串也都属于特殊的线性表。本章先讨论线性表的逻辑结构与抽象操作，接着介绍线性表的两种表示和实现方式：顺序表示与链式表示，以及线性表的相关应用实例。虽然本章讨论的是线性表，但由于其涉及的许多问题都具有一定的普遍性。因此，本章是学习数据结构的重点与核心内容，也是其他后续章节学习的基础。

2.1 线性表的定义

2.1.1 基本概念

在信息处理中，线性表的应用较为广泛。例如，一副扑克的点数(2, 3, 4, …, J, Q, K, A)、一个班级中所有学生姓名的列表(‘张红伟’,‘刘云天’,‘赵明’, …,‘李华蓉’)，都属于典型的线性表，两个线性表中的数据元素是字符或是字符串。如果该线性表中的每个元素除了姓名之外还包含其他的数据项，例如第二个例子中每个数据元素除了包含姓名之外还添加了性别、年龄等信息，就变成了一个结构复杂的多维线性表：

((‘张红伟’，男，19), (‘刘云天’，男，20), (‘赵明’，男，19), …, (‘李华蓉’，女，18))

通过上面的例子可以看出，线性表中的数据元素虽然不同，但同一线性表中的元素必定具有相同的特性，即属于同一类数据对象，相邻数据元素之间存在序偶关系。

线性表(Linear List)是数据元素的一个有限序列，在这个序列中，每个元素有且仅有一个(直接)前驱和一个(直接)后继，第一个元素可以无前驱，最后一个元素可以无后继。线性表可以记为

$$L=(a_1, a_2, a_3, \ldots, a_{i-1}, a_i, a_{i+1}, \ldots, a_n)$$

其中，a_i 为数据元素，$n\geqslant 0$ 为整数，a_{i-1} 称为 a_i 的前驱$(i\geqslant 2)$，a_{i+1} 称为 a_i 的后继$(i<n)$，$i=1,2,\cdots,n$。

线性表中元素的个数 n 称为线性表的长度，无元素的线性表称为空表，空表长度为 0。非空线性表中的每个数据元素都有一个确定的位置，如 a_1 是线性表的第一个数据元素，a_n

则是最后一个数据元素，a_i是第 i 个数据元素，称 i 为数据元素 a_i在线性表中的位序。

线性表的具体应用可以通过下列示例进行展示。

【实例 2-1】一元多项式的表示方法。

数学运算中，一元多项式 $P_n(x)$可以按升幂以如下的表达式进行表示：

$$p_n(x)=p_0+p_1x+p_2x^2+\cdots+p_nx^n$$

如何在计算机中实现该多项式的表示。

多项式的计算机表示是实现多项式计算机操作的基础，在这里可以使用线性表来实现。通过表达式可以看出一元多项式可由 n+1 个系数来唯一确定，因此，可以将一元多项式 $P_n(x)$抽象为一个由 n+1 个元素组成的有序序列，该序列可以通过一个线性表 P 进行表示：

$$P=(P_0, P_1, P_2, P_3,\cdots, P_n)$$

在该线性表中，一元多项式中每项的指数隐含在其系统 P_i的序号中。

同理，假设 $Q_m(x)$为一元 m 次多项式，根据上面的规则可以使用以下线性表 Q 进行表示：

$$Q=(q_0, q_1, q_2, q_3, \cdots, q_m)$$

除了可以使用线性表对一元多项式进行表示外，还可以进行相应的数据运算，例如在上面的两个例子中，假设 $m\leqslant n$，则两个多项式相加的结果 $R_n(x)=P_n(x)+Q_m(x)$可以使用线性表 R 表示：

$$R=(P_0+q_0, P_1+q_1, P_2+q_2, P_3+q_3+,\cdots, p_m+q_m,\cdots, P_n)$$

在后面的学习内容中，对于此类多项式的线性表只需要用数据表示的顺序存储结构便能很容易地实施诸如此类的多项式表示与数学运算。

实例 2-1 给出了通用一元多项式的线性表表示方法，但在实际应用过程中，多项式的次数可能很高且变化很大，针对这类所谓的稀疏多项式从存储效率角度来说，并不适合采用实例 2-1 中的线性表表示方法，那样会使得线性表中出现很多的零元素。

【实例 2-2】稀疏多项式的线性表表示方法。

存在稀疏多项式 S(x)：

$$S(x)=1+2x^{100}+3x^{1000}+4x^{5000}$$

如果按照前面介绍的普遍的一元多项式线性表表示方法，需要使用一个长度为 5001 的线性表来表示，而表中只有 4 个非零的元素，这种方法会造成线性表存储空间的极大浪费。因此使用线性表存储稀疏多项式时需要换一种思路方法来实施，在这里可以将线性表中原本表示数据项系数的每个数据元素进行改变扩充，使用(系数项，指数项)二维数据元素的形式替换传统的一维数据元素形式。因此实例 2-2 中的线性表 S 应该如下表示：

$$S=((1, 0), (2, 100), (3, 1000), (4, 5000))$$

对上述两个例子进行简单的总结。

一般情况下的一元 n 次多项式可以写成：

$$P_n(x)=p_1x^{e1}+p_2x^{e2}+p_3x^{e3}+\cdots+p_mx^{em}$$

其中，p_i是指数为 ei 的项的**非零系数**，且满足：

$$0\leqslant e1<e2<e3<\cdots<em=n$$

若用一个长度为 m 且每个元素有两个数据项(系数项,指数项)的线性表

$$((p_1, e1), (p_2, e2), (p_3, e3), \cdots, (p_m, em))$$

便可以唯一确定一元 n 次多项式 $P_n(x)$。在最糟糕的情况下，多项式中的 m 个系数都不为零，则比只存储每项系数要多存储一倍的数据，但这种方案对于类似 S(x)的稀疏多项式而言，较大地提升了存储空间的使用效率。

【实例 2-3】学生信息管理系统。

某班级的学生信息存放在相应的计算机文件中，为简单起见，在此假设该文件中对学生信息的描述只包含四个基本的字段，分别是学生编号、姓名、性别、年龄。文件中的部分数据如图 2-1 所示。

编号	姓名	性别	年龄
20011001	李明	男	19
20011002	赵华	男	28
20011003	刘军	男	18
20011004	王馨	女	18
20011005	刘媛	女	19

图 2-1 数据示例

现要求在此文件存储的基础上实现一个学生信息管理系统，包括以下具体功能。

(1) 查找：根据指定的学生编号查找与之对应的学生具体信息，并返回该学生在学生信息表中的位置编号。

(2) 插入：插入一名学生的信息。

(3) 删除：删除一名学生的信息。

(4) 修改：根据指定的编号信息，修改对应学生的相关信息。

(5) 排序：将学生信息按照年龄由低到高进行排序。

(6) 计数：统计学生表中的学生数量。

要实现上述功能，与上面例子中的多项式的表示存储相同，首先根据学生信息表的特点将其抽象为一个线性表，每个学生作为线性表中的一个元素，然后可以采用适当的存储结构来表示该线性表，在此基础上设计完成有关的功能算法。具体采用何种存储结构，可以根据不同存储结构的优缺点进行设计与实现。

2.1.2 线性表的抽象数据类型定义

线性表作为一种灵活的数据结构，它的长度可以根据需要延长或缩短，即对线性表的数据元素不仅可以进行访问，还可以进行插入和删除。为了不失一般性，本书采用前面介绍的抽象数据类型格式对各种数据结构进行描述，下面给出线性表的抽象数据类型定义。

抽象数据类型线性表的定义如下：

```
ADT List {
数据对象：D={ ai | ai ∈ ElemSet, i =1, 2, …, n, n≥0 }
数据关系：R1 = { < ai-1, ai > | ai-1, ai ∈ D,  i =2, …, n }
基本操作：
InitList (&L )
操作结果：构造一个空的线性表 L 。
```

```
DestroyList (&L)
初始条件：线性表 L 已存在。
操作结果：销毁线性表 L。
ClearList (&L)
初始条件：线性表 L 已存在。
操作结果：将 L 重置为空表。
ListEmpty (L)
初始条件：线性表 L 已存在。
操作结果：若 L 为空表,则返回 TRUE,否则返回 FALSE。
ListLength (L)
初始条件：线性表 L 已存在。
操作结果：返回 L 中数据元素的个数。
GetElem ( L, i, &e )
初始条件：线性表 L 已存在,1≤i≤ListLength(L)+1。
操作结果：用 e 返回 L 中第 i 个数据元素的值。
LocateElem ( L,e, compare() )
初始条件：线性表 L 已存在,compare()是判定函数。
操作结果:返回 L 中第 1 个与 e 满足关系 compare()的数据元素的位序。若这样的数据元素不存在,
则返回值 0。
PriorElem ( L, cur_e, &pre_e )
初始条件：线性表 L 已存在。
操作结果：若 cur_e 是 L 的数据元素且不是第 1 个,则用 pre_e 返回它的前驱,否则操作失败。
NextElem ( L, cur_e, &next_e )
初始条件：线性表 L 已存在。
操作结果：若 cur_e 是 L 的数据元素且不是最后一个,则用 next_e 返回它的后继,否则操作失败。
ListInsert ( &L, i, e )
初始条件：线性表 L 已存在,1≤i≤ListLength(L)+1。
操作结果：在 L 中第 i 个位置之前插入新的数据元素 e,L 的长度加 1。
ListDelete( &L, i, &e )
初始条件：线性表 L 已存在且非空,1≤i≤ListLength(L)。
操作结果：删除 L 的第 i 个数据元素,并用 e 返回其值,L 的长度减 1。
ListTraverse ( L,visit())
初始条件：线性表 L 已存在。
操作结果:依次对 L 的每个数据元素调用函数 visit(),对线性表 L 进行遍历操作,在遍历过程中对
L 的每个结点访问一次。一旦 visit()失败,则操作失败。
} ADT List
```

【实例 2-4】有一个线性表 L=(2,4,2,5,3)，求该线性表 ListLength(L)、ListEmpty(L)、GetElem(L,4,e)、LocateElem(L,5,compare())、ListInsert(L,4,2)和 ListDelete(L,1,e)等基本运算的执行结果。

解：对线性表进行各种运算后的结果如下：

```
ListLength (L)=5
ListEmpty (L)返回值为 FALSE。
GetElem ( L, 4, e ), e 的返回值为 5
LocateElem ( L, 5, compare() )  =5
ListInsert ( L, 4, 2 )执行后线性表 L 变成(2, 4, 2, 2, 5, 3)
ListDelete( L, 1, e )执行后线性表 L 变成(4, 2, 2, 5, 3)
```

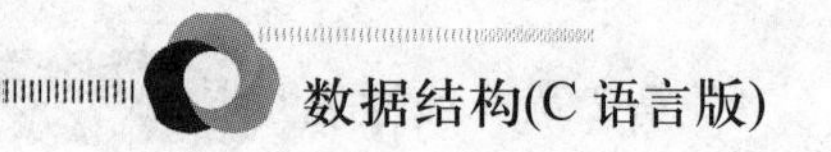

2.2 线性表的顺序表示和实现

线性表的顺序存储是最常用的存储方式，它直接将线性表一般的逻辑结构映射到存储结构上，这种存储方式既便于理解，又容易实现。本小节主要讨论顺序存储结构及其基本操作的实现。

2.2.1 线性表的顺序存储表示

线性表的顺序存储是指用一组地址连续的存储单元依次存放线性表中的数据元素。由于线性表中逻辑上相邻的两个元素在对应的顺序表中的存储位置也相邻，所以这种映射也称为直接映射，如图 2-2 所示。

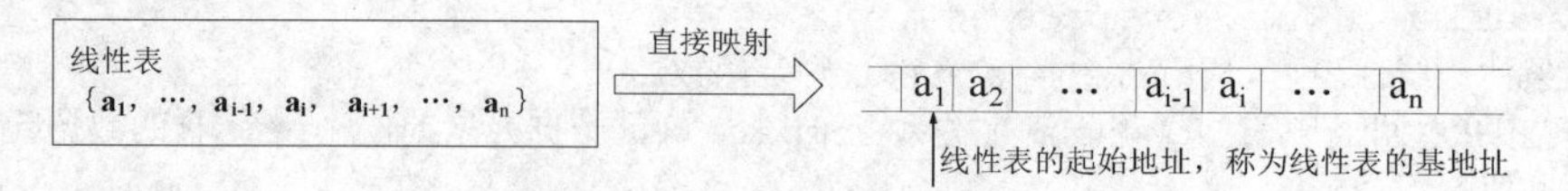

图 2-2 直接映射示意图

表中第一个元素的存储位置为线性表的起始地址，称为线性表的基地址，第 i 个元素的存储位置紧接在第 i-1 个元素的存储位置后面。假定线性表的数据元素类型为 ElemType，则每个数据元素占据的存储空间(存储字节)即是一个常量 L，L=Sizeof(ElemType)。而数据元素的存储地址 $LOC(a_i)$和其前驱元素 a_{i-1} 的存储地址 $LOC(a_{i-1})$相隔一个常量，即

$$LOC(a_i)=LOC(a_{i-1})+L$$

而整个线性表所占据的存储空间大小为 n*Sizeof(ElemType)，其中的 n 表示线性表的长度。

在 C/C++语言中，定义一个数组即分配了一块可供用户使用的存储空间，该存储空间的起始位置就是由数组名表示的地址常量。因此，线性表的顺序存储结构就是利用数组来实现的，数组的基本类型就是线性表中元素的类型，而数组的大小要大于等于线性表的长度。

线性表中的第一个元素存储在数组的起始位置，即下标为 0 的位置上，第二个元素存储在下标为 1 的位置上，依次类推，第 n 个元素存储在下标为 n−1 的位置上。假定使用具有 ElemType 类型的数组 data[MaxSize]存储线性表 $L=(a_1,a_2,a_3,\cdots,a_n)$，并假设线性表 L 存储在数组 List 中，List 的起始存储位置为 LOC(List)，则 L 所对应的顺序存储结构如图 2-3 所示。

下标位置	线性表存储空间	存储地址
0	a_1	LOC(List)
1	a_2	LOC(List)+Sizeof(ElemType)
	…	
i−1	a_i	LOC(List)+(i−1)*Sizeof(ElemType)
	…	
n−1	a_n	LOC(List)+(n−1)*Sizeof(ElemType)
	…	
MaxSize−1	…	LOC(List)+(MaxSize −1)*Sizeof(ElemType)

图 2-3 顺序表的示意图

MaxSize一般定义为一个整型常量，如果一个线性表需要存储的数据元素最多不超过100，则可以将该线性表的MaxSize定义为一个常量：

```
#define MaxSize 100
```

由于高级程序设计语言中的数组类型也有随机存取的特性，因此，通常都用数组来描述数据结构中的线性表顺序存储结构。在此，由于线性表的长度可变，且所需最大存储空间随实际的需要不同而不同，则在C语言中可以动态分配一维数组，如下描述：

```
#define List_Init_Size  100 //线性表存储空间的初始分配量
#define ListIncrement  10   //线性表存储空间的分配增量
typedef struct{
   ElemType *elem;          //存储空间基址
   Int length;              //存储数组当前的实际长度
   Int listsize;            //存储当前实际分配的存储空间容量
} SqList;
```

上述定义中的数组elem指示线性表的基地址，length指示线性表的当前长度，顺序表的初始化操作就是为顺序表分配一个预定义大小的数组空间，并将线性表的当前长度设为“0”。Listsize指示顺序表当前分配的存储空间大小，一旦因插入元素而空间不足时，可进行再分配，即为顺序表增加一个大小为存储ListIncrement个数据元素的空间。

```
Status InitList_sq(SqList  &L) {    //构造一个空的顺序线性表L
   L.elem=(ElemType*)malloc(List_Init_Size *sizeof(ElemType));
   if(!L.elem)
   exit(OVERFLOW);                  // 存储分配失败
   L.length=0;                      // 空表长度为0
   L.listsize=LIST_INIT_SIZE;       // 初始存储容量
   return OK;
}
```

在这种存储结构中，线性表的相关操作较容易实现，如对线性表中的第i个数据元素进行随机存取操作等。需要注意的是，数组在C语言的定义中其初始下标是从“0”开始的，因此对于上例中SqList类型顺序表的实现数组L而言，其顺序表中的第i个数据元素是L.elem[i-1]，而不是L.elem[i]。

【实例2-5】定义顺序表存储结构表示实例2-2中稀疏多项式的线性表。

```
#define MaxSize 100               //多项式所允许的最大长度
typedefstruct {
   float coef;                    //定义系数
   intexpn;                       //定义指数
}Polynomial;                      //定义多项式的非零项
typedefstruct {                   //定义多项式的顺序存储结构类型
   Polynomial  *elem;             //定义存储空间的基地址
   Int  length;                   //定义多项式中当前项的个数
}SqList;
```

【实例2-6】定义顺序表存储结构表示实例2-3中的学生信息。

```
#define  MaxSize  5000            //学生信息表可能达到的最大长度
```

```
typedefstruct {                          //定义学生信息
    char id(20);                         //定义学生学号
    char name(20);                       //定义学生姓名
    char sex(4);                         //定义学生性别
    int  age;                            //定义学生年龄
}Student;

typedefstruct {
    student  *elem;                      //定义存储空间的基地址
    int  length;                         //定义学生信息表中当前学生的个数
}SqList;                                 //定义学生信息表的顺序存储结构类型 SqList
```

完成上述顺序表存储结构的定义后，可以通过结构体变量的定义语句 SqList s；将 s 定义为 SqList 类型的变量，进而用户可以使用 s.elem[i-1]访问线性表中位置序号为 i 的学生信息记录。

2.2.2 顺序表中基本操作的实现

通常情况下线性表以顺序表形式实现时，相关的操作较为容易实现。对于顺序表的操作过程中所需要的重要属性：长度值的获得也较为容易，可以通过返回 length 的值来实现，根据其值是否为 0 判断该顺序表是否为空。下面讨论顺序表的主要操作的实现，顺序表操作中涉及的顺序表存储结构定义如下：

```
#define List_Init_Size  100       //线性表存储空间的初始分配量
#define ListIncrement  10         //线性表存储空间的分配增量
typedef struct{
    ElemType   *elem;             //存储空间基址
    int length;                   //存储数组当前的实际长度
    int listsize;                 //存储当前实际分配的存储空间容量
} SqList;
static  Sqlist  L;                //为了引用方便，定义为全局变量 L
static ElemType element;
```

1. 顺序表的初始化操作

顺序表的初始化操作即构造一个空的顺序表，在上一小节已有介绍，在此就不再赘述。算法示例如下：

```
Status InitList_sq(SqList  &L) {         //构造一个空的顺序线性表 L
    L.elem=(ElemType*)malloc(List_Init_Size *sizeof(ElemType));
    if(!L.elem)
    exit(OVERFLOW);                    // 存储分配失败
    L.length=0;                        // 空表长度为 0
    L.listsize=LIST_INIT_SIZE;         // 初始存储容量
    return OK;
}
```

2. 顺序表的注销操作

注销顺序表的算法示例如下：

```
Status DestroyList(Sqlist L)
{
    if(L.elem==NULL)
        return ERROR;
    else
        free(L.elem);
    return OK;
}
```

该操作的执行结果是释放顺序表 L 的存储空间。

3. 清空线性表

清空线性表的算法示例如下：

```
Status ClearList(Sqlist L)
{
    if(L.elem==NULL)
        exit(ERROR);
    int i;
    ElemType *p_elem=L.elem;
    for(i=0;i<L.length;i++)
    {
        *L.elem=NULL;
        L.elem++;
    }
    L.elem=p_elem;
    return OK;
}
```

该算法的执行结果是将顺序表中已有的数据全部置为 NULL。

4. 判断顺序表是否为空表

判断顺序表是否为空表的算法示例如下：

```
Status ListEmpty(Sqlist L)
{
    int i;
    ElemType *p_elem=L.elem;
    for(i=0;i<L.length;i++)
    {
        if(*L.elem!=0)
        {
            L.elem=p_elem;
            return FALSE;
        }
        L.elem++;
    }
    return TRUE;
}
```

该算法的执行结果是 TRUE 代表顺序表为空，否则为 FALSE 代表顺序表非空。

5. 求顺序表长度值

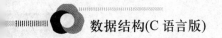

求顺序表长度值的算法示例如下：

```
int ListLength(Sqlist L)
{
    return L.length;
}
```

该算法的执行结果是返回顺序表的长度值。

6. 求顺序表中第 i 个数据元素的值

求顺序表中第 i 个数据元素值的算法示例如下：

```
Status GetElem(Sqlist L,int i)
{
    int j;
    ElemType *p_elem=L.elem;
    if(i<1||i>L.length)
        return OVERFLOW;
    for(j=0;j<i;j++)
        L.elem++;
    element=*L.elem;
    L.elem=p_elem;
    return OK;
}
```

该算法通过 element 获得顺序表中第 i 个数据元素的值。

7. 按元素值在顺序表中查找与其相等的数据元素的逻辑位置序号

在顺序表中查找数据元素的算法示例如下：

```
IntLocationElem(Sqlist L,ElemType element)
{
    int i;
    ElemType *p_elem=L.elem;
    for(i=1;i<L.length;i++)
    {
        if(*L.elem==element)
        {
            L.elem=p_elem;
            return i;
        }
        else
            L.elem++;
    }
    return 0;
}
```

该算法通过 i 值获得顺序表中与 element 相等的数据元素的逻辑位置序号。

8. 顺序表中插入数据的操作

在顺序表中插入数据的算法示例如下：

```
Status ListInsert(Sqlist L,int I,ElemType e)
{
   int *q=&(L.elem[i-1]);
   ElemType *newbase, *p;
   if(i<1||i>(L.length+1))
      return ERROR;
   if(L.length>=L.listsize)
   {
      newbase=(ElemType*)realloc(L.elem,
      L.listsize+LISTINCREMENT*sizeof(ElemType));
      if(newbase==NULL)
         exit(OVERFLOW);
      L.elem=newbase;
      L.listsize+=LISTINCREMENT;
   }
   for(p=&(L.elem[L.length-1]);p>=q;--p)
      *(p+1)=*p;
   *q=e;
   ++L.length;
   return OK;
}
```

该算法执行的结果是在顺序表中第 i 个数据元素之前插入数据元素 e。

9. 顺序表中删除数据的操作

在顺序表中删除数据的算法示例如下：

```
Status ListDelete(Sqlist L, int i, ElemType e)
{
   if(i<1||(i>L.length))
      return ERROR;
   ElemType *p, *q;
   p=&(L.elem[i-1]);
   e=*p;
   q=L.elem+L.length-1;
   for(++p;p<=q;++p)
      *(p-1)=*p;
   --L.length;
   return OK;
}
```

该算法执行的结果是将顺序表 L 中的第 i 个数据元素删除。

2.3　线性表的链式表示和实现

通过 2.2 节中线性表的顺序表表示的介绍，线性表的顺序存储结构的主要特点体现在逻辑关系上相邻的两个元素在存储的物理位置上也相邻，因此可以随机存取线性表中的任意数据元素，它的存储位置可以使用一个简单直观的公式来表示。然而，顺序存储也直接导致了这种存储结构的不足：在作插入或删除操作时，需要移动大量元素。本节我们将学习讨论线性表的另一种表示方法——链式存储结构，由于它不要求逻辑上相邻的元素在物理位置上也相邻，因此它没有顺序存储结构所具有的缺点，但同时也不具备顺序表可以随机存取数据元素的优点。

2.3.1 单链表的定义和表示

在线性表的链式存储中，可以使用一组任意的存储单元存储线性表的数据元素，这些存储单元可以是连续的，也可以是不连续的。因此，为了表示每个数据元素 a_i 与其直接后继数据元素 a_{i+1} 之间的逻辑关系，对数据元素 a_i 来言，不仅包含数据元素本身的信息(称之为数据域)，而且包含元素之间逻辑关系的信息，即前驱结点需要指示其后继结点的地址信息，这称为指针域，这样可以通过前驱结点的指针域方便地找到后继结点的位置，提高数据查找速度。数据域与指针域两部分信息组成了数据元素 a_i 的存储映象，称为结点(node)，n 个结点链结成一个链表，即为线性表

$$(a_1,a_2,a_3,\cdots,a_n)$$

的链式存储结构，又由于该链式存储结构中的每个结点只包含一个指针域，用以指向其后继结点，这样构成的链接表称为线性单向链接表，简称单链表。

一般来说，每个结点有一个或多个这样的指针域。若一个结点中的某个指针域不需要任何结点，则仅它的值为空，用常量 NULL 表示。

例如，图 2-4 所示为线性表

(one,two,three,four,five,six,seven,eight)

的线性链接存储结构，整个链表的存取必须从头指针开始进行，头指针指示链表中的第一个结点(即第一个数据元素的存储映象)的存储位置。同时，由于最后一个数据元素没有直接后继，因此线性表中最后一个结点的指针设置为“空”(NULL)。

	存储地址	数据域	指针域
	1	Six	33
	9	Eight	NULL
	17	Five	1
头指针 H	25	Four	17
41	33	Seven	9
	41	One	57
	49	Three	25
	57	Two	49

图 2-4 线性链表示例

用线性链表表示线性表时，数据元素之间的逻辑关系是由结点中的指针指示的，也就意味着指针为数据元素之间的逻辑关系的映象，而逻辑上相邻的两个数据元素存储的物理位置不要求紧邻，因此这种存储结构为非顺序映象或链式映象。

为了表示上的方便，通常将链表画成用箭头相连接的结点的序列，结点之间的箭头表示结点的指针，这是因为在使用链表时关心的只是它所表示的线性表中数据元素之间的逻辑顺序，而不是每个数据元素在存储器中的实际物理存储位置。

由上述可见，单链表可由头指针唯一确定，在 C 语言中可用“结构指针”来描述，线性表的单链表存储结构定义如下：

```
Typedef  struct  Lnode{
Elemtype data;                  //结点的数据域
Struct lnode *next;             //结点的指针域
}Lnode, *Linklist;              //linklist 为指向结构体 Lnode 的指针类型
```

定义 Linklist 类型的变量 L，则 L 即为该单链表的头指针，它指向表中的第一个结点。若 L 的取值为“空”(L=NULL)，则所表示的线性表为空表，其线性表长度为 0。在线性表的链式存储中，为了便于插入和删除算法的实现，总是在链表的第一个结点之前附设一个头结点，其指针域(头指针)head 指向第一个结点的指针，即第一个元素结点的存储位置。头结点的数据域既可以不存储任何信息，也可以存储链表长度等信息。

2.3.2　单链表基本操作的实现

1. 单链表中的取值操作

在线性表的顺序存储结构中，由于逻辑上相邻的两个元素在物理位置上紧邻，因此每个元素的存储位置都可从线性表的起始位置计算得到。在单链表中，任何两个元素的存储位置之间没有固定的联系，但是每个元素的存储位置都包含在其直接前驱结点的信息之中。定义 p 为指向线性表中第 i 个数据元素(结点的数据域为 a_i)的指针，则 p_{i+1} 是指向第 i+1 个数据元素(结点的数据域为 a_{i+1})的指针。也就意味着如果 p->data=a_i，则 p->next->data=a_{i+1}。因此在单链表中，取得第 i 个数据元素必须从头指针开始出发寻找，不能够像线性表一样对数据元素进行随机的存取操作。下例是函数 GetElem 在单链表中的实现。

算法 2-1　单链表取值。其主要代码如下：

```
Status GetElem_L(LinkList L, int I, ElemType &e) {
// L 是带头结点的链表的头指针。如果单链表中存在第 i 个元素，
//则函数使用 e 返回第 i 个元素，否则返回 error。
   p = L->next; j = 1; // p 指向第一个结点，j 为计数器
   while (p && j<i) { p=p->next; ++j;}
   // 顺指针向后查找，直到 p 指向第 i 个元素或 p 为空
   if ( !p || j>i )
   return ERROR;          // 第 i 个元素不存在
   e = p->data;           // 取得第 i 个元素
   return OK;
}
```

该算法的基本操作是比较 j 与 i 并后移指针 p，while 循环体中的语句频度与被查元素在表中的位置有关。若 n≥i≥1，则频度为 i-1，否则频度为 n，因此该例的时间复杂度为 O(n)。

2. 单链表中的查找操作

链表中按值查找的操作过程与顺序表类似，采用的基本思路是从链表的头结点出发，依次将结点值和给定的值 x 进行比较，最终返回查找结果。

算法 2-2 单链表的按值查找。其主要代码如下：

```
LNode *LocateElem (LinkList L,  ElemType e) {
    //本算法查找单链表 L 中数据域值等于 e 的结点指针，否则返回 NULL
    LNode *p=L->next;
    while( p!=NULL && p->data!=e)    //从第 1 个结点开始查找 data 域为 e 的结点
         p=p->next;                  //p 指向下一个结点
    return p;                        //找到后返回该结点指针，否则返回 NULL
}
```

该算法的执行时间与待查找的值 e 相关，其平均时间复杂度类似于算法 2-1，也为 O(n)。

3. 单链表中数据元素的插入操作

在线性表中存在两个数据元素，其值分别为 x, y，要求在其中插入一个数据元素 z，已知 p 为其链表存储结构中指向结点 x 的指针，为插入数据元素 z，首先要生成一个数据域为 z 的结点，然后插入单链表中。在数据元素的插入过程中还需要对涉及结点 x 的指针域进行修改操作，令其指向结点 z。而结点 z 中的指针应指向结点 y，从而实现 3 个元素 x、y 和 z 之间逻辑关系的变化。定义 s 为指向结点 z 的指针，则上述插入操作过程中涉及的指针修改可以使用下列语句进行描述：

```
s->next=p->next;   //未插入之前将 z 的指针 s 与 x 的指针 p 均指向结点 y。
p->next=s;         //插入后，x 的指针 p 不再指向结点 y，而是指向结点 z。
```

单链表中插入数据元素的算法实现由下列的算法进行描述。

算法 2-3 单链表数据插入。其主要代码如下：

```
Status ListInsert_L(LinkList &L,int i,ElemType e){
    //在带头结点的单链表 L 中的第 i 个位置之前插入元素 e
    p=L,j=0;
    while(p&&j<i-1){p=p->next;++j;}       //寻找第 i-1 个结点
    if(!p||j>i-1)return ERROR;            //i 小于 1 或者大于表长加 1
    s=(LinkList)malloc(sizeof(LNode));    //生成新结点
    s->data=e;s->next=p->next;            //插入 L 中
    p->next=s;
    return OK;
}//ListInsert_L
```

需要注意的是与顺序表操作一致，如果单链表中有 n 个结点，则插入操作中合法的插入位置有 n+1 个，即 1≤i≤n+1。当 i=n+1 时，新结点插入链表尾部。

4. 单链表中数据元素的删除操作

讨论了数据元素的插入操作后，再来看数据元素的删除操作。在如图 2-5 所示的线性表中删除元素 b 时，要在单链表中实现元素 a、b 和 c 之间逻辑关系的变化，仅需修改结点 a 中的指针域即可。

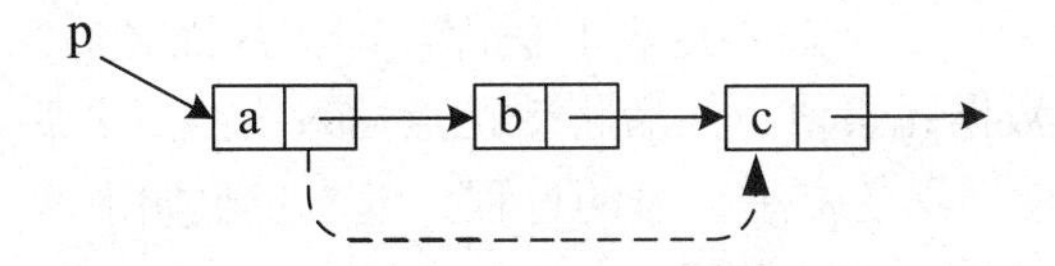

图 2-5　在单链表中删除结点时指针的变化情况

假设 p 为指向结点 a 的指针，则删除操作过程中涉及的指针修改可以使用下列语句进行描述：

```
p->next=p->next->next;
```

综合上面插入和删除两个操作实例可以看出，在已知链表中元素插入或删除的确切位置的情况下，在单链表中插入或删除一个结点时，仅需修改指针而不需要移动元素。

单链表中删除数据元素的算法由下列的算法 2-4 进行描述。

算法 2-4　单链表的删除。其主要代码如下：

```
Status ListDelete_L(LinkList &L,int I,ElemType &e){
    //在带头结点的单链表 L 中，删除第 i 个元素，并由 e 返回其值
    p=L,j=0;
    while(p&&j<i-1){p=p->next;++j;}      //寻找第 i 个结点，并令 p 指向其前驱结点
    if(!p->next||j>i-1) return ERROR;    //删除位置不合理
    q=p->next;p->next=q->next;           //删除并释放结点
    e=q->data;free(q);
    return OK;
}//ListDelete_L
```

通过分析上述单链表插入与删除数据元素的两个算法可以看出，其时间复杂度均为 O(n)。其原因在于，算法中为在第 i 个结点之前插入一个新结点或删除第 i 个结点，都必须首先要找到第 i-1 个结点，即需要修改指针的结点，而通过算法 2-1 的分析可以得知，它的时间复杂度为 O(n)。

5. 单链表的创建操作

在算法 2-3 与算法 2-4 的描述中，引入了 C 语言的两个标准函数 malloc 与 free。通常，在设有“指针”数据类型的高级语言中均存在与其相应的过程或函数来实现结点的创建与回收。在上面的算法描述中：s=(LinkList)malloc(sizeof(LNode))语句的功能即是由系统生成一个 LNode 型的结点，同时将该结点的起始位置赋予指针变量 s；而在算法描述中使用的 free(q)函数的作用是由系统回收一个 LNode 型的结点，回收后的空间可以为程序后续结点生成时再次使用。通过这种创建与回收的操作，使得单链表成为一种动态结构，这与顺序存储结构有着较大的不同。整个可用存储空间可以为多个链表共同享用，每个链表占用的

空间不需预先分配划定，而是可以由系统视需求即时生成。因此，建立线性表的链式存储结构的过程就是一个动态生成链表的过程。建立的过程就是从初始“空表”的初始状态开始，依次建立各元素结点，并逐个插入链表。

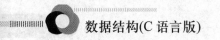

根据结点插入位置的不同，单链表的创建方法可以分为前插法与后插法。

1) 前插法创建单链表

前插法是通过将新结点逐个插入链表的头部，即头结点之后来创建链表，每次申请一个新结点，读入相应的数据元素值，然后将新结点插入头结点之后。

算法 2-5 描述使用前插法建立单链表的过程，基本步骤如下。

① 创建一个只有头结点的空链表。

② 根据待创建链表包括的元素个数 n，循环 n 次执行以下操作：生成一个新结点 p，输入元素值赋给新结点 p 的数据域，将新结点 p 插入头结点之后。

图 2-6 所示即为线性表(a, b, c, d, e)前插法的过程，因为每次插在链表的头部，所以应该倒序输入数据，即依次输入 e,d,c,b,a，输入顺序和线性表中的逻辑顺序是相反的。

前插法建立单链表的时间复杂度为 O(n)，其算法实现用下面的算法进行描述。

算法 2-5 前插法创建单链表，其主要代码如下：

```
void CreateList_L (LinkList&L, int n)
 {                                        // 逆序输入 n 个数据元素，建立带头结点的单链表
int i;
L = (LinkList) malloc(sizeof (LNode));
   L->next = NULL;                        // 先建立一个带头结点的单链表
    for (i = n; i>0; --i) {
      p = (LinkList) malloc (sizeof (LNode));   //生成新结点
      scanf("%c",&p->data);     // 输入元素值
      p->next = L->next;
      L->next = p;              // 插入表头
    }
} // CreateList_L
```

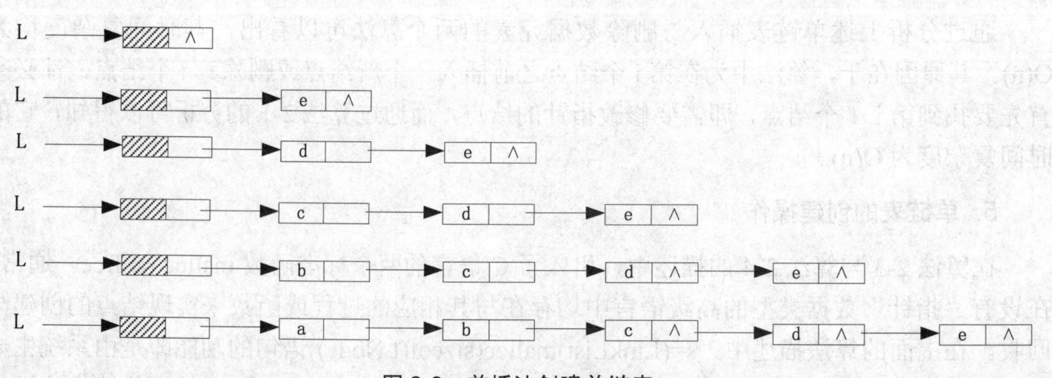

图 2-6 前插法创建单链表

2) 后插法创建单链表

前插法创建单链表虽然算法简单，但生成的链表中结点的次序和输入的顺序相反，若希望二者次序一致，可采用后插法创建单链表。该方法是将新结点插入当前链表的表尾，

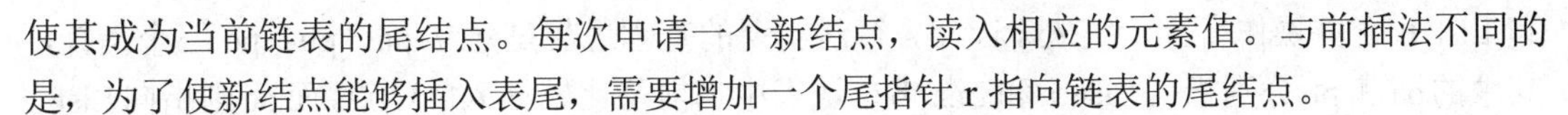

使其成为当前链表的尾结点。每次申请一个新结点，读入相应的元素值。与前插法不同的是，为了使新结点能够插入表尾，需要增加一个尾指针 r 指向链表的尾结点。

算法 2-6 描述使用后插法建立单链表的过程，基本步骤如下。

① 创建一个只有头结点的空链表。

② 初始化尾指针 r，指向头结点。

③ 根据创建单链表包括的元素个数 n，循环 n 次执行以下操作：生成一个新结点 p，输入元素值赋给新结点 p 的数据域，将新结点 p 插入尾结点 r 之后，尾指针 r 指向新的尾结点 p。

图 2-7 所示即为线性表(a, b, c, d, e)后插法的过程，输入数据的顺序和线性表中的逻辑顺序是相同的。

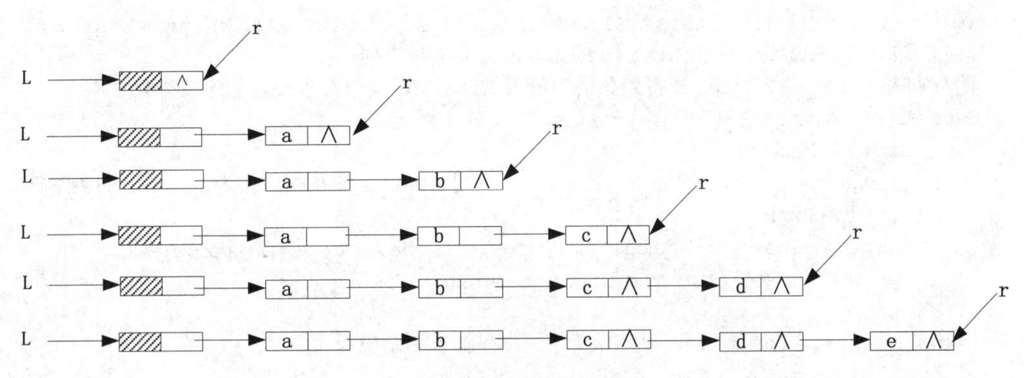

图 2-7　后插法创建单链表

算法 2-6　后插法创建单链表。其主要代码如下：

```
void  CreateList_R(LinkList&L, int n)
//后插法创建单链表，链表的头结点 head 作为返回值
{
    inti;
    L = (LinkList) malloc(sizeof (LNode));
    L->next = NULL;                         // 先建立一个带头结点的单链表
    r=L;                                    //尾指针 r 指向头结点
    for (i = 0; i<n;++i) {
        p = (LinkList) malloc (sizeof (LNode));   //生成新结点
        scanf("%c", &p->data);          // 输入元素值
        p->next=NULL;
        r->next= p;                         //将新结点 p 插入尾结点 r 之后
        r=p;                                //r 指向新的尾结点 p
    }
}
```

算法 2-6 的时间复杂度为 O(n)。

6. 两个有序单链表的合并操作

定义头指针为 List_a 和 List_b 的单链表分别为线性表 LA 和 LB 的存储结构，要将 List_a

和 List_b 合并操作得到新链表 List_c。算法实现的基本思想是建立 pa、pb、pc 三个指针，其中的pa和pb分别指向List_a和List_b单链表中当前待比较插入的结点，而pc则指向List_c表中当前最后一个结点。若 pa->data≤pb->data，则将 pa 所指结点链接到 pc 所指结点之后，否则将 pb 所指结点链接到 pc 所指结点之后。显然，指针的初始状态为：当 LA 和 LB 为非空表时，pa 和 pb 分别指向 List_a 和 List_b 表中第一个结点，否则为空；pc 指向空表 List_c 中的头结点。由于链表的长度为隐含的，则第一个循环执行的条件是 pa 和 pb 皆非空，当其中一个为空时，说明有一个表的元素已归并完，则只要将另一个表的剩余字段链接在 pc 所指结点之后即可。通过上述分析，两个有序单链表合并为一个有序单链表操作的算法实现可用算法 2-7 进行描述。

算法 2-7 有序单链表的合并。其主要代码如下：

```
void MergeList_L(LinkList &List_a,LinkList &List_b,LinkList &List_c)
{  //已知单链表 List_a 和 List_b 的元素按值非递减排列
   //归并 List_a 和 List_b 得到新的单链表 List_c，其值要求按值非递减排列
   pa=List_a->next;
   pb=List_b->next;
   List_c=pc=List_a;                  //用 List_a 的头结点作为 List_c 的头结点
    while (pa&&pb)
    {if (pa->data<=pb->data)     {pc->next=pa; pc=pa;pa=pa->next;   }
     else {pc->next=pb; pc=pb;pb=pb->next;   }
    }
    pc->next=pa?pa:pb;                //插入剩余段
    free(List_b);                     //释放 List_b 的头结点
}//MergeList_L
```

通过分析该算法可以看出，该算法的时间复杂度为 O(nlogn)，在归并两个链表为一个链表时，不需要另建新表的结点空间，而只需要将原来两个链表中结点之间的关系解除，重新按元素值非递减的关系将所有结点链接成一个链表即可。

【实例 2-7】设计一个算法，删除一个单链表 L 中元素最大值的结点。

要在单链表中删除一个结点，先要找到它的前驱结点，用指针 p 扫描整个单链表，pre 指向*p 结点的前驱结点，maxp 指向 data 域值最大的结点，maxpre 指向*maxp 结点的前驱结点。当单链表扫描完毕，删除*maxpre 结点后的结点，即删除了元素值最大的结点，算法描述如下：

```
void delmaxnode(LinkList *&L)
{
 LinkList *p=L->next,
*pre=L, *maxp=p, *maxpre=pre;
   while (p!=NULL)                  //用 p 扫描整个单链表，pre 始终指向其前驱结点
   {
      if (maxp->data<p->data)  //若找到一个更大的结点
      {
         maxp=p;                    //更改 maxp
         maxpre=pre;                //更改 maxpre
      }
      pre=p;                        //p、pre 同步后移一个结点
```

```
        p=p->next;
    }
    maxpre->next=maxp->next;      //删除*maxp 结点
    free(maxp);                   //释放*maxp 结点
}
```

【实例 2-8】设计一个算法，对已存在的带头结点的单链表 L 中的数据元素进行递增排序。

由于单链表 L 中有一个以上的数据结点，先构造只含一个数据结点的有序表(只含一个数据结点的单链表一定是有序列表)。然后扫描单链表 L 余下的结点*p，直到 p==NULL 为止。在有序表中通过比较查找插入*p 结点的前驱结点*pre，然后在*pre 结点之后插入*p 结点。该种插入算法的实质是直接插入排序法，相关的算法描述如下：

```
void sort(LinkList *&L)
{
    LinkList *p,*pre,*q;
    p=L->next->next;            //p 指向 L 的第 2 个数据结点
    L->next->next=NULL;         //构造只含一个数据结点的有序表
    while (p!=NULL)
    {
        q=p->next;              //q 保存*p 结点后继结点的指针
        pre=L;                  //从有序表开头进行比较，pre 指向插入*p 的前驱结点
        while (pre->next!=NULL && pre->next->data<p->data)
            pre=pre->next;      //在有序表中查找插入*p 的前驱结点*pre
        p->next=pre->next;      //在*pre 之后插入*p
        pre->next=p;
        p=q;                    //扫描原单链表余下的结点
    }
}
```

2.3.3　循环链表

循环链表是另一种形式的链式存储结构。它的特点是表中最后一个结点的指针域不再是空，而是指向表头结点，整个链表形成一个环，因此从表中任一结点出发均可找到链表中的其他结点。循环单链表的示意图如图 2-8 所示。

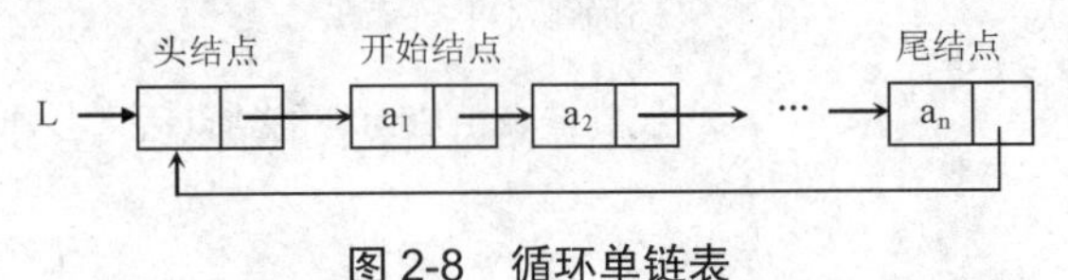

图 2-8　循环单链表

循环单链表的操作和单链表基本一致，两者的差别仅在于当链表进行遍历操作时，判别当前指针 p 是否指向表尾结点的终止条件不同。在单链表中，判别终止的条件是 p!=NULL 或 p->next!=NULL，而循环单链表的判别条件为 p!= L 或 p->next!= L。

在某些情况下，若在循环链表中设立尾指针而不设头指针，可以使得一些操作相对简单化。例如，在将两个线性表进行合并操作时，仅需将第一个表的尾指针指向第二个表的第一个结点，第二个表的尾指针指向第一个表的头结点，然后释放第二个表的头结点。

例如图 2-9 所示的两个设置尾指针的循环单链表。

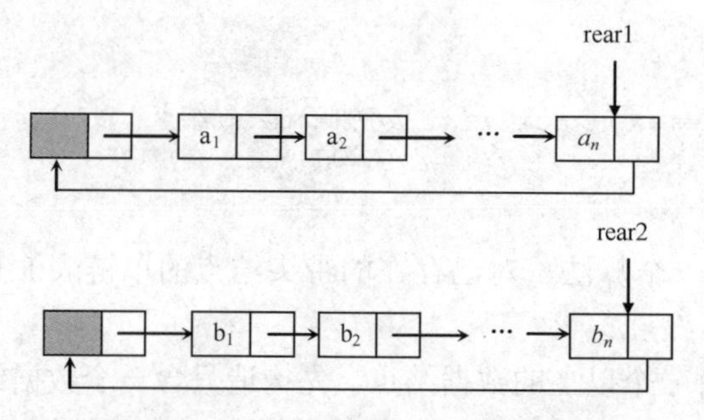

图 2-9　两个设置尾指针的循环单链表

进行合并操作仅需要改变两个指针值即可，其操作语句描述如下：

```
p=rear2->next->next;
rear2->next=rear1->next;
rear1->next=p;
```

该操作的时间复杂度为 O(1)，合并后的循环单链表如图 2-10 所示。

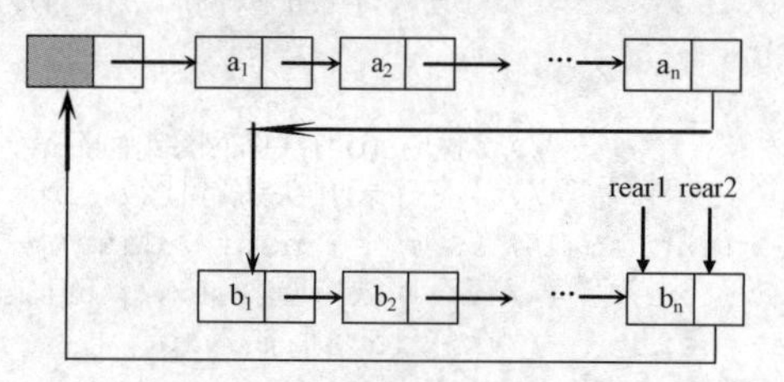

图 2-10　合并后的循环单链表

【实例 2-9】有一个带头结点的循环单链表 L，设计一个算法统计其 data 域值为 a 的结点个数。

该问题的求解过程是扫描整个循环单链表，使用变量 n 累计 data 域值为 a 的结点个数，算法设计如下：

```
int count(LinkList *L,ElemType a)
{  int n=0;
   LinkList *p=L->next;       //p 指向第 1 个数据结点，n 初值置为 0
   while (p!=L)               //扫描循环单链表 L
   {  if(p->data==a)
   n++;                       //找到链表中值为 a 的结点后将 n 加 1
      p=p->next;
   }
   return n
}
```

2.3.4　双向链表

双向链表(Double Linked List)指的是构成链表的每个结点中设立两个指针域：一个指向其直接前驱的指针域 prior，另一个指向其直接后继的指针域 next。这样形成的链表中有两个方向不同的链，故称为双向链表。

双向链表的结点的类型定义类似于单链表的类型定义，其 DLinkList 类型的定义如下:

```
typedef struct DNode        //声明双向链表结点类型
{  ElemType data;
   struct DNode *prior;     //指向前驱结点
   struct DNode *next;      //指向后继结点
}  DLinkList;
```

双向链表是为了克服单链表的单向性的缺陷而引入的，与单链表类似，双向链表一般增加头指针也能使双向链表上的某些运算变得方便。

1. 双向链表的建立

与采用头插法和尾插法建立单链表的方法类似，建立双向链表也有头插法和尾插法两种方法。

1)　采用头插法建立双向链表的算法

算法 2-8　双向链表的头插法创建方法。其主要代码如下：

```
void CreateListF(DLinkList *&L,ElemType a[],int n)
//头插法建立双向链表：由含有 n 个元素的数组 a 创建带头结点的双向链表 L
{  DLinkList *s; int i;
   L=(DLinkList *)malloc(sizeof(DLinkList));     //创建头结点
   L->prior=L->next=NULL;                        //前后指针域置为 NULL
   for (i=0;i<n;i++)                             //循环建立数据结点
   { s=(DLinkList *)malloc(sizeof(DLinkList));
    s->data=a[i];                                //创建数据结点*s
    s->next=L->next;                             //将*s 插入头结点之后
    if (L->next!=NULL)                           //若 L 存在数据结点，修改前驱指针
       L->next->prior=s;
    L->next=s;
    s->prior=L;
   }
}
```

2)　采用尾插法建立双向链表的算法

算法 2-9　双向链表的尾插法创建方法。其主要代码如下：

```
void CreateListR(DLinkList *&L,ElemType a[],int n)
//尾插法建立双向链表:由含有 n 个元素的数组 a 创建带头结点的双向链表 L
{  DLinkList *s,*r;
   int i;
   L=(DLinkList *)malloc(sizeof(DLinkList));//创建头结点
   r=L;                          //r 始终指向尾结点，开始时指向头结点
   for (i=0;i<n;i++)             //循环建立数据结点
   {  s=(DLinkList *)malloc(sizeof(DLinkList));
    s->data=a[i];                //创建数据结点*s
    r->next=s;s->prior=r;        //将*s 插入*r 之后
    r=s;                         //r 指向尾结点
   }
   r->next=NULL;                 //尾结点 next 域置为 NULL
}
```

2. 双向链表基本操作的实现

双向链表中基本的操作运算，例如求解链表长度、取数据元素值和查找数据元素等的算法与前文介绍的单链表的相应算法是相同的，在此就不再单独进行表述。但与单链表操作不同的是：在进行结点插入与删除时，单链表只涉及前后结点中一个结点的指针域操作，而在双向链表操作时需要涉及前后两个结点的指针域操作，复杂程度上有所增加。下面分别介绍双向链表结点的插入与删除操作算法。

1) 双向链表的结点插入

假设在双向链表中 p 指针所指结点之后插入一个*s 结点，其指针的变化过程如图 2-11 所示。

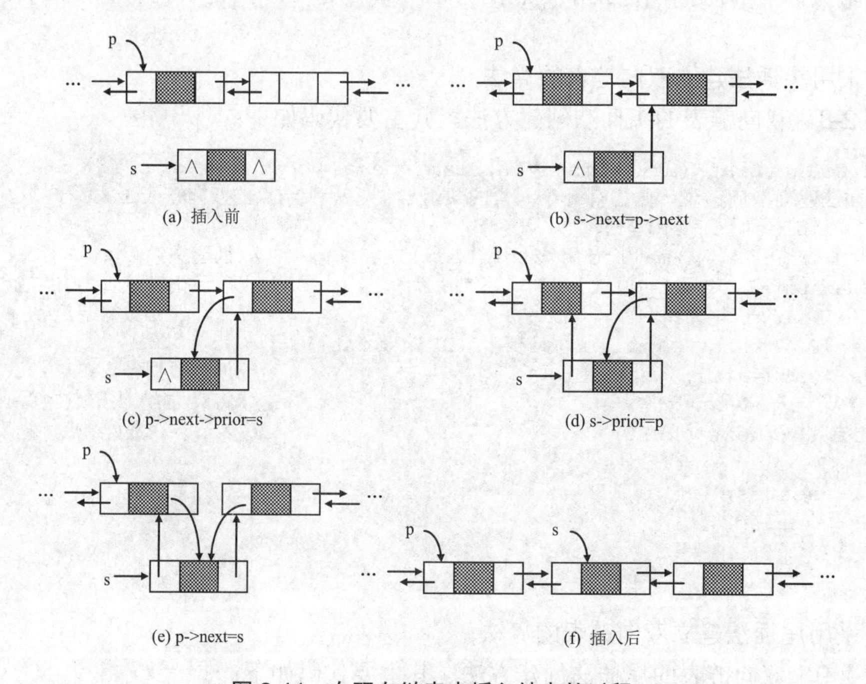

图 2-11 在双向链表中插入结点的过程

该过程的操作语句可以进行以下描述，整个过程涉及 4 个指针域的修改操作：

```
s ->next=p->next;            //将*s 结点插入*p 结点之后
p->next->prior=s;            //原*p 结点的后继结点中的前驱指针域指向*s 结点
s->prior=p;                  //将*s 结点的前驱指针指向*p 结点
p->next =s;                  //将*p 结点的后继指针指向*s 结点
```

在双向链表 L 中的第 i 个位置插入值为 e 的结点的算法如下。

算法 2-10 双向链表结点插入：

```
Bool ListInsert(DLinkList *&L,int i,ElemType e)
{  int j=0;
   DLinkList *p=L,*s;                //p 指向头结点，j 设置为 0
   while (j<i-1 && p!=NULL)          //查找第 i-1 个结点
   { j++;
```

```
        p=p->next;
    }
    if (p==NULL)                    //未找到第 i-1 个结点，返回 false
        return false;
    else                            //找到第 i-1 个结点*p，在其后插入新结点*s
    { s=(DLinkList *)malloc(sizeof(DLinkList));
        s->data=e;                  //创建新结点*s
        s->next=p->next;            //在*p 之后插入*s 结点
        if (p->next!=NULL)          //若存在后继结点，修改其前驱指针
            p->next->prior=s;
        s->prior=p;
        p->next=s;
        return true;
    }
}
```

本算法的时间复杂度为 O(n)，其中 n 为双向链表中数据结点的个数。

2)　双向链表的结点删除

假设对双向链表 L 中*p 结点的后继结点进行删除操作，其指针的变化过程如图 2-12 所示。

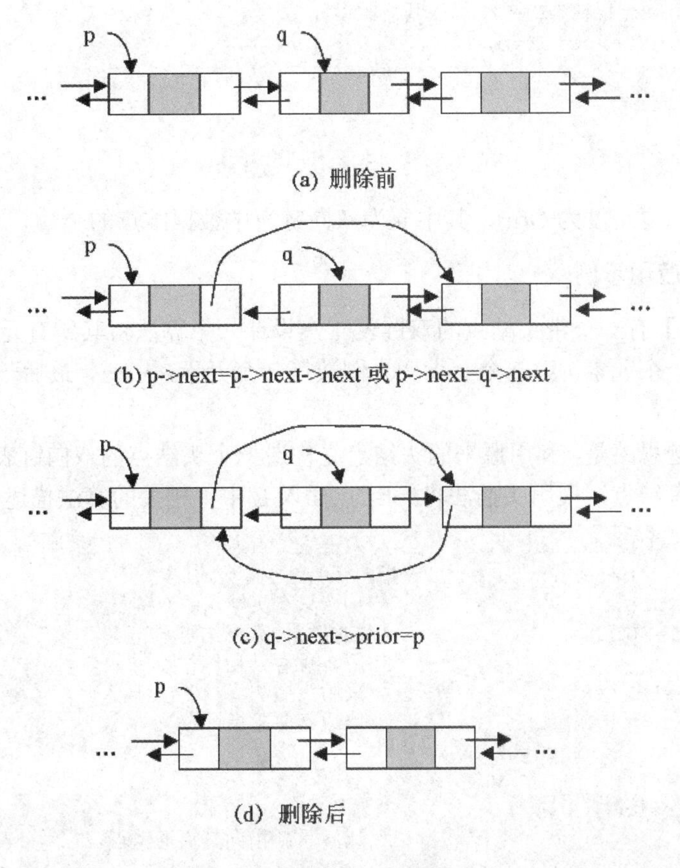

图 2-12　双向链表中删除结点的过程

该过程的操作语句可以进行如下描述，与插入结点相比只涉及两个指针域的修改操作：

```
p->next=q->next;//从单链表中删除*q 结点
p->next->prior=p;//修改其前驱指针
```

在双向链表 L 中删除第 i 个结点的算法如下。

算法 2-11 双向链表结点删除：

```
bool ListDelete(DLinkList *&L,int i,ElemType &e)
{  int j=0; DLinkList *p=L,*q;  //p 指向头结点，j 设置为 0
   while (j<i-1 && p!=NULL)          //查找第 i-1 个结点
   { j++;
    p=p->next;
   }
   if (p==NULL)            //未找到第 i-1 个结点
    return false;
   else                    //找到第 i-1 个结点*p
   { q=p->next;            //q 指向第 i 个结点
    if (q==NULL)           //当不存在第 i 个结点时返回 false
       return false;
    e=q->data;
    p->next=q->next;      //从单链表中删除*q 结点
    if (p->next!=NULL)  //修改其前驱指针
        p->next->prior=p;
    free(q);               //释放*q 结点
    return true;
   }
}
```

本算法的时间复杂度为 O(n)，其中 n 为双向链表中数据结点的个数。

3. 双向链表应用示例

【实例 2-10】有一个带头结点的双链表 L，设计一个算法将其所有元素逆置，即第 1 个元素变为最后一个元素，第 2 个元素变为倒数第 2 个元素，……，最后一个元素变为第 1 个元素。

该例题的解题思路是，利用原来的头结点先构造一个头结点的双向链表 L，用 p 指针扫描双向链表的所有结点，采用头插法将*p 结点插入 L 中，相关的算法描述如下：

```
void reverse(DLinkList *&L)      //双链表结点逆置
{  DLinkList *p=L->next,*q; //p 指向开头结点
   L->next=NULL;                  //构造只有头结点的双链表 L
   while (p!=NULL)                //扫描 L 的数据结点
   { q=p->next;                   //用 q 保存其后继结点
    p->next=L->next;              //采用头插法将*p 结点插入
    if (L->next!=NULL)            //修改其前驱指针
       L->next->prior=p;
    L->next=p;
    p->prior=L;
    p=q;                          //让 p 重新指向其后继结点
   }
}
```

2.4　线性表的应用

2.4.1　有序表的合并

【实例 2-11】有顺序表 A 和 B，其元素均按从小到大的升序排列，编写一个算法将它们合并成一个顺序表 C，要求 C 的元素也是按从小到大的升序排列。

算法思路：依次扫描 A 和 B 的元素，比较当前元素的值，将较小值的元素赋给 C，如此直到一个线性表扫描完毕，然后将未完的那个顺序表中的余下部分赋给 C 即可。C 的容量要能够容纳 A、B 两个线性表相加的长度。算法设计如下：

```
void merge(SeqList A, SeqList B, SeqList *C)
{ int i,j,k;
  i=0;j=0;k=0;
  while ( i<=A.last && j<=B.last )
  if (A.date[i]<B.date[j])
  C->data[k++]=A.data[i++];
  else C->data[k++]=B.data[j++];
  while (i<=A.last )
  C->data[k++]= A.data[i++];
  while (j<=B.last )
  C->data[k++]=B.data[j++];
  C->last=k-1;
}
```

算法的时间性能是 O(m+n)，其中 m 是 A 的表长，n 是 B 的表长。

2.4.2　一元多项式的表示及相加

在介绍线性表的数据类型定义时提到了一元多项式可以抽象成一个线性表，而对于线性表的两种存储结构，一元多项式可以有两种存储表示方法。在实际的应用程序中取用哪一种，则要视多项式作何种运算而定。若只对多项式进行“求值”等不改变多项式的系数和指数的运算，宜采用顺序表的顺序存储结构，否则应采用链式存储表示。本节讨论如何利用单链表的基本操作来实现一元多项式的运算。

抽象数据类型一元多项式定义如下：

```
ADT Polynomial {
数据对象：
D={a_i|a_i∈TermSet, i=1,2,…,m, m≥0
TermSet 中的每个元素包含一个表示系数的实数和表示指数的整数 }
数据关系：
R1={<a_{i-1},a_i>| a_{i-1},a_i∈D, 且 a_{i-1} 中的指数值< a_i 中的指数值, i=1,2,…,n}
基本操作：
CreatePolyn(&P,m)
操作结果：输入 m 项的系数和指数，建立一元多项式 P。
DestroyPolyn(&P)
```

```
初始条件：一元多项式 P 已存在。
操作结果：销毁一元多项式。
PrintPolyn(P)
初始条件：一元多项式 P 已存在。
操作结果：打印输出一元多项式 P。
PolynLength(P)
初始条件：一元多项式 P 已存在。
操作结果：返回一元多项式 P 中的项数。
AddPolyn(&Pa，&Pb)
初始条件：一元多项式 Pa 与 Pb 已存在。
操作结果：完成多项式相加运算，即 Pa=Pa+Pb，并销毁一元多项式 Pb。
SubtractPolyn(&Pa，&Pb)
初始条件：一元多项式 Pa 与 Pb 已存在。
操作结果：完成多项式相减运算，即 Pa=Pa-Pb，并销毁一元多项式 Pb。
MultiplyPolyn(&Pa，&Pb)
初始条件：一元多项式 Pa 与 Pb 已存在。
操作结果：完成多项式乘运算，即 Pa=Pa*Pb，并销毁一元多项式 Pb。
} ADT Polynomial
```

实现上述定义的一元多项式，显然应采用链式存储结构。例如图 2-13 中的两个线性链表存储的分别是一元多项式 $A(x)=8+4x+10x^8+6x^{17}$ 和 $B(x)=9x+23x^7-9x^8$。从图中可以看到每个结点表示多项式中的一项。

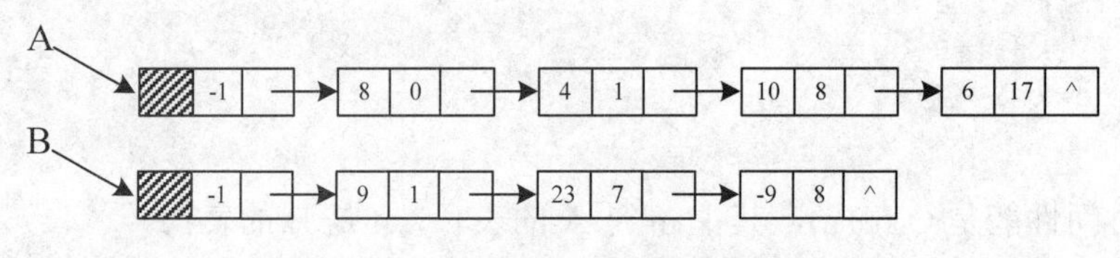

图 2-13　一元多项式的单链表存储结构

下面我们来讨论如何使用这种链式存储结构实现多项式的加法运算。根据一元多项式相加的运算规则：对于两个一元多项式中所有指数相同的项，对应系数相加，若其和不为零，则构成“和多项式”中的一项；对于两个一元多项式中所有指数不相同的项，则分别抄送到“和多项式”中。

在此，按照上述抽象数据类型 Polynomial 中基本操作的定义，“和多项式”链表中的结点无须另生成，而应该从两个多项式的链表中摘取。运算规则如下：假设指针 qa 和 qb 分别指向多项式 A 和多项式 B 中当前进行比较的某个结点，则比较两个结点中的指数项，有下列三种情况。

(1) 指针 qa 所指结点的指数值<指针 qb 所指结点的指数值，则应摘取指针 qa 所指结点插入“和多项式”链表中；

(2) 指针 qa 所指结点的指数值>指针 qb 所指结点的指数值，则应摘取指针 qb 所指结点插入“和多项式”链表中；

(3) 指针 qa 所指结点的指数值=指针 qb 所指结点的指数值，则将两个结点中的系数相加，若结果不为零，则修改 qa 所指结点的系数值，释放 qb 所指结点；反之，从多项式 A 的链表中删除相应结点，并释放指针 qa 和 qb 所指结点。

上述多项式的相加过程与前文介绍的两个有序单链表归并的过程较为类似，不同之处仅在于多项式相加中数据元素的比较相对复杂，出现的情况较多；而有序单链表的归并过程中对数据元素的比较只出现两种情况。两者都可以通过使用单链表的基本操作来完成。

对于一元多项式的链表类型的定义，需要注意的是，算法中需要采用有序链表来表示。有序链表的基本类型定义与线性单链表的类型定义对比，有两处较大的区别：一是 LocateElem 的职能不同，二是需增加按有序关系进行插入的操作 OrderInsert，相关的类型定义说明如下：

```
Status LocateElem(LinkList L,ElemType e, Position &q,int
(*compare)(ElemType,ElemType));
//若有序链表 L 中存在与 e 满足判定函数 compare()取值为 0 的元素，则 q 指示 L 中
//第一个值为 e 的结点的位置，并返回 TRUE；否则 q 指示第一个与 e 满足判定函数
//compare()取值大于 0 的元素的前驱位置，并返回 FALSE。
Status OrderInsert(LinkList &L,ElemType e, int (*compare)(ElemType,
ElemType));
//按有序判定函数 compare()的约定，将值为 e 的结点插入有序链表 L 的适当位置。
```

【实例 2-12】抽象数据类型 Polynomial 的实现。其主要代码如下：

```
typedefstruct {
   float  coef;                      //定义系数
   intexpn;                          //定义指数
}term,ElemType ;                     //定义两个类型名：term 用于本 ADT,ElemType 为
                                     //LinkList 的数据对象名
typedef LinkList polynomial;         //用带头结点的有序链表表示多项式
   //---------基本操作的函数原型说明---------
void CreatePolyn(polynomial &p,int m)
   //输入 m 项的系数和指数,建立表示一元多项式的有序链表
void DestroyPolyn(polynomial &p)
   //销毁一元多项式 P
void PrintPolyn(polynomial P)
   //打印输出一元多项式
int PolyLength(polynomial P)
   //返回一元多项式 P 中的项数
void AddPolyn(polynomial &Pa,polynomial &Pb)
   //完成多项式相加运算,即 Pa=Pa+Pb,并销毁一元多项式 Pb。
void SubtractPolyn(polynomial &Pa,polynomial &Pb)
   //完成多项式相减运算,即 Pa=Pa-Pb,并销毁一元多项式 Pb。
void MultiPolyn(polynomial &Pa,polynomial &Pb)
   //完成多项式相乘运算,即 Pa=Pa*Pb,并销毁一元多项式 Pb。
   // -----------基本操作的算法描述(部分)-----------
int cmp(term a,term b );
   //依 a 的指数值<(或=)(或>)b 的指数值,分别返回-1、0 和+1
void creatPolyn(polynomial&P, int m){
   //输入 m 项的系数和指数,建立表示一元多项式的有序链表 P
InitList(p);
h=Gethead(P);
e.coef=0.0; e.expn=-1;
SetCurelem(h,e);                          //设置头结点的数据元素
```

```
for(i=1;i<=m;i++){                              //依次输入 m 个非零项
   scanf(e.coef, e.expn)
if(!LocateElem(P,e,q,(*cmp)())){    //当前链表中不存在该指数项
if(MakeNode(s,e)) InsFirstr(q,s);        //生成结点并插入链表
  }
}
}//CreatPolyn
```

【实例 2-13】多项式加法函数 AddPolyn 的实现。其主要代码如下：

```
void AddPolyn(polynomial &Pa,polynomial &Pb)
{    //多项式相加运算,即 Pa=Pa+Pb,利用两个多项式的结点构成“和多项式”。
 ha=GetHead (Pa);
 hb=GetHead(Pb);                 //ha 和 hb 分别指向 Pa 和 Pb 的头结点
 qa=NextPos(Pa,ha);
 qb=NextPos(Pb,hb);              //qa 和 qb 分别指向 Pa 和 Pb 中的当前结点
 while(qa&&qb){//qa 和 qb 均非空
    a=GetCurElem(qa);
    b= GetCurElem(qb);          //a 和 b 为两表中的当前比较元素
    switch(*cmp(a,b)){
        case -1: /               //多项式 Pa 中当前结点的指数值小
          ha=qa; qa=NextPos(Pa,qa); break;
        case 0:
          sum=a.coef+b.coef;
             if(sum!=0.0){    //修改多项式 Pa 中当前结点的系数值
               SetCurElem(qa,sum); ha=qa;}
             else{               //删除多项式 Pa 中的当前结点
               DelFirst(ha,qa); FreeNode(qa);}
             DelFirst(hb,qb); FreeNode(qb); qb=NextPos(Pb,hb);
             qa=NextPos(Pa,ha); break;
        case 1:                  //多项式 Pb 中当前结点的指数值小
          DelFirst(hb,qb);InsFirst(ha,qb);
          qb=NextPos(pb,hb); ha=NextPos(Pa,ha);break;
    }//switch
 }//while
 if(!ListEmpty(Pb))Append(Pa,Pb);    //链接 Pb 中的剩余结点
 Freenode(hb);                        //释放 Pb 中的头结点
}
```

本 章 小 结

线性表是整个数据结构课程的重要基础，它有着广泛的应用。例如存储管理本质上就是利用线性表管理可以利用的空间。而且，线性表还可以作为基本成分构建复杂的数据结构，例如散列方法就是把顺序表和链表结合起来的一种数据结构。

本章的主要内容如下。

(1) 理解线性表的逻辑结构特性。线性表的逻辑结构特性是指数据元素之间存在着线性关系，在计算机中使用顺序存储结构(顺序表)与链式存储结构(链表)两种不同的存储结构来表示这种关系。

(2) 对于顺序表，逻辑线性关系是通过元素存储位置的相邻性来反映的，可借助数组来表示，给定数组的下标，便可以存取相应的元素，称为随机存取结构。而对于链表，是依靠指针来反映其线性逻辑关系的，链表结点的存取都要从头指针开始，依链表顺序前后扫描，所以不属于随机存取结构，是一种特殊的顺序存取结构。两者不同的结构特点也决定了它们适用于不同的应用场合，满足不同的数据存取需要。

顺序表是组织数据的最简单方法，具有易用、空间开销较小以及对元素随机访问等特点，是存储静态数据的理想选择。例如，若经常对线性表进行按位置的访问，而且按位读操作比插入/删除操作频繁时，宜使用顺序表，因为链表扫描浏览比按顺序表下标读元素要费时。此外指针本身的存储开销也需要考虑，如果与结点内容所占空间相比，指针所占的比例较大时(超过 1∶1)，应该慎重选择。

链表适用于那些频繁增删结点的应用。当线性表中经常要插入/删除内部数据元素时，不宜使用顺序表，因为顺序表的插入/删除操作平均情况下需要移动表中一半的元素。另外对于处理事先无法确定长度的线性表时，链表的使用成本较小，而不宜使用顺序表。

(3) 对于链表，除了常用的单链表外，本章还介绍了两种特殊的链表形式，分别为循环单链表与双向链表。

在学习完本章内容后，应熟练掌握顺序表和链表的创建算法，数据元素查找、插入与删除算法，并能够设计出线性表应用的常用算法，比如线性表的合并等。同时还要求能够从时间和空间复杂度的角度比较两种存储结构的不同特点及适用场合，明确各自的优缺点。

习　　题

一、单选题

1. 在表长为 n 的顺序表上做插入运算，平均要移动的结点数为(　　)。

   A. n　　B. n/2　　C. n/3　　D. n/4

2. 在一个单链表中，若 P 所指结点不是最后结点，在 P 之后插入 S 所指结点，则执行(　　)。

   A. S->link=P->link;P->link=S　　B. P->link=S->link;S->link=P;

   C. P->link=P;P->link=S;　　D. P->link=S;S->link=P;

3. 在已知头指针的单链表中，要在其尾部插入一个新结点，其算法所需的时间复杂度为(　　)。

   A. O(1)　　B. O($\log_2 n$)　　C. O(n)　　D. O(n^2)

4. 对于只在表的首、尾两端进行插入操作的线性表，宜采用的存储结构为(　　)。

   A. 顺序表　　B. 用头指针表示的单循环链表

   C. 用尾指针表示的单循环链表　　D. 单链表

5. 线性表是(　　)。

   A. 一个有限序列，可以为空　　B. 一个有限序列，不能为空

   C. 一个无限序列，可以为空　　D. 一个无限序列，不能为空

6. 在 n 个结点的双链表的某个结点前插入一个结点的时间复杂度是(　　)。

A. O(n)　　B. O(1)　　C. $O(\log_2 n)$　　D. $O(n^2)$

7. 线性表采用链式存储时，结点的地址(　　)。

A. 必须是连续的　　B. 必须是不连续的

C. 连续与否均可　　D. 必须有相等的间隔

8. 在单链表中，增加头结点的目的是(　　)。

A. 使单链表至少有一个结点　　B. 标志表中首结点位置

C. 方便运算的实现　　D. 说明单链表是线性表的链式存储实现

9. 带头结点的单链表 head 为空的判定条件是(　　)。

A. head = NULL;　　B. head - > link = NULL;

C. head - > link = head;　　D. head ! = NULL;

10. 在一个具有 n 个结点的有序单链表中插入一个新结点并仍然有序的时间复杂度为(　　)。

A. O(1)　　B. O(n)　　C. $O(n^2)$　　D. $O(\log_2 n)$

11. 下列有关线性表的叙述中，正确的是(　　)。

A. 线性表中的元素之间是线性关系

B. 线性表中至少有一个元素

C. 线性表中任何一个元素有且仅有一个直接前驱

D. 线性表中任何一个元素有且仅有一个直接后继

12. 在单链表中，存储每个结点需有两个域，一个是数据域，另一个是指针域，它指向该结点的(　　)。

A. 直接前驱　　B. 直接后继　　C. 开始结点　　D. 终端结点

13. 将两个各有 n 个元素的有序表归并成一个有序表，其最少的比较次数是(　　)。

A. n　　B. 2n−1　　C. 2n　　D. n−1

14. 链表不具有的特点是(　　)。

A. 随机访问　　B. 不必事先估计存储空间

C. 插入删除时不需移动元素　　D. 所需的空间与线性表成正比

15. 在一个单链表中，已知 q 所指结点是 p 所指结点的直接前驱，若在 p，q 之间插入 s 结点，则执行的操作是(　　)。

A. s->link=p->link;p->link=s;　　B. q->link=s;s->link=p;

C. p->link=s->link;s->link=p;　　D. p->link=s;s->link=q;

二、算法设计题

1. 写一算法实现：在带头结点单链表 list 中第 i 个元素之前插入元素值 x。

2. 试写一算法，实现顺序表的就地逆置，即利用原表的存储空间将线性表$(a_1, a_2,\cdots, a_n)$逆置为$(a_n, a_{n-1},\cdots, a_1)$。

第3章

栈和队列

本章要点

(1) 栈的定义及其两种实现方式;
(2) 栈的应用;
(3) 利用栈实现递归的方法;
(4) 队列的定义及其两种实现方式;
(5) 队列的应用。

学习目标

(1) 了解栈与队列的定义及其两种实现方式;
(2) 掌握栈与队列的应用。

从数据结构的定义来说，栈和队列是两种应用非常广泛的数据结构，其本质也是一种来自线性表的数据结构，但是一种“操作受限”的线性表。其与线性表的不同之处在于，栈和队列的相关运算具有一定的特殊性，它们是线性表运算的一个子集。更准确地说，一般线性表上的插入、删除运算不受限制，而栈和队列上的插入、删除等运算均受到某种特殊的限制。

本章将讨论栈和队列的基本概念、存储结构、基本操作以及这些操作的具体实现。

3.1 栈

栈是常用的重要数据结构之一，应用十分广泛，栈在计算机中的实现主要有两种方式。

(1) 硬堆栈:利用 CPU 中的某些寄存器组或类似的硬件或使用内存的特殊区域来实现。这类堆栈容量有限，但速度很快。

(2) 软堆栈：这类堆栈主要在内存中实现。堆栈容量可以达到很大，在实现方式上，又有动态方式和静态方式两种。

本节主要介绍软堆栈的相关内容，包括栈的定义、两种栈的存储表示与实现方式。

3.1.1 栈的类型定义

栈(Stack)是限制在表的一端进行插入和删除操作的线性表，又称为后进先出(Last In First Out，LIFO)或先进后出(First In Last Out，FILO)线性表。对栈来言，其表尾端有特殊含义，体现在操作的特殊性方面，只能在尾端进行数据结点的插入、删除操作，称其为栈顶(Top)，用栈顶指针(top)来指示栈顶元素。与此相对，栈的另一端称为栈底(Bottom)，是固定端。由栈操作的特殊性可知，最后插入栈中的元素是最先被删除或读取的元素，而最先压入的元素则被放在栈的底部，要到最后才能取出。换而言之，栈的修改是按照后进先出的原则进行的。因此通常栈被称为后进先出表，简称 LIFO 表，如图 3-1 所示。

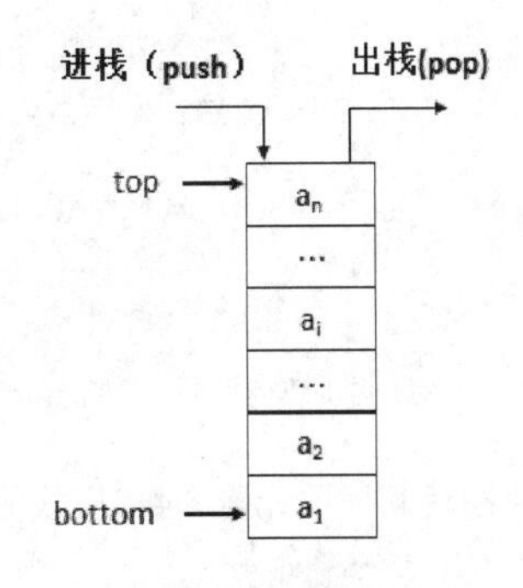

图 3-1　栈的示意图

在实际应用过程中，例如大型火车站用于调度火车头方向的调度栈结构、碗橱里的一叠盘子等都可以视为栈的模型。尽管操作受限降低了栈的灵活性，但也正因为如此而使得栈更有效且更容易实现。栈的应用非常广泛，并因此形成了栈的一些特殊术语。习惯上将往栈里插入元素称为 push 操作，简称为压栈或入栈；删除栈顶元素被称为 pop 操作，简称为出栈或弹出。如同线性表可以有空表一样，当栈中没有元素时称为空栈。例如刚建立的栈一般是空栈，随着栈中所有元素的删除，栈也会由非空栈变为空栈。

【实例 3-1】对于一个栈，给出输入项为 A、B、C，如果输入项序列由 ABC 组成，试给出所有可能的输出序列。

(1) A 进—A 出—B 进—B 出—C 进—C 出，输出序列为 ABC；

(2) A 进—A 出—B 进—C 进—C 出—B 出，输出序列为 ACB；

(3) A 进—B 进—B 出—A 出—C 进—C 出，输出序列为 BAC；

(4) A 进—B 进—B 出—C 进—C 出—A 出，输出序列为 BCA；

(5) A 进—B 进—C 进—C 出—B 出—A 出，输出序列为 CBA。

而所有序列中不可能产生的输出序列是 CBA。

【实例 3-2】一个栈的输入序列是 1 2 3 4 5，若在入栈的过程中允许出栈，则栈的输出序列 4 3 5 1 2 可能实现吗？1 2 3 4 5 的输出呢？

4 3 5 1 2 不可能实现，主要原因在于序列中的 1 2 顺序不能实现。

1 2 3 4 5 的输出可以实现，只需压入一个元素后立即弹出该元素即可以实现。

基于栈的特性，定义在栈的抽象数据类型中的运算包括进栈 push、出栈 pop、读栈顶 top 等常用操作以及判断栈是否为空栈的 isEmpty 和栈是否已满的 isFull 等边界判断操作。下面给出栈的抽象数据类型的定义：

```
ADT Stack{
数据对象：
D ={ ai|ai∈ElemSet,  i=1,2,…,n,n≥0 }
数据关系：
R ={<ai-1, ai>|ai-1,ai∈D,  i=2,3,…,n }
基本操作：
InitStack(&S)
操作结果：构造一个空栈 S。
DestroyStack(&S)
初始条件：栈 S 已存在。
```

```
操作结果：栈 S 被销毁。
ClearStack(&S)
初始条件：栈 S 已存在。
操作结果：将 S 清为空栈。
StackEmpty(S)
初始条件：栈 S 已存在。
操作结果：若栈 S 为空栈,则返回 TRUE,否则返回 FALSE。
StackLength(S)
初始条件：栈 S 已存在。操作结果：返回 S 的元素个数,即栈的长度。
GetTop(S,&e)
初始条件：栈 S 已存在且非空。操作结果：用 e 返回 S 的栈顶元素。
Push(&S, e)
初始条件：栈 S 已存在。操作结果：插入元素 e 为新的栈顶元素。
Pop(&S,&e)
初始条件：栈 S 已存在且非空。操作结果：删除 S 的栈顶元素,并用 e 返回其值。
} ADT Stack
```

本书在以后各章引用的栈大多为加上定义的数据类型，栈的数据元素类型在应用程序内定义，并称插入元素的操作为入栈，删除栈顶元素的操作为出栈。同时需要指出的是，栈的抽象数据类型也并不是唯一的，针对具体应用的不同要求，操作函数可以适当增删。例如，栈的链表实现中并不需要判断栈是否为满，某些实现中也许会把读取栈顶元素的 get top 操作和出栈操作 pop 合二为一。

栈的实现与其存储结构相关，同线性表类似，栈也有两种典型的存储实现方法，分别称为顺序栈与链栈。

3.1.2 顺序栈的表示和实现

采用顺序存储结构的栈称为顺序栈(array-based stack)，需要一块连续区域来存储栈中的元素，因此需要事先知道或估算栈的大小。

顺序栈本质上是简化的顺序表，对元素数目为 n 的栈，首先需要确定数组的哪一端表示栈顶。如果把数组下标为 0 的位置作为栈顶，按照栈的定义，所有的插入和删除操作都在下标为 0 的位置上进行，即意味着每次的 push 或 pop 操作都需要把当前栈的所有元素在数组中后移或前移一个位置，时间代价为 O(n)。反之，如果把下标为 n-1 的数组最后一个元素作为栈顶，那么只需将新元素添加在表尾，出栈操作也只需删除表尾元素，每次操作的时间代价仅为 O(1)。

顺序栈在实现时，通常采用一个整型变量 top(通常称为栈顶指针)来指示当前栈顶位置，同时也可表示当前栈中元素的个数。以 top=0 表示空栈，由于 C 语言中数组的下标均约定是从 0 开始的，则当以 C 语言作为顺序栈的描述语言时，如此设定会带来较大的不便，因此另设指针 base 指示栈底元素在顺序栈中的位置，当 top=base 时表示空栈。

顺序栈的定义如下：

```
# define STACK__INIT__SIZE   100;//存储空间初始分配量
#define LISTINCREMENT 10; //存储空间分配增量
typedef structure{
```

```
    SElemType *base; //栈底指针，在构造和销毁之前为null
    SElemType *top;  //栈顶指针
    int stacksize; //当前已分配的存储空间，以元素为单位
}SqStack;
```

其中，stacksize 指示栈的当前可使用的最大容量。base 可称为栈底指针，在顺序栈中它始终指向栈底的位置，若 base 的值为 NULL，则表明栈结构不存在。top 为栈顶指针，其初值指向栈底，栈空的标记为 top=base。

栈的初始化操作是按设定的初始分配量进行第一次存储分配；每当插入新的栈顶元素时(入栈)，堆栈指针 top+1；删除栈顶元素时(出栈)，堆栈指针 top−1；因此非空栈中的栈顶指针始终在栈顶元素的下一个位置。图 3-2 所示为顺序栈中数据元素和栈指针之间的对应关系。

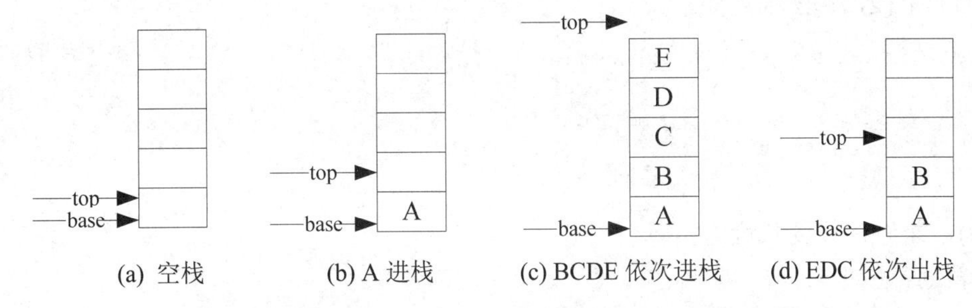

图 3-2　顺序栈中数据元素和栈指针之间的对应关系

由于顺序栈的插入和删除只在栈顶进行，因此顺序栈的基本操作比顺序表要简单得多，以下给出顺序栈部分操作的实现。

1)　顺序栈的初始化操作

顺序栈的初始化操作实质就是构造一个空栈，为顺序栈动态分配一个预定义大小的数组空间。示意图如图 3-3 所示。

初始化操作的基本步骤如下。

(1)　分配空间并检查空间是否分配失败，若失败则返回错误。

(2)　设置栈底和栈顶指针。

```
S.top = S.base;
```

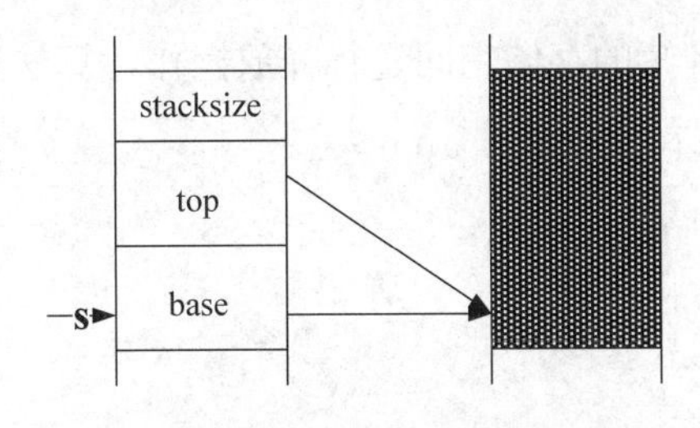

图 3-3　顺序栈初始化操作示意图

(3)　设置栈的大小，将 stacksize 的值设置为 MAXSIZE。

算法描述如下：

```
Status InitStack( SqStack &S )
```

```
{
    S.base =new SElemType[MAXSIZE];
//为顺序栈动态分配一个最大容量为 MAXSIZE 的数组空间
    if( !S.base )
    return OVERFLOW;                          // 存储空间分配失败
    S.top = S.base;                           //top 初始值设置为 base，表示为空栈
    S.stackSize = MAXSIZE;                    //stackSize 的值设置为栈的最大容量 MAXSIZE
    return OK;
}
```

2) 判断顺序栈是否为空栈

判断顺序栈是否为空栈的基本原则就是 top 与 base 指针是否一致，如一致则为空栈，否则为非空栈，算法描述如下：

```
bool StackEmpty( SqStack S )
{
    if(S.top == S.base) return true;
    elsereturn false;
}
```

3) 求顺序栈的长度

算法描述如下：

```
int StackLength( SqStack S )
{
    return S.top - S.base;
}
```

4) 顺序栈的清空操作

算法描述如下：

```
Status ClearStack( SqStack S )
{
    if( S.base ) S.top = S.base;
    return OK;
}
```

5) 销毁顺序栈操作

销毁顺序栈操作即是将 S 的存储空间进行释放操作，算法描述如下：

```
Status DestroyStack( SqStack &S )
{
    if( S.base )
    {
        delete S.base ;
        S.stacksize = 0;
        S.base = S.top = NULL;
    }
 return OK;
}
```

6)　顺序栈的进栈(入栈)操作

进栈操作即指在栈顶插入一个新的元素，操作的基本步骤如下。

(1)　判断是否栈满，若满则出错；

(2)　元素 e 压入栈顶；

(3)　栈顶指针加 1。

算法描述如下：

```
Status Push( SqStack &S, SElemType e)
{
   if( S.top - S.base== S.stacksize ) // 栈满
      return ERROR;
   *S.top++=e;                          //元素 e 压入栈顶，栈顶指针加 1
   return OK;
}
```

7)　顺序栈的出栈操作

出栈操作即指在栈顶删除一个元素，操作的基本步骤如下。

(1)　判断是否栈空，若空则出错；

(2)　获取栈顶元素 e；

(3)　栈顶指针减 1。

算法描述如下：

```
Status Pop( SqStack &S, SElemType &e)
{
   if( S.top == S.base )   // 栈空
      return ERROR;
   e= *--S.top;            //栈顶指针减 1，将栈顶元素赋值给 e
   return OK;
}
```

8)　取顺序栈的栈顶元素

当顺序栈非空时，此操作返回当前栈顶元素的值，栈顶指针保持不变。操作的基本步骤如下。

(1)　判断是否空栈，若空则返回错误；

(2)　否则通过栈顶指针获取栈顶元素。

算法描述如下：

```
Status GetTop( SqStack S, SElemType &e)
{
   if( S.top == S.base ) return ERROR;     //栈空
   e = *( S.top - 1 );            //返回当前栈顶元素的值，栈顶指针保持不变
   return OK;
}
```

相关说明：

(1)　对于顺序栈，入栈时首先要判断堆栈是否满了，栈满的条件为 S.top - S.base== S.stacksize。当栈满时不能进行入栈操作，否则会出现溢出，引起错误，这种现象称为溢出。

(2) 出栈和读栈顶元素操作，先判断栈是否为空，为空时不能出栈和读栈顶元素，否则会产生错误。通常程序设计过程中将栈空作为一种控制转移的条件。

(3) 顺序栈和顺序表一样，受到最大空间容量的限制，虽然可以在“满员”时重新分配空间、扩大容量，但工作量较大，应该尽量避免。因此在应用程序无法预先估计栈可能达到的最大容量时，还是应该使用后面章节中介绍的链栈。

【实例 3-3】编写一个算法，利用顺序栈判断一个字符串是否是对称串。所谓对称串是指从左向右读和从右向左读的序列相同。

解析：对于字符串 str，先将其所有元素进栈。然后从头开始扫描 str，并出栈元素，将两者进行比较，若不相同则返回 false。当 str 扫描完毕仍没有返回时返回 true。实际上，从头开始扫描 str 是从左向右读，出栈序列是从右向左读，两者相等说明该串是对称串。算法描述如下：

```
#include "sqstack.cpp"
bool symmetry(ElemType str[])
{
    int i;  ElemType e;
    SqStack *st;
    InitStack(st);              //初始化栈
    for (i=0;str[i]!='\0';i++)  //将串的所有元素进栈
        Push(st, str[i]);       //元素进栈
    for (i=0;str[i]!='\0';i++)
    {
        Pop(st, e);             //退栈元素 e
        if (str[i]!=e)          //若 e 与当前串元素不同则不是对称串
        {
            DestroyStack(st);   //销毁栈
            return false;
        }
    }
    DestroyStack(st);           //销毁栈
    return true;
}

void main()
{
    ElemType str[]="1234321";
    if (symmetry(str))
        printf("%s 是对称串\n", str);
    else
        printf("%s 不是对称串\n", str);
}
```

3.1.3 链栈的表示和实现

采用链式存储的栈称为链栈，这里采用单链表来实现。与顺序栈相比，链栈的优点是不存在栈满上溢的情况。这里规定栈的所有操作都是在单链表的表头进行的，用带头结点

的单链表表示链栈。由于只能在链表头部进行操作，故链表可以不必像单链表那样附加头结点。第一个数据结点是栈顶结点，最后一个结点是栈底结点。栈中元素自栈顶到栈底依次是 $a_1, a_2, \cdots, a_n$，如图 3-4 所示。

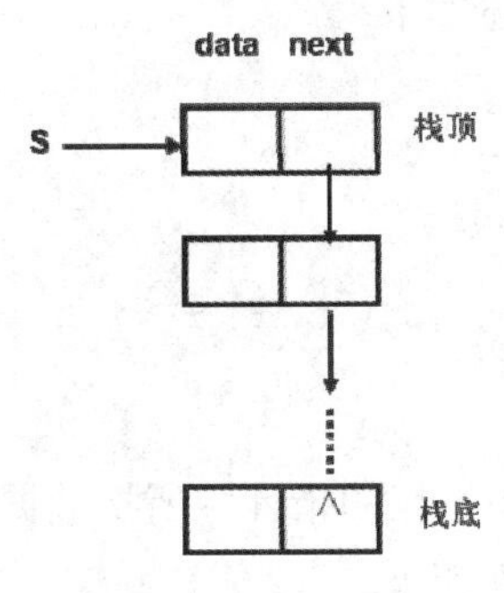

图 3-4　链栈示意图

链栈中数据结点的类型 LiStack 定义如下：

```
typedef struct node
{ ElemType data;
  struct node *next;
} LinkStack;
```

下面给出链栈部分操作的实现。

1)　初始化栈操作

链栈初始化操作的实质是建立一个空栈 s。实际上是创建链栈的头结点，并将其 next 域置为 NULL。对应的算法描述如下:

```
void InitStack(LiStack *&s)
{ s=(LiStack *)malloc(sizeof(LiStack));  //构造一个空栈 s，栈顶指针置空。
 s->next=NULL;
}
```

2)　入栈操作

对于链栈而言，其入栈操作将新数据结点插入头结点之后。但与顺序栈的入栈操作相比，不同的是链栈在入栈之前不需要判断栈是否已满，只需要为入栈的数据元素动态分配一个结点空间即可。入栈操作的基本步骤如下。

(1)　为入栈元素 e 分配空间，使用指针 p 指向该空间。

(2)　将新结点数据域置为 e。

(3)　将新结点插入栈顶。

(4)　修改栈顶指针 p。

对应的算法描述如下:

```
void Push(LiStack *&s, ElemType e)
{  LiStack *p;
   p=(LiStack *)malloc(sizeof(LiStack));
   p->data=e;                            //新建元素 e 对应的结点*p
   p->next=s                    //插入*p 结点作为开始结点
```

```
    s =p;                                 //修改栈顶指针为 p
}
```

3) 判断链栈是否为空

判断链栈是否为空的算法描述如下：

```
Status StackEmpty(LinkStack S)
{
   if (S==NULL) return TRUE;
   else return FALSE;
}
```

4) 出栈操作

在链栈不为空的条件下，将头结点的指针域所指数据结点的数据域赋给 e，然后将该数据结点删除释放。算法的基本步骤如下。

(1) 判断链栈是否为空栈，若为空栈则返回 ERROR；

(2) 将栈顶元素赋值给 e；

(3) 临时保存栈顶元素的空间，以待释放；

(4) 修改栈顶指针，指向新的栈顶元素；

(5) 释放原栈顶元素的空间。

出栈操作的算法具体描述如下：

```
Status Pop (LinkStack &S, SElemType&e)
{
    if (S==NULL) return ERROR;  //栈空
   e = S-> data;                //将栈顶元素赋值给 e
   p = S;                       //用 p 临时保存栈顶元素空间，以待释放
   S = S-> next;                //修改栈顶指针
   free(p);                     //释放原栈顶元素的空间
   return OK;
}
```

5) 取栈顶元素

与顺序栈一样，当栈非空时，此操作返回当前栈顶元素的值，栈顶指针 S 保持不变。

```
SElemType GetTop(LinkStack S)
{
    if (S==NULL)
      exit(1);
        else                 //栈非空
    return S->data;          //栈顶指针不变，取栈顶元素值
}
```

6) 求链栈的长度

从第一个数据结点开始扫描单链表，用 i 记录访问的数据结点个数，最后返回 i 值。对应的算法描述如下：

```
int StackLength(ListStack *L)
{
```

```
    int i=0;
    ListStack *p;
    p=L->next;
    while (p!=NULL)
    {   i++;p=p->next;   }
    return(i);
}
```

7)　显示栈中元素 DispStack(L)

从第一个数据结点开始扫描单链表，并输出当前访问结点的数据域值。对应的算法描述如下：

```
void DispStack(ListStack *L)
{   ListStack *p=L->next;
    while (p!=NULL)
    {   printf("%c ", p->data);
        p=p->next;
    }
    printf("\n");
}
```

8)　销毁栈

释放栈 L 占用的全部存储空间。对应的算法描述如下：

```
void ClearStack(ListStack *&L)
{   ListStack *p=L->next;
    while (p!=NULL)
    {   free(L);
        L=p;
        p=p->next;
    }
}
```

【实例 3-4】编写一个算法判断输入的表达式中括号是否配对(假设式中只含有左、右圆括号)。

该算法在表达式括号配对时返回 true，否则返回 false。设置一个顺序栈 St，扫描表达式 exp，遇到左括号时进栈；遇到右括号时，若栈顶为左括号，则出栈，否则返回 false。当表达式扫描完毕，栈为空时返回 true，否则返回 false。

具体的算法描述如下：

```
bool Match(char exp[], int n)
{  int i=0; char e; bool match=true; SqStack *st;
   InitStack(st);                //初始化栈
   while (i<n && match)          //扫描 exp 中所有字符
   { if (exp[i]=='(')            //当前字符为左括号，将其进栈
        Push(st, exp[i]);
     else if (exp[i]==')')     //当前字符为右括号
     {  if (GetTop(st, e)==true)
        { if (e!='(')            //栈顶元素不为'('时表示不匹配
             match=false;
```

```
          else
             Pop(st, e);          //将栈顶元素出栈
        }
        else  match=false;        //无法取栈顶元素时表示不匹配
    }
    i++;                          //继续处理其他字符
  }
  if (!StackEmpty(st))            //栈不空时表示不匹配
    match=false;
  DestroyStack(st);               //销毁栈
  return match;
}
```

3.2 栈的应用

由于栈结构具有后进先出的特性，致使栈成为程序设计中的特殊工具，本节主要讨论与栈应用相关的典型示例。

3.2.1 数制转换

十进制数据 N 与其他 d 进制数的转换是计算机实现科学计算的基本问题，其解决方法有很多，其中一个较为典型的算法是利用辗转相除法，其基本原理是：

$$N = (N \text{ div } d)\times d + N \text{ mod } d$$

其中，div 为整除运算，mod 为求余运算。

例如，$(3467)_{10} = (6613)_8$ 的运算过程如下：

N	N div 8(整除)	N mod 8(取余)
3467	433	3
433	54	1
54	6	6
6	0	6

该算法所转换的八进制数据是按低位到高位的顺序产生的，而通常的输出是从高位到低位的，恰好与计算过程相反，因此转换过程中每得到一位八进制数据则进栈保存，转换完毕后依次出栈则正好是转换结果。

算法的设计思想描述如下：

设栈 S，当 N>0 时，重复步骤(1)与(2)。

(1) 若 N 不为 0，则将 N mod 8 压入栈 S 中，执行步骤(2)。

若 N=0，将栈 S 的内容依次出栈，算法结束。

(2) 用 N div 8 的值代替 N。

具体的算法描述如下：

```
void Conversion(int N)
{  //对于任意的一个非负十进制数N，打印出与其等值的二进制数
SqStack *S;              //定义栈S
```

```
int x;
 InitStack(&S);          //初始化栈
 while(N>0)  {x=N%2;
            Push(&S, x);
             N=N/r;}
 while(!IsEmpty(S))
    {Pop(&S, &x);
printf("%d", x); }
}
# defin L 10
void conversion(int N, int r)
{int s[L], top;          //定义一个顺序栈
Int x;
top=-1;                  //初始化栈
while (N!=0)
  {s[++top]=N%r;         //余数入栈
N=N/r;                   //商作为被除数继续后续操作
  }
while (top !=-1)
  {x=s[top--];
printf("%d", x);
 }
}
```

上述算法实现中对栈的操作调用了相关函数，如对余数的入栈操作调用了 Push 函数，使问题的解决层次更加清楚，也可以直接使用数组 s 与变量 top 作为一个栈来使用。在学习数据结构的过程中，初学者往往将栈视为一个很复杂的数据结构类型，对其使用较为不解，通过这个例子可以较好地消除栈应用的复杂感。当应用程序中需要使用与数据保存顺序相反的数据时，应当考虑使用栈来解决。

3.2.2 行编辑程序

一个简单的行编辑程序的功能是接受用户从终端输入的程序或数据，并存入用户的数据区。由于用户在终端进行输入时，不能保证不出差错，因此若在编辑程序中，“每接受一个字符即存入用户数据区”的做法显然不是最恰当的。较好的做法是，设立一个输入缓冲区，用于接收用户输入的一行字符，然后逐行存入用户数据区。允许用户输入出差错，并在发现有误时可以及时更正。例如，当用户发现输入的一个字符是错的时，可补进一个退格符“#”，以表示前一个字符无效；如果发现当前输入的行内差错较多或难以补救，则可以输入一个退行符“@”，以表示当前行中的字符均无效。例如，假设从终端接受了这样两行字符：

```
whli##ilr#e(s#*s)
  outcha@putchar(*s=#++);
```

则实际有效的是下列两行：

```
while (*s)
  putchar(*s++);
```

因此可以设这个输入缓冲区为一个栈结构，每当从终端接受了一个字符之后先做如下判断：如果它既不是退格符也不是退行符，则将该字符压入栈顶；如果是一个退格符，则从栈顶删去一个字符；如果它是一个退行符，则将字符栈清为空栈。上述处理过程可以使用以下算法描述。

```
typedef char SElemType;
FILE *fp;

void copy(SElemType c){//将字符 c 送至 fp 所指的文件中
    fputc(c, fp);
}
void LineEdit(){//利用字符栈 s，从终端接收一行并送至调用过程的数据区
    SqStack s;
    char ch;
    InitStack(s);
    printf("请输入一个文本文件，^z 结束输入：\n");
    ch = getchar();
    while (ch != EOF)//当全文未结束(EOF 为^Z 键，全文结束符)
    {
        while (ch != EOF && ch != '\n'){//当全文未结束且未到行末(不是换行符)
            switch (ch)
            {
            case '#':if (!StackEmpty(s))
                Pop(s, ch);//仅当栈非空时弹出栈顶元素，c 可由 ch 替代
                break;
            case '@':ClearStack(s);
                break;
            default:Push(s, ch);
                break;
            }
            ch = getchar();
        }//到行末或全文结束，退出此层循环
        StackTraverse(s, copy);//将从栈底到栈顶的栈内字符依次传送至文件(调用 copy()
函数)
        fputc('\n', fp);//向文件输入一个换行符
        ClearStack(s);//重置 s 为空栈
        if (ch != EOF)//全文未结束
            ch = getchar();
    }
    DestroyStack(s);
}
```

3.2.3 迷宫求解

问题引入：迷宫求解是实验心理学中的一个经典问题，心理学家把一只老鼠从一个无顶盖的大盒子的入口处赶进迷宫，迷宫中设置很多墙壁格，对前进方向形成了多处障碍，心理学家在迷宫的唯一出口处放置了一块奶酪，吸引老鼠在迷宫中寻找通路以到达出口。

求解思想：回溯法是一种不断试探且及时纠正错误的搜索方法。下面的求解过程采用

回溯法。从入口出发，按某一方向向前探索，若能走通(未走过的)，即某处可以到达，则到达新点，否则试探下一方向；若所有的方向均没有通路，则沿原路返回前一点，换下一个方向再继续试探，直到所有可能的通路都探索到，或找到一条通路，或无路可走又返回到入口点。

在求解过程中，为了保证在到达某一点后不能向前继续行走(无路)时，能正确返回前一点以便继续从下一个方向向前试探，则需要用一个栈保存所能够到达的每一点的下标及从该点前进的方向。

1. 需解决的基本问题

本问题的求解需要解决以下四个基本问题。

1)　使用适当的数据结构表示迷宫

设迷宫为 m 行 n 列，利用 maze[m][n]来表示一个迷宫，maze[i][j]=0 或 1；其中，0 表示通路，1 表示不通，当从某点向下试探时，中间点有 8 个方向可以试探(见图 3-5)，而四个角点有 3 个方向，其他边缘点有 5 个方向，为使问题简单化，我们用 maze[m+2][n+2]来表示迷宫，而迷宫四周的值全部为 1。这样做使问题简单了，每个点的试探方向全部为 8，不用再判断当前点的试探方向有几个，同时与迷宫周围是墙壁这一实际问题相一致。

如图 3-5 表示的迷宫是一个 6×8 的迷宫。其中 1 代表有障碍，0 代表无障碍，前进的方向有 8 个，分别是上、下、左、右、左上、左下、右上、右下。

		0	1	2	3	4	5	6	7	8	9	
入口(1, 1)	0	1	1	1	1	1	1	1	1	1	1	
	1	1	0	1	1	1	0	1	1	1	1	
	2	1	1	0	1	0	1	1	1	1	1	
	3	1	0	1	0	0	0	0	0	1	1	
	4	1	0	1	1	1	0	1	1	1	1	
	5	1	1	0	0	1	1	0	0	0	1	
	6	1	0	1	1	0	0	1	1	0	1	
	7	1	1	1	1	1	1	1	1	1	1	出口(6,8)

图 3-5　迷宫示意图

入口坐标为(1,1)，出口坐标为(m,n)，本示例中入口为(1,1)，出口为(6,8)。

本例中迷宫的定义如下：

```
#define  m  6                    //迷宫的实际行
#define  n  8                    //迷宫的实际列
Int  maze  [m+2][n+2];
```

2)　试探方向

在上述表示迷宫的情况下，每个点有 8 个方向可以试探，如当前点的坐标(x,y)，与其相邻的 8 个点的坐标都可根据与该点的相邻方位而得到，如图 3-6 所示。

因为出口在(m,n)，因此试探顺序规定为：从当前位置向前试探的方向为从正东沿顺时

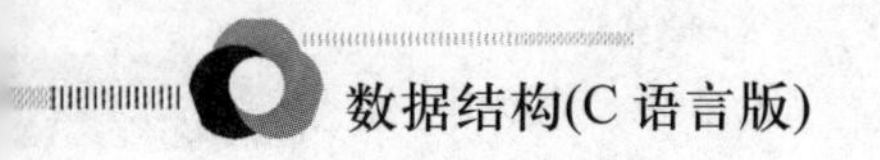

针方向进行。为了简化问题，方便地求出新点的坐标，将从正东开始沿顺时针进行的这 8 个方向的坐标增量放在一个结构数组 move[8]中，在 move 数组中，每个元素由两个域组成，x：横坐标增量，y：纵坐标增量。move 数组如图 3-7 所示。

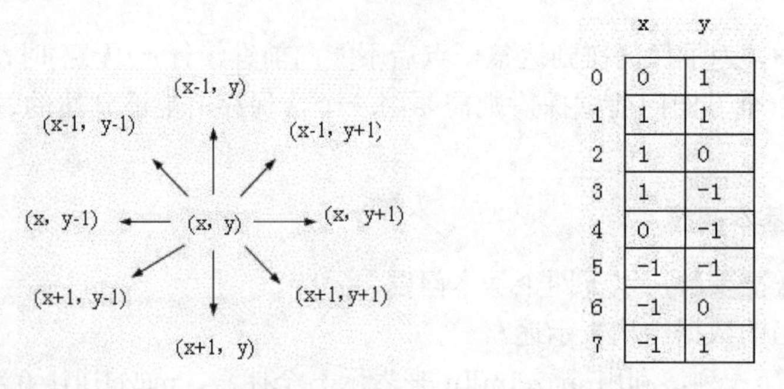

	x	y
0	0	1
1	1	1
2	1	0
3	1	-1
4	0	-1
5	-1	-1
6	-1	0
7	-1	1

图 3-6　与点(x，y)相邻的 8 个点及坐标　　　　图 3-7　增量数组 move

move 数组的定义如下：

```
typedef  struct
{int  x,y
}item;
item  move[8];
```

这种对 move 的设计会很方便地求出从某点(x,y)按某一方向 v (0<=v<=7) 到达的新点(i，j)的坐标：

```
i=x+move[v].x;
j=y+move[v].y;
```

3)　栈的设计

当到达了某点而无路可走时需返回前一点，再从前一点开始向下一个方向继续试探。因此，压入栈中的不仅是顺序到达的各点的坐标，而且还要有从前一点到达本点的方向。对于图 3-5 所示迷宫，依次入栈的示意图如图 3-8 所示。

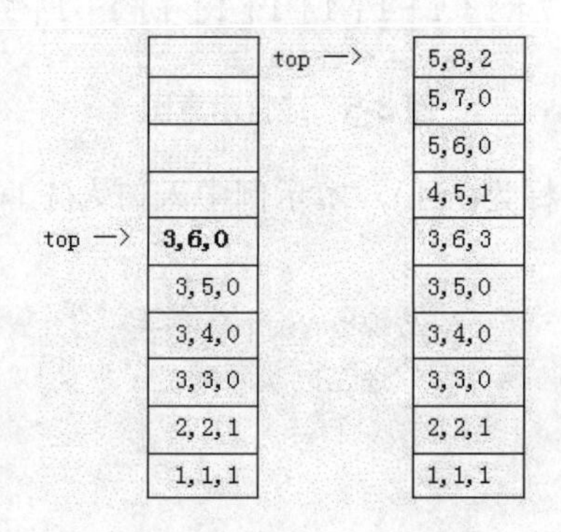

图 3-8　迷宫入栈示意图

栈中每一组数据是所到达的每点的坐标及后续行走方向，对于图 3-5 所示迷宫，走的路线为：$(1,1)_1$→$(2,2)_1$→$(3,3)_0$→$(3,4)_0$→$(3,5)_0$→$(3,6)_0$(下脚标表示方向)，当从点(3,6)沿方向 0

到达点(3,7)之后，无路可走，则应回溯，即退回到点(3,6)，对应的操作是出栈，沿下一个方向即方向 1 继续试探，方向 1、2 试探失败，在方向 3 上试探成功，因此将(3,6,3)压入栈中，即到达了(4,5)点。

行走路线可以表示为：$(1, 1)_1 \rightarrow (2, 2)_1 \rightarrow (3, 3)_0 \rightarrow (3, 4)_0 \rightarrow (3, 5)_0 \rightarrow (3, 6)_3 \rightarrow (4, 5) \cdots$

综上可以看出，本示例中的栈元素是一个由行、列、方向组成的三元组，栈元素的设计如下：

```
typedef  struct
{int  x,y,d;                          //横纵坐标及方向
}datatype;
```

栈的定义为：

```
SeqStack  s;
```

4)　迷宫中如何防止重复到达某点，以避免发生死循环

一种方法是另外设置一个标志数组 mark[m][n]，它的所有元素都初始化为 0，一旦到达某一点(i，j)之后，使 mark[i][j]置 1，下次再试探这个位置时就不能再走了。另一种方法是当到达某点(i，j)后，使 maze[i][j]置-1，以便区别未到达过的点，同样也能达到防止走重复点的目的。本书采用后一种方法，算法结束前可恢复原迷宫。

2. 算法的描述

在分析解决了迷宫求解过程中的主要问题之后，求解的主要算法思想的自然语言描述示意如下。

(1)　栈初始化；

(2)　将入口点坐标及到达该点的方向(设为-1)入栈；

(3)　while (栈不空)。

```
{栈顶元素=>(x,y,d)
出栈;
求出下一个要试探的方向 d++ ;
while  (还有剩余试探方向时)
{  if  (d 方向可走)
    则  {(x,y,d)入栈;
      求新点坐标  (i, j);
      将新点(i,j)切换为当前点(x,y);
      If  ((x,y)=  =(m,n))结束;
        else 重置 d=0;
      }
    else  d++;
  }
}
```

以下是该迷宫求解算法的具体实现：

```
int  path(int  maze[m][n],item  move[8])
{SeqStack  *s;
datetype  temp ;
```

```
int  x,y,d,i,j;
s=init_seqstack();                        //建立空栈
temp.x=1;temp.y=1;temp.d=-1;
Push_SeqStack(s,temp);                    //入口进栈
while(!Empty_SeqStack(s))
{  Pop_SeqStack(s,&temp);
x=temp.x;  y=temp.y;  d=temp.d+1;         //回到上一位置进行下一个方向的试探
while  (d<8)                              //还有方向可试
{  i=x+move[d].x;  j=y+move[d].y ;
If  (maze[i][j]==0)                       //判断是否可到达
{  temp={x,y,d};                          //记录当前的坐标及方向
Push_SeqStack(s,temp);                    //坐标及方向入栈
x=i;  y=j;  maze[x][y]=-1 ;               //到达新点
if  (x==m&&y=  =n)  return  1;            //是出口则迷宫有路
else  d=0;                                //不是出口继续试探
}
Else  d++;
}                                         //while(d<8)
}                                         //while
Return  0;                                //迷宫无路
}
```

该算法的结果代表的是栈中保存的就是一条迷宫的通路。

3.2.4 表达式求值

表达式求值是程序设计语言编译中一个最基本的问题。它的实现也是需要栈的加入。下面的算法是运算符优先法对表达式求值。

表达式是由运算对象、运算符、括号组成的有意义的式子。运算符从运算对象的个数上分，有单目运算符和双目运算符；从运算类型上分，有算术运算、关系运算、逻辑运算。在此仅限于讨论只含二目运算符的算术表达式。

1. 中缀表达式求值

中缀表达式：每个二目运算符在两个运算量的中间，假设所讨论的算术运算符包括：+ 、−、*、/、%、^(乘方)和括号()。

设运算规则为：

(1) 运算符的优先级为：()——> ^ ——> *、/、%——> +、- ；

(2) 有括号出现时先算括号内的，后算括号外的，多层括号，由内向外进行运算；

(3) 乘方连续出现时先算最右面的。

表达式作为一个满足表达式语法规则的串存储，如表达式“3*2^(4+2*2-1*3)-5”，它的求值过程为：自左向右扫描表达式，当扫描到 3*2 时不能马上计算，因为后面可能还有更高的运算，正确的处理过程是：需要两个栈：对象栈 s1 和运算符栈 s2。当自左至右扫描表达式的每一个字符时，若当前字符是运算对象，入对象栈，是运算符时，若这个运算符比栈顶运算符高则入栈，继续向后处理，若这个运算符比栈顶运算符低，则从对象栈出栈

两个运算量，从运算符栈出栈一个运算符进行运算，并将其运算结果入对象栈，继续处理当前字符，直到遇到结束符。

根据运算规则，左括号“(”在栈外时它的级别最高，而进栈后它的级别则最低了；乘方运算的结合性是自右向左，所以，它的栈外级别高于栈内；就是说有的运算符栈内栈外的级别是不同的。当遇到右括号“)”时，一直需要对运算符栈出栈，并且做相应的运算，直到遇到栈顶为左括号“(”时，将其出栈，因此右括号“)”级别最低但它是不入栈的。对象栈初始化为空，为了使表达式中的第一个运算符入栈，运算符栈中预设一个最低级的运算符“(”。根据以上分析，每个运算符栈内、栈外的级别如表 3-1 所示。

表 3-1 运算符栈内、栈外级别

运 算 符	栈内级别	栈外级别
∧	3	4
*、/、%	2	2
+、-	1	1
(	0	4
)	−1	−1

中缀表达式“3*2^(4+2*2−1*3) −5”求值过程中，两个栈的状态情况如表 3-2 所示。

表 3-2 中缀表达式求值过程示例

读 字 符	对象栈 s1	运算符栈 s2	说 明
3	3	(	3 入栈 s1
*	3	(*	*入栈 s2
2	3,2	(*	2 入栈 s1
^	3,2	(*^	^入栈 s2
(	3,2	(*^(	(入栈 s2
4	3,2,4	(*^(	4 入栈 s1
+	3,2,4	(*^(+	+入栈 s2
2	3,2,4,2	(*^(+	2 入栈 s1
*	3,2,4,2	(*^(+*	*入栈 s2
2	3,2,4,2,2	(*^(+*	2 入栈 s1
−	3,2,4,4	(*^(+	做 2+2=4，结果入栈 s1
	3,2,8	(*^(	做 4+4=8，结果入栈 s2
	3,2,8	(*^(−	−入栈 s2
1	3,2,8,1		1 入栈 s2
*	3,2,8,1	(*^(−*	*入栈 s2
3	3,2,8,1,3	(*^(−*	3 入栈 s1
)	3,2,8,3	(*^(−	做 1*3=3，结果 3 入栈 s1

续表

读 字 符	对象栈 s1	运算符栈 s2	说　明
	3,2,5	(*^(	做 8-3，结果 5 入栈 s2
	3,2,5	(*^	(出栈
-	3,32	(*	做 2^5，结果 32 入栈 s1
	96	(	做 3*32，结果 96 入栈 s1
	96	(-	-入栈 s2
	96,5	(-	5 入栈 s1
结束符	91	(	做 96-5，结果 91 入栈 s1

为了处理方便，编译程序常把中缀表达式首先转换成等价的后缀表达式，后缀表达式的运算符在运算对象之后。在后缀表达式中，不再引入括号，所有的计算按运算符出现的顺序，严格从左向右进行，而不用再考虑运算规则和级别。中缀表达式“3*2^(4+2*2-1*3)-5”的后缀表达式为“32422*+13*-^*5-”。

2. 后缀表达式求值

计算一个后缀表达式，算法上比计算一个中缀表达式简单得多。这是因为表达式中既无括号又无优先级的约束。具体做法：只使用一个对象栈，当从左向右扫描表达式时，每遇到一个操作数就送入栈中保存，每遇到一个运算符就从栈中取出两个操作数进行当前的计算，然后把结果再入栈，直到整个表达式结束，这时送入栈顶的值就是结果。

下面是后缀表达式求值的算法，在下面的算法中假设，每个表达式是合乎语法的，并且假设后缀表达式已被存入一个足够大的字符数组 A 中，且以‘#’为结束字符，为了简化问题，限定运算数的位数仅为一位且忽略了数字字符串与相对应的数据之间的转换问题。

```
Typedef  char datetype;
Double  calcul_exp(char  *A)
{    /*本函数返回由后缀表达式 A 表示的表达式运算结果*/
Seq_Starck  s;
ch=*A++;Init_SeqStack(s);
while(ch!='#')
{
If  (ch!=运算符)  Push_SeqStack(s,ch);
else{Pop_SeqStack(s,&a);
Pop_SeqStack(s,&b);/*取出两个运算量*/
switch(ch).
{case  ch= ='+':  c =a+b;break;
case  ch= ='-':  c=a-b;break;
case  ch= ='*':  c=a*b;break;
case  ch= ='/':  c=a/b;break;
case  ch= ='%':  c=a%b;break;
}
Push_SeqStack(s,c);
}
ch=*A++;
```

```
}
Pop_SeqStack(s, result);
Return  result;
}
```

栈中状态变化情况如表 3-3 所示。

表 3-3　后缀表达式求值示例

读 字 符	对象栈 s1	说　明
3	3	3 入栈
2	3, 2	2 入栈
4	3, 2, 4	4 入栈
2	3, 2, 4, 2	2 入栈
2	3, 2, 4, 2, 2	2 入栈
*	3, 2, 4, 4	计算 2*2，将结果 4 入栈
+	3, 2, 8	计算 4+4，将结果 8 入栈
1	3, 2, 8, 1	1 入栈
3	3, 2, 8, 1, 3	3 入栈
*	3, 2, 8, 3	计算 1*3，将结果 4 入栈
—	3, 2, 5	计算 8−5，将结果 5 入栈
^	3, 32	计算 2^5，将结果 32 入栈
*	96	计算 3*32，将结果 96 入栈
5	96, 5	5 入栈
−	96	计算 96−5，结果入栈
结束符	空	结果出栈

3. 中缀表达式转换成后缀表达式

将中缀表达式转化为后缀表达式和前述对中缀表达式求值的方法完全类似，但只需要运算符栈，遇到运算对象时直接放入后缀表达式的存储区，假设中缀表达式本身合法且在字符数组 A 中，转换后的后缀表达式存储在字符数组 B 中。具体做法：遇到运算对象顺序向存储后缀表达式的 B 数组中存放，遇到运算符时类似于中缀表达式求值时对运算符的处理过程，但运算符出栈后不是进行相应的运算，而是将其送入 B 中存放。读者不难写出算法，在此不再赘述。

3.3　栈 与 递 归

由于符合自然世界中人们自顶向下抽象描述问题的思维方式，递归成为数学和计算机科学的基本概念，是解决复杂问题的一个有力手段。许多程序设计语言都支持递归，这些支持本质上是通过栈来实现的。

本节将以阶乘函数的计算为例，分析函数的递归调用在程序运行阶段的工作过程，在此基础上再引出递归算法到非递归算法的转换方法。

3.3.1 递归的基本概念与递归程序设计

以阶乘函数为例来说明递归的定义。阶乘 n!的递归定义如下：

```
n!=1,当n≤0
   n*(n-1)! 当n>0
```

为了定义整数 n 的阶乘，必须先定义(n−1)的阶乘，又需要先定义(n−2)的阶乘，如此直到 0 为止，因为此时阶乘定义为 1。这种用本身的简单情况来直接或间接地定义自己的方式称为递归定义。

可以看出，一个递归定义由两部分组成。其一为递归基础，也称为递归出口，是递归定义的最基本情况，也是保证递归结束的前提；其二为递归规则，确定了由简单情况构筑复杂情况需要遵循的规则。上面的阶乘定义中递归的出口即为 n≤0，此时阶乘定义为 1；递归规则为 n*(n−1)!，即 n 的阶乘是由(n−1)的阶乘来构筑。这个递归的定义可以由下面的递归函数来实现：

```
int fact(int n)
{ int f;
If(f=0) f=1;
Else f=n*fact(n-1);
 return f;
}
```

设主函数调用 fact 时参数 n=3，程序的执行过程如图 3-9 所示。

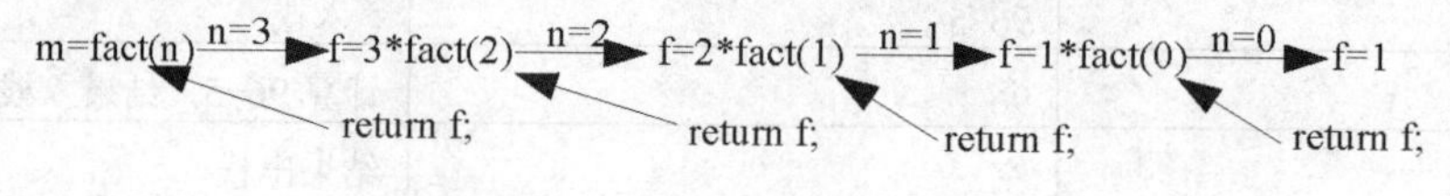
m=fact(n)
n=3
f=3*fact(2)
n=2
f=2*fact(1)
n=1
f=1*fact(0)
n=0
f=1
return f;
return f;
return f;
return f;

图 3-9 fact (3)的执行过程

递归的求解过程均有这样的特征。

先将整个问题划分为若干个子问题，通过分别求解子问题，最后获得整个问题的解。而这些子问题具有与原问题相同的求解方法，于是可以再将它们划分成若干个子问题，分别求解，如此反复进行，直到不能再划分成子问题，或已经可以求解为止。这种自上而下将问题分解、求解，再自上而下引用、合并，求出最后解答的过程称为递归求解过程。这是一种分而治之的算法设计方法。递归算法设计先要给出递归模型，再转换成对应的 C/C++语言函数。

求递归模型的步骤如下。

(1) 对原问题 f(s)进行分析，假设出合理的“较小问题”f(s')(与数学归纳法中假设 n=k−1 时等式成立相似)；

(2) 假设 f(s')是可解的，在此基础上确定 f(s)的解，即给出 f(s)与 f(s')之间的关系(与数学归纳法中求证 n=k 时等式成立的过程相似)；

(3) 确定一个特定情况(如 f(1)或 f(0))的解，由此作为递归出口(与数学归纳法中求证

n=1 时等式成立相似)。

3.3.2　递归过程与递归工作栈

大多数程序设计语言运行环境所提供的函数调用机制是由底层的编译栈支持的。编译栈中的“运行时环境”指的是目标计算机上用来管理存储并保存执行过程所需信息的寄存器及存储器的结构。

在非递归调用的情况下，数据区的分配可以在程序运行前进行，直到整个程序运行结束再释放，这种分配称为静态分配。采用静态分配时，函数的调用和返回处理比较简单，不需要每次分配和释放被调用函数的数据区。在递归调用的情况下，被调函数的局部变量不能静态分配某些固定单元，只能每调用一次就分配一份，以存放当前所使用的数据，当返回时随即释放。这种只有在执行调用时才能进行的存储分配称为“动态分配”，此是需要在内存中开辟一个称为运行栈的足够大的动态区。

用作动态数据分配的存储区域可按多种方式组织。将存储区分为栈区域和堆区域，栈区域用于分配具有后进先出 LIFO 特征的数据，例如函数的调用，而堆区域则用于不符合 LIFO 特征的数据的动态分配，例如指针的分配。

运行栈中元素的类型(即被调用函数需要的数据区类型)涉及动态存储分配中的一个重要概念：函数活动记录。当调用或激活一个函数时，相应的活动记录包含了为该函数的局部数据所分配的存储空间。

每次调用一个函数时，执行进栈操作，把被调用函数所对应的活动记录分配在栈的顶部；而在每次从函数返回时，执行出栈操作，释放本次的活动记录，恢复到上次调用所分配的数据区中。因此，被调函数中变量地址全部采用相对于栈顶的相对地址来表示。因为运行栈中存放的是被调函数的活动记录，所以运行栈又称为活动记录栈。同时，由于运行栈按照函数的调用序列来组织，因此也称为调用栈。

1. 函数调用与返回的处理步骤

一个函数在运行栈中可以有若干不同的活动记录，每个记录代表一个不同的调用。对于递归函数来说，递归的深度就决定了其在运行栈中活动记录的数目。当函数进行递归调用时，函数体的同一个局部变量在不同的递归层次被分配给不同的存储空间，放在运行栈的不同位置。

1)　函数调用的基本步骤

概括来说，函数调用可以分解成以下三个基本步骤来实现。

(1)　调用函数发送调用信息，包括调用方要传送给被调方的信息，如传给形式参数(简称形参)的实在参数(简称实参)的值、函数返回地址等。

(2)　分配被调方需要的局部数据区，用来存放被调方定义的局部变量、形参变量(存入实参)的值、返回地址等，并接收调用方传送来的调用信息。

(3)　调用方暂停，把计算控制转移到被调方，即自动转移到被调函数的程序入口。

2)　被调方返回处理的基本步骤

当被调方结束运行，返回到调用方时，其返回处理一般也分为三个基本步骤进行。

(1) 传送返回信息，包括被调方要传回给调用方的信息，诸如计算结果等。

(2) 释放分配给被调方的数据区。

(3) 按返回地址把控制转回调用方。

2. 算法描述

假设要计算 4 的阶乘，在 C 语言中可以设计一个主程序 main 来调用上面定义的阶乘函数 fact(4)。算法的具体描述如下：

```
void main(){
   int x;
scanf x;
   printf fact(4);
}
```

主程序通过 fact(4)这个语句向阶乘函数 fact()的形参 n 提供了实参 4。通过调用，建立阶乘函数 fact()的一个活动记录，把当前的必要信息，包括返回地址，参数(此时传入的为参数 4)、局部变量等存入栈中。如图 3-10 所示为信息入栈的示意图。

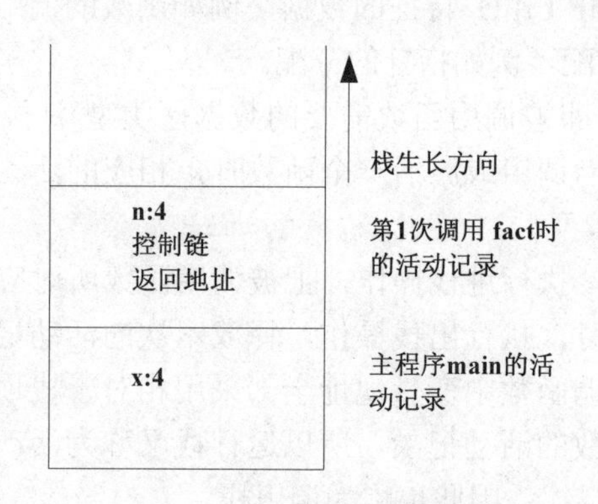

图 3-10　信息入栈示意图

在计算 fact(4)时，调用了 fact(3)，此时需要为新的被调函数建立活动记录(此时传入的参数为 3)并压入栈中，成为新的栈顶；依次类推，fact(3)调用又引起了 fact(2)的调用，栈顶再次更新，依次调用直到最终调用 fact(0)，此时 fact(0)的活动记录成为新的栈顶。由于 fact(0)满足递归的出口条件，可以直接得到结果，执行结束后，其活动记录从栈顶弹出，并将计算结果和控制权返回给其调用方 fact(1)。fact(1)根据 fact(0)的返回结果 1 可以计算出 1!=1，执行结束后，也从栈顶弹出其活动记录，继续将控制权转移给它的调用方 fact(2)。如图 3-10 所示，按进栈顺序的反序依次从栈中删除每个活动记录，把计算结果和控制权逐层上移，最后 fact(4)把控制连同计算结果 24 返回给调用它的 main()函数。这样，当在 main()中执行 printf 语句时，只在运行时环境中保留了 main()和全局/静态区域的活动记录。

3.3.3　递归算法的效率分析

1. 时间复杂度的分析

在算法分析中，当一个算法中包含递归调用时，其时间复杂度的分析可以转化为一个

递归方程求解。实际上，这个问题是数学上求解渐近阶的问题，而递归方程的形式多种多样，其求解方法也不一而足。迭代法是求解递归方程的一种常用方法，其基本步骤是迭代地展开递归方程的右端，使之成为一个非递归的和式，然后通过对和式的估计来达到对方程左端(即方程的解)的估计。

下面仍以阶乘的递归函数 fact(n)为例，说明通过迭代法求解递归方程来计算时间复杂度的方法。

设 fact(n)的执行时间是 T(n)，此递归函数中语句 if(n==0) return 1;的执行时间是 O(1)，递归调用 fact(n−1)的执行时间是 T(n−1)，所以 else return n*fact(n−1);的执行时间是 O(1)+T(n−1)。其中，设两数据相乘和赋值操作的执行时间为 O(1)，则对常数 C、D 有如下递归方程：

```
       D    n=0
T(n)= C+T(n-1) n≥1
```

设 n>2，利用上式对 T(n−1)展开，即在上式中用 n−1 代替 n 得到

$$T(n-1)=C+T(n-2)$$

再代入 T(n)= C+T(n−1)中，有

$$T(n)=2C+T(n-2)$$

同理，当 n>3 时，有

$$T(n)=3C+T(n-3)$$

依次类推，当 n>i 时，有

$$T(n)=iC+T(n-i)$$

最后，当 i=n 时，有

$$T(n)=nC+T(0)=nC+D$$

求得递归方程的解为 $T(n)=O(n)$

2. 空间复杂度的分析

递归函数在执行时，系统需设立一个“递归工作栈”存储每一层递归所需的信息，此工作栈是递归函数执行的辅助空间，因此分析递归算法的空间复杂度需要分析工作栈的大小。

对于递归算法，空间复杂度

$$s(n)=O(f(n))$$

其中，f (n)为递归工作栈中工作记录的个数与问题规模 n 的函数关系。

根据这种分析方法不难得出，除了阶乘问题之外，常见的 Fibonacci 数据问题、Hannoi 塔等问题的递归算法的空间复杂度均为 O(n)。

3.3.4 将递归转换为非递归的方法

递归的算法具有可读性强、结构简练、正确性易证明等特点，但是在时空的开销上相对较大。为提高算法的时空效率，尤其是在某些对响应时间很敏感的实时应用环境下，或在不支持递归的程序环境中，必须将递归算法转化为非递归算法，问题才能得到有效的解决。

把一个递归算法转化为相应的非递归算法的方法很多。本节重点介绍一种利用栈进行转换的方法，以进一步揭示递归的本质以及栈与递归的内在联系。

递归有很多分类方法。例如，根据递归所处的位置可分为尾部递归和非尾部递归，所谓尾部递归是指递归函数中最后一个操作是一个递归调用，之后不再有其他语句；与尾部递归相对的是非尾部递归。此外，根据递归的调用方式可以分为直接递归和间接递归，根据有无嵌套还可分为嵌套递归和无嵌套递归等。

根据是否需要回溯，还可以把递归分为简单递归和复杂递归两种。简单递归一般可以根据递归式来找出其递归公式。例如阶乘函数这样简单的递归基本上可以用循环迭代的方式来取代，循环结束条件通常比较容易确定。阶乘的迭代实现过程可以采用以下算法实现：

```
int fact(int n)
{int m=1;
 int i;
 if (n>0)
   for (i=1; i<=n; i++)
     m=m*i;
 return m;
}
```

而复杂递归的循环结束条件就不容易确定，需要对整个递归程序进行分析。一般情况下，可模拟编译系统处理递归的机制，使用栈等数据结构保存回溯点来求解。

仍以阶乘函数为例，其递归出口为 n<=0 时返回结果 1，在 n>0 的情况下均需按照一个递归规则来统一处理：求其前驱 n−1 的阶乘。因此，在利用栈将其转换成非递归的过程中，遇到不等于 0 的参数 n，则按递归规划将其压栈，并将其值减 1；当遇到 0 时，则停止递归，将其结果返回给上层调用函数。实例 3-5 是根据此转换过程得到的非递归算法的模拟实现，其中由于递归出口的返回值为 1，因此将中间变量 m 的初值置为 1，以简化出口的处理。

【实例 3-5】阶乘的一种非递归实现。其主要代码如下：

```
int fact(int n)
{stack <int > s;
  int tmp;
  int m=1;
  while (n>0)              //不满足递归出口
    s.push(n--);           //按递归规则把相应数据压栈
  while (s.pop (&tmp))  //满足递归出口，开始进行返回处理
    m=m*tmp;
  return m;
}
```

通过上面介绍的递归函数的实现机制，可以看出系统处理递归的简单准则：当遇到递归规则(涉及递归调用)时进行压栈操作，把递归函数的相关信息保存在栈中；当遇到递归出口时则进行出栈操作，把结束了的被调递归函数的结果等信息返回上一级的调用函数。

总之，由于递归函数结构清晰，程序易读，而且其正确性容易得到证明，因此利用允许递归调用的语言(如 C 语言)进行程序设计时，可以给用户编制程序和调试程序带来很大方

便。因为对这样一类递归问题编程时，不需要用户自己而是由系统来管理递归工作栈。

3.3.5　递归程序设计的应用实例

【实例 3-6】找出从自然数 1, 2, ⋯, m 中任取 k 个数的所有组合。例如 m=5，k=3，示意图如图 3-11 所示。

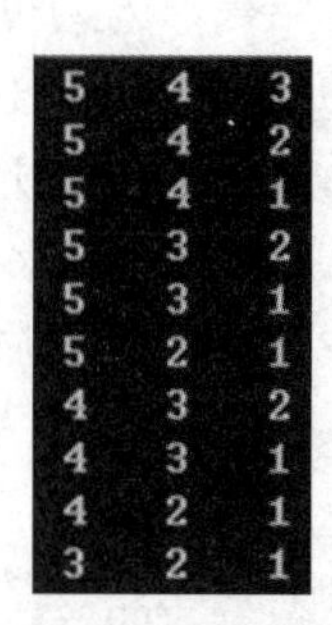

图 3-11　运行结果示意图

递归思想：

设函数 comb(int m，int k)为找出从自然数 1, 2,⋯, m 中任取 k 个数的所有组合。当组合的第一个数字选定时，其后的数字是从余下的 m-1 个数中取 k−1 个数的组合。这就将求 m 个数中取 k 个数的组合问题转化成求 m−1 个数中取 k−1 个数的组合问题。

设数组 a[ ]存放求出的组合的数字，将确定的 k 个数字组合的第一个数字放在 a[k]中，当一个组合求出后，才将 a[ ]中的一个组合输出。第一个数可以是 m, m−1, ⋯, k，函数将确定组合的第一个数字放入数组后，有两种可能的选择。

(1)　还未确定组合的其余元素，继续递归。

(2)　已确定组合的全部元素，输出这个组合。

具体的算法描述如下。

```
//一般的递归算法
#include <stdio.h>
# define   MAXN   100
int a[MAXN];
void   comb(int m,int k)
{   int i, j;
    for (i=m;i>=k;i--)
    {   a[k]=i;
        if (k>1)   comb(i-1,k-1);
        else    {   for (j=a[0];j>0;j--)
                    printf("%4d",a[j]);
                    printf("\n");       }
    }              }

void main( )
{   a[0]=3;    // 用来表示 k
    comb(5, a[0]);    }
```

【实例 3-7】采用递归算法求解皇后问题。皇后问题中最典型的是八皇后问题，它是一个古老而著名的问题。该问题是 19 世纪著名的数学家高斯于 1850 年提出的：在 8×8 格的国际象棋上摆放 8 个皇后，使其不能互相攻击，问有多少种摆法。本例采用递归的方法求解 n 皇后问题，即在 n*n 的方格棋盘上，放置 n 个皇后，要求任意两个皇后都不能处于同一行、同一列或同一对角线上。

解法思路：采用整数数组 q[N]求解结果，因为每行只能放一个皇后，q[i](1≤i≤n)的值表示第 i 个皇后所在的列号，即该皇后放在(i,q[i])的位置上。

设 queen(k,n)是在 1～k−1 行上已经放了 1 行 k−1 个皇后，用于在 k～n 行放置 n−k+1 个皇后，则 queen(k+1,n)表示在 1～k 行上已经放好了 k 个皇后，用于在 k+1～n 行放置 n−k 个皇后。显然 queen(k+1,n)比 queen(k,n)少放置一个皇后。

设 queen(k+1,n)是“小问题”，queen(k,n)是“大问题”，则求解皇后问题的递归模型如下：

```
queen(i,n) n个皇后放置完毕，输出解      若 i>n
queen(k,n) 若是其他情况,对于第 k 行的每个合适的位置 i,在其上放置一个皇后 queen(k+1,n)
```

得到递归过程如下：

```
void queen(int k,int n)
{  if (k>n)
     输出一个解;
   else
     for (j=1;j<=n;j++)  //在第 k 行找所有的列位置
        if (第 k 行的第 j 列合适)
        {   在(k,j)位置处放一个皇后即 q[k]=j
           queen(k+1,n);
        }
}
int place(int k,int j)  //测试(k,j)位置能否摆放皇后
{  int i=1;
   while (i<k)   //i=1～k-1 是已放置了皇后的行
   {  if ((q[i]==j) || (abs(q[i]-j)==abs(k-i)))
        return 0;
      i++;
   }
   return 1;
}
void queen(int k,int n) //放置 1～k 的皇后
{  int j;
   if (k>n)
     print(n);               //所有皇后放置结束
   else
     for (j=1;j<=n;j++)  //在第 k 行上穷举每一个位置
        if (place(k,j))   //在第 k 行上找到一个合适位置(k,j)
        {     q[k]=j;
           queen(k+1,n);
```

```
        }
}
void print (int n)
{
  int q[20];          //存放皇后所在的行号
  int cont;          //记录解的个数
  int i;
  cont++;
  printf("第 d%个解: ", cont);
for (i=1; i<=n; i++)
  printf("d%:", q[i]);
  printf("\n");
}
```

3.4　队　　列

前面所讲的栈是一种后进先出的数据结构，而在实际问题中还经常使用一种“先进先出”(First In First Out，FIFO)的数据结构，即插入在表的一端进行，而删除在表的另一端进行，我们将这种数据结构称为队或队列。

日常生活中，当服务者数目小于服务对象数目时，常用排队来决定服务次序。如售票窗外排队买票、公交车站排队上车等。在计算机系统中为任务分配资源时，也常用排队策略，如当打印请求多于一个时，通过队列依次响应各个请求。同理，CPU 有多个任务(或程序)需要处理时，由队列决定服务次序，进行分时响应。

3.4.1　队列的类型定义

队列是限定只能在表的一端进行插入和在另一端进行删除操作的线性表。在表中，允许插入的一端称队尾(rear)，允许删除的另一端称作队头(front)。队列元素从队尾插入的操作称为入队；队列元素从队头删除的操作称为出队。如图 3-12 所示是一个有 5 个元素的队列。入队的顺序依次为 a_1、a_2、a_3、a_4、a_5，出队时的顺序将依然是 a_1、a_2、a_3、a_4、a_5。

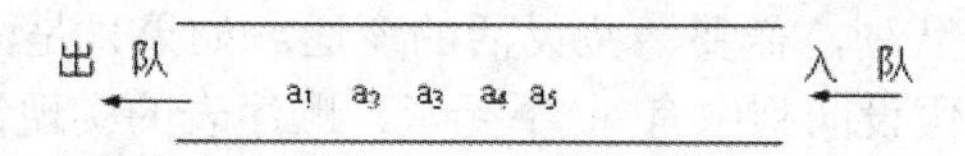

图 3-12　队列示意图

队列的抽象数据类型定义如下：

```
ADT Queue {
数据对象：
D={ ai | ai∈ ElemSet, i=1, 2, …, n, n≥0}
数据关系：R={< ai-1, ai>| ai-1, ai∈ D, i=2, … , n }，约定 a1 为队列头，an 为队列尾。
基本操作：
InitQueue(&Q)：初始化队列，构造一个空的队列 Q
初始条件：队列 Q 不存在。
操作结果：构造了一个空队列 Q。
DestroyQueue(&Q)：销毁队列，释放队列 Q 占用的内存空间
```

```
初始条件：队列 Q 已存在
操作结果：释放队列 Q 占用的内存空间
ClearQueue(&Q)：将 Q 重置为空队列
初始条件：队列 Q 已存在。
操作结果：将 Q 清为空队列。
QueueEmpty(Q)：判断队列是否为空队列，若 Q 为空队列，则返回 1，否则返回 0
初始条件：队列 Q 已存在。
操作结果：若 Q 为空队列，则返回 TRUE，否则返回 FALSE。
QueueLength(Q)：求队列的长度，返回 Q 中数据元素的个数
初始条件：队列 Q 已存在。
操作结果：返回 Q 的元素个数，即队列的长度。
GetHead(Q, *e)：求队列的队头数据元素值，用 e 返回 Q 中队头数据元素的值
初始条件：Q 为非空队列。
操作结果：用 e 返回 Q 的队头元素。
EnQueue(&Q, e)：在队尾插入一个元素 e，如果插入不成功，抛出异常，如果插入成功，队尾增
加一个元素，e 为新的队尾元素。Q 的长度加 1
初始条件：队列 Q 已存在。
操作结果：插入元素 e 为 Q 的新的队尾元素。
DeQueue(&Q,&e)：删除队头元素，如果删除成功，队头减少一个元素，并用 e 返回其值，否则，
抛出异常
初始条件：Q 为非空队列。
操作结果：删除 Q 的队头元素，并用 e 返回其值。
} ADT Queue
```

与栈的定义类似，在本书后面内容中引用的队列都是如上定义的队列类型，队列的数据元素类型在应用程序内定义。

3.4.2 队列的顺序表示和实现

与栈的存储表示相同，队列也有两种存储表示，分别是顺序表示和链式表示。

用顺序存储结构来实现队列就形成了顺序队列(array-based queue)。与顺序表一样，顺序队列需要分配一块连续的区域来存储队列的元素，需要事先知道或估算队列的大小。与栈类似，顺序队列也存在溢出问题，当队列满时入队会产生上溢，而当队列为空时出队会产生下溢。在队列出现上溢时，如果需要，也可以考虑对队列做适当的扩容。

如何有效地实现顺序队列，需要一些灵活的变通。如果只是沿用顺序表的实现方法，就很难取得良好的效率。假设队列中有 n 个元素，顺序表的实现需要把所有元素都存储在数组的前 n 个位置。如果选择把队列的尾部元素放在位置 0，则出队列操作的时间代价为 O(1)，因为队列最前面的元素是数组最后面的元素；但是此时入队列操作的时间代价为 O(n)，因为必须把队列中当前元素都向后移动一个位置。反之，如果把队列尾部放在位置 n−1，则入队列操作只需在最后添加即可，时间代价仅为 O(1)；而出队列操作需要移动剩余 n−1 个元素以确保它们在表的前 n−1 个位置，其代价为 O(n)。

如果在保证队列元素连续性的同时允许队列的首尾位置在数组中移动，则可以得到更加有效的实现方法，如图 3-13 所示。

随着时间的推移，整个队列会向数组的尾部移动，一旦到达数组的最末端，即 rear=mSize-1，即使数组的前端可能还有空闲的位置，再进行入队操作也会发生溢出。这种数组实际上尚有空闲位置而发生上溢的现象称为“假溢出”。解决假溢出的方法便是采用

循环的方式来组织存放队列元素的数组，在逻辑上将数组看成一个环，即把数组中下标编号最低的位置(0 位置)看成是编号最高的位置(mSize-1)的直接后继，这可以通过取模运算来实现。即数组位置 x 的后继位置为(x+1)%mSize，这样就形成了循环队列，也称为环形队列。如图 3-14 所示为一个环形队列的示例。起初，队首存放在数组中编号较低的位置，队尾则存放在数组中编号较高的位置，沿顺时针方向存放队列。这样，入队操作增加 rear 的值，出队操作增加 front 的值。

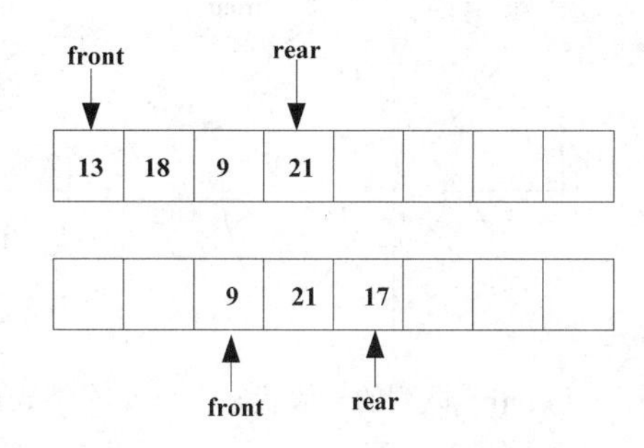

图 3-13　顺序队列的实现示意

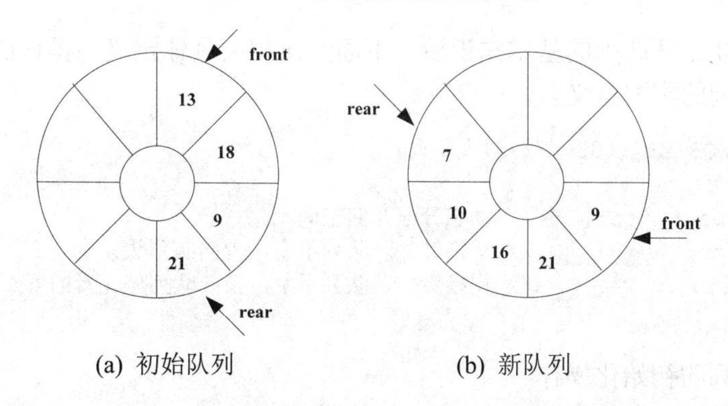

图 3-14　环形队列的一种实现方式

初始队列中有 4 个元素，分别是 13、18、9、21，如图 3-14(a)所示。经过两次出队列和三次入队列操作之后形成了包括元素 9、21、16、10、7 的新队列，如图 3-14(b)所示。

按图 3-14 所示的方式组织环形队列时，用 front 存储队列头元素的位置，rear 存储队尾元素的位置。其 front 和 rear 的位置相同，则表明队列中只有一个元素。下面介绍如何表示一个空队列，以及如何表示队列已被元素填满。

首先忽略队首 front 的实际位置和其内容时，队列中可能没有元素(空队列)、有一个元素、有两个元素等情况。如果数组有 n 个位置，则队列中最多有 n 个元素。因此，队列有 n+1 种不同的状态。如果把队首 front 的位置固定下来，则 rear 应该有 n+1 种不同的取值来区分这 n+1 种状态，但实际上 rear 只有 n 种可能的取值，除非有表示空队列的特殊情形。换言之，如果用位置 0～n−1 间的相对取值来表示 front 和 rear，则 n+1 种状态中必有两种不能区分。因此，需寻求其他途径来区分队列的空与满。

一种方法是记录队列中元素的个数，或者用至少一个布尔变量来指示队列是否为空。此方法需要每次执行入队或出队操作时设置这些变量。另一种方法，也是顺序队列通常采用的方法，是把存储 n 个元素的数组的大小设置为 n+1，即牺牲一个元素的空间来简化操作的实现和提高操作的效率。图 3-15 所示为一个如此实现的循环队列，8 个元素大小的数组在放入 7 个元素后即称队列为满的状态，若再插入就会发生溢出。其中，图 3-15(a)表示队列的空状态，此时 front=rear；图 3-15(b)表示队列的一般状态，此时 rear=(front+1)%(n+1)；图 3-15(c)表示队列为满的状态，此时(rear+1)%(n+1)=front。

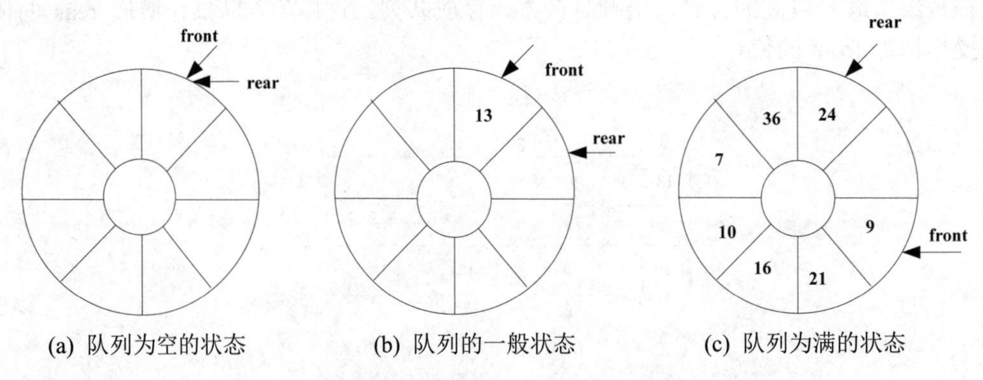

(a) 队列为空的状态　　(b) 队列的一般状态　　(c) 队列为满的状态

图 3-15　循环队列的实现示例

在了解了上述循环队列的基本知识后，下面给出相关具体定义与操作的 C 语言实现：

1)　顺序队列的类型定义

```
#define MAXQSIZE  100   //最大队列长度
 typedef struct {
   QElemType *base;     // 动态分配存储空间
   int front;           // 头指针，若队列不空，指向队列头元素
   int  rear;           // 尾指针，若队列不空，指向队列尾元素的下一个位置
 } SqQueue;
```

2)　顺序队列的初始化操作

循环队列的初始化操作就是动态分配一个预定义大小为 MAXQSIZE 的数组空间，base 指向数组空间的首地址，头指针和尾指针置为零，表示队列为空，此操作对应的算法描述如下：

```
Status InitQueue (SqQueue &Q) {
 // 构造一个空队列 Q
   Q.base = (ElemType *) malloc (MAXQSIZE *sizeof (ElemType));
    if (!Q.base) exit (OVERFLOW);          //存储分配失败
    Q.front = Q.rear = 0;
     return OK;
}
```

3)　求队列长度

对于非循环队列，尾指针和头指针的差值便是队列升序，而对于循环队列，队尾指针的“数值”有可能比队头指针的数值小，因此为避免在求队列长度两者相减时出现负值的情况，在作取模运算之前先加上一个最大容量的值 MAXQSIZE。此操作对应的算法描述如下：

```
int QueueLength(SqQueue Q)
{   if(Q.emptyflag) return 0;
    else if (Q.front==Q.rear) return MAXQSIZE;
```

```
        else return (Q.rear - Q.front+MAXQSIZE)%MAXQSIZE;
}
```

4)　清空队列操作

```
Status ClearQueue (SqQueue &Q) //清空队列
{ Q.rear=Q.front;
    Q.emptyflag=1;
    return OK; }
```

5)　入队操作

入队操作是指在队尾插入一个新的元素。首先判断队列是否满，若满则出错，否则将新元素插入队尾，队尾指针加 1，此操作对应的算法描述如下：

```
Status EnQueue (SqQueue &Q, ElemType e) {
                                  // 插入元素 e 为 Q 的新的队尾元素
    if ((Q.rear+1) % MAXQSIZE == Q.front)
        return ERROR;       //尾指针在循环意义上加 1 后等于头指针，表示队列已满
    Q.base[Q.rear] = e;
    Q.rear = (Q.rear+1) % MAXQSIZE;
    return OK;
}
```

6)　出队操作

出队操作是将队头元素删除。其思路仍旧是先判断队列是否为空，若空则出错，否则队头元素出队，队头指针加 1，此操作对应的算法描述如下：

```
Status DeQueue (SqQueue &Q, ElemType &e) {
   // 若队列不空，则删除 Q 的队头元素，用 e 返回其值，并返回 OK;  否则返回 ERROR
    if (Q.front == Q.rear)  return ERROR;
    e = Q.base[Q.front];
    Q.front = (Q.front+1) % MAXQSIZE;
    return OK;
}
```

由上述算法实现可以看出，如果用户的应用程序中设有循环队列，在操作过程中必须要使用其最大队列长度值，若用户无法预估所用队列的最大长度，则宜使用下面介绍的另一种队列实现方式——链式队列。

3.4.3　队列的链式表示和实现

链式队列(linked queue)是队列的链式实现，是对链表的简化，有时简称链队。其链接的方向是从队列的前端指向队列的尾端，设置 front 与 rear 两个指向队头与队尾的指针，分别称其为头指针与尾指针。同时为了操作方便，给链队添加一个头结点，并令头指针指向头结点。链式队列示例如图 3-16 所示。

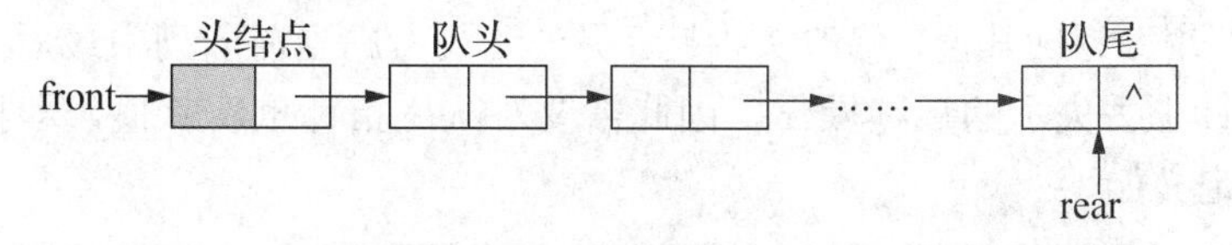

图 3-16　链式队列示例

下面给出链队类型的定义：

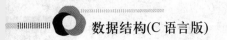

```
typedef struct QNode{  //链表结点类型
          QElemType data;
           struct QNode *next;
}QNode，*QueuePtr;

typedef struct {     //队列类型
          QueuePtr   front;    //队头指针
          QueuePtr   rear;     //队尾指针
}LinkQueue;
```

链队的操作即为单链表插入和删除操作的特殊情况，只是需要进一步修改尾指针或头指针。下面给出链队初始化、进队、出队操作的具体实现。

1)　链队的初始化操作

对链队的初始化操作就是构造一个只有一个头结点的空队，使队头和队尾指针指向此结点，并使头结点的指针域置为 NULL，实现的具体操作定义如下：

```
Status  InitQueue(LinkQueue &Q)
{
                                    //构造一个空队列 Q
    Q.front= Q.rear = (QueuePtr)malloc(sizeof(QNode));
    if(!Q.front) exit(OVERFLOW);    //存储分配失败
    Q.front->next = NULL;
    return  OK;
}
```

2)　入队操作

链队的入队操作实质上是为新的队尾元素分配结点，将新结点插入到队尾，并修改队尾指针的值，实现的具体操作定义如下：

```
Status EnQueue (LinkQueue &Q, QElemType e)
{   // 插入元素 e 为 Q 的新的队尾元素
    p = (QueuePtr) malloc (sizeof (QNode));
    if (!p)  exit (OVERFLOW);          //存储分配失败
    p->data = e;
    p->next = NULL;
    Q.rear->next = p;
    Q.rear = p;                         //修改队尾指针
    return OK;
}
```

3)　出队操作

链队的出队操作首先要判断队列是否为空，若空则出错，返回 ERROR，否则取出队列 Q 的队头元素，用 e 返回其值，修改头指针。另外还要考虑当前队列中最后一个元素被删除后，队列尾指针也丢失了的后续操作，因此需要对队尾指针重新赋值，即指向头结点。实现的具体操作定义如下：

```
Status  DeQueue(LinkQueue &Q, QElemType &e){
```

```
//若队列不空，则队头元素出队列，用 e 返回其值，返回 OK，否则返回 ERROR
      if (Q.rear == Q.front)
       return ERROR;                    //若队列为空则返回 ERROR
      p = Q.front -> next;              //p 指向队头元素
      e = p -> data;                    //e 保存队头元素的值
     Q.front->next = p -> next;         //修改头指针
     if (Q.rear == p)
        Q.rear = Q.front;               //最后一个元素被删除后，队尾指针指向头结点。
     free(p);
      return  OK;
    }
```

链式队列操作过程涉及的指针变化示意图，如图 3-17 所示。

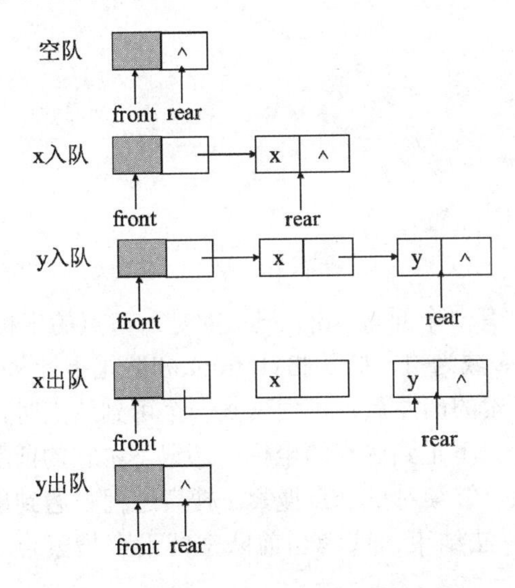

图 3-17　链队操作过程中的指针变化状况

3.5　队列的应用

队列在程序设计中也有很多应用，凡是符合先进先出原则的数学模型，都可以使用队列来解决。最典型的例子是作业排队问题。例如，在一个局域网上有一台共享的网络打印机，网上每个用户都可以将数据发送给网络打印机进行输出。为了保证不丢失数据，操作系统为网络的打印机生成一个“作业队列”，每个申请输出的“作业”应按先来后到的顺序排队，打印机从作业队列中逐个提取作业进行打印。这方面的例子有很多，在操作系统等后续课程中会涉及大量队列这种数据结构的应用。本小节就列举了几个使用队列来解决实际问题的例子。

【实例 3-8】求迷宫的最短路径：现要求设计一个算法找一条从迷宫入口到出口的最短路径。

本算法要求找一条迷宫的最短路径，算法的基本思想为：从迷宫入口点(1, 1)出发，向四周搜索，记下所有一步能到达的坐标点；然后依次再从这些点出发，再记下所有一步能到达的坐标点，……，以此类推，直到到达迷宫的出口点(m，n)为止，然后从出口点沿搜索路径回溯直至入口。这样就找到了一条迷宫的最短路径，否则迷宫无路径。

迷宫搜索过程中必须记下每一个可到达的坐标点，以便从这些点出发继续向四周搜索。由于先到达的点先向下搜索，故引进一个“先进先出”数据结构——队列来保存已到达的坐标点。到达迷宫的出口点(m，n)后，为了能够从出口点沿搜索路径回溯直至入口，对于每一点，记下坐标点的同时，还要记下到达该点的前驱点，因此，用一个结构数组sq[num]作为队列的存储空间，因为迷宫中每个点至多被访问一次，所以num至多等于m*n。sq的每一个结构有三个域：x，y和pre，其中x，y分别为所到达的点的坐标，pre为前驱点在sq中的坐标，是一个静态链域。除sq外，还有队头、队尾指针：front和rear用来指向队头和队尾元素。

队列的定义如下：

```
Typedef  struct
{  int  x,y;
Int  pre;
}sqtype;
Sqtype  sq[num];
Int  front, rear;
```

初始状态，队列中只有一个元素sq[1]记录的是入口点的坐标(1，1)，因为该点是出发点，因此没有前驱点，pre域为-1，队头指针front和队尾指针rear均指向它，此后搜索时都是以front所指点为搜索的出发点，当搜索到一个可到达点时，即将该点的坐标及front所指点的位置入队，不但记下了到达点的坐标，还记下了它的前驱点。front所指点的8个方向搜索完毕后，则出队，继续对下一点搜索。搜索过程中遇到出口点则成功，搜索结束，打印出迷宫最短路径，算法结束；或者当前队空即没有搜索点了，表明没有路径算法也结束。

算法的具体描述如下：

```
void path(maze,move)
int maze[m][n];/*迷宫数组*/
Item move[8];/*坐标增量数组*/
{ sqtype sq[NUM];
int front,rear;
int x,y,i,j,v;
front=rear=0;
sq[0].x=1; sq[0].y=1; sq[0].pre=-1; /*入口点入队*/
maze[1,1]=-1;
while (front<=rear) /*队列不空*/
{ x=sq[front].x ; y=sq[front ].y ;
for (v=0;v<8;v++)
{ i=x+move[v].x; j=x+move[v].y;
if (maze[i][j]==0)
{ rear++;
sq[rear].x=i; sq[rear].y=j; sq[rear].pre=front;
maze[i][j]=-1;
}
```

```
if (i==m&&j==n)
{ printpath(sq,rear); /*打印迷宫*/
restore(maze);  /*恢复迷宫*/
return 1;
}
} /*for v*/
front++; /*当前点搜索完,取下一个点搜索 */
} /*while*/
Return 0;
} /*path*/
Void printpath(sqtype sq[],int rear) /*打印迷宫路径*/
{ int i;
i=rear;
do { printf(" (%d,%d)ß",sq[i].x, sq[i].y);
i=sq[i].pre; /*回溯*/
} while (i!=-1);
} /*printpath*/
```

【实例 3-9】设有一个可以停放 n 辆汽车的狭长停车场，它只有一个大门可供车辆进出。车辆按到达停车场的先后次序从停车场最里面向门口处停放(最先到达的第一辆车停在停车场的最里面)。如果停车场已放满 n 辆车，则后来的车辆只能在停车场大门外的便道上等待，一旦停车场内有车开走，则排在便道上的第一辆车就可进入停车场。停车场内如有某辆车要开走，在它之后进入停车场的车辆都必须先退出停车场为它让路，待其开出停车场后，这些车辆再依原来的次序进入。每辆车在离开停车场时，根据它在停车场内停留时间的长短交费。如果停在便道上的车辆未进停车场就要离去，允许其离去时不收停车费，并且仍然保持在便道上等待的其余车辆的次序。现在编制一个程序来模拟停车场的管理。

首先确定模拟程序中需要的数据结构及其操作。

由于停车场只有一个大门，因此可用一个栈来模拟；根据便道停车的特点，先排队的车辆先离开便道进入停车场，可以用一个队列来模拟；又因为排在停车场中间的车辆可以提前离开，因此还需要有一个地方(车辆规避所)保存为了让路离开停车场的车辆，很显然这也应该用一个栈来模拟。所以在程序中设置了两个顺序栈 s1 和 s2 分别表示停车场和规避所；设置了一个链队列 q 表示便道。它们的数据类型定义在下面的源程序中，为了操作方便，链队列表头结点中的 num 域中存放便道上的车辆数量。

程序执行时，当输入数据表示有车辆到达时，判断栈 s1 是否满，若未满就将新数据进栈 s1；若栈已满，就将数据入队列 q，表示车辆在便道上等待进入停车场。该操作过程由函数 Arrive 完成。当输入数据表示有车辆要离开时，就在栈 s1 中寻找此车牌号的车辆，如寻找到就让其离开停车场，并根据停车时间计费，同时将队列 q 的队头元素进栈 s1；如没有找到，就到队列 q 中去寻找此车牌号的车辆。如在队列 q 中找到就允许其离开队列，并不收费；如找不到就显示出错信息。当离开停车场的车辆位于栈 s1 的中间时，必须先将此位置到栈顶之间的所有数据倒到栈 s2 中，然后安排车辆出栈 s1，最后将栈 s2 中的数据倒回到栈 s1 中来。该操作过程由函数 Delive 完成。显然，以上两个主要操作需要利用栈和队列的两个基本操作入栈(队列)和出栈(队列)来实现。源程序中的函数 Display 则可以随时显示停车场的状况。

```
#include "stdio.h"#define N 2 /*停车场容量*/
#define M 5 /*停车单价*/
#define True 1
#define False 0typedef struct{ int num; /*车牌号*/
int arrtime; /*到达/离开时间*/
}ELEMTP; /*顺序栈的数据元素类型*/
typedef struct{
ELEMTP elem[N];
int top;
}SqStack; /*顺序栈类型*/

typedef struct node{
int num; /*车牌号/便道上的车辆数量*/
struct node *next;
}QNode; /*链队列的数据元素类型*/
typedef struct{
QNode *front, *rear;
}LQueue; /*链队列类型*/

void InitStack_Sq (SqStack *s); /*初始化栈*/
int Push_Sq(SqStack *s,ELEMTP x); /*入栈*/
ELEMTP Pop_Sq(SqStack *s); /*出栈*/
void InitQueue_L(LQueue *q); /*初始化队列*/
void EnQueue_L (L LQueue *q,int num1); /*入队列*/
int DelQueue_L(LQueue *q); /*出队列*/

void Arrive (SqStack *s1, LQueue *q,ELEMTP x){
/*车辆 x 进入停车场*/
int f;
f=Push_Sq(s1,x);
if (f==False){ /*停车场栈 s1 已满入便道 q */
EnQueue_L(q,x.num);
printf("第%d 号车停在便道第%d 车位上\n",x.num,q->front->num);
}
else printf("第%d 号车停在停车场第%d 车位上\n",x.num,s1->top);
}/* Arrive */

void Delive (SqStack *s1,SqStack *s2, LQueue *q,ELEMTP x){
/*车辆 x 离开停车场*/
int n,f=False;
ELEMTP y; QNode *p;
While ((s1->top>0) && (f!=True)){ /*在栈 s1 中寻找车辆 x */
y=Pop_Sq(s1);
if (y.num!=x.num) n=Push_Sq(s2,y);
else f=True;
}
if (y.num==x.num){ /*寻找到车辆 x*/
printf("第%d 号车应收费%d 元\n",y.num,(x.arrtime-y.arrtime)*M);
```

```
while (s2->top>0){ /*将栈 s2 中的车辆倒回到栈 s1 中*/
y=Pop_Sq(s2);
f=Push_Sq(s1,y);
}
n=DelQueue_L(q);
if (n!=NULL){ /*便道 q 上的第一辆车入栈 s1*/
y.num=n;
y.arrtime=x.arrtime;
f=Push_Sq(s1,y);
printf("第%d 号车停在停车场第%d 号车位上\n",y.num,s1->top);
}
}
else{ /*栈 s1 中未找到车辆 x*/
while (s2->top>0){ /*将栈 s2 中的车辆倒回到栈 s1 中*/
y=Pop_Sq(s2);
f=Push_Sq(s1,y);
}
p=q->front; /*在便道 q 上找到车辆 x*/
f=False;
while (f==False && p->next!=NULL)
if (p->next->num!=x.num)
p=p->next;
else{
p->next=p->next->next;
q->front->num--;
if (p->next==NULL)
q->rear=q->front;
printf("第%d 号车离开便道\n",x.num);
f=True;
}
if (f==False)
printf("输入数据错误,停车场和便道上均无%d 号车\n",x.num);
}
}/* Delive */

void Display(SqStack *s1, LQueue *q){
/*显示停车场的状况*/
int k; Qnode *p;
printf("停车场状况:\n");
if(s1->top!=0){
printf("车道 车号\n");
for(k=0;ktop;k++)
printf("%d %d\n",k+1,s1->elem[k].num);
}
else printf("停车场没有车辆\n");
printf("便道状况:\n");
if(q->front->num){
printf("车道车号\n");
for(k=1,p=q->front->next;p;p=p->next)
printf("%d %d\n",k++,p->num);
```

```
}
else printf("便道没有车辆\n");
}/* Display */

void main()
{ char ch1,ch2;
SqStack *s1,*s2;
LQueue *q;
ELEMTP x;
int flag;
s1=(SqStack *) malloc (sizeof(SqStack));
s2=(SqStack *) malloc (sizeof(SqStack));
q=(LQueue *) malloc (sizeof (LQueue));
InitStack_Sq(s1);
InitStack_Sq(s2);
InitQueue_L(q);
flag=True;
while(flag){
printf("请输入您的选择\n");
printf("S---------显示停车场状况\n");
printf("A------车辆到达\n");
printf("D------车辆离开\n");
printf("E------程序结束\n");
ch1=getchar();
switch(ch1){
case'S': Display(s1,q);break;
case'A': printf("输入数据:车牌号,到达时间: ");
scanf("%d,%d",&x.num,&x.arrtime);
Arrive(s1,q,x);break;
case 'D': printf("输入数据:车牌号,离开时间: ");
scanf("%d,%d",&x.num,&x.arrtime);
Delive(s1,s2,q,x);break;
case 'E': flag=False;
printf("程序正常结束\n"); break;
default: printf("输入数据错误,重新输入\n");
}
ch2=getchar();
}
}/*main*/

void InitStack_Sq (SqStack *s)
{s->top=0;
}

int Push_Sq(SqStack *s,ELEMTP x)
{ if (s->top==N)
return (False);
else
{s->elem[s->top]=x;s->top++;
return(True);
```

```
}
}

ELEMTP Pop_Sq(SqStack *s)
{ ELEMTP x;
if (s->top==0)
{ x.num=NULL;
x.arrtime=NULL;
return(x);
}
else
{ s->top--;
return (s->elem[s->top]);
}
}

void InitQueue_L(LQueue *q)
{ q->front=(QNode *)malloc(sizeof(QNode));
q->rear=q->front;
q->front->next=NULL;
q->front->num=0;
}

void EnQueue_L (Lqueue *q,int num1)
{ QNode *p;
p=(QNode *)malloc(sizeof(QNode));
p->num=num1;
p->next=NULL;
q->rear->next=p;
q->rear=p;
q->front->num++;
}

int DelQueue_L(LQueue *q)
{ QNode *p;
int n;
if (q->front==q->rear)
return (NULL);
else
{ p=q->front->next;
q->front->next=p->next;
if (p->next==NULL)
q->rear=q->front;
n=p->num;
free(p);
q->front->num--;
return(n);
}
}
```

本 章 小 结

本章介绍了两种特殊的线性表：栈和队列。主要内容如下。

(1) 栈是限定仅在表尾进行插入或删除的线性表，又称为后进先出的线性表。栈有两种存储表示，顺序表示(顺序栈)和链式表示(链栈)。栈的主要操作是进栈和出栈，对于顺序栈的进栈和出栈操作要注意判断栈满或栈空。

(2) 递归是程序设计中最为重要的方法之一，递归程序结构清晰、形式简洁。递归的内部实现是通过一个工作栈来保存调用过程中的参数、局部变量和返回地址的。

(3) 队列是一种先进先出的线性表。它只允许在表的一端插入元素，而在另一端删除元素。队列也有两种存储表示，顺序表示(循环队列)和链式表示(链队)。队列的主要操作是进队和出队，对于顺序表示的循环队列的进队和出队操作要注意判断队满或队空。凡是涉及队头或队尾指针的修改都要将其对 MAXQSIZE 求模。

学习完本章后，要求掌握栈和队列的基本特点，顺序栈和链栈的进栈与出栈算法，循环队列和链队的进队与出队算法。特别要注意队满和队空的条件。要求能够灵活运用栈和队列设计解决实际应用问题，掌握表达式求值算法，深刻理解递归算法在执行过程中栈的状态变化过程，便于更好地使用递归算法。

习 题

一、单选题

1. 循环队列是空队列的条件是(　　)。

   A. Q - > r = = Q - > f　　　B. (Q - > r + 1)%maxsize = = Q - > f

   C. Q - > r = = 0　　　D. Q - > f = = 0

2. 链栈与顺序栈相比，比较明显的优点是(　　)。

   A. 插入操作更加方便　　　B. 删除操作更加方便

   C. 不会出现下溢的情况　　　D. 不会出现上溢的情况

3. 若一个栈的输入序列是 1，2，3，…，n，输出序列的第一个元素是 n，则第 i 个输出元素是(　　)。

   A. n－i　　　B. n－i＋1　　　C. i　　　D. 不确定

4. 栈与一般线性表的区别主要在于(　　)。

   A. 元素个数　　　B. 元素类型

   C. 逻辑结构　　　D. 插入、删除元素的位置

5. 一个链栈的栈顶指针是 top，则执行出栈操作时(栈非空)，用 x 保存被删除结点，则执行(　　)。

   A. x = top; top = top - >link;　　　B. x = top - >info;

   C. top = top - > link; x = top - > info;　　　D. x = top - > info; top = top - >link;

6. 一个栈的入栈序列是 a，b，c，d，e，则该栈不可能的输出序列是(　　)。

A. e，d，c，b，a　　B. d，e，c，b，a
C. d，c，e，a，b　　D. a，b，c，d，e

7. 设计一个判别表达式中左、右括号是否配对出现的算法，采用(　　)数据结构最佳。
A. 线性表的顺序存储结构　　B. 栈
C. 队列　　D. 线性表的链式存储结构

8. 容量是 10 的循环队列的队头位置 q->front 为 2，则队的第一个数据元素的位置是(　　)。
A. 2　　B. 3　　C. 1　　D. 0

9. 循环队列 q 的出队操作是(　　)。
A. q->f=(q->f+1)%maxsize;　　B. q->f=q->f+1;
C. q->r=(q->r+1)%maxsize;　　D. q->r=q->r+1;

10. 在一个非空链队列中，若 f、r 分别为队首、队尾指针，则插入 s 所指结点的操作为(　　)。
A. f->link=s; f=s　　B. r->link=s;r=s;　　C. s->link=r;r=s;　　D. s->link=f;f=s

二、填空题

1. 循环队列用数组 data[m]存放其元素值，已知其头、尾指针分别是 front 和 rear，则当前队列中元素的个数是(　　)。

2. 栈顶的位置是随着(　　)操作而变化的。

3. 假设以 S 和 X 分别表示进栈和退栈操作，则对输入序列 a，b，c，d，e 进行一系列栈操作 SSXSXSSXXX 之后，得到的输出序列为(　　)。

4. 队列的队尾位置随着(　　)而变化。

5. 在(　　)的情况下，链队列的出队操作需要修改尾指针。

6. 从栈顶指针为 top 的链栈中删除一个结点，并将被删除的结点的值保存在 x 中，其操作步骤为(　　)。

7. 用数组 A[m]来存放循环队列 Q 的元素，且它的头、尾指针分别为 f 和 r，队列满足条件(Q->r+1)%m== Q->f，则队列中当前的元素的个数为(　　)。

8. 顺序栈 stack 存储在数组 stack->s[max]中，对 stack 进行出栈操作，执行的语句序列是(　　)。

第4章

串、数组和广义表

本章要点

(1) 串的定义及其存储结构;
(2) 数组的类型定义及其顺序存储的实现;
(3) 特殊矩阵的压缩存储示例;
(4) 广义表的定义及其存储结构。

学习目标

(1) 了解串的定义;
(2) 理解串的存储结构;
(3) 理解数组的类型定义及其顺序存储的实现;
(4) 了解特殊矩阵的压缩存储示例;
(5) 理解广义表的定义及其存储结构。

计算机上的非数值处理的对象基本上是字符串数据，在较早的程序设计语言中，字符串是作为输入和输出的常量出现的。随着语言加工程序的发展，产生了字符串处理。这样，字符串也就作为一种变量类型出现在越来越多的程序设计语言中，同时也产生了一系列字符串的操作。字符串一般简称为串，在不同类型的应用中，所处理的字符串具有不同的特点，要有效地实现字符串的处理，就必须根据具体情况使用合适的存储结构。这一章，我们将讨论一些基本的串处理操作和几种不同的存储结构。

而数组和广义表可以看成是线性表的一种扩充，即线性表的数据元素自身又是一个数据结构。高级语言都支持数组，但在高级语言中，重点介绍数组的使用，而本意重点介绍数组的内部实现，介绍对于一些特殊的二维数组如何实现压缩存储，最后介绍广义表的基本概念和存储结构。

4.1 串

假设V是程序设计语言所采用的字符集,由字符集V上的字符所组成的任何有限序列,称为字符串(或简称为串)。

$$s=\text{“}a_1a_2\cdots a_n\text{”}(n\geqslant 0)$$

其中，s是串的名；两个双引号之间的字符序列 $a_1a_2\cdots a_n$ 是串的值；a_i $(1\leqslant i\leqslant n)$是字符集上的字符，可以是字母、数字或其他字符；串中字符的数目 n 称为串的长度。长度为 0 的串称为空串。

与串相关的术语还有：

(1) 子串。串中任意连续的字符组成的子序列。

(2) 主串。包含子串的串相应地称为主串。

(3) 串相等。只有当两个串的长度相等，并且各个对应位置的字符都相等时，称两串相等。

(4) 空格串(空白串)。由一个或多个空格组成的串。要和“空串”区别，空格串有长度，就是空格的个数。

通常称字符在序列中出现的序号为该字符在串中的位置。相应地，子串在主串中的位置则以该子串的第一个字符在主串中的位置来表示。

例如，假设 x1、x2、x3、x4 为如下 4 个串：

x1="TIAN"，x2="JIN"，x3="TIANJIN"，x4="TIAN JIN"

则它们的长度分别为 4、3、7 和 8；并且 x1 与 x2 都是 x3 和 x4 的子串，x1 在 x3 和 x4 中的位置都是 1，而 x2 在 x3 中的位置是 5，x2 在 x4 中的位置是 6。而且需要注意的是，本例涉及的 4 个串 x1、x2、x3、x4 均不相等。

值得一提的是，串值必须用一对双引号括起来，但双引号本身不属于串，它的作用只是为了避免与变量名或数的常量混淆而已。例如 a="123456"，则表明 a 是一个串变量名，赋给它的值是字符序列 123456。

在各种应用中，空格常常是串的字符集合中的一个元素，因而可以出现在其他字符中间。由一个或多个空格组成的串称为空格串(blank string)，但它不是空串。它的长度为串中空格字符的个数。为了清楚起见，本书采用符号"Φ"来表示"空串"。

在逻辑结构方面，串与线性表极为相似，区别在于串的数据对象约束为字符集。两者的主要区别体现在各自基本操作的对象不同，线性表以"单个元素"为操作对象，例如在线性表中对某个具体的数据元素进行查找或是读取操作；而串则是以"串的整体"为操作对象，操作的一般是子串，例如在串中查找某个子串、求取一个子串、在串的某个位置上插入一个子串或是对某个子串进行删除操作。

4.1.1　串的类型定义

串的抽象数据类型定义如下：

```
ADT String {
数据对象：
D={ ai |ai∈CharacterSet, i=1, 2, …, n, n≥0 }
数据关系：
R1={ < ai-1,  ai> | ai-1,  ai∈D,  i=2, …, n }
基本操作：
StrAssign(&T,  chars)
初始条件：chars 是字符串常量
操作结果：把 chars 赋为 T 的值。
StrCopy(&T, S)
初始条件：串 S 存在。
操作结果：由串 S 复制得到串 T。
StrLength(S)
初始条件：串 S 存在。
操作结果：返回 S 的元素个数，称为串的长度。
StrEmpty(S)
初始条件：串 S 存在。
操作结果：若 S 为空串，则返回 TRUE，否则返回 FALSE。
StrCompare(S, T)
初始条件：串 S 和 T 存在。
操作结果：若 S>T，则返回值>0；若 S=T，则返回值=0；若 S<T，则返回值<0；
```

```
Concat(&T, S1, S2)
初始条件：串 S1 和 S2 存在。
操作结果：用 T 返回由 S1 和 S2 连接而成的新串。
SubString(&Sub, S, pos, len)
初始条件：串 S 存在，1<=pos<=StrLength(S)-pos+1。
操作结果：用 Sub 返回串 S 中第 pos 个字符起长度为 len 的子串。
Index(S, T, pos)
初始条件：串 S 和 T 存在，T 是非空串，1<=pos<=StrLength(S)。
操作结果：若主串 S 中存在和串 T 值相同的子串，则返回它在主串 S 中第 pos 个字符之后第一次出
现的位置；否则函数值为 0。
SubString(&Sub, S, pos, len)
初始条件：串 S 存在，1<=pos<=StrLength(S)且 0<=len<=StrLength(S)-pos+1
操作结果：用 Sub 返回串 S 的第 pos 个字符起长度为 len 的子串。
Replace(&S, T, V)
初始条件：串 S，T 和 V 存在，T 是非空串。
操作结果：用 V 替换主串 S 中出现的所有与 T 相等的不重叠的子串。
StrInsert(&S, pos, T)
初始条件：串 S 和 T 存在，1<=pos<=Strlength(S)+1。
操作结果：串 S 的 pos 个字符之前插入串 T。
StrDelete(&S, pos, len)
初始条件：串 S 存在，1<=pos<=StrLength(S)-len+1。
操作结果：从串 S 中删除第 pos 个字符起长度为 len 的子串。
} ADT String
```

对于串的基本操作集可以说有不同的定义方法，在使用高级程序设计语言中的串类型时，应以该语言的参考手册为准，在上述抽象数据类型定义的 12 种操作中，串赋值 StrAssign、串赋值 Strcopy、串比较 StrCompare、求串长 StrLength、串连接 Concat 以及求子串 SubString 等六种基本操作构成串类型的最小操作子集。即：这些操作不能利用其他串来实现，反之，其他串操作(除串清除 ClearString 和串销毁 DestoryString 外)可在这个最小操作子集上完成。例如，可利用串比较、求串长和求子串等操作实现定位函数 Index(S,T,pos)。

4.1.2 串的存储结构

选择串的存储结构时要考虑字符串的变长特点，同时需结合具体的应用分析各种存储方案的利弊，再进行合适的选择。串的变长特性是其存储过程中所无法避免的，串的拼接、查找、置换和模式匹配等操作本身都涉及变长的串操作，这些串操作时间开销大，必须精心设计算法，选择恰当的串存储结构。

与线性表类似，串也有两种基本存储结构：顺序存储和链式存储。但在实际应用过程中由于考虑到存储效率和算法的方便性，串多采用顺序存储结构。

1. 串的顺序存储

对于串的长度分布变化不大的情况，采用顺序存储是比较合适的，串的顺序存储就是把串中的字符顺序地存储在一组地址连续的存储单元中。其存储方案是按照预定义的大小，为每个定义的串变量分配一个固定长度的存储区，串的实际长度可以在最大长度范围内任意定义，超过最大长度的串值则舍去，称为截断。定义的具体描述如下：

```
#define  MAXSTRLEN  255                    // 用户可在 255 以内定义最大串长
typedef unsigned char  SString[MAXSTRLEN+1];    // 0 号单元存放串的长度
```

该种定义方式是静态的，在编译时刻就确定了串空间的大小。该种表示方法通常使用标为 0 的数组分量存放串的实际长度；同时为了表示串字符的结束，在串值后加入一个不计入串长的结束标记字符，C 语言中“\0”表示串值的终结，其 ASCII 码值为 0。

对于该种串的存储结构是如何实现串操作的，通过以下两个例子来进行描述。

【实例 4-1】 串连接操作 Concat(&T,S1,S2)的实现。

假设 S1、S2 和 T 都是 SString 型的串变量，且串 T 是由串 S1 连接串 S2 得到的，即串 T 的前一段的值和串 S1 的值相等，串 T 的后一段的值和串 S2 的值相等，则只要进行相应的“串值复制”操作即可，只是需要按照前述约定，对超长部分实施“截断”操作。基于串 S1 和 S2 长度的不同情况，串 T 值的产生可能有以下 3 种情况。

(1)　S1[0]+S2[0]≤MAXSTRLEN，得到的串 T 是正确的结果。

(2)　S1[0]<MAXSTRLEN，而 S1[0]+S2[0]>MAXSTRLEN，则将串 S2 的一部分截断，得到的串 T 只包含串 S2 的一个子串。

(3)　S1[0]=MAXSTRLEN，则得到的串 T 并非连接结果，而是与串 S1 相等。

串连接操作 Concat(&T,S1,S2)的算法实现描述如下：

```
Status Concat(SString S1, SString S2, SString &T) {
  // 用 T 返回由 S1 和 S2 连接而成的新串。若未截断，则返回 TRUE，否则 FALSE。
if (S1[0]+S2[0] <= MAXSTRLEN) {  // 未截断
T[1...S1[0]] = S1[1…S1[0]];
   T[S1[0]+1…S1[0]+S2[0]] = S2[1…S2[0]];
   T[0] = S1[0]+S2[0];
   uncut = TRUE;      }
else if (S1[0] <MAXSTRSIZE) { // 截断
   T[1…S1[0]] = S1[1…S1[0]];
   T[S1[0]+1…MAXSTRLEN] =S2[1…MAXSTRLEN－S1[0]];
   T[0] = MAXSTRLEN;
   uncut = FALSE;  }
else { // 截断(仅取 S1)
   T[0…MAXSTRLEN] = S1[0…MAXSTRLEN];      // T[0] == S1[0] == MAXSTRLEN
   uncut = FALSE;             }
return uncut;
} // Concat
```

【实例 4-2】 求子串操作 SubString(&Sub,S,pos,len)的实现。

求子串的过程即为复制字符序列的过程，将串 S 中从第 pos 个字符开始长度为 len 的字符序列复制到串 Sub 中。显然，本操作不会有需截断的情况，但有可能产生用户给出的参数不符合操作的初始条件，当参数非法时，返回 ERROR。

求子串操作 SubString(&Sub,S,pos,len)的算法实现描述如下：

```
Status SubString(SString &Sub, SString S, int pos, int len)
{//将 S 中序号以 pos 起的 len 个字符复制到 sub 中,
//其中, 1≤pos≤Strlength(s)且 0≤len≤Strlength(s)-pos+1
if(pos<1 || pos>S[0] || len<0 || len>S[0]-pos+1)
```

```
 return ERROR;
Sub[1…len]=S[pos…pos+len-1];
Sub[0]=len;
return OK;
}// SubString
```

通过上述两个使用顺序存储方式的串操作的示例可以看出采用此存储结构，实现串操作的原操作为“字符序列的复制”；操作的时间复杂度基于复制的字符序列的长度。如果在操作中出现串值序列的长度超过上界MAXSTRLEN时，约定用截尾法处理，要克服这点，唯有不限定串的最大长度，即动态分配串值的存储空间。

2. 堆分配存储表示

多数情况下，串的操作是以串的整体形式参与的，串变量之间的长度相差较大，在操作中串值长度的变化也较大，这样为串变量设定固定大小的空间不尽合理，因此最好根据实际需要，在程序执行过程中动态地分配和释放字符数组空间。在C语言中，存在一个称之为“堆”的自由存储区，可以为每个新产生的串分配一块实际串长所需的存储空间，若分配成功，则返回一个指向起始地址的指针，作为串的基址，同时为了以后处理方便，约定串长也作为存储结构的一部分。串结构的堆存储表示定义的具体描述如下：

```
typedef struct {
  char *ch;     // 若是非空串，则按串长分配存储区，否则ch为NULL
  int  length;  // 串长度
 } HString;
```

这种存储结构表示的串操作仍是基于“字符序列的复制”进行的，例如串复制操作StrCopy(&T,s)的实现算法是，若串T已存在，则先释放串T所占空间，当串S不空时，首先为串T分配大小和串S长度相等的存储空间，然后将串S的值复制到串T中；又如串插入操作StrInsert(&S,pos,T)的实现算法是，为串S重新分配大小等于串S和串T长度之和的存储空间，然后进行串值复制。

对于该种串的存储结构是如何实现串操作的，通过以下两个例子的介绍来进行描述。

【实例4-3】堆分配存储表示的串插入操作Status StrInsert(HString &S, int pos, HString T)的算法实现描述如下：

```
Status StrInsert( HString &S, int pos, HString T) {
   //在串S的pos个字符之前插入串T
     if( pos<1 || pos>S.length+1)  return ERROR; //插入位置不适
     if( T.length){
          if( !(S.ch = (char *)realloc(S.ch,
(S.length+T.length)*sizeof(char)))
               exit(OVERFLOW);
          for(I = S.length-1; i>=pos-1; --i)
               S.ch[i+T.length] = S.ch[i];
          S.ch[pos-1…pos+T.length-2] = T.ch[0…T.length-1];
          S.length += T.length;
     }
     return OK;
}
```

【实例 4-4】堆分配存储表示的串连接操作 Concat(HString &T,HString S1,HString S2)的算法实现描述如下：

```
Status Concat(HString &T, HString S1, HString S2) {
   // 用 T 返回由 S1 和 S2 连接而成的新串
   if (T.ch)  free(T.ch);        // 释放旧空间
   if (!(T.ch = (char *)
          malloc((S1.length+S2.length)*sizeof(char))))
       exit (OVERFLOW);
   T.ch[0…S1.length-1] = S1.ch[0…S1.length-1];
   T.length = S1.length + S2.length;
   T.ch[S1.length…T.length-1] = S2.ch[0…S2.length-1];
   return OK;
} // Concat
```

以上两种串的存储表示通常为高级程序设计语言所采用。由于堆分配存储结构的串既有顺序存储结构的特点，处理方便，操作中对串长又没有任何限制，更显灵活，因此在串处理的应用程序中也常被选用。

3. 链式存储表示

串的存储表示方法中除了以上两种之外，还存在链式存储表示方式，即链串。

链串的组织形式与一般的链表类似，两者的主要区别在于链串中的一个结点可以存储多个字符。通常将链串中每个结点所存储的字符个数称为结点大小。例如图 4-1 所示的即为同一个串使用结点大小为 4(存储密度大)与结点大小为 2(存储密度小)两种链式存储结构表示的示意图。

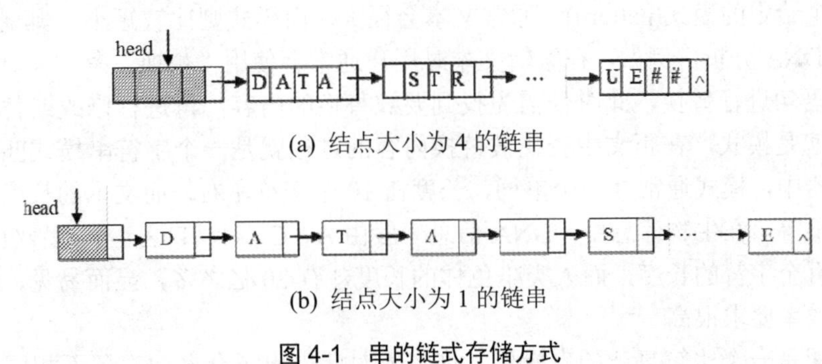

图 4-1　串的链式存储方式

当结点大于 1(例如结点的大小为 4)时，链串的最后一个结点的各个数据域不一定总能全被字符占满。此时，应在这些未占用的数据域里补上不属于字符集的特殊符号，例如图 4-1(a)中使用的“#”字符，以示区别。

为了便于进行串的操作，当采用链表作为存储串的结构形式时，除头指针外还可附设一个尾指针指示链表中的最后一个结点，并给出当前串的长度。称如此定义的串存储结构为块链结构，该结构的定义描述如下：

```
#define  CHUNKSIZE  100       //可由用户定义块的大小
typedef struct Chunk{
```

```
        char    ch[CHUNKSIZE];
        struct  Chunk   *next;
}Chunk;
typedef struct {
        Chunk   *head;        //串的头指针
        Chunk   *tail;        //串的尾指针
        int         curlen;
}LString;
```

链串结点大小的选择与顺序串的格式选择类似。其结点的选择直接影响着串处理的效率。在各种串的处理系统中，所处理的串往往很长或很多，因此需要考虑串值的存储密度问题，存储密度的定义如下：

$$存储密度=\frac{串值所占存储空间}{实际分配的存储空间}$$

结点越大，则存储密度越大。但存储密度越大，一些操作(如插入、删除、替换等)越是有所不便，且可能引起大量字符移动，因此它适合于在串基本保持静态使用方式时使用。结点越小(如结点大小为 1 时)，运算处理越方便，但存储密度下降。

串的链式存储结构对于某些操作，如连接操作等有一定的方便之处，但总的说来不如另外两种存储结构灵活，它占用的存储空间大且操作复杂。此外，串值在链式存储结构中串操作的实现和线性表在链表存储结构中的操作类似，在此不做过多赘述。

4.1.3　串的模式匹配算法

串的模式匹配是一种常用的运算。所谓模式匹配(pattern matching)，简单地说就是在文本中寻找一个给定的模式(pattern)，通常文本会很大，而模式则比较短小。典型的例子包括文本编辑和 DNA 分析。例如，在编辑文本时用户通常会使用“替换”命令来对文本中的某个字符串或语句进行替换，此时便需先找到要被替换的内容，再进行修改或替换。这个要查找的内容就是模式，在正文中查找被替换内容的过程就是一个字符串模式匹配的过程。在文本编辑器中，模式通常为一个单词，长度在 10 个字符左右，而文本的长度则从几百字到上百万字不等。在生物信息中，DNA 信息一般由 A、C、G、T 这 4 个符号组成，基因一般也就是几百个字符的长度，而人类染色体的长度却有 30 亿之多，显而易见，这些应用对匹配算法的效率要求很高。

模式匹配是一个比较复杂的串操作，许多人对此提出了众多效率各不相同的算法，较为著名的模式匹配算法有 BF 算法和 KMP 算法，下面将对这两个典型算法进行详细的介绍。

1. BF 算法

BF 算法是最简单最直观的模式匹配算法，其算法的基本思想就是把模式 P 的字符依次与目标 T 的相应字符进行比较。首先，从首字符开始，依次对两个字符串对应位置上的字符进行比较，如图 4-2 中的步骤(1)所示。当某次比较失败(称为一次“失配”)时，则把模式 P 对于 T 向右移动一个字符位置，重新开始下一趟匹配，如图 4-2 中的步骤(2)所示。如此不断重复，直到某趟配串成功返回，如图 4-2 中的步骤(3)所示；或者比较到目标串的结束也没有出现配串成功的情况，则该次匹配失败，如图 4-2 中的步骤(4)所示。

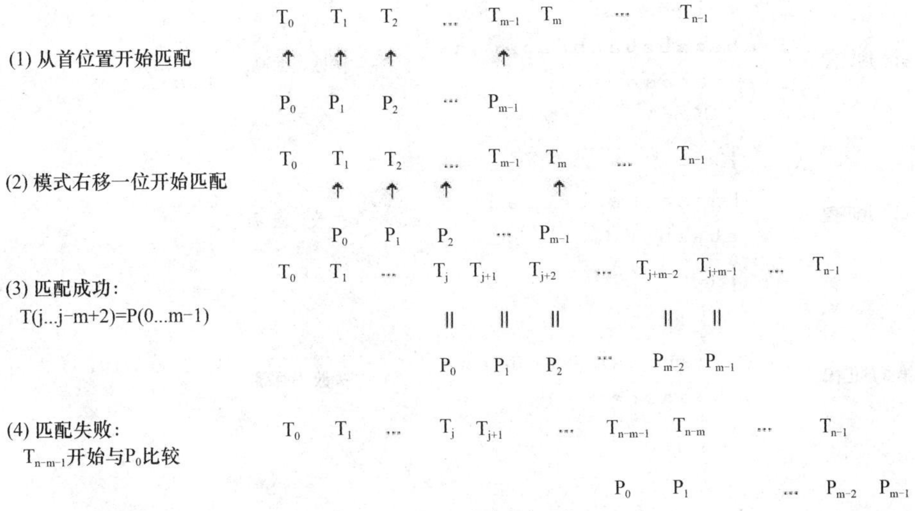

(1) 从首位置开始匹配

T_0　T_1　T_2　…　T_{m-1}　T_m　…　T_{n-1}

↑　↑　↑　　↑

P_0　P_1　P_2　…　P_{m-1}

(2) 模式右移一位开始匹配

T_0　T_1　T_2　…　T_{m-1}　T_m　…　T_{n-1}

↑　↑　↑　　↑

P_0　P_1　P_2　…　P_{m-1}

(3) 匹配成功：
T(j...j−m+2)=P(0...m−1)

T_0　T_1　…　T_j　T_{j+1}　T_{j+2}　…　T_{j+m-2}　T_{j+m-1}　…　T_{n-1}

‖　‖　‖　　‖　‖

P_0　P_1　P_2　…　P_{m-2}　P_{m-1}

(4) 匹配失败：
T_{n-m-1}开始与P_0比较

T_0　T_1　…　T_j　T_{j+1}　…　T_{n-m-1}　T_{n-m}　…　T_{n-1}

P_0　P_1　…　P_{m-2}　P_{m-1}

图 4-2　BF 算法匹配方法示意图

如果采用顺序存储结构，可以写出不依赖于其他串操作的匹配算法，其中分别利用计算指针 i 和 j 指示主串 T 和模式 P 中当前正待比较的字符位置。此算法的实现描述如下：

```
int Index( SString T,  SString P,  int pos)
{  //返回模式 P 在主串 T 中第 pos 个字符之后第一次出现的位置，若不存在则返回值为 0。
   //其中 P 非空，1≤pos≤StrLength(T)
     i= pos;  j = 1;
     while( i<=T[0] && j<=P[0]){
           if(T[i] == P[j]){ ++i;  ++j; }   //继续比较后继字符
          else{ i = i-j+2;   j =1; }        //指针后退重新开始匹配
      }
      if(j>P[0]) return i-P[0];
      else return 0;
}
```

【实例 4-5】设主串 T='abacababaabcacadcaa'，模式串 S='abaabcac'，采用 BF 算法的匹配过程如图 4-3 所示。

BF 算法的匹配过程易于理解，且在某些应用场合效率也较高，该算法的时间复杂度在计算上需要考虑不同的情况来进行计算。

设 n = StrLength(S); m = StrLength(T);，可能匹配成功的位置为(1 ~ n−m+1)。

(1)　最好的情况下，第 i 个位置匹配成功，比较了(i-1+m)次，该情况下算法的平均时间复杂度为 O(n+m)。例如：

```
T = "STING"
S = "A STRING SEARCHING EXAMPLE CONSISTING OF SIMPLE TEXT"
```

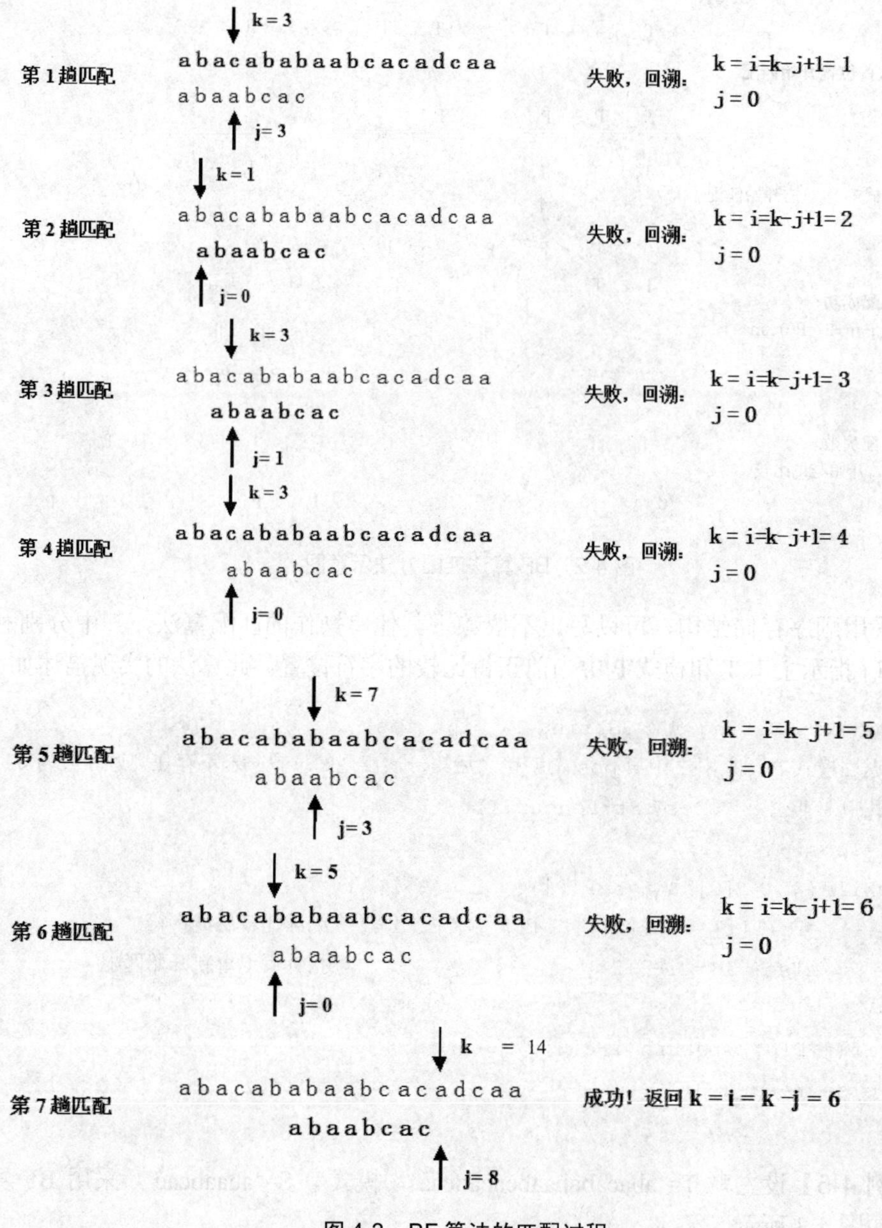

图 4-3　BF 算法的匹配过程

(2)　最坏的情况下，第 i 个位置匹配成功，比较了(i*m)次，该情况下的平均时间复杂度为 O(n*m)。例如：

```
T = "00000001"
S = "0000000000000000000000000000000000000000000000000001"
```

2. KMP 算法

KMP 算法是对 BF 算法的改进，它是由 Knuth、Morris 与 Pratt 同时设计实现的，因此称为 KMP 算法。KMP 算法的基本思想是消除了主串指针(i 指针)的回溯，利用已经得到的部分匹配结果将模式串右滑尽可能远的一段距离再继续比较，从而使算法效率有某种程度的提高，可使效率提高到 O(n+m)的水平。

如何消除主串指针的回溯呢?需要分析模式串 P，对于 P 的每个字符 P[j](0≤j≤m−1)，若存在一个整数 k(k<j)，使得模式 P 中 k 所指字符之前的 k 个字符(P[0]~P[k−1])依次与 P[j]前面的 k 个字符(P[j−k]～P[j−1])相同，并与主串 T 中 i 所指字符之前的 k 个字符相同，那么就可以利用这种信息，避免不必要的回溯了。

例如，目标串 t="aaaaab"，模式串 p="aaab"。进行第 1 趟匹配时，匹配失败处为 i=3，j=3。尽管本次匹配失败了，但得到这样的消息：t 的前 3 个字符 t[0]、t[1]与 t[2]与 p 的前 3 个字符 p[0]、p[1]与 p[2]相同，另外从 p 中看出，p[0]p[1]与 p[1]p[2]相同，所以有 t[1]t[2]=p[0]p[1]=p[1]p[2]。下一趟匹配从 t[1]开始，由于 t[1]t[2]=p[0]p[1]，所以只需从 t[3]与 p[2]开始比较即可，如下所示。

第 1 趟匹配　t=aaaaab　i=3

失败

p=aaab　j=3

第 2 趟匹配　t=aaaaab　本趟比较应从 i=3，j=2 开始

p=aaab

图中 t[3]对应的序号正好是目标串第 1 次匹配失败的位置，即 i=3，那么如何确定 j 应为 2 呢？这需要从 p 中找到这种信息。对于 p，其匹配失败处的字符为 b，它的前面有两个字符即 p[1]p[2]正好与 p 开头的两个字符 p[0]p[1]相同，这种信息对于加快匹配过程是有用的，所以在模式匹配之前可以使用一个数组 next 存放 p 中字符的这种部分匹配信息。

对于上面例 4-5 中的模式串 P='abaabcac'，用 next 数组存放它的部分匹配信息。对于 0 号字符 a，规定 next[0]=−1；对于 1 号字符 b，规定 next[1]=0；对于 2 号字符 a，其前一个字符 b 不等于模式 p 的开头字符，即 next[2]=0；对于 3 号字符 a，前面的字符串'ba'、'a'中，只有'a'与模式 p 的开头字符相匹配，它只有一个字符，即 next[3]=1。同理，next[4]=1。但对于 5 号字符 c 来言，其前面的字符组合有'baab'、'aab'、'ab'、'b'，存在'ab'这个与模式 p 的开头两个字符相匹配的字符串，因此其 next[5]=2，依次类推，得到如下完整的 next 数组。

【实例 4-6】设主串 T='abacababaabcacadcaa'，模式串 P='abaabcac'，P 中 next 函数值如表 4-1 所示。

表 4-1　模式串的 next 数组

下标	0	1	2	3	4	5	6	7
P	a	b	a	a	b	c	a	c
Next[]	−1	0	0	1	1	2	0	1

KMP 算法匹配过程如图 4-4 所示。

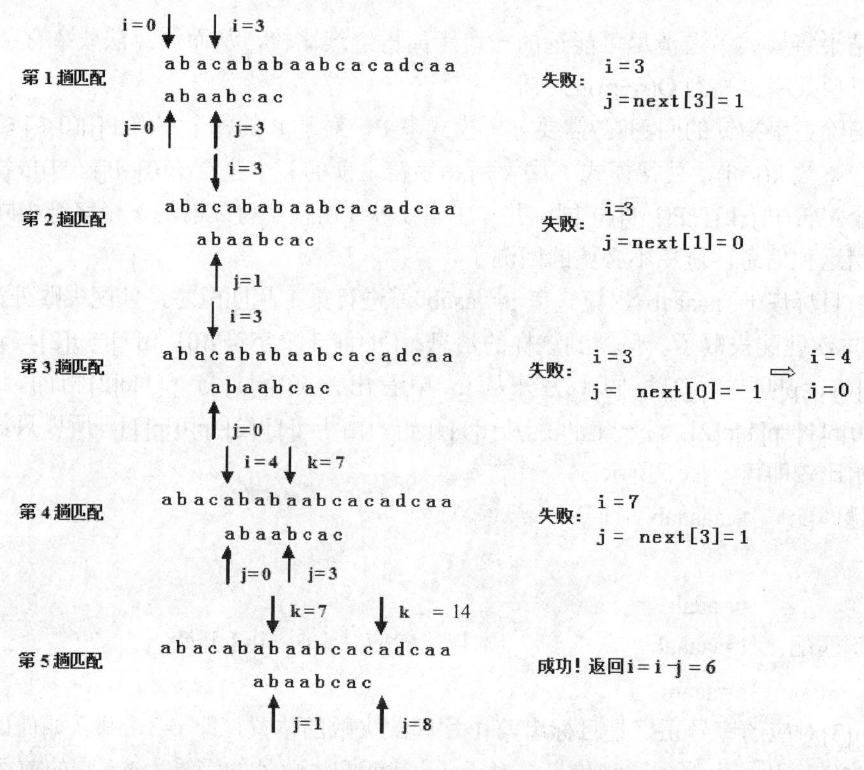

图 4-4　KMP 算法匹配的全过程

KMP 算法的具体实现如下，它在形式上与 BF 算法十分相似，不同之处仅在于：当匹配过程中产生“失配”时，指针 i 不变，指针 j 退回到 next[j]所指示的位置上重新进行比较，并且当指针 j 退至 0 时，指针 i 和指针 j 需同时增 1，即若主串的第 i 个字符和模式的第 1 个字符不等，应从主串的第 i+1 个字符起重新进行匹配。相关代码如下：

```
int Index_KMP (SString T,SString P, int pos)
{     //利用模式串 P 的 next 函数求 P 在主串 T 中第 pos 个字符之后的位置
      //其中，P 非空，1≤pos≤StrLength(T)
      i= pos,j =1;
      while (i<T[0] && j<P[0]) {
            if (j==0 ||T[i]==P[j]) {   i++;j++;  }    //继续比较后继字符
            else
                j=next[j];                             //模式串向右移动
      }
      if (j>P[0])  return i-P[0];                      //匹配成功
      else   return 0;                                 //返回不匹配标志
}
```

对于本节介绍的两种典型模式匹配算法，虽然 BF 算法的时间复杂度是 O(n*m)，但在一般情况下，其实际的执行时间近似于 O(n+m)，因此至今仍被采用。KMP 算法仅当模式与主串之间存在许多“部分匹配”的情况下，才显得比 BF 算法快得多。但是 KMP 算法的最大特点是指示主串的指针不需回溯，整个匹配过程中，对主串仅需从头至尾扫描一遍，这对处理从外设输入的庞大文件很有效，可以边读入边匹配，而无须回头重读。

4.2　数　　组

数组是一种十分常用的结构，大多数程序设计语言都直接支持数组类型。数组的基本操作主要是元素定位，本节的主要内容是讨论数组的存储映射方法。对于一些特殊类型的数组，将在后序章节专门介绍。

4.2.1　数组的类型定义

数组是由下标(index)和值(value)组成的序对(indexvalue pairs)集合。简单地讲，数组就是按一定格式排列起来的一列同一属性的项目，是相同类型的数据元素的集合。我们经常使用数组来存放一连串数据类型相同的数据。因此，数组具有以下两个特性。

(1)　数组中的元素间的地址是连续的。

(2)　数组中所有元素的数据类型都相同。

数组的类型有一维数组 A[10]、二维数组 A[5][6]、三维数组 A[3][5][5]、多维数组等。

在数组中，对于每组有定义的下标，都存在一个与其相对应的值，这个值通常称为数组元素。

二维数组：每一行都是一个线性表，每一个数据元素既在一个行表中，又在一个列表中。在 C 语言中，其被定义为

```
ELEMTP arrayname[row][col];
```

在二维数组中，每个元素都受到行关系和列关系的约束，例如有一个二维数组 A[m][n]，对于第 i 行第 j 列的元素 A[i][j]，A[i][j+1]是该元素在行关系中的直接后继元素；而 A[i+1][j]是该元素在列关系中的直接后继元素。所以，可以把二维数组看成是一个一维数组，它有 row 个元素，每个数据元素又是一个 col 数据元素的一维数组。

同理一个 n 维数组类型可以定义为其数据元素为 n-1 维数组类型的一维数组类型。数组一旦定义，它的维数和维界也就不再改变。因此除了结构的初始化和销毁之外，数组只有存取元素和修改元素值的下述两种操作。

(1)　给定一组有定义的下标，存取相应的数据元素；

(2)　给定一组有定义的下标，修改相应数据元素(或其中的某个数据项)的值。

而数组的操作在本质上只对应一种操作——寻址，即根据下标定位相应的元素。

抽象数据类型数组可形式地定义为。

```
ADT Array {
数据对象：D={a_{j1j2…jn}| j_i=0,…,b_i-1,i=1,2,…,n, n(>0)称为数组的维数，b_i 是数组第 i 维的长度，j_i 是数组元素的第 i 维下标，a_{j1…jn}∈ElemSet }
数据关系：
R={R_1, R_2,…, R_n}
R_i={ <a_{j1…ji…jn},a_{j1…ji…jn}> | 0≤j_k≤b_k-1, 1≤k≤n 且 k≠I, 0≤j_i≤b_i-2,
a_{j1…ji…jn}, a_{j1…ji…jn}∈D, i=1, 2, …, n }
基本操作：
```

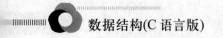

```
InitArray(&A, n, bound1, ..., boundn)
操作结果：若维数 n 和各维长度合法，则构造相应的数组 A，并返回 OK
DestroyArray(&A)
操作结果：销毁数组 A。
Value(A,&e, index1, ..., indexn)
初始条件：A 是 n 维数组，e 为元素变量，随后是 n 个下标值
操作结果：若各下标不超界，则 e 赋值为所指定的 A 的元素值，并返回 OK。
Assign(&A, e, index1, ..., indexn)
初始条件：A 是 n 维数组，e 为元素变量，随后是 n 个下标值。
操作结果：若下标不超界，则将 e 的值赋给所指定的 A 的元素，并返回 OK。
}ADT Array
```

4.2.2 数组的顺序存储及实现

由于数组一旦建立，其维数和维界就确定了，而且数组一般也不进行插入或删除操作，因此其结构中的数据元素个数和元素之间的关系也不再发生变动，故一般采用顺序存储结构表示数组比较合适。

由于计算机中的存储单元是一维结构，数组是多维结构，因此用一维的连续单元存放数组时，按存放次序的不同有下列两种主要的存放形式。

(1) 按行优先存放，如 BASIC、Pascal、COBOL、C 等程序设计语言中用的是以行为主的顺序分配，即一行分配完了接着分配下一行。

以行为主序的分配规律是：最右边的下标先变化，即最右下标从小到大，循环一遍后，右边第二个下标再变，…，从右向左，最后是左下标。以列为主序分配的规律恰好相反：最左边的下标先变化，即最左下标从小到大，循环一遍后，左边第二个下标再变，…，从左向右，最后是右下标。例如，一个 2×3 二维数组，逻辑结构可以用图 4-5(a)表示，以行为主序的内存映象如图 4-5(b)所示，其元素的内存分配顺序为：$a_{11},a_{12},a_{13},a_{21},a_{22},a_{23}$。

(a)

a_{11}	a_{12}	a_{13}
a_{21}	a_{22}	a_{23}

(b)

a_{11}
a_{12}
a_{13}
a_{21}
a_{22}
a_{23}

(c)

a_{11}
a_{21}
a_{12}
a_{22}
a_{13}
a_{23}

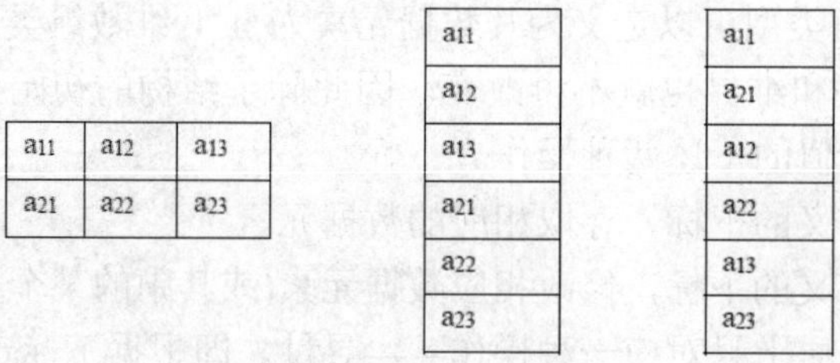

(a) 数组的逻辑状态　　(b) 以行为主序　(c) 以列为主序

图 4-5　2×3 数组的内在映象结构

(2) 按列优先存放，如 FORTRAN 语言中，用的是以列为主序的分配顺序，即一列一列地分配。

以列为主序的分配顺序为：$a_{11},a_{21},a_{12},a_{22},a_{13},a_{23}$，它的内存映象如图 4-5(c)所示。

设有 m 行×n 列的二维数组 A[m][n]，下面我们看看按元素的下标求其地址的计算：

以“以行为主序”的分配为例：设数组的基址为 LOC(a[1][1])，每个数组元素占据 1 个地址单元，那么 a[i][j] 的物理地址可用一线性寻址函数计算：

$$LOC(a[i][j]) = LOC(a[1][1]) + ((i-1)*n + j-1) * l$$

这是因为数组元素 a[i][j]的前面有 i-1 行，每行的元素个数为 n，在第 i 行中它的前面还有 j-1 个数组元素。

在 C 语言中，数组中每一维的下界定义为 0，则

$$LOC(a[i][j]) = LOC(a[0][0]) + (i*n + j) * l$$

推广到一般的二维数组：A[c1..d1] [c2..d2]，则 a[i][j]的物理地址计算函数为

$$LOC(a[i][j][k])=LOC(a [c1][c2])+((i- c1) *(d2 - c2 + 1)+ (j- c2))*l$$

同理对于三维数组 A[m][n][p]，即 m×n×p 数组，对于数组元素 a[i][j][k]的物理地址为：

$$LOC(a[i][j][k])=LOC(a[1][1][1])+((i-1) *n*p+ (j - 1)*p +k-1)*l$$

推广到一般的三维数组：A[c1..d1] [c2..d2] [c3..d3]，则[i][j][k]的物理地址为：

$$LOCa[i][j][k])=LOC(a[c1][c2][c3])+((i- c1) *(d2 - c2 + 1)* (d3 - c3 + 1)+ (j- c2) *(d3-c3 + 1)+(k - c3))*l$$

三维数组的逻辑结构和以行为主序的分配示意如图 4-6 所示。

【实例 4-7】若矩阵 $A_{m\times n}$ 中存在某个元素 a_{ij} 满足：a_{ij} 是第 i 行中最小值且是第 j 列中的最大值，则称该元素为矩阵 A 的一个鞍点。试编写一个算法，找出 A 中的所有鞍点。

基本思想：在矩阵 A 中求出每一行的最小值元素，然后判断该元素是否为它所在列中的最大值，是则打印出，接着处理下一行。矩阵 A 用一个二维数组表示。算法实现描述如下：

```
void saddle (int A[ ][ ],int m, int n)
/*m，n 是矩阵 A 的行和列*/
{ int I,j,min;
for (i=0;i<m;i++) /*按行处理*/
{ min=A[i][0]
for (j=1; j<n; j++)
if (A[i][j]<min ) min=A[I][j]; /*找第 I 行最小值*/
for (j=0; j<n; j++) /*检测该行中的每一个最小值是否是鞍点*/
if (A[I][j]==min )
{ k=j; p=0;
while (p<m && A[p][j]<min)
p++;
if ( p>=m) printf ( " %d, %d, %d\n ", i, k, min);
} /* if */
} /*for i*/
}
```

算法的时间性能为 O(m*(n+m*n))。

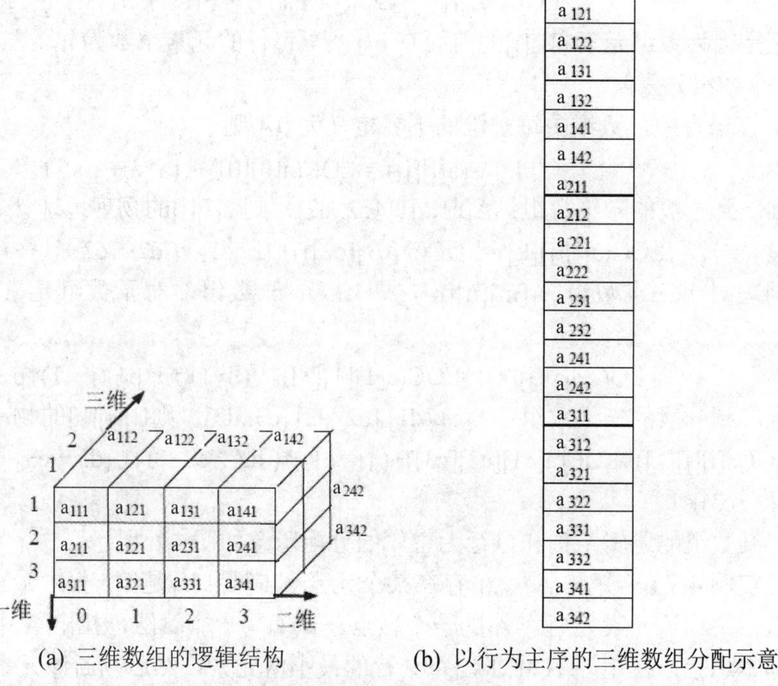

(a) 三维数组的逻辑结构　　(b) 以行为主序的三维数组分配示意

图 4-6　三维数组示意图

4.3　特殊矩阵的压缩存储

矩阵是很多科学与工程计算问题中研究的数学对象，矩阵用二维数组来表示是最自然的方法。但是，在数值分析中经常出现一些阶数很高的矩阵，同时在矩阵中有很多值相同的元素或者是零元素。有时为了节省存储空间，可以对这类矩阵进行压缩存储。所谓压缩存储，是指为多个值相同的元素只分配一个存储空间，对零元素不分配空间。

假若值相同的元素或者零元素在矩阵中的分布有一定规律，则称此类矩阵为特殊矩阵。特殊矩阵主要包括对称矩阵、三角矩阵和对角矩阵等，下面重点讨论这三种特殊矩阵的压缩存储。

4.3.1　对称矩阵的压缩存储

对称矩阵的特点是：在一个 n 阶方阵中，有 $a_{ij}=a_{ji}$，其中 $1 \leqslant i, j \leqslant n$，如图 4-7 所示是一个 5 阶对称矩阵。对称矩阵关于主对角线对称，因此只需存储上三角或下三角部分即可，比如，我们只存储下三角中的元素 a_{ij}，其特点是 $j \leqslant i$ 且 $1 \leqslant i \leqslant n$，对于上三角中的元素 a_{ij}，它和对应的 a_{ji} 相等，因此当访问的元素在上三角时，直接去访问和它对应的下三角元素即可，这样，原来需要 n*n 个存储单元，现在只需要 n(n+1)/2 个存储单元了，节约了 n(n−1)/2 个存储单元，当 n 较大时，这是很可观的一部分存储资源。

如何只存储下三角部分呢？对下三角部分可以以行为主序顺序存储到一个向量中。在下三角中共有 n*(n+1)/2 个元素，因此，不失一般性，设存储到一维数组 SA[n(n+1)/2]中，存储顺序可用图 4-8 示意。这样，原矩阵下三角中的某一个元素 a_{ij} 则具体对应一个 SA[k]，下面的问题是要找到 k 与 i、j 之间的关系。

$$A=\begin{pmatrix} 3 & 6 & 4 & 7 & 8 \\ 6 & 2 & 8 & 4 & 2 \\ 4 & 8 & 1 & 6 & 9 \\ 7 & 4 & 6 & 0 & 5 \\ 8 & 2 & 9 & 5 & 7 \end{pmatrix}$$

3	6	2	4	8	1	7	4	6	0	8	2	9	5	7

图 4-7　5 阶对称矩阵及其压缩存储

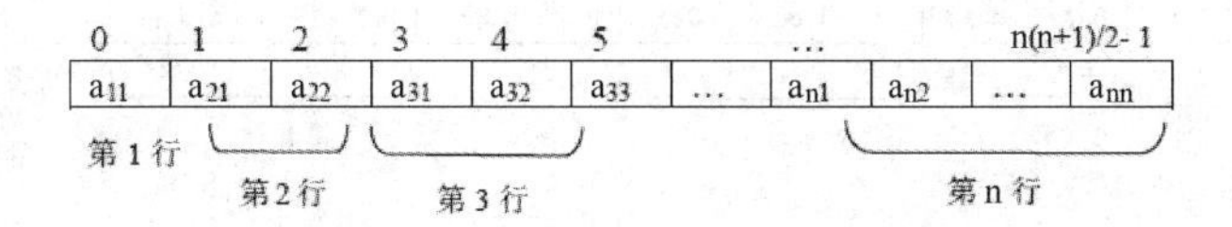

图 4-8　一般对称矩阵的压缩存储

矩阵下三角中的元素 a_{ij}，其特点是：i≥j 且 1≤i≤n，存储到 SA 中后，根据存储原则，它前面有 i-1 行，共有 1+2+…+i-1=i*(i-1)/2 个元素，而 a_{ij} 又是它所在行中的第 j 个元素，所以在上面的排列顺序中，a_{ij} 是第 i*(i-1)/2+j 个元素，因此它在 SA 中的下标 k 与 i、j 的关系为：

$$k=i*(i-1)/2+j-1(0\leqslant k<n*(n+1)/2)$$

若 i<j，则 a_{ij} 是上三角中的元素，因为 $a_{ij}=a_{ji}$，这样，访问上三角中的元素 a_{ij} 时只需去访问和它对应的下三角中的 a_{ji} 即可，因此将上式中的行列下标交换就是上三角中的元素在 SA 中的对应关系：

$$k=j*(j-1)/2+i-1\ (0\leqslant k<n*(n+1)/2)$$

综上所述，对于对称矩阵中的任意元素 a_{ij}，若令 I=max(i,j)，J=min(i,j)，则将上面两个式子综合起来得到：k=I*(I-1)/2+J-1。

4.3.2　三角矩阵的压缩存储

如图 4-9 所示的矩阵称为三角矩阵，其中 c 为某个常数。图 4-9(a)为下三角矩阵：主队角线以上均为同一个常数；图 4-9(b)为上三角矩阵，主队角线以下均为同一个常数。下面讨论它们的压缩存储方法。

$$\begin{pmatrix} 3 & c & c & c & c \\ 6 & 2 & c & c & c \\ 4 & 8 & 1 & c & c \\ 7 & 4 & 6 & 0 & c \\ 8 & 2 & 9 & 5 & 7 \end{pmatrix} \qquad \begin{pmatrix} 3 & 4 & 8 & 1 & 0 \\ c & 2 & 9 & 4 & 6 \\ c & c & 1 & 5 & 7 \\ c & c & c & 0 & 8 \\ c & c & c & c & 7 \end{pmatrix}$$

(a)　下三角矩阵　　　(b)　上三角矩阵

图 4-9　三角矩阵

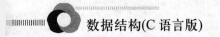

1. 下三角矩阵

与对称矩阵类似，不同之处在于存完下三角中的元素之后，紧接着存储对角线上方的常量，因为是同一个常数，所以存一个即可，这样一共存储了 n*(n+1)+1 个元素。设存入一维数组 SA[n*(n+1)+1]中，这种存储方式可节约 n*(n−1)−1 个存储单元，SA[k]与 a_{ji} 的对应关系为

$$k=\begin{cases} i(i-1)/2+(j-1) & \text{当}i\leqslant j \\ n(n+1)/2 & \text{当}i>j \end{cases}$$

其压缩存储的示意图如图 4-10 所示。

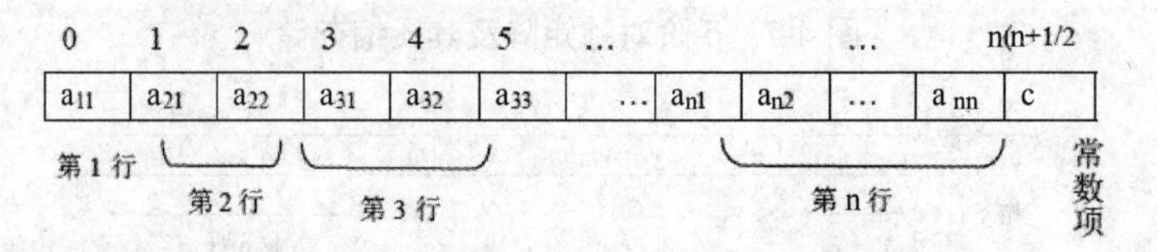

图 4-10 下三角矩阵压缩存储的示意图

2. 上三角矩阵

对于上三角矩阵，存储思想与下三角类似，以行为主序顺序存储上三角部分，最后存储对角线下方的常量。对于第 1 行，存储 n 个元素，第 2 行存储 n−1 个元素，……，第 p 行存储(n−p+1)个元素，a_{ij} 的前面有 i−1 行，共存储：

$$n+(n-1)+\cdots+(n-i+1)=\sum_{p=1}^{i-1}(n-p)+1=(i-1)*(2n-i+2)/2$$

个元素，而 a_{ij} 是它所在行中要存储的第(j−i+1)个元素；所以，它是上三角存储顺序中的第(i−1)*(2n−i+2)/2+(j−i+1)个元素，因此它在 SA 中的下标为 k=(i−1)*(2n−i+2)/2+j−i。综上，sak 与 a_{ji} 的对应关系为：

$$k=\begin{cases} (i-1)(2n-i+2)/2+(j-i) & \text{当}i\leqslant j \\ n(n+1)/2 & \text{当}i>j \end{cases}$$

其压缩存储的示意图如图 4-11 所示。

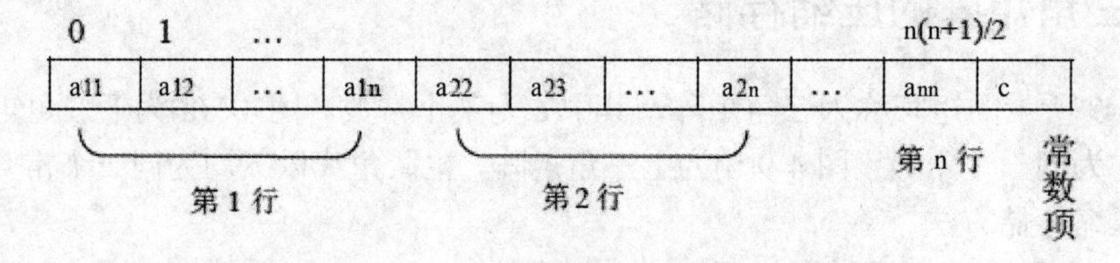

图 4-11 上三角矩阵压缩存储的示意图

4.3.3 对角矩阵的压缩存储

对角矩阵也称为带状矩阵，是指所有的非零元素都集中在以主对角线为中心的带状区域内，即除了主对角线上和直接在对角线上、下方若干条对角线上的元素之外，所有其他的元素皆为零。对角矩阵的结构如图 4-12 所示。

$$
A=\begin{pmatrix}
a_{11} & a_{12} & 0 & 0 & 0 \\
a_{21} & a_{22} & a_{23} & 0 & 0 \\
0 & a_{32} & a_{33} & a_{34} & 0 \\
0 & 0 & a_{43} & a_{44} & a_{45} \\
0 & 0 & 0 & a_{54} & a_{55}
\end{pmatrix}
$$

图 4-12　对角矩阵的结构示意图

对于这类矩阵，也可以按照某个原则(或以行为主，或以对角线的顺序)将其压缩存储到一维数组上。将图 4-12 所示的对角矩阵按照以行为主序，顺序存储其非零元素的方式得到如图 4-13 所示的一维数组，按其压缩规律，找到相应的映象函数。如当 w=3 (带状宽度为 3)时，映象函数为 k=2*i+j-3，其中的 k 为一维数组的下标，i，j 为矩阵元素的坐标。

0	1	2	3	4	5	6	7	8	9	10	11	12
a11	a12	a21	a22	a23	a32	a33	a34	a43	a44	a45	a54	a55

图 4-13　对角矩阵对应的一维数组

在上述这些特殊矩阵中，非零元素的分布都有一个明显的规律，从而可以将其压缩存储到一维数组中，并找到每个非零元素在一维数组中的对应关系。

4.3.4　稀疏矩阵的压缩存储

在实际应用中还经常会遇到另一类矩阵，其非零元素较零元素少，且分布没有一定的规律，称为稀疏矩阵，示意图如图 4-14 所示。

假设 m 行 n 列的矩阵含 t 个非零元素，则称 d=t/(m×n)为稀疏因子，通常认为 d≤0.05 的矩阵为稀疏矩阵。很多科学管理及工程计算中，经常会遇到阶数很高的大型稀疏矩阵。如果按常规分配方法，顺序分配在计算机内，一方面其零值元素占的空间很大，内存浪费的现象较为严重；另一方面则是相关的计算中进行了很多和零值的运算。为此提出另外一种存储方法，仅仅存放非零元素。但对于这类矩阵，通常零元素分布没有规律，为了能找到相应的元素，所以仅存储非零元素的值是不够的，还要记下它所在的行和列。针对稀疏矩阵的压缩存储较为典型的方式有两种，分别是采用顺序存储的三元组表示方式与采用链式结构的十字链表方式。

1. 三元组

将非零元素所在的行、列以及它的值构成一个三元组(i, j, v)，然后再按某种规律存储这些三元组，这种方法可以节约存储空间。将三元组按行优先的顺序，同一行中列号从小到大的规律排列成一个线性表，称为三元组表，采用顺序存储方法存储该表。图 4-14 所示的稀疏矩阵对应的三元组表如图 4-15 所示。

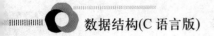

$$A=\begin{pmatrix} 15 & 0 & 0 & 22 & 0 & -15 \\ 0 & 11 & 3 & 0 & 0 & 0 \\ 0 & 0 & 0 & 6 & 0 & 0 \\ 0 & 0 & 0 & 0 & 0 & 0 \\ 91 & 0 & 0 & 0 & 0 & 0 \\ 0 & 0 & 0 & 0 & 0 & 0 \end{pmatrix}$$

图 4-14　稀疏矩阵示意图

	i	j	v
1	1	1	15
2	1	4	22
3	1	6	−15
4	2	2	11
5	2	3	3
6	3	4	6
7	5	1	91

图 4-15　稀疏矩阵对应的三元组表

显然，要唯一地表示一个稀疏矩阵，还需要在存储三元组表的同时存储该矩阵的行、列，为了运算方便，矩阵的非零元素的个数也同时存储。这种存储的思想实现如下：

```
define SMAX 1024                         //定义一个足够大的长度值
typedef struct
{ int i,j;                               //非零元素的行、列
datatype v;                              // 非零元素值
}SPNode;                                 //三元组类型
typedef struct
{ int mu,nu,tu;                          // 矩阵的行、列及非零元素的个数
SPNode data[SMAX];                       // 三元组表
} SPMatrix;                              //*三元组表的存储类型*/
```

这样的存储方法确实节约了存储空间，但矩阵的运算从算法上可能会变得复杂些。下面我们讨论这种存储方式下的稀疏矩阵的特殊运算类型——矩阵转置。

设 SPMatrix A; 表示一个 m*n 的稀疏矩阵，其转置 B 则是一个 n*m 的稀疏矩阵，因此也有 SPMatrix B;。由 A 求 B 需要完成两个操作。

(1) 将 A 的行、列转化成 B 的列、行；

(2) 将 A.data 中的每个三元组的行列交换后转化到 B.data 中。

看上去以上两点完成之后，似乎完成了 B，但是实际上并没有。因为前面规定三元组是按一行一行且每行中的元素是按列号从小到大的规律顺序存放的，因此 B 也必须按此规律实现，A 的转置 B 如图 4-16 所示，图 4-17 是它对应的三元组存储，也就是说，在 A 的三元组存储基础上得到 B 的三元组表存储(为了运算方便，矩阵的行列都从 1 算起，三元组表 data 也从 1 单元用起)。

$$B=\begin{pmatrix} 15 & 0 & 0 & 0 & 91 & 0 \\ 0 & 11 & 0 & 0 & 0 & 0 \\ 0 & 3 & 0 & 0 & 0 & 0 \\ 22 & 0 & 6 & 0 & 0 & 0 \\ 0 & 0 & 0 & 0 & 0 & 0 \\ -15 & 0 & 0 & 0 & 0 & 0 \end{pmatrix}$$

图 4-16　矩阵 A 的转置矩阵 B

	i	j	v
1	1	1	15
2	1	5	91
3	2	2	11
4	3	2	3
5	4	1	22
6	4	3	6
7	6	1	−15

图 4-17　矩阵 B 对应的三元组

转置操作的算法思路描述如下。

① A 的行、列转化成 B 的列、行；

② 在 A.data 中依次找第一列的、第二列的、直到最后一列的三元组，并将找到的每个三元组的行、列交换后顺序存储到 B.data 中即可。

算法的具体实现如下：

```
void TransM1 (SPMatrix *A)
{ SPMatrix *B;
int p, q, col;
B=malloc(sizeof(SPMatrix));                    //申请存储空间
B->mu=A->nu; B->nu=A->mu; B->tu=A->tu;
// 稀疏矩阵的行、列、元素个数
if (B->tu>0)                                   // 有非零元素则转换
{ q=0;
for (col=1; col<=(A->nu); col++)               // 按 A 的列序转换
for (p=1; p<= (A->tu); p++)                    // 扫描整个三元组表*
if (A->data[p].j==col )
{ B->data[q].i= A->data[p].j ;
B->data[q].j= A->data[p].i ;
B->data[q].v= A->data[p].v;
q++; }/*if*/
} //if(B->tu>0)
return B;                                      // 返回的是转置矩阵的指针
}//ransM1
```

分析该算法，其时间主要耗费在 col 和 p 的二重循环上，所以时间复杂性为 O(n*t)(设 m、n 是原矩阵的行、列，t 是稀疏矩阵的非零元素个数)，显然当非零元素的个数 t 和 m*n 同数量级时，算法的时间复杂度为 $O(m*n^2)$，和通常存储方式下矩阵转置算法相比，可能节约了一定量的存储空间，但算法的时间性能更差一些。

上述算法效率低的原因是算法要从 A 的三元组表中寻找第一列、第二列、……，要反复搜索 A 表，若能直接确定 A 中每一三元组在 B 中的位置，则对 A 的三元组表扫描一次即可。这是可以做到的，因为 A 中第一列的第一个非零元素一定存储在 B.data[1]，如果还知道第一列的非零元素的个数，那么第二列的第一个非零元素在 B.data 中的位置便等于第一列的第一个非零元素在 B.data 中的位置加上第一列的非零元素的个数，以此类推，因为 A 中三元组的存放顺序是先行后列，对同一行来说，必定先遇到列号小的元素，这样只需扫描一遍 A.data 即可。

根据这个想法，需引入两个向量来实现：num[n+1]和 cpot[n+1]，num[col]表示矩阵 A 中第 col 列的非零元素的个数(为了方便均从 1 单元用起)，cpot［col］初始值表示矩阵 A 中的第 col 列的第一个非零元素在 B.data 中的位置。于是 cpot 的初始值为

```
cpot[1]=1;
cpot[col]=cpot[col-1]+num[col-1]; 2≤col≤n
```

例如，矩阵图 4-14 的 num 和 cpot 的值如图 4-18 所示。

Col	1	2	3	4	5	6
num[col]	2	1	1	2	0	1
cpot[col]	1	3	4	5	7	7

图 4-18 矩阵 A 的 num 与 cpot 值

依次扫描 A.data，当扫描到一个 col 列元素时，直接将其存放在 B.data 的 cpot[col]位置上，cpot[col]加 1，cpot[col]中始终是下一个 col 列元素在 B.data 中的位置。下面按以上思路改进转置算法如下：

```
SPMatrix * TransM2 (SPMatrix *A)
{ SPMatrix *B;
int i, j, k;
int num[n+1], cpot[n+1];
B=malloc(sizeof(SPMatrix));                    // 申请存储空间
B->mu=A->nu; B->nu=A->mu; B->tu=A->tu;         //稀疏矩阵的行、列、元素个数
if (B->tu>0)                                   // 有非零元素则转换
{ for (i=1;i<=A->nu;i++) num[i]=0;
for (i=1;i<=A->tu;i++)                         //求矩阵 A 中每一列非零元素的个数
{ j= A->data[i].j;
num[j]++;
}
cpot[1]=1; //求矩阵 A 中每一列第一个非零元素在 B.data 中的位置
for (i=2;i<=A->nu;i++)
cpot[i]= cpot[i-1]+num[i-1];
for (i=1; i<= (A->tu); i++)                    //扫描三元组表*
{ j=A->data[i].j;                              //当前三元组的列号
k=cpot[j];                                     //当前三元组在 B.data 中的位置
B->data[k].i= A->data[i].j ;
B->data[k].j= A->data[i].i ;
B->data[k].v= A->data[i].v;
cpot[j]++;
} //for i
} //if (B->tu>0)
return B;                                      //返回的是转置矩阵的指针
} //TransM2
```

分析这个算法的时间复杂度：这个算法中有四个循环，分别执行 n,t,n−1,t 次，在每个循环中，每次迭代的时间是一个常量，因此总的计算量是 O(n+t)。当然它所需要的存储空间比前一个算法多了两个向量。

2. 十字链表存储

三元组表可以看作稀疏矩阵的顺序存储，但是在做一些操作(如加法、乘法)时，非零项数目及非零元素的位置会发生变化，这时这种表示就十分不便。在这节中，我们介绍稀疏矩阵的一种链式存储结构——十字链表，如图 4-19 所示，它同样具备链式存储的特点，因此，在某些情况下，采用十字链表表示稀疏矩阵是很方便的。

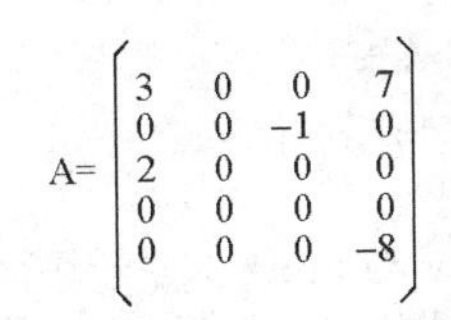

$$A=\begin{pmatrix}3&0&0&7\\0&0&-1&0\\2&0&0&0\\0&0&0&0\\0&0&0&-8\end{pmatrix}$$

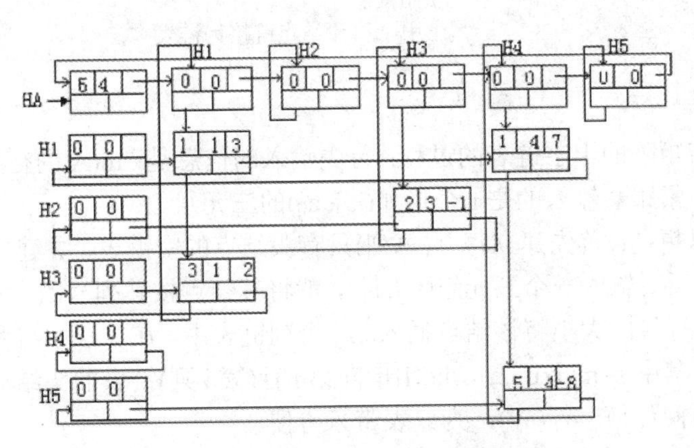

图 4-19　用十字链表表示的稀疏矩阵 A

用十字链表表示稀疏矩阵的基本思想是：将每个非零元素存储为一个结点，结点由 5 个域组成，其结构如图 4-20 所示。其中，row 域存储非零元素的行号，col 域存储非零元素的列号，v 域存储本元素的值，right 和 down 是两个指针域。

稀疏矩阵中每一行的非零元素结点按其列号从小到大的顺序由 right 域链成一个带表头结点的循环行链表，同样每一列中的非零元素按其行号从小到大的顺序由 down 域也链成一个带表头结点的循环列链表。即每个非零元素 a_{ij} 既是第 i 行循环链表中的一个结点，又是第 j 列循环链表中的一个结点。行链表、列链表的头结点的 row 域和 col 域置 0。每一列链表的表头结点的 down 域指向该列链表的第一个元素结点，每一行链表的表头结点的 right 域指向该行表的第一个元素结点。由于各行、列链表头结点的 row 域、col 域和 v 域均为零，行链表头结点只用 right 指针域，列链表头结点只用 right 指针域，故这两组表头的结点可以合用，也就是说对于第 i 行的链表和第 i 列的链表可以共用同一个头结点。为了方便地找到每一行或每一列，将每行(列)的这些头结点连接起来，因为头结点的值域空闲，所以用头的结点的值域作为连接各头结点的链域，即第 i 行(列)的头结点的值域指向第 i+1 行(列)的头结点，……，形成一个循环表。这个循环表又有一个头结点，这就是最后的总头结点，指针 HA 指向它。总头结点的 row 和 col 域存储原矩阵的行数和列数。

因为非零元素结点的值域是 datatype 类型，在表头结点中需要一个指针类型，为了使整个结构的结点一致，我们规定表头结点和其他结点有同样的结构，因此该域用一个联合来表示，改进后的结点结构如图 4-21 所示。

row	col	v
down	right	

图 4-20　十字链表结点结构

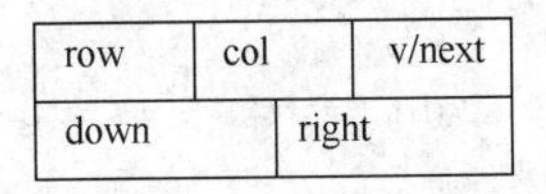

图 4-21　十字链表中非零元素和表头共用的结点结构

综上，结点的结构定义如下:

```
typedef struct node
{ int row, col;                    //行号，列号
struct node *down, *right;
union v_next                       //让 v 与 next 共享一块存储空间，即一块空间两个名字
{ datatype v;                      //元素值
struct node *next;                 //用于将头结点链接为链表
}
} MNode, *MLink;
```

创建一个稀疏矩阵的十字链表的过程：首先输入的信息是：m(A 的行数)，n(A 的列数)，r(非零项的数目)，紧跟着输入的是 r 个形如(i, j, a_{ij})的三元组。

算法的设计思想是：首先建立每行(每列)只有头结点的空链表，并建立起这些头结点拉成的循环链表；然后每输入一个三元组(i, j, a_{ij})，就将其结点按其列号的大小插入第 i 个行链表中，同时也按其行号的大小将该结点插入第 j 个列链表中。在算法中将利用一个辅助数组 MNode*hd[s+1];，其中 s=max(m, n)，hd[i]指向第 i 行(第 i 列)链表的头结点。这样做可以在建立链表时随机访问任何一行(列)，为建表带来方便。

具体算法的实现如下：

```
MLink CreatMLink( ) /* 返回十字链表的头指针*/
 {
MLink H;
Mnode *p, *q, *hd[s+1];
int i, j, m, n, t;
datatype v;
scanf("%d, %, %d", &m, &n, &t);
H=malloc(sizeof(MNode)); /*申请总头结点*/
H->row=m; H->col=n;
hd[0]=H;
for(i=1; i<S; i++)
{ p=malloc(sizeof(MNode)); /*申请第 i 个头结点*/
p->row=0; p->col=0;
p->right=p; p->down=p;
hd[i]=p;
hd[i-1]->v_next.next=p;
}
hd[S]->v_next.next=H; /*将头结点形成循环链表*/
for (k=1;k<=t;k++)
{ scanf ("%d, %d, %d", &I, &j, &v); /*输入一个三元组，设值为 int*/
p=malloc(sizeof(MNode));
p->row=i; p->col=j; p->v_next.v=v
/*以下是将*p 插入第 i 行链表中，且按列号有序*/
q=hd[i];
while ( q->right!=hd[i] && (q->right->col)<j ) /*按列号找位置*/
q=q->right;
p->right=q->right; /*插入*/
q->right=p;
/*以下是将*p 插入第 j 行链表中，且按行号有序*/
```

```
q=hd[i];
while ( q->down!=hd[j] && (q->down->row)<i ) /*按行号找位置*/
q=q->down;
p-> down =q-> down; /*插入*/
q-> down =p;
} /*for k*/
return H;
} /* CreatMLink */
```

上述算法中，建立头结点循环链表的时间复杂度为 O(S)，插入每个结点到相应的行表和列表的时间复杂度是 O(t*S)，这是因为每个结点插入时都要在链表中寻找插入位置，所以总的时间复杂度为 O(t*S)。该算法对三元组的输入顺序没有要求。如果我们输入三元组时是按以行为主序(或列)输入的，则每次将新结点插入链表的尾部，改进算法后，时间复杂度为 O(S+t)。

4.4　广　义　表

广义表在文本处理、人工智能和计算机图形学等领域得到广泛应用。例如，在人工智能领域使用的 LISP 语言中，所有的概念和对象都是用广义表表示的。函数的调用关系、内存空间的引用关系等，都可以使用广义表来表示。

4.4.1　广义表的定义

广义表也称为列表，是线性表的推广。一个广义表是 n(n≥0)个元素的一个序列，若 n=0 时则称为空表。设 a_i 为广义表的第 i 个元素，则广义表 GL 的一般表示与线性表相同：

$$GL=(a_1,a_2,\cdots,a_n)$$

其中，GL 是广义表的名称，n 表示广义表的长度，即广义表中所含元素的个数，n≥0。如果 a_i 是单个数据元素，则 a_i 是广义表 GL 的原子，例如 L1=(1,2,3)；如果 a_i 是一个广义表，则 a_i 是广义表 GL 的子表，例如 L2=((a,b)，c，(d,e,f))。称广义表的第一个元素 a_1 为广义表 GL 的表头，其余部分为 GL 的表尾，分别记作 head(GL)=a1，tail(GL)=$(a_2,\cdots,a_n)$。可以将一个广义表的表尾始终看作一个广义表。

从定义可以看出，若不考虑广义表中每个元素 a_i 的内部结构，则 GL 是一种线性表，但若考虑到 a_i 的内部结构，GL 可能是非常复杂的。

抽象数据类型广义表的定义如下：

```
ADT Glist
{
   数据对象：D={ei | i=1,2,…,n;n>=0;  ei∈AtomSet 或 ei ∈Glist, AtomSet 为某个数据对象}
   数据关系：R1={< ei-1, ei > | ei-1, ei ∈D,2<=i<=n}
   基本操作：
       InitGList( &L);
            操作结果：创建空的广义表 L。
       CreateGList(&L,S);
```

```
        初始条件：S 是广义表的书写形式串。
        操作结果：由 S 创建广义表 L。
    DestroyGList(&L);
        初始条件：广义表 L 存在。
        操作结果：销毁广义表 L。
    CopyGList( &T,L);
        初始条件：广义表 L 存在。
        操作结果：由广义表 L 复制得到广义表 T。
    GListLength(L);
        初始条件：广义表 L 存在。
        操作结果：求广义表 L 的长度，即元素个数。
    GListDepth(L);
        初始条件：广义表 L 存在。
        操作结果：求广义表 L 的深度。
    GListEmpty (L);
        初始条件：广义表 L 存在。
        操作结果：判定广义表 L 是否为空。
    GetHead(L);
        初始条件：广义表 L 存在。
        操作结果：取广义表 L 的头。
    GetTail( &T,L);
        初始条件：广义表 L 存在。
        操作结果：取广义表 L 的尾。
    InsertFirst_GL(&L,e);
        初始条件：广义表 L 存在。
        操作结果：插入元素 e 作为广义表 L 的第一元素。
    DeleteFirst_GL(&L,&e);
        初始条件：广义表 L 存在。
        操作结果：删除广义表 L 的第一元素，并用 e 返回其值。
    Traverse_GL (L,visit());
        初始条件：广义表 L 存在。
        操作结果：遍历广义表 L，用函数 visit 处理每个元素。
}
```

广义表具有以下重要性质。

(1) 广义表中的数据元素有相对次序。

(2) 广义表的长度定义为最外层包含的元素个数。

(3) 广义表的深度定义为所含括号的重数。其中原子的深度为 0，空表的深度为 1。

(4) 广义表可以共享：一个广义表可以被其他广义表共享；这种共享广义表称为再入表。

(5) 广义表可以是一个递归的表。一个广义表可以是自己的子表。这种广义表称为递归表。递归表的深度是无穷值，长度是有限值。

(6) 任何一个非空广义表 GL 均可以分解为表头 head(GL)=a1 和表尾 tail(GL)=(a2,⋯,an)两部分。

下面给出一些广义表的实例。

(1) A1=()：空表，无表头，无表尾，长度为 0，深度为 1。

(2) A2=(a,b,c)：单元素表，表头为 a，表尾为(b,c)，长度为 3，深度为 1。

(3)　A3=(a,(b,c,d))：非单元素表，表头为 a，表尾为((b,c,d))，长度为 2，深度为 2。

(4)　A4=(A2,((a,b),c))：非单元素表，表头为 A2=(a,b,c)，表尾为(((a,b),c))，长度为 2，深度为 3。

(5)　A5=(a,A5)：非单元素表，表头为 a，表尾为(A5)，长度为 2，深度为∞。

在上述例子中的广义表 A5=(a,A5)=(a,(a,(…)))是一个典型的递归表。有时为了强调广义表的名称，可以将表名写在表的左括号的前面，如上例中 A4(A2,((a,b),c))，A2(a,b,c)。

若用圆圈和方框分别表示广义表及其元素，并用线段把表和它的元素(元素结点应在其表结点的下方)连接起来，则可以得到一个广义表的图形表示。例如上述 5 个广义表的图形表示如图 4-22 所示。

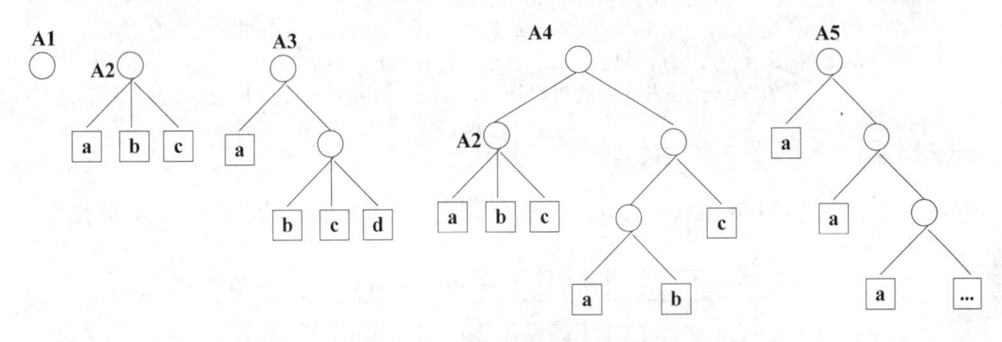

图 4-22　广义表的图形表示

4.4.2　广义表的存储结构

因为广义表中的数据元素可以有不同的结构(或是原子，或是广义表)，因此难以使用顺序存储结构表示，而通常采用链式存储结构，一个数据元素可用一个结点表示。

由于广义表中有两种数据元素，原子或广义表，因此，需要两种结构的结点：一种是表结点，用以表示广义表；一种是原子结点，用以表示原子。从上节得知：若广义表不空，则可以分解成表头和表尾，因此，一对确定的表头和表尾可以唯一确定广义表。一个表结点可由三个域组成：标志域、指示表头的指针域和指示表尾的指针域；而原子结点只需两个域：标志域和值域。

常用的广义表存储结构有两种，分别介绍如下。

1. 仅有表结点由三个域组成的头尾链表存储结构

在该种方法中，表结点由标志域、指示表头的指针域和指示表尾的指针域三部分组成，而原子域只需两个域：标志域和值域。结构示意图如图 4-23 所示。

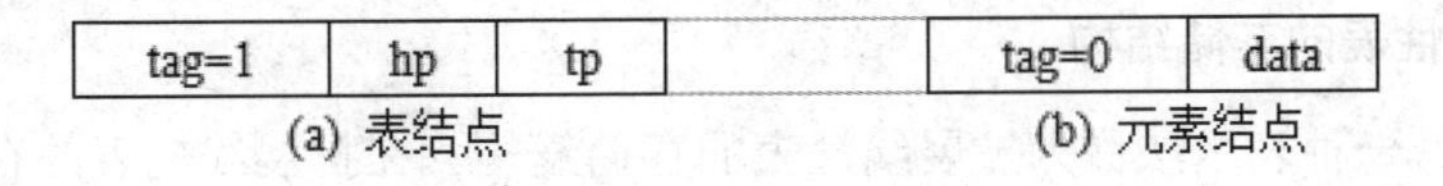

图 4-23　头尾链表存储结构示意图

每个域的意义如下。

tag：区分表结点和元素结点的标志，值为 1 时表明结点是子表，值为 0 时表明结点是原子。

hp：指向表头结点的指针；

tp：指向表尾结点的指针；

data：存放单元素的数据域。

其形式定义如下：

```
typedef enum {ATOM, LIST } ElemTag;  //ATOM==0:表示原子，LIST==1:表示子表
typedef struct GLNode {
    ElemTag  tag;  //公共部分，用以区分原子部分和表结点
    union {        //原子部分和表结点的联合部分
      AtomType  data; //data 是原子结点的值域，AtomType 由用户定义
      struct { struct GLNode *hp, *tp;} ptr;
                  // ptr 是表结点的指针域，ptr.hp 和 ptr.tp 分别指向表头和表尾
    };
} *Glist;          //广义表类型
```

例如，对于广义表 LS=(a,(x,y),(z))，其采用头尾链表表示的存储结构如图 4-24 所示。

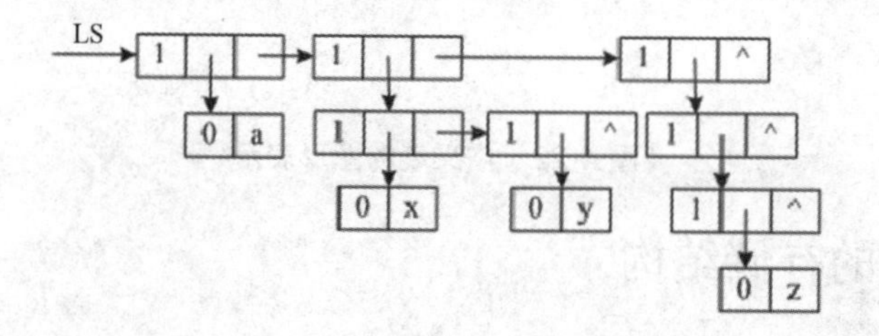

图 4-24　头尾链表表示的存储结构

从上述存储结构示例中可以看出，采用头尾链表存储结构表示法容易分清广义表中数据元素或子表所在的层次。例如，在广义表 LS 中，单元素 a 和(x,y)在同一层次，而单元素 z 比 a 和(x,y)低一层。

(1)　除空表的表头指针为空外，对任何非空列表，其表头指针均指向一个表结点，且该结点中的 hp 域指示列表表头(或者为原子结点，或者为表结点)，tp 域指向列表表尾(除非表尾为空，则指针为空，否则为表结点)。

(2)　容易分清列表中原子和子表所在层次。如在列表 LS 中，原子 x 和 y 在同一层次上，z 比 x 和 y 低一层次。

(3)　最高层的表结点个数就是列表的长度。

以上 3 个特点在某种程度上给广义表的操作带来了方便。

2. 扩展线性表的存储结构

广义表的另一种表示法称为扩展线性表的存储结构。在扩展线性表的存储结构中，也有两种结点形式：一种是有孩子结点，用以表示广义表；另一种是无孩子结点，用以表示单元素。在有孩子结点中包括一个指向第一个孩子(长子)的指针和一个指向兄弟的指针；而在无孩子结点中包括一个指向兄弟的指针和该元素的元素值。为了能区分这两类结点，在

结点中还要设置一个标志域。如果标志为 1，则表示该结点为有孩子结点；如果标志为 0，则表示该结点为无孩子结点。

扩展线性表的存储结构表示法的结点形式如图 4-25 所示。

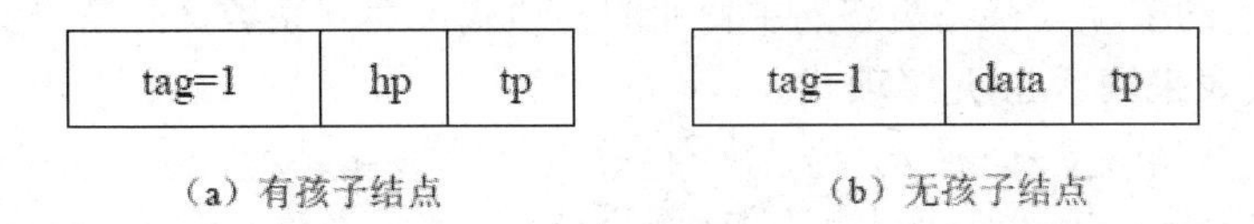

（a）有孩子结点　　（b）无孩子结点

图 4-25　扩展线性表的存储结构表示法的结点形式

其形式定义说明如下：

```
typedef enum {ATOM, LIST} Elemtag; //ATOM=0：单元素；LIST=1：子表
typedef struct GLENode {
Elemtag tag;                       //标志域，用于区分元素结点和表结点
union {                            //元素结点和表结点的联合部分
datatype data;                     //元素结点的值域
struct GLENode *hp;                //表结点的表头指针
};
struct GLENode *tp;                //指向下一个结点
}*EGList;                          //广义表类型
```

【实例 4-8】m 元多项式的表示。

在一般情况下使用的广义表多数既非递归表，也不为其他表所共享。对广义表可以这样来理解，广义表中的一个数据元素可以是另一个广义表，一个 m 元多项式的表示就是广义表的这种应用的典型实例。

在前面的章节中，曾以一元多项式为例介绍了线性表的应用，一个一元多项式可以使用一个长度为 m 且每个数据元素有两个数据项(系统项和指数项)的线性表来表示。而在本例中讨论的是如何表示 m 元多项式。一个 m 元多项式的每一项，最多有 m 个变元。如果用线性表来表示，则每个数据元素需要 m+1 个数据项，以存储一个系统值和 m 个指数值。这将产生两个问题：一个是无论多项式中各项的变元数是多少，若都按 m 个变元分配存储空间，则将造成浪费；反之，若按各项实际的变元数分配存储空间，就会造成结点的大小不匀，给操作带来不便。二是对 m 值不同的多项式，线性表中的结点大小也不同，这同样会导致存储管理的不便。因此，由于 m 元多项式中每一项的变化数目的不均匀性和变元信息的重要性，故不适合用线性表来表示。例如，三元多项式

$$P(x,y,z)=x^{10}y^3z^2+2x^6y^3z^2+3x^5y^2z^2+x^4y^4z+6x^3y^4z+2yz+15$$

其中各项的变元数目不尽相同，而 y^3，z^2 等因子又多次出现，如若改写为

$$P(x,y,z)=((x^{10}+2x^6)y^3+3x^5y^2)z^2+((x^4+6x^3)y^4+2y)z+15$$

情况就发生了较大的不同，现在再来分析这个多项式 P，它是变元 z 的多项式，即 $Az^2+Bz^1+15z^0$，只是其中的 A 和 B 本身又是一个(x，y)的二元多项式，15 是 z 的零次项的系数。进一步考察 A(x,y)

$$(x^{10}+2x^6)y^3+3x^5y^2$$

又可将其看作是 y 的多项式，即 Cy^3+Dy^2，而其中 C 和 D 为 x 的一元多项式。循环以往，每个多项式都可看作是由一个变量加上若干个系数指数偶对组成。

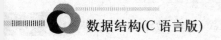

任何一个 m 元多项式都可如此做：先分解出一个主变元，随后再分解出第二个变元，等等。一个 m 元的多项式首先是它的主变元的多项式，而其系数又是第二变元的多项式，由此，可用广义表来表示 m 元多项式。

$$\begin{aligned}P(x,y,z)&=x^{10}y^3z^2+2x^6y^3z^2+3x^5y^2z^2+x^4y^4z+6x^3y^4z+2yz+15\\&=(x^{10}y^3+2x^6y^3+3x^5y^2)z^2+(x^4y^4+6x^3y^4+2y)z+15\\&=((x^{10}+2x^6)y^3+3x^5y^2)z^2+((x^4+6x^3)y^4+2y)z+15\\&=Az^2+Bz+15z^0\end{aligned}$$

其中，$A=Cy^3+Dy^2$, $B=Ey^4+2y$, $C=x^{10}+2x^6$, $D=3x^5$, $E=x^4+6x^3$。

上述三元多项式通过变换可以使用如下广义表进行表示，广义表的深度即为变元个数。表达式在广义表的括号之前加一个变元，以示各层的变元。

P=Z((A, 2), (B, 1), (15, 0))

A=y((C, 3), (D, 2))　B=y((E, 4),(2, 1))　C=x((1, 10),(2, 6))

D=x((3, 5))　E=x((1, 4),(6, 3))

可以类似广义表的第二种存储结构来定义表示 m 元多项式的广义表的存储结构。链表的结点结构如图 4-26 所示。

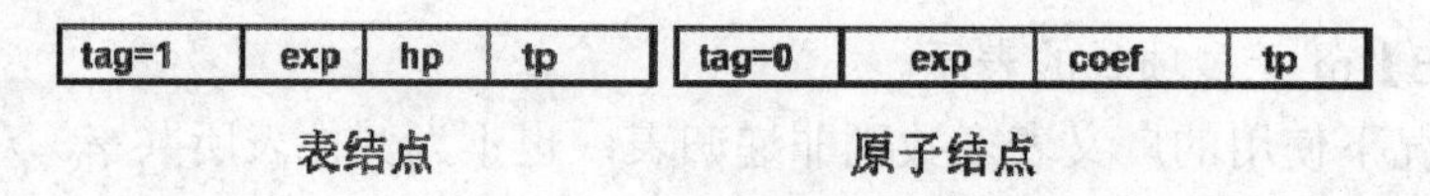

图 4-26　链表的结点结构

其中的 exp 为指数域，coef 为系数域，hp 指向其系数子表，tp 指向同一层的下一个结点。

其形式定义说明如下:

```
typedef struct MPNode{
ElemTag   tag;                //区分原子结点和表结点
int         expn;             //指数域
union  {                      //原子结点和表结点共享一个域
 float    coef;               //系数域
struct  MPNode    *hp;        //表结点的表头指针
 }
struct MPNode    *tp;         //指向下一个元素结点
}*MPList;                     //M 元多项广义表类型
```

该定义的广义表存储结构如图 4-27 所示。

在每一层上增设一个表头结点，并利用 exp 指示该层的变元，可用一维数组存储多项式中的所有变元，故 exp 域存储的是该变元在一维数组中的下标。头指针 p 所指表结点中 exp 的值 3 为多项式中变元的个数。

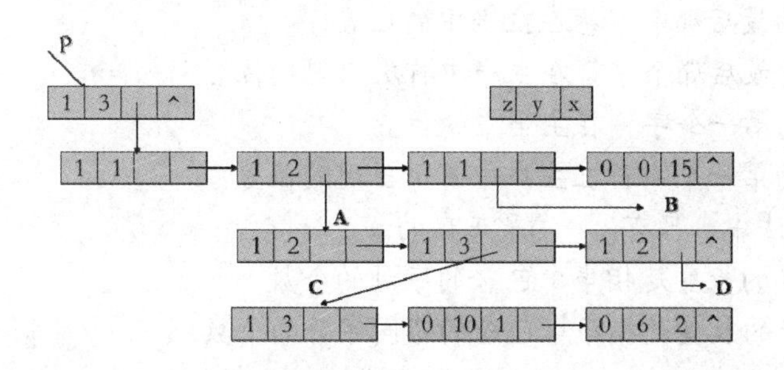

图 4-27　三元多项式 p(x, y, z)的存储结构

本 章 小 结

串是由 0 个或多个字符顺序排列组成的有限序列，是一种特殊的线性表，其特殊性主要体现在组成表的每个元素均为一个字符以及与此对应的一些特殊操作。选择串的存储结构时要考虑串的变长特点。顺序存储可以使用一维定长数组，访问串中的单个字符或连续的一组字符比较容易，但进行插入和删除操作就不太方便。为了更方便地处理串操作，避免静态定长字符串数组的问题，有些串的存储结构和实现方案提供了动态的串存储空间管理。模式匹配是一个比较复杂的串操作，是子串(模式)在主串(目标串)中的定位操作，常用的模式匹配算法有 BF 算法和 KMP 算法。

数组是在很多高级程序设计语言中都给出了定义的一种数据结构，在涉及线性表、堆栈、队列等时，也借助数组来完成对它们的顺序存储实现。实际上，正是因为数据里有数组这种数据结构，才能在高级语言里定义数组，才能实现线性表、堆栈、队列等的顺序存储。

矩阵是与二维数组有关的一种结构，本章讨论了几种特殊矩阵的压缩存储实现，通过确定元素的下标与它们在顺序存储中序号的关系，就可以求出各个元素在存储区里的地址。稀疏矩阵作为一种特殊矩阵，可以采用顺序存储的三元组方式以及链式存储的十字链表结构进行存储。

广义表是对线性表的一种推广，其表内元素既可以是单个数据元素，也可以是一个广义表。任何一个非空广义表都可以分解成表头和表尾两个部分。要特别注意的是，广义表的表尾一定是一个广义表。

习　　题

一、单选题

1. 空串与空格字符组成的串的区别在于(　　)。
   A. 没有区别　　　　　　B. 两串的长度不相等
   C. 两串的长度相等　　　D. 两串包含的字符不相同
2. 一个子串在包含它的主串中的位置是指(　　)。

A. 子串的最后那个字符在主串中的位置

B. 子串的最后那个字符在主串中首次出现的位置

C. 子串的第一个字符在主串中的位置

D. 子串的第一个字符在主串中首次出现的位置

3. 下面的说法中，只有( )是正确的。

A. 字符串的长度是指串中包含的字母的个数

B. 字符串的长度是指串中包含的不同字符的个数

C. 若 T 包含在 S 中，则 T 一定是 S 的一个子串

D. 一个字符串不能说是其自身的一个子串

4. 两个字符串相等的条件是( )。

A. 两串的长度相等

B. 两串包含的字符相同

C. 两串的长度相等，并且两串包含的字符相同

D. 两串的长度相等，并且对应位置上的字符相同

5. 若 SUBSTR(S,i,k)表示求 S 中从第 i 个字符开始的连续 k 个字符组成的子串的操作，则对于 S=“Beijing＆Nanjing”，SUBSTR(S,4,5)=( )。

A. “ijing” B. “jing＆” C. “ingNa” D. “ing＆N”

6. 若 INDEX(S,T)表示求 T 在 S 中的位置的操作，则对于 S=“Beijing＆Nanjing”，T=“jing”，INDEX(S,T)=( )。

A. 2 B. 3 C. 4 D. 5

7. 若 REPLACE(S,S1,S2)表示用字符串 S2 替换字符串 S 中的子串 S1 的操作，则对于 S=“Beijing＆Nanjing”，S1=“Beijing”，S2=“Shanghai”，REPLACE(S,S1,S2)=( )。

A. “Nanjing＆Shanghai” B. “Nanjing＆Nanjing” C. “ShanghaiNanjing” D. “Shanghai＆Nanjing”

8. 在长度为 n 的字符串 S 的第 i 个位置插入另外一个字符串，i 的合法值应该是( )。

A. $i>0$ B. $i\leqslant n$ C. $1\leqslant i\leqslant n$ D. $1\leqslant i\leqslant n+1$

9. 字符串采用结点大小为 1 的链表作为其存储结构，是指( )。

A. 链表的长度为 1

B. 链表中只存放 1 个字符

C. 链表的每个链结点的数据域中不仅只存放了一个字符

D. 链表的每个链结点的数据域中只存放了一个字符

10. 假定在数组 A 中，每个元素的长度为 3 个字节，行下标 i 从 1 到 8，列下标 j 从 1 到 10，从首地址 SA 开始连续存放在存储器内，存放该数组至少需要的单元数为( )。

A. 80 B. 100 C. 240 D. 270

二、填空题

1. 一维数组的逻辑结构是______________，存储结构是______________；对于二维或

多维数组，分为______________和______________两种不同的存储方式。

2. 对于一个二维数组 A[m][n]，若按行序为主序存储，则任一元素 A[i][j]相对于 A[0][0]的地址为______________。

3. 一个广义表为(a,(a,b),d,e,((i,j),k))，则该广义表的长度为_____，深度为_____。

4. 由带权为 3,9,6,2,5 的 5 个叶子结点构成一棵哈夫曼树，则带权路径长度为_________。

5. 一个 n×n 的对称矩阵，如果以行为主序或以列为主序存入内存，则其容量为______________。

6. 已知广义表 A=((a,b,c),(d,e,f))，则运算 head(tail(tail(A)))=____________。

第5章

树和二叉树

本章要点

(1) 树的定义和基本术语;
(2) 二叉树的定义、性质及其存储结构;
(3) 遍历二叉树的概念、实现方法;
(4) 线索二叉树的概念及其基本操作;
(5) 树的存储结构;
(6) 树、森林与二叉树的转换;
(7) 树和森林的遍历;
(8) 哈夫曼树的基本概念、构造算法与哈夫曼编码。

学习目标

(1) 理解树的定义和基本术语;
(2) 理解二叉树的定义、性质及其存储结构;
(3) 掌握遍历二叉树的概念、实现方法及其遍历;
(4) 理解线索二叉树的概念及其基本操作;
(5) 理解树的存储结构;
(6) 掌握树、森林与二叉树的转换;
(7) 掌握树和森林的遍历;
(8) 了解哈夫曼树的基本概念、构造算法与哈夫曼编码。

树形数据结构是指元素结点之间有分支和层次关系的数据结构，类似于自然界中的树。树形结构是一种非线性结构，客观世界中有许多事物呈现树形结构，如家族关系、部门机构设置等。一些解决实际问题的算法，也常常借助树形结构。本章主要介绍与树形结构有关的基本内容以及树形结构的一个重要特例——二叉树的相关概念与存储表示，并给出运算具体实现的详细描述，以及相关的典型应用。

5.1 树的定义和基本术语

树具有分支性和层次性，是一种树形结构，但与自然界中的树不同，数据结构研究的“树”是颠倒的：根在顶部，叶在底部。随着计算机科学的发展，树已在许多领域得到广泛的应用，已成为数据表示、信息组织、程序设计的基础和有力工具。

5.1.1 树的定义

图5-1所示为用树表示的一个家族所有成员之间的层次关系。这样的层次关系在语句文法结构、生物分类结构中较为常见。事实上，在所有的科学领域都是利用树来表示其间的层次结构的。

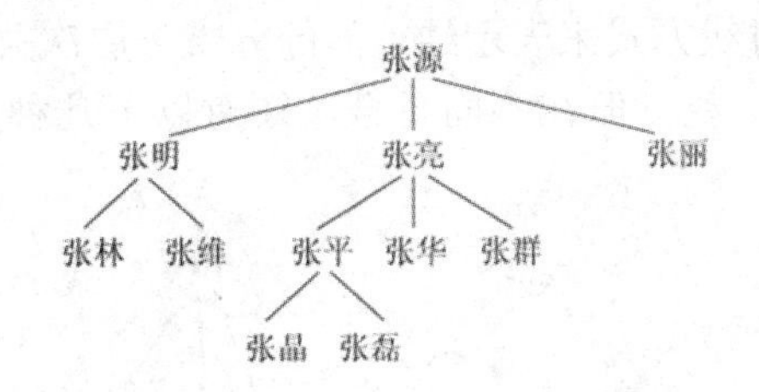

图 5-1　树状结构的家庭图谱

树是由 n（n≥0)个结点构成的有限集合，n=0 的树称为空树；当 n≠0 时，树中的结点应该满足以下两个条件。

(1) 有且仅有一个特定的结点称为根；

(2) 其余结点分成 m(m≥0)个互不相交的有限集合 $T_1,T_2,\cdots,T_m$，其中每一个集合又都是一棵树，称 $T_1, T_2,\cdots,T_m$ 为根结点的子树。

由于在树的定义过程中，又用到了树的术语，因此这里采用的是一种递归定义的方式，不难看出树有以下几个特性。

(1) 空树是树的一个特例。

(2) 非空树中至少有一个结点，称为树的根，只有根结点的树称为最小树。

(3) 在含有多个结点的树中，除根结点外，其余结点构成若干棵子树，且各子树间互不相交。

(4) 除根结点外，树中所有其他结点有且只有一个前驱结点，但可以有零个或多个后继结点。

在树形结构中有一种特殊的形式——二叉树，它的特殊性表现在二叉树的每个结点至多可以有两棵子树，但树的每个结点可以有多棵子树；二叉树的子树有左、右之分，即是有序树，但树的子树是不分顺序的。

图 5-2 所示为树的图形表示。

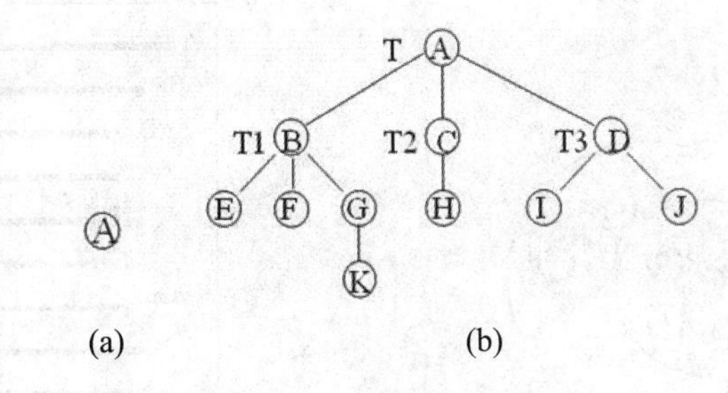

图 5-2　树的图形表示

图 5-2(a)是只有一个根结点 A 的树。图 5-2(b)是一棵由 11 个结点组成的树 T，其中 A 是根结点，其余结点分为三个互不相交的子集：T1={B,E,F,G,K}，T2={C,H}，T3={D,I,J}。T1,T2,T3 也都是树，且是根 A 的子树，这三棵子树的根结点分别为 B、C、D，每棵子树还可以继续划分。

图 5-3 所示为树结构与非树结构的对比示意图。

在图 5-3(b)、(c)、(d)中，都有叶子结点存在两个前驱结点的情况，出现了子树与子树之间的相交，破坏了树状结构的基本特性，因此不能称为树状结构。

通常使用上述倒置的树状方式来表示结点间的分支与层次关系，所以将其称为树形结构，这种表示方法形象、直观。但在不同场合，还有以下几种方法用于表示分支、层次关系。

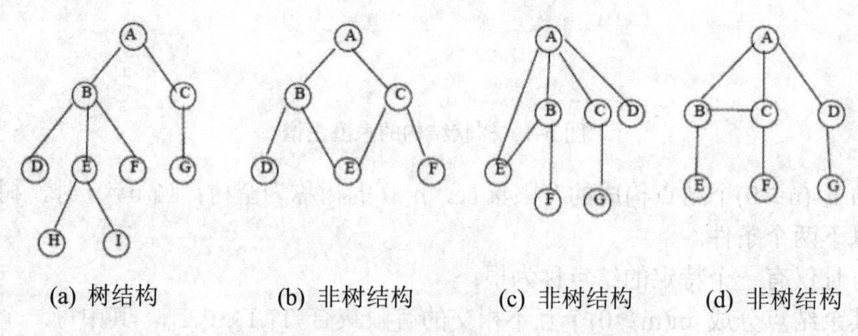

图 5-3　树结构与非树结构的对比示意图

1)　文氏图表示法

文氏图表示法也称为嵌套集合表示法，是指一些集合的集体，对于其中任何两个集合，或者不相交，或者一个包含另一个。用嵌套集合的形式表示树，就是将根结点视为一个大的集合，其若干棵子树构成这个大集合中若干个互不相交的子集，如此嵌套下去，即构成一棵树的嵌套集合表示。图 5-4 就是图 5-3(a)所示树形结构的文氏图表示。

2)　凹入表示法

凹入表示法即是使用不同长度的矩形来表示树中的各个结点：表示根结点的矩形最长，表示叶结点的矩形最短。凹入表示法通过利用这种矩形的长短，表示出树中各分支间的层次关系，相同长度矩形所代表的结点，表示它们在同一层中。在实际应用中树的凹入表示法主要用于树的屏幕和打印输出。

图 5-5 就是图 5-3(a)所示树形结构的凹入表示。

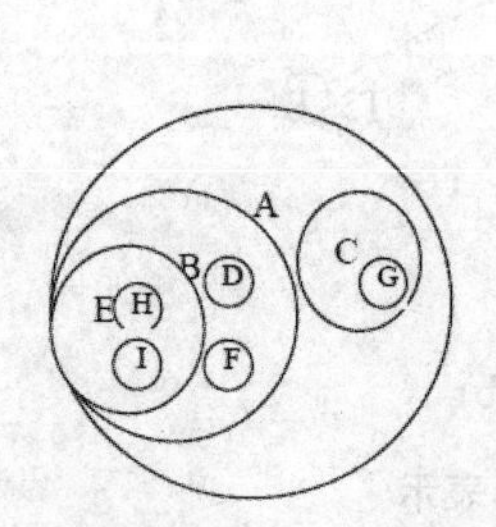

图 5-4　树形结构的文氏图表示法

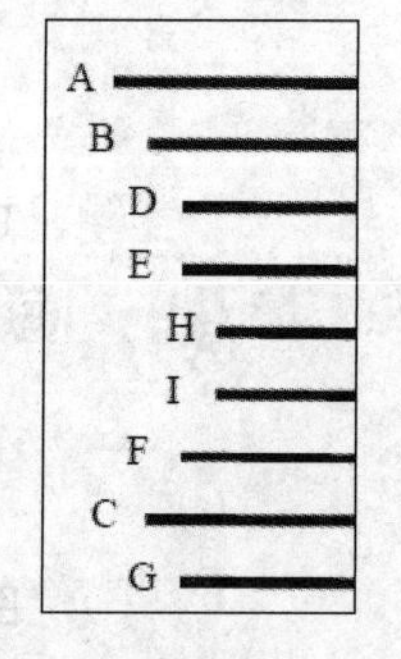

图 5-5　树形结构的凹入表示法

3)　广义表表示法

广义表表示法也称为括号表示法，树用广义表表示，就是将根作为由子树森林组成的表的名字写在表的左边，这样依次将树表示出来。具体的表示规则是：

把树的根结点作为整个表的表名，写在一对圆括号的左边。该树的所有孩子使用逗号进行分隔，括在圆括号的里面。例如，树 T 由根结点 $T_1,T_2,\cdots,T_m$ 组成，那么其广义表表示为

A(T_1的广义表表示,T_2的广义表表示,…,T_m的广义表表示)

由于 T 的根结点 $T_1,T_2,\cdots,T_m$ 是子树，它们的广义表表示也同样遵守以上规则。所以树的广义表表示法具有递归性。

图 5-3(a)所示树形结构的广义表表示如下：

(A(B(D,E(H,I),F)，C(G)))

树的表示方法有多样性，说明了树在现实世界中的重要性。树结构可用于对真实世界的很多问题进行数学建模，因此成为计算机科学中常用的问题求解工具。下面给出抽象数据类型树的定义：

```
ADT Tree{
数据对象 D：D 是具有相同特性的数据元素的集合。
数据关系 R：若 D 为空集，则称为空树；
若 D 仅含有一个数据元素，则 R 为空集，否则 R={H}，H 是如下二元关系：
(1) 在 D 中存在唯一的称为根的数据元素 root，它在关系 H 下无前驱；
(2) 若 D-{root}≠NULL，则存在 D-{root}的一个划分 D1,D2,D3,…,Dm(m>0)，对于任意 j≠k(1≤j,k≤m)有 Dj∩Dk=NULL,且对任意的 i(1≤i≤m),唯一存在数据元素 xi∈Di 有<root,xi>∈H;
(3) 对应于 D-{root}的划分，H-{<root, xi>, …, <root, xm>}有唯一的一个划分 H1,H2,…,Hm(m>0)，对任意 j≠k(1≤j, k≤m)有 Hj∩Hk=NULL，且对任意 i(1≤i≤m)，Hi 是 Di 上的二元关系，(Di,{Hi})是一棵符合本定义的树，称为根 root 的子树。
基本操作 P:
InitTree(&T);
操作结果：构造空树 T。
DestroyTree(&T);
初始条件：树 T 存在。
操作结果：销毁树 T。
CreateTree(&T, definition);
初始条件：definition 给出树 T 的定义。
操作结果：按 definition 构造树 T。
ClearTree(&T);
初始条件：树 T 存在。
操作结果：将树 T 清为空树。
TreeEmpty(T);
初始条件：树 T 存在。
操作结果：若 T 为空树，则返回 TRUE，否则返回 FALSE。
TreeDepth(T);
初始条件：树 T 存在。
操作结果：返回 T 的深度。
Root(T);
初始条件：树 T 存在。
操作结果：返回 T 的根。
Value(T, cur_e);
初始条件：树 T 存在，cur_e 是 T 中的某个结点。
操作结果：返回 cur_e 的值。
Assign(T, cur_e, value);
初始条件：树 T 存在，cur_e 是 T 中的某个结点。
操作结果：结点 cur_e 赋值为 value。
Parent(T, cur_e);
```

```
初始条件：树 T 存在，cur_e 是 T 中的某个结点。
操作结果：若 cur_e 是 T 的非根结点，则返回它的双亲，否则函数值为“空”。
LeftChild(T, cur_e);
初始条件：树 T 存在，cur_e 是 T 中的某个结点。
操作结果：若 cur_e 是 T 的非叶子结点，则返回它的最左孩子，否则返回“空”。
RightSibling(T, cur_e);
初始条件：树 T 存在，cur_e 是 T 中的某个结点。
操作结果：若 cur_e 有右兄弟，则返回它的右兄弟，否则返回“空”。
InsertChild(&T, &p, I, c);
初始条件：树 T 存在，p 指向 T 中某个结点，1≤i≤p 指结点的度+1，非空树 c 与 T 不相交。
操作结果：插入 c 为 T 中 p 指结点的第 i 棵子树。
DeleteChild(&T, &p, i);
初始条件：树 T 存在，p 指向 T 中某个结点，1≤i≤p 指结点的度。
操作结果：删除 T 中 p 所指结点的第 i 棵子树。
TraverseTree(T, visit());
初始条件：树 T 存在，visit 是对结点操作的应用函数。
操作结果：按某种次序对 T 的每个结点调用函数 visit()一次且至多一次。
一旦 visit()失败，则操作失败。
}ADT Tree
```

5.1.2 树的基本术语

在此将与树相关的术语划分为三个方面加以简单地介绍。

1. 有关结点的术语

结点：所谓树的一个结点(Node)，是指一个数据元素以及指向其子树结点的分支。在树形结构中，常用一个圆圈及一条短线表示。

结点的度：所谓结点的度(Degree)，是指树中一个结点拥有的子树数目。因此，结点的度也就是该结点的后继结点的个数。

结点的深度：树是一种层次结构。通常把一棵树的根作为第 0 层，其余结点的层次值，为其前驱结点所在层值加 1。所谓结点的深度是指该结点位于树中的层次数。有时也将结点的深度称为结点的层次(Level)。

叶结点：树中度为 0 的结点被称为叶结点。叶结点也就是树的终端结点。

分支结点：树中度大于 0 的结点称为分支结点，或非终端结点。

结点的路径：从树中一个结点到另一个结点的分支，称为这两个结点之间的路径。

路径长度：一各路径上的分支数，称为该路径的长度。

2. 有关结点间关系的术语

根结点：所谓根结点(Root)，是指树中没有直接前驱的那个结点。一棵树只能有一个根结点。

孩子结点、双亲结点与兄弟结点：在一棵树中，每个结点的后继结点，被称为该结点的孩子结点，或子女结点。相应地，该结点被称作其孩子结点的双亲结点，或父母结点。具有同一双亲的孩子结点互称为兄弟结点。进一步推广这些关系，可以把每个结点的所有子树中的结点称为该结点的子孙结点，从根结点到达该结点的路径上经过的所有结点(除该结点自身除外)称作该结点的祖先结点。

堂兄弟结点：在树中，双亲在同一层的那些结点，互称为堂兄弟结点。

3. 有关树的整体的术语

树的度：树中各结点度的最大值称为该树的度。

树的深度：树中所有结点的最大层数称为树的深度。

有序树与无序树：若树中各结点的子树是按照一定的次序从左向右安排的，且相对次序是不能随意变换的，则称该树为有序树，否则称为无序树。

森林：n(n>0)个互不相交的树的集合称为森林。森林的概念与树的概念十分相近，因为只要把树的根结点删去就成了森林。反之，只要给 n 棵独立的树加上一个结点，并把这 n 棵树作为该结点的子树，则森林就变成了树。

相关术语可以通过图 5-6 所示的树状结构来理解。

在图 5-6 所示的树状结构中，A 是根结点，它有三棵子树，其根结点分别为 B、C、D。因此 B、C、D 是结点 A 的孩子结点，A 是它们的双亲结点。由于 B、C、D 具有相同的双亲结点 A，因此它们之间是兄弟结点。结点 E、F 的双亲结点是 B，结点 G、H、I 的双亲结点是 D，而结点 B 和 D 在树的同一层上，所以结点 E、F、G、H、I 是堂兄弟结点。结点 A、D、G 是结点 K、L 的祖先结点，结点 B、E、F、J 是结点 A 的子孙结点。

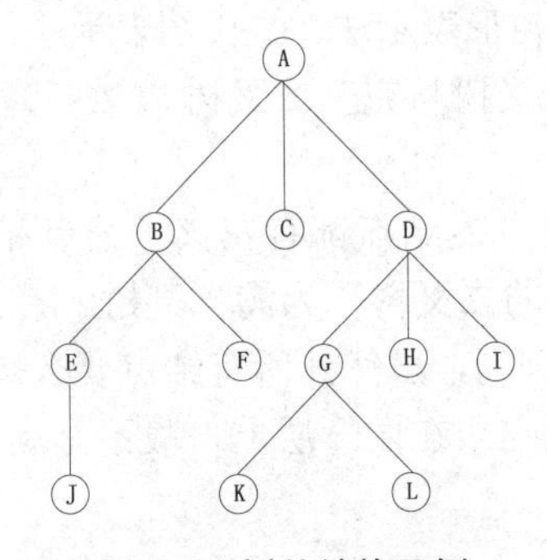

图 5-6　树状结构示例

图 5-6 所示的 J、F、K、L、H、I、C 是叶结点，B、E、D、G 是分支结点。图中结点 A 与 D 的度是 3，结点 B 与 G 的度是 2，结点 D 的度是 1，结点 J、F、K、L、H、I、C 的度是 0。图中结点 B、C、D 的深度为 1，结点 E、F、G、H、I 的深度为 2，结点 J、K、L 的深度为 3。

图 5-6 所示整个树状结构的度为 3，该树的深度为 3。

5.2　二　叉　树

5.2.1　二叉树的定义

二叉树(Binary Tree)是个有限元素的集合，该集合或者为空，或者由一个称为根(root)的元素及两个不相交的、被分别称为左子树和右子树的二叉树组成。当集合为空时，称该二叉树为空二叉树。在二叉树中，一个元素也称作一个结点。

上述二叉树的递归定义刻画了二叉树的固有特性。由二叉树的定义可以看出，二叉树既可以是一棵空树，也可以是由一个根结点和分别为其左子树和右子树的互不相交的二叉树组成(其左、右子树也可以为空)。二叉树的五种基本形态如图 5-7 所示。

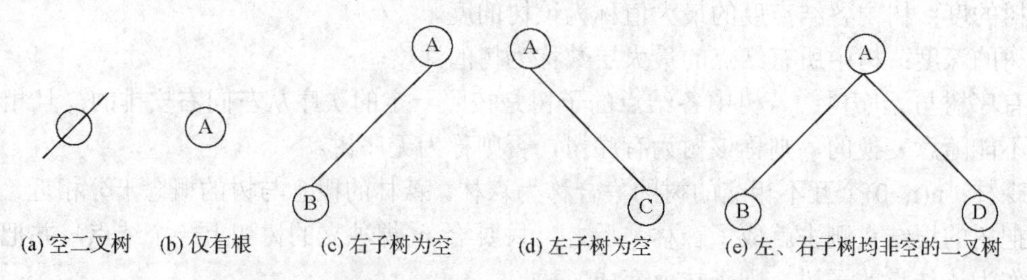

图 5-7 二叉树的五种基本形态

二叉树的这五种基本形态通过组合可以组成任何复杂的二叉树结构。

值得注意的是，二叉树的子树有左、右之分，其次序不能颠倒。例如图 5-7 中的(c)与(d)就分别表示两棵不同的二叉树。同时与树相比，度为 2 的树中至少有一个结点的度为 2，而对于二叉树则没有这种要求。

因为二叉树是树的一种特例，前面介绍的有关树的术语也都适用于二叉树。二叉树的表示法也与树的表示法一样，有树形表示法、文氏图表示法、凹入表示法和广义表表示法。

有两种特殊的二叉树：满二叉树与完全二叉树。

1) 满二叉树

在一棵二叉树中，如果所有分支结点都有左孩子结点和右孩子结点，并且叶子结点都集中在二叉树的最下一层，这样的二叉树称为满二叉树。图 5-8(a)所示的树状结构即为满二叉树，图 5.8(b)不是满二叉树，因为，虽然其所有结点要么是含有左右子树的分支结点，要么是叶子结点，但由于其叶子结点未在同一层上，故不是满二叉树。

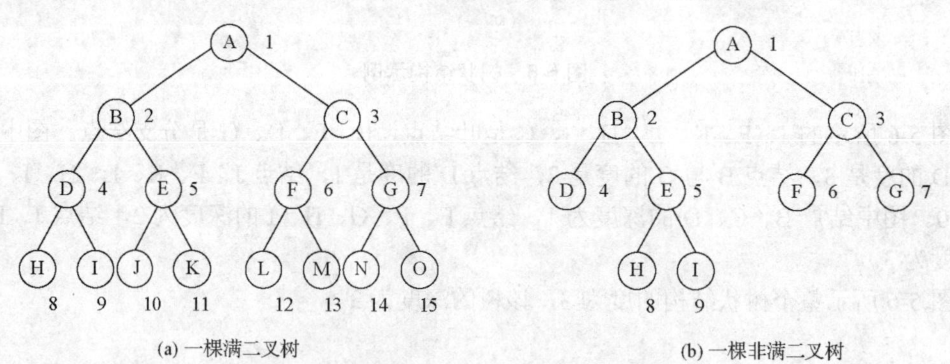

图 5-8 满二叉树与非满二叉树示意图

可以对满二叉树的结点进行层序编号，约定编号从根结点 1 开始，按照层数从小到大、同一层从左到右的次序进行，图 5-8 中每个结点外边的数字为该结点的编号。也可以从结点个数和树高度之间的关系上定义满二叉树，即一棵高度为 h 且有 2^h-1 个结点的二叉树即为满二叉树。

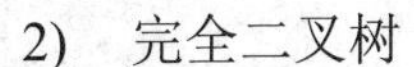

2)　完全二叉树

一棵深度为 k 的有 n 个结点的二叉树，对树中的结点按从上至下、从左到右的顺序进行编号，如果编号为 i(1≤i≤n)的结点与满二叉树中编号为 i 的结点在二叉树中的位置相同，则这棵二叉树称为完全二叉树。如图 5-9(a)所示为一棵完全二叉树，图 5-9(b)不是完全二叉树。

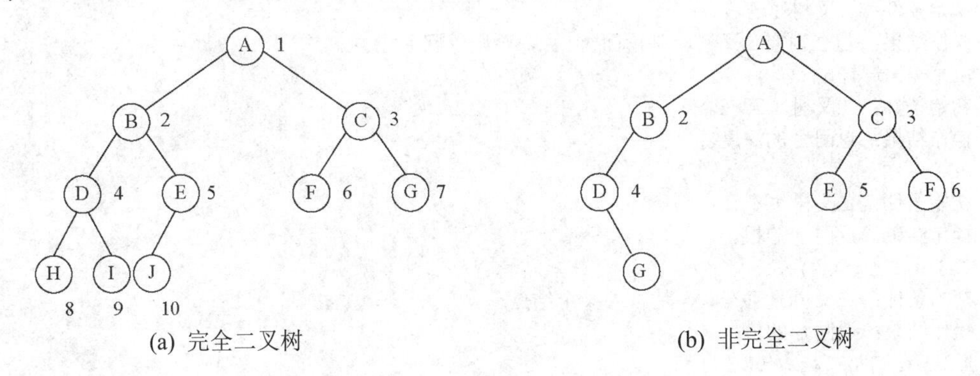

(a) 完全二叉树　　　　(b) 非完全二叉树

图 5-9　完全二叉树与非完全二叉树示意图

完全二叉树的特点是：叶子结点只能出现在最下层和次下层，且最下层的叶子结点集中在树的左部；如果有度为 1 的结点，只可能有一个，且该结点只有左孩子而无右孩子；按层序编号后，一旦出现某个结点(其编号为 i)为叶子结点或只有左孩子，则编号大于 i 的结点均为叶子结点；当结点总数 n 为奇数时，度为 1 的结点个数 $n_1=0$；当结点总数 n 为偶数时，$n_1=1$。显然，一棵满二叉树必定是一棵完全二叉树，例如图 5-8(a)所示的满二叉树即为一棵完全二叉树，但完全二叉树未必是满二叉树。如果一棵二叉树不是完全二叉树，那么它绝对不可能是一棵满二叉树。这就是完全二叉树与满二叉树之间的关系。

下面给出抽象数据类型二叉树的定义：

```
ADT BinaryTree{
数据对象 D：D 是具有相同特性的数据元素的集合。
数据关系 R：
若 D=Φ，则 R=Φ，称 BinaryTree 为空二叉树；
若 D≠Φ，则 R={H}，H 是如下二元关系；
(1) 在 D 中存在唯一的称为根的数据元素 root，它在关系 H 下无前驱；
(2) 若 D-{root}≠Φ，则存在 D-{root}={D1,Dr}，且 D1∩Dr =Φ；
(3) 若 D1≠Φ，则 D1 中存在唯一的元素 x1，<root,x1>∈H，且存在 D1 上的关系 H1 ⊆H；若
Dr≠Φ，则 Dr 中存在唯一的元素 xr,<root,xr>∈H，且存在 Dr 上的关系 Hr ⊆H；H={<root,
x1>,<root,xr>,H1,Hr}；
(4) (D1,{H1})是一棵符合本定义的二叉树，称为根的左子树；(Dr,{Hr})是一棵符合本定义的
二叉树，称为根的右子树。
基本操作：
InitBiTree( &T )
操作结果：构造空二叉树 T。
DestroyBiTree( &T )
初始条件：二叉树 T 已存在。
操作结果：销毁二叉树 T。
CreateBiTree( &T, definition )
```

初始条件：definition 给出二叉树 T 的定义。
操作结果：按 definiton 构造二叉树 T。
ClearBiTree(&T)
初始条件：二叉树 T 存在。
操作结果：将二叉树 T 清为空树。
BiTreeEmpty(T)
初始条件：二叉树 T 存在。
操作结果：若 T 为空二叉树，则返回 TRUE，否则返回 FALSE。
BiTreeDepth(T)
初始条件：二叉树 T 存在。
操作结果：返回 T 的深度。
Root(T)
初始条件：二叉树 T 存在。
操作结果：返回 T 的根。
Value(T, e)
初始条件：二叉树 T 存在，e 是 T 中某个结点。
操作结果：返回 e 的值。
Assign(T, &e, value)
初始条件：二叉树 T 存在，e 是 T 中某个结点。
操作结果：结点 e 赋值为 value。
Parent(T, e)
初始条件：二叉树 T 存在，e 是 T 中某个结点。
操作结果：若 e 是 T 的非根结点，则返回它的双亲，否则返回“空”。
LeftChild(T, e)
初始条件：二叉树 T 存在，e 是 T 中某个结点。
操作结果：返回 e 的左孩子。若 e 无左孩子，则返回“空”。
RightChild(T, e)
初始条件：二叉树 T 存在，e 是 T 中某个结点。
操作结果：返回 e 的右孩子。若 e 无右孩子，则返回“空”。
LeftSibling(T, e)
初始条件：二叉树 T 存在，e 是 T 中某个结点。
操作结果：返回 e 的左兄弟。若 e 是 T 的左孩子或无左兄弟，则返回“空”。
RightSibling(T, e)
初始条件：二叉树 T 存在，e 是 T 中某个结点。
操作结果：返回 e 的右兄弟。若 e 是 T 的右孩子或无右兄弟，则返回“空”。
InsertChild(T, p, LR, c)
初始条件：二叉树 T 存在，p 指向 T 中某个结点，LR 为 0 或 1，非空二叉树 c 与 T 不相交且右子树为空。
操作结果：根据 LR 为 0 或 1，插入 c 为 T 中 p 所指结点的左或右子树。p 所指结点的原有左或右子树则成为 c 的右子树。
DeleteChild(T, p, LR)
初始条件：二叉树 T 存在，p 指向 T 中某个结点，LR 为 0 或 1。
操作结果：根据 LR 为 0 或 1，删除 T 中 p 所指结点的左或右子树。
PreOrderTraverse(T, visit())
初始条件：二叉树 T 存在，visit 是对结点操作的应用函数。
操作结果：先序遍历 T，对每个结点调用函数 visit 一次且仅一次。一旦 visit()失败，则操作失败。
InOrderTraverse(T, visit())
初始条件：二叉树 T 存在，visit 是对结点操作的应用函数。

```
操作结果：中序遍历 T，对每个结点调用函数 visit 一次且仅一次。一旦 visit()失败，则操作失败。
PostOrderTraverse( T, visit() )
初始条件：二叉树 T 存在，visit 是对结点操作的应用函数。
操作结果：后序遍历 T，对每个结点调用函数 visit 一次且仅一次。一旦 visit()失败，则操作失败。
LevelOrderTraverse( T, visit() )
初始条件：二叉树 T 存在，visit 是对结点操作的应用函数。
操作结果：层次遍历 T，对每个结点调用函数 visit 一次且仅一次。一旦 visit()失败，则操作失败。
}ADT BinaryTree
```

5.2.2　二叉树的性质

二叉树具有下列重要性质。

性质 1　二叉树 $i(i \geqslant 1)$层上至多有 2^{i-1} 个结点$(i \geqslant 1)$。

证明：用数学归纳法证明。

归纳基础：$i=1$ 时，有 $2^{i-1}=2^0=1$。因为第 1 层上只有一个根结点，所以命题成立。

归纳假设：假设对所有的 $j(1 \leqslant j<i)$命题成立，即第 j 层上至多有 2^{j-1} 个结点，证明 $j=i$ 时命题亦成立。

归纳步骤：根据归纳假设，第 $i-1$ 层上至多有 2^{i-2} 个结点。由于二叉树的每个结点至多有两个孩子，故第 i 层上的结点数至多是第 $i-1$ 层上的最大结点数的 2 倍。即 $j=i$ 时，该层上至多有 $2 \times 2^{i-2}=2^{i-1}$ 个结点，故命题成立。

性质 2　深度为 k 的二叉树至多有 2^k-1 个结点$(k \geqslant 1)$。

证明：在具有相同深度的二叉树中，仅当每一层都含有最大结点数时，其树中结点数最多。因此利用性质 1 可得，深度为 k 的二叉树的结点数至多为：

$$2^0+2^1+\cdots+2^{k-1}=2^k-1$$

故命题正确。

性质 3　在任意一棵二叉树中，若终端结点的个数为 n_0，度为 2 的结点数为 n_2，则 $n_0=n_2+1$。

证明：因为二叉树中所有结点的度数均不大于 2，所以结点总数(记为 n)应等于 0 度结点数、1 度结点数(记为 n_1)和 2 度结点数之和：$n=n_0+n_1+n_2$。

1 度结点有一个孩子，2 度结点有两个孩子，故二叉树中孩子结点总数是：n_1+2n_2。又因为树中只有根结点不是任何结点的孩子，故二叉树中的结点总数又可表示为：

$$n=n_1+2n_2+1$$

因此可以得到如下等式：$n_0+n_1+n_2=n_1+2n_2+1$，所以得到 $n_0=n_2+1$。

性质 4　对完全二叉树中编号为 i 的结点$(1 \leqslant i \leqslant n，n \geqslant 1$，n 为结点数)有：

(1)　若 $i \leqslant [n/2]$，即 $2i \leqslant n$，则编号为 i 的结点为分支结点，否则为叶子结点。

(2)　若 n 为奇数，则每个分支结点都既有左孩子结点，又有右孩子结点，例如图 5-8(a)所示的完全二叉树就是这种情况，其中 $n=15$，分支结点 1、2、3、4、5、6、7 都有左、右孩子；若 n 为偶数，则编号最大的分支结点(编号为 $n/2$)只有左孩子结点，没有右孩子结点，其余分支结点都有左、右孩子结点，例如图 5-9(a)所示的完全二叉树中 n=10，编号为 5 的分支结点只存在左孩子而没有右孩子。

(3) 若编号为 i 的结点有左孩子结点，则左孩子结点编号为 2i；若编号为 i 的结点有右孩子结点，则右孩子结点编号为 2i+1。

(4) 除根结点外，若一个结点的编号为 i，则它的双亲结点的编号分为两种情况：如果 i 的值为偶数，其双亲结点的编号为 i/2，它是双亲结点的左孩子结点；如果 i 的值为奇数，其双亲结点的编号为(i−1)/2，它是双亲结点的右孩子结点。

上述性质均可以采用归纳法证明，在此不再一一赘述，请读者自行证明。

性质 5 对于有 n 个结点的完全二叉树，其高度 k 为「$\log_2 n$」，符号「x」表示不大于 x 的最大整数。

根据性质 2 以及完全二叉树的定义可知：

$$2^k-1<n\leqslant 2^{k+1}-1$$

即有 $2^k\leqslant n<2^{k+1}$。对不等式两边取对数，得到如下结果：

$$K\leqslant \log_2 n<k+1$$

由于 k 为整数，所以 k 一定是不大于 $\log_2 n$ 的最大整数，记作「$\log_2 n$」。

性质 6 对于任何一棵满二叉树，叶结点的个数比分支结点的个数多 1。

任意二叉树中，只有度为 2 的分支结点和度为 0 的叶结点，因此由性质 3 可以推得该性质是成立的。

【实例 5-1】在一棵完全二叉树中，结点总个数为 n，则编号最大的分支结点的编号是多少？

由二叉树的性质可知 $n_0=n_2+1$，而二叉树的所有度数为 n_1+2n_2，因此有 $n=n_1+2n_2+1$，则

$$n_2=(n-n_1-1)/2$$

在完全二叉树中，n_1 的值只能是 0 或 1。当 $n_1=0$ 时(此时 n 为奇数)，二叉树只有度为 2 的结点和叶子结点，所以最大分支结点编号就是 n_2，此时 $n_2=(n-1)/2$。

当 $n_1=1$ 时，此时 n 为偶数，二叉树中只有一个度为 1 的结点，该结点是最后一个分支结点，此时最大的分支结点编号为 $n_2+1=n/2$。

归纳起来，编号最大的分支结点的编号是$\lfloor n/2\rfloor$。

【实例 5-2】一棵高度为 7 的满二叉树有多少个叶结点？有多少个度为 2 的结点？总共有多少个结点？

由于这棵二叉树的高度值为 7，而且又是一棵满二叉树，因此每一层上都有最大的结点数。叶结点在最底层，也就是第 7 层。根据性质 1，这棵满二叉树在第 7 层上最多有 $2^7=128$ 个结点。

满二叉树只由度为 0 和度为 2 的结点组成，其中度为 0 和度为 2 的结点间关系为 $n_0=n_2+1$，即 $n_2=n_0-1$。因此，高度为 7 的满二叉树共有度为 2 的结点 128−1=127 个，而这棵高度为 7 的满二叉树总共有 $2^8-1=255$ 个结点。

【实例 5-3】将一棵有 40 个结点的完全二叉树从上到下、从左到右顺序编号。试问序号为 25 的结点 m 的左、右子树的情况如何。

这棵完全二叉树共有 n=40 个结点，由前面的性质 4 可知，2×25=50>40，因此序号为

25 的结点没有左子树存在，所以也没有右子树存在，它是一个叶子结点。

5.2.3　二叉树的存储结构

二叉树存储结构应能体现二叉树的逻辑关系，即单前驱多后继的关系。在具体的应用中，可能要求从任一结点能直接访问它的后继(即儿子结点)，或直接访问它的前驱(父亲结点)，或同时直接访问父亲结点和儿子结点。所以，存储结构的设计要按这些要求进行。二叉树的存储实现方法有多种，既可以用链接存储结构实现，又可以用顺序存储结构实现。这些方法各有其特点和适用范围，在应用中要根据情况决定采用哪种方法。下面详细介绍二叉树的这两种存储方式。

1. 顺序存储结构

二叉树的顺序存储结构是指按照一定次序，用一组地址连续的存储单元存储二叉树上的各个结点元素。由于二叉树是一种非线性结构，因此必须将二叉树的结点排成一个线性序列，使得通过结点在这个序列中的相对位置就能够确定结点之间的逻辑关系。通常情况下，只通过相应位置不足以刻画整个树形结构。

1)　完全二叉树的顺序存储结构

对于一棵具有 n 个结点的完全二叉树，可以从根结点起自上而下、从左至右地把所有结点编号，得到一个足以反映整个二叉树结构的线性序列。采用这种方式，线性序列里存储的结点就是按照层次遍历二叉树得到的排列，这就是完全二叉树的顺序存储结构。

如图 5-10 所示的那样，按层次顺序将一棵 n 个结点的完全二叉树中的所有结点进行编号，可以将这棵二叉树编号为 i 的结点元素存储在一维数组下标为 i-1 的分量中。例如，图 5-10 所示的二叉树的顺序存储结构如图 5-11 所示。

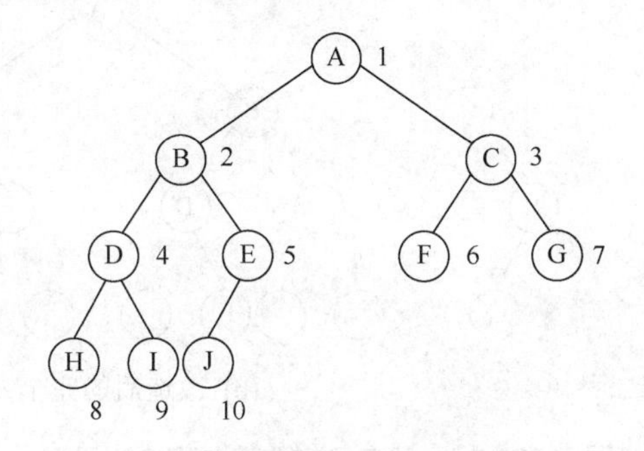

图 5-10　完全二叉树的结点编号

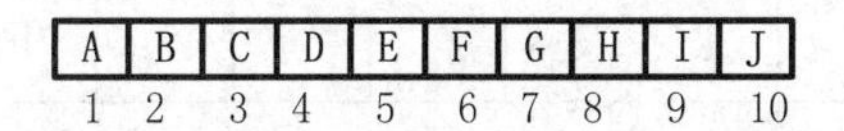

图 5-11　完全二叉树的顺序存储结构

在完全二叉树的这种表示方法中，各结点之间的逻辑关系是隐含表示的。在完全二叉树中，除了最下面一层结点外，各层都充满了结点，且每一层结点的个数恰好是上一层结点个数的两倍。完全二叉树的顺序存储结构中，数据下标的关系仍然满足前面介绍的完全二叉树的性质，因此可以根据标志结点元素存储位置的数组下标方便地计算出其左右子结点及其父结点的存储地址。对于任何一个二叉树结点，如果它存储在数组的第 i 个位置，那么它的左右子结点分别存放在 2i 和 2i+1 的位置，而其双亲结点的存储编号为$\lfloor i/2 \rfloor$。可见在顺序存储完全二叉树时，每个存储结点里不需要存储附加的其他信息，通过元素的下标值，就能够得到该结点与别的结点间的邻接关系。

完全二叉树的顺序存储结构的算法实现可以表示如下：

```
#define Maxsize 100     //假设一维数组最多存放 100 个元素
typedef char Datatype;  //假设二叉树元素的数据类型为字符
typedef struct
{ Datatype bt[Maxsize];
    int btnum;
  }Btseq;
```

2)　一般二叉树的存储结构

完全二叉树终究是一种特殊的二叉树，其相关的性质对一般二叉树是不成立的。所以直接照搬完全二叉树的顺序存储方法并不能解决一般二叉树的顺序存储问题。为了实现一般二叉树的顺序存储，并能利用完全二叉树的存储方式，就必须对一般二叉树进行某种改造，让它在形式上类同于完全二叉树。考虑到二叉树中的每个结点至多只有两个子树，因此可以采用增添一些并不存在的空结点的方法，把一棵一般的二叉树改造成为一棵完全二叉树。

例如，图 5-12(a)所示为一棵一般的二叉树，增添一些并不存在的空结点(它们用中空的圆来代表)，就成为图 5-12(b)所示的一棵完全二叉树。顺序存储时，相对于空结点的数组元素处，就存放一个特殊的空符号(∧)，如图 5-13 所示。

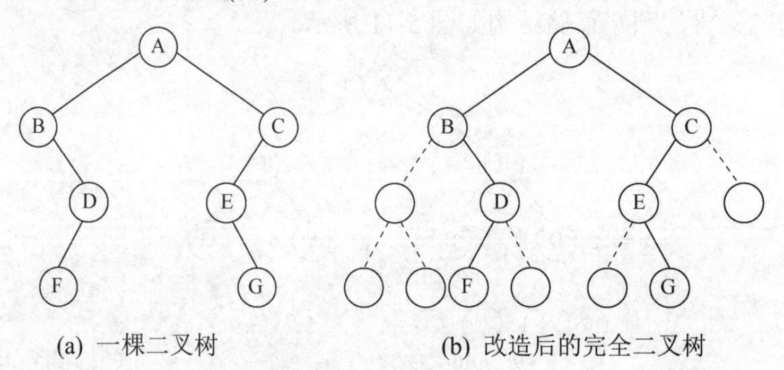

图 5-12　把一般二叉树改造成完全二叉树

A	B	C	∧	D	E	∧	∧	∧	F	∧	∧	G

图 5-13　一般二叉树的顺序存储结构示意图

经过这样改造的二叉树，有时称为扩充的二叉树，树中原有的结点称为内部结点，添加的空结点称为外部结点。这种为了实现顺序存储，用增添空结点改造一般二叉树的方法，会造成大量存储空间的浪费。最坏的情况出现在单枝树中。如图 5-14(a)所示，一根深度为

3 的右单枝树，只有 4 个结点，却要为 11 个空结点分配存储空间，如图 5-14(b)、(c)所示，存储浪费是极大的。

由此可见，这种顺序存储结构仅适用于完全二叉树，因为在最坏的情况下，一棵深度为 k 且只有 k 个结点的单枝树(树中不存在度为 2 的结点)却需要长度为 2^k-1 的一维数组。由于顺序存储结构这种固有的缺陷，使得二叉树的插入、删除等运算十分不方便。因此，对于一般二叉树通常采用下面介绍的链式存储结构。

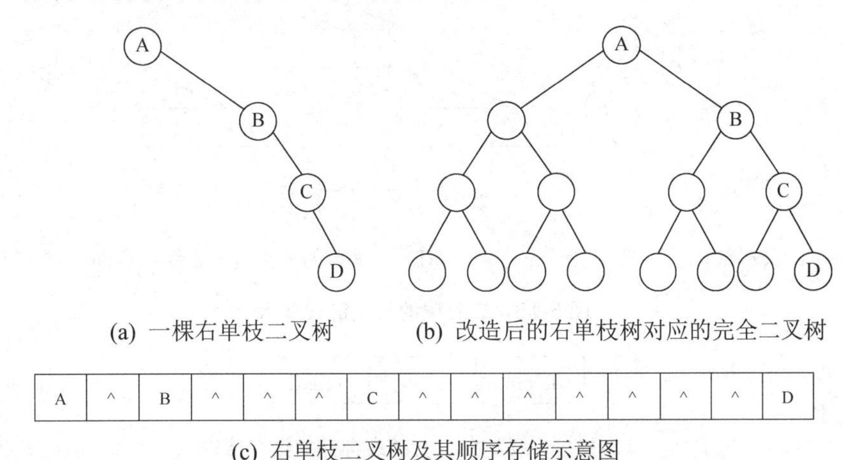

(a) 一棵右单枝二叉树　　(b) 改造后的右单枝树对应的完全二叉树

A	^	B	^	^	^	C	^	^	^	^	^	^	^	D

(c) 右单枝二叉树及其顺序存储示意图

图 5-14　改造一般二叉树会造成存储空间的浪费

2. 链式存储结构

二叉树的链式存储就是在存储结点里通过指针指示二叉树结点间逻辑关系的信息。二叉树的一个结点应该有 3 种邻接关系：与它的左子树的根结点的邻接关系；与它的右子树的根结点的邻接关系以及与它的父结点的邻接关系。三种邻接关系中，与左子树、右子树的关系是一种向下的邻接关系，而与父结点之间的邻接关系则是一种向上的邻接关系。

如果让一个存储结点包含这 3 种邻接关系，那么就称之为二叉树的三叉链表存储结构。这时二叉树上每个结点的存储结点由 4 个域组成，如图 5-15 所示。

其中，data 域存储数据元素的值；lchild 域是一个指针，指向该结点左孩子(即左子树根结点)的位置；rchild 域是一个指针，指向该结点右孩子(即右子树根结点)的位置；parent 域是一个指针，指向该结点父结点的位置。若存在如图 5-16(a)所示的二叉树结构，按照三叉链表存储结构的方式可以得到如图 5-16(b)所示的三叉链表表示示意图。

lchild	data	rchild	parent

图 5-15　二叉树三叉链表存储的结点结构

这种三叉链表结构，既方便查找二叉树上任何结点的子树信息，也方便查找它的父亲结点信息，但对于下面要介绍的二叉链表结构，则需要耗费更多的存储空间。

如果让一个存储结点只包含与其子树的邻接关系，那么就称为二叉树的二叉链表存储结构。这时，二叉树上每个结点的存储结点由 3 个域组成，如图 5-17 所示。

该结点中的 data 域存储数据元素的值；lchild 域是一个指针，指向该结点左孩子(即左子树根结点)的位置；rchild 域是一个指针，指向该结点右孩子(即右子树根结点)的位置。二叉树使用二叉链表存储的示意图如图 5-18 所示。

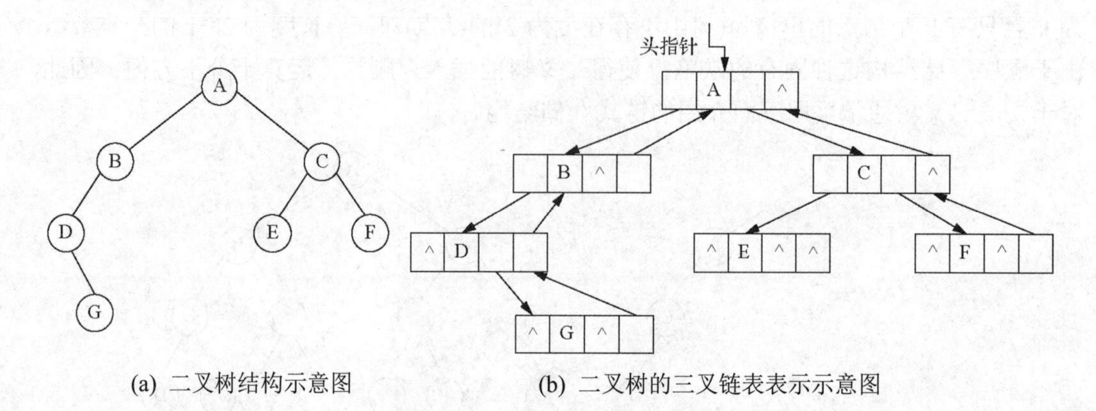

图 5-16　二叉树的三叉链表表示

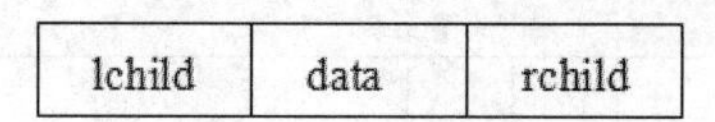

图 5-17　二叉树的二叉链表存储的结点结构

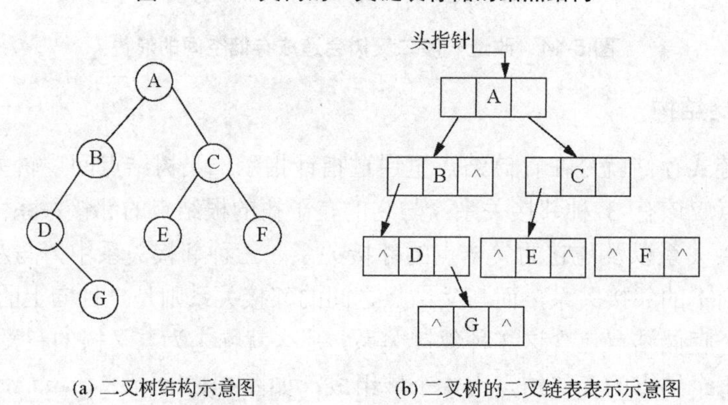

图 5-18　二叉树的二叉链表表示

比起二叉树的三叉链表表示方法，二叉链表结构能够较好地节省一些存储空间，但缺点是从存储结点里不能直接获得父结点的信息。不过对于一般的二叉树，目前使用最多的是二叉链表。因此下面介绍的二叉树的一些基本算法，都是针对其二叉链表结构的。以下是二叉链表的定义说明：

```
typedef struct BiTNode{
elemtype data;
struct BiTNode *lchild;*rchild; /*左右孩子指针*/
}BiTNode,*BiTree;
```

5.3　遍历二叉树

5.3.1　遍历二叉树的概念

在二叉树的一些应用中，常常要求在树中查找具有某种特征的结点，或者对树中全部结点逐一进行某种处理。这种情况下就提出了一个遍历二叉树(traversing binary tree)的问题，即如何按某条搜索路径寻访树中的每个结点，使得每个结点均被访问一次，而且仅被访问一次。“访问”的含义很广，可以是对结点做各种处理，如输出结点的信息等。遍历这种称谓，有的书上也称为“周游”。

遍历对线性结构来说，是一个容易解决的问题，而对二叉树则不然，由于二叉树是一种非线性结构，每个结点都可能有两棵子树，因而需要寻找一种规律，以便使二叉树上的结点能排列在一个线性队列上，从而便于遍历。

回顾二叉树的递归定义可知，一棵非空二叉树是由根结点以及两棵不相交的左子树、右子树以及根结点组成的，因此若能依次遍历这三个部分，便可以实现整个二叉树的遍历，即可以访问到二叉树上的所有结点，且每个结点只被访问一次。假设 L、T、R 分别代表遍历左子树、访问根结点和遍历右子树，则对一棵二叉树的遍历可以有六种不同次序：TLR、LTR、LRT、TRL、RTL、RLT。

TLR：先访问根结点，再访问左子树，最后访问右子树。

LTR：先访问左子树，再访问根结点，最后访问右子树。

LRT：先访问左子树，再访问右子树，最后访问根结点。

TRL：先访问根结点，再访问右子树，最后访问左子树。

RTL：先访问右子树，再访问根结点，最后访问左子树。

RLT：先访问右子树，再访问左子树，最后访问根结点。

若约定先左(L)后右(R)，再把访问根结点(T)穿插其中，则只有三种不同的遍历次序：TLR、LTR 和 LRT。它们分别称作先根遍历(也称先序遍历)、中根遍历(也称中序遍历)和后根遍历(也称后序遍历)。

【实例 5-4】以先根遍历(TLR)的顺序访问如图 5-19 所示二叉树，给出访问序列。

先根遍历规定，在到达二叉树的一个结点后，就先访问该二叉树的根结点，然后访问左子树上的所有结点，最后访问右子树上的所有结点。现在从图 5-18 所示的二叉树根结点 A 开始遍历。在访问了根结点 A 之后，由于它有左子树，因此根据先根遍历的规定应该前进到它的左子树。到达左子树之后根据规定，先访问该子树(也是一个二叉树)的根结点 B，再访问 B 的左子树。由于 B 有左子树，因此前进到它的左子树。到达 B 的左子树后继续访问其根结点 D，再去访问 D 的左子树。这时 D 的左子树为空，根据先根遍历的规定此时访问它的右子树，因此前进至 D 的右子树，在右子树中访问其根结点 G 后，因为 G 不存在任何子树故以 D 为根结点的 B 结点的左子树即访问完毕。根据规定开始访问 B 结点的右子树，但其右子树为空，所以 B 为根结点的 A 结点左子树访问完毕，开始访问 A 结点右子树。首先访问该右子树的根结点 C，因为 C 有左子树，前进到 C 结点的左子树根结点 E 处。结点

E不存在左、右子树，访问完E后即完成了C结点的左子树访问，根据规则返回C结点处访问其右子树，因为C有右子树，前进到C结点的右子树根结点F处。结点F不存在左、右子树，访问完F后即完成了C结点的右子树访问。至此结点A的右子树上的所有结点都访问完毕，对该二叉树的先根遍历也就到此结束。

归纳对该二叉树结点的遍历次序可以得到，对图5-19所示的二叉树的先根遍历序列应该是：

A—B—D—G—C—E—F

通过此例应该知道，求一个二叉树的某种遍历序列，最重要的是，在到达每一个结点时都必须坚持该遍历的准则，只有始终按照该准则进行遍历操作才能得到正确的遍历序列。

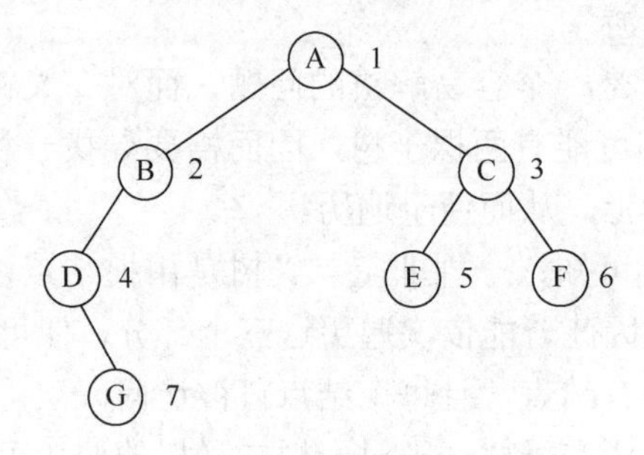

图5-19　先根遍历二叉树示例

【实例5-5】以中根遍历(TLR)的顺序访问如图5-18(a)所示二叉树，给出中根遍历的访问序列。

中根遍历的规则要求在到达二叉树的一个结点后，不是首先访问该结点，而是要首先遍历该结点的左子树，只有在结束左子树的访问后才去访问该结点，最后访问该结点的右子树。现在从图中所示的根结点A开始进行中根遍历的过程描述。

(1)　到达A后，先不对其进行访问，而是对其左子树进行访问操作，因此进到左子树的根结点B。

(2)　到达B后依旧按照遍历规定，不对结点B实行访问操作，而是要先访问B的左子树，因此又进到结点D进行遍历访问。

(3)　到达D后，先不对其进行访问，而是对其左子树进行访问操作，但该结点不存在左子树，因此按照中根遍历的规则访问D结点左子树的工作完成，可以访问结点D。从该例可以看出对二叉树进行中根遍历的过程中，最先访问的结点是该二叉树最左边的那个结点。

(4)　结束结点D的访问之后，按照遍历规则对D的右子树进行访问，因为D的右子树只有一个叶子结点G，因此对结点G进行遍历访问即可。

(5)　结束结点G的访问之后，意味着B结点的左子树遍历结束，因此根据中根遍历规定此时才对结点B进行访问。

(6)　结束结点B的访问之后，按照中根遍历规则对B的右子树进行访问，但其右子树为空，所以返回结点B的父结点A，意味着A结点的左子树遍历结束，因此根据中序遍历规则对结点A进行访问。

(7)　结束结点A的访问之后，对其右子树进行遍历访问，进行到结点C。对其仍旧照中根遍历规则先访问其左子树，进行到其左子树的根结点 E。

(8) 对 E 的左子树进行遍历访问，但其左子树为空，所以对结点 E 进行访问。

(9) 结点 E 的右子树为空，所以结点 C 的左子树访问结束，返回至结点 C 对 C 进行访问。

(10) 结束结点 C 的访问之后，对其右子树进行遍历访问，其右子树只有一个叶子结点 F，所以对结点 F 进行访问。

(11) 根据遍历规则因为结点 F 既无左子树，也无右子树，对其进行访问后即可回到其父结点 C，此时 C 的所有子树均已访问完毕。同时所有根结点 A 的左右子树也均已访问完成，即可回到 C 的根结点 A，对整个二叉树的遍历完毕。

综上所述，归纳对该二叉树结点的中根遍历次序可以得到

D—G—B—A—E—C—F

【实例 5-6】以后根遍历(TLR)的顺序访问如图 5-18(a)所示二叉树，给出后根遍历的访问序列。

与上面的先根遍历与中根遍历的规则类似，在此得到图 5-18(a)所示二叉树的后根遍历次序是：

G—D—B—E—F—C—A

从上述三种遍历二叉树的序列结果可以总结出：对于任何一棵二叉树，先根遍历时根结点总是处于遍历序列的首端；中根遍历时根结点的位置在整个序列中的中部，其左子树的所有结点在其左边，右子树的所有结点都在其右边；后根遍历时根结点的位置则位于整个序列中的末尾，其所有的子结点均位于它的左边。

【实例 5-7】哪种二叉树的中根遍历序列与后根遍历序列相同？

要使一棵二叉树的中根遍历序列与后根遍历序列相同，就必须要求在任何结点没有右子树时才发生。因此，中根遍历序列与后根遍历序列相同的二叉树或是空二叉树，或是任何一结点都没有右孩子的非空二叉树。

5.3.2　遍历二叉树的递归实现

可以使用递归和非递归两种方式来实现遍历二叉树，有关递归的实现算法，容易编写、较为简单，但可读性差、效率较低。因此在这里先给出二叉树的三种遍历形式的非递归算法，然后再给出递归算法。

从上面的例子中可以看出对二叉树进行先根、中根、后根遍历时，都是从根结点开始、根结点结束，经由的路线也都一样，其差别只是体现在对结点访问时机的选择上。在遍历时，总是先沿着左子树一直深入下去，在到达二叉树的最左端无法再往下深入时，就往上逐一返回，进入刚才深入时曾遇到的结点的右子树，进行同样的深入和返回，直到最后从根结点的右子树返回到根结点。

可以看出，遍历时要返回结点的顺序与深入结点的顺序正好是相反的。这就是说，实现二叉树遍历时，应该用一个堆栈来保存当前深入的结点的信息，以供后面返回需要时使用。

下面给出了先根遍历二叉树基本操作的递归算法在二叉链表上的实现。

```
void PreOrder(BiTree bt)
{/*先根遍历二叉树 bt*/
if (bt==NULL) return; /*递归调用的结束条件*/
Visite(bt->data); /*访问结点的数据域*/
PreOrder(bt->lchild); /*先根递归遍历 bt 的左子树*/
PreOrder(bt->rchild); /*先根递归遍历 bt 的右子树*/
}
```

中根遍历二叉树的递归算法如下：

```
void InOrder(BiTree bt)
{/*中根遍历二叉树 bt*/
if (bt==NULL) return; /*递归调用的结束条件*/
InOrder(bt->lchild); /*中根递归遍历 bt 的左子树*/
Visit (bt->data); /*访问结点的数据域*/
InOrder(bt->rchild); /*中根递归遍历 bt 的右子树*/
}
```

后根遍历二叉树的递归算法如下：

```
void PostOrder(BiTree bt)
{/*后根遍历二叉树 bt*/
if (bt==NULL) return; /*递归调用的结束条件*/
PostOrder(bt->lchild); /*后根递归遍历 bt 的左子树*/
PostOrder(bt->rchild); /*后根递归遍历 bt 的右子树*/
Visit(bt->data); /*访问结点的数据域*/
}
```

【实例 5-8】假设二叉树采用二叉链存储结构存储，试设计一个算法，输出一棵给定二叉树的所有叶子结点。

输出一棵二叉树的所有叶子结点的递归模型 f( )如下。

f(b)：若 b 为空，不做任何事件。

f(b)：若*b 为叶子结点，输出*b 结点的 data 域。

f(b)：其他情况 f(b->lchild);f(b->rchild)。

对应的算法如下：

```
Void DisLeaf(BTNode *b)
{
If(b!=Null)
   {  if(b>lchild==Null && b->rchild==Null)
        printf("%c ", b->data);          /*访问结点的数据域*/
        DisLeaf(b->lchild);            /*输出左子树中的叶子结点*/
        DisLeaf(b->rchild);            /*输出右子树中的叶子结点*/
   }
}
```

上述算法实际上是采用先根遍历递归算法输出所有叶子结点，所以叶子结点是以从左到右的次序输出的，若要改成从右到左的次序输出所有叶子结点，显然只需要将先根遍历方式的左、右子树访问次序倒过来即可，对应的算法如下：

```
Void DisLeaf(BTNode *b)
{
If(b!=Null)
  {  if(b>lchild==Null && b->rchild==Null)
       printf("%c",b->data);             /*访问结点的数据域*/
       DisLeaf(b->rchild);               /*输出右子树中的叶子结点*/
       DisLeaf(b->lchild);               /*输出左子树中的叶子结点*/
  }
}
```

【实例 5-9】假设二叉树采用二叉链存储结构，设计一个算法判断两棵二叉树是否相似，所谓二叉树 m1 和 m2 相似指的是 m1 和 m2 都是空的二叉树；或者 m1 和 m2 的根结点是相似的，以及 m1 的左子树和 m2 的左子树是相似的且 m1 的右子树和 m2 的右子树是相似的。

判断两棵二叉树是否相似的递归模型 f( )如下：

```
f(m1, m2)=true                                    若 m1=m2=NULL
f(m1, m2)=false                                   若 m1,m2 之一为 NULL,另一不为 NULL
f(m1, m2)=f(m1->lchild, m2->lchild)&&
    f(m1->rchild, m2->rchild)                     若 m1,m2 均不为 NULL
```

对应的算法如下：

```
int Like(BTNode *bt1, *bt2)        /*m1 和 m2 两棵二叉树相似时返回 1, 否则返回 0*/
{
  int like1, like2;
  if(bt1==NULL&&bt2==NULL) return(1);
  else if(bt1==NULL||bt2==NULL) return(0);
  else{
     like1=like(m1->lchild, m2->lchild);
     like2=like(m1->rchild, m2->rchild);
     return(like1&like2);  /*返回 like1 与 like2 的与结果*/
  }
}
```

上面两个例子的算法都是采用遍历的递归算法来进行求解的，由此可以看出二叉树的遍历算法是求解类似问题的基础。

5.3.3　二叉树遍历的非递归算法实现

前面给出的二叉树先根、中根和后根三种遍历算法都是递归算法。当给出二叉树的链式存储结构以后，用具有递归功能的程序设计语言很方便就能实现上述算法。然而，并非所有程序设计语言都允许递归；另一方面，递归程序虽然简洁，但可读性一般不好，执行效率也不高。因此，就存在如何把一个递归算法转化为非递归算法的问题。解决这个问题的方法可以通过对三种遍历方法的实质过程的分析得到。

通过分析三种遍历的规则，可以发现返回结点的顺序与深入结点的顺序相反，即后深入先返回，正好符合栈结构后进先出的特点。因此，可以用栈来帮助实现这一遍历过程。其过程可以进行如下描述：在沿左子树深入时，深入一个结点入栈一个结点，若为先根遍历，则在入栈之前访问；当沿左分支深入不下去时，则返回，即从堆栈中弹出前面压入的结点，若为中根遍历，则此时访问该结点，然后从该结点的右子树继续深入；若为后根遍历，则将此结点再次入栈，然后从该结点的右子树继续深入，与前面类似，仍为深入一个结点入栈一个结点，深入不下去再返回，直到第二次从栈里弹出该结点，才访问该结点。

1) 先根遍历的非递归实现

在下面的算法中，二叉树以二叉链表存放，一维数组 stack[MAXNODE]用以实现栈，变量 top 用来表示当前栈顶的位置。

```
Void NRPreOrder (BiTree bt)              /*非递归先序遍历二叉树*/
{
BiTree stack[MAXNODE], p;
inttop;
if (bt==NULL) return;
top=0;
p=bt;
while(!(p==NULL&&top==0))
  { while(p!=NULL)
    { Visit(p->data); /*访问结点的数据域*/
    if (top<MAXNODE-1) /*将当前指针 p 压栈*/
      { stack[top]=p;
      top++;
    }
    else { printf("栈溢出");
    return;
    }
  p=p->lchild;                /*指针指向 p 的左孩子*/
  }
if (top<=0)    return;        /*栈空时结束*/
else{ top--;
   p=stack[top];              /*从栈中弹出栈顶元素*/
   p=p->rchild;               /*指针指向 p 的右孩子结点*/
   }
}
```

对于图 5-18(a)所示的二叉树，用该算法进行遍历的过程中，栈 stack 和当前指针 p 的变化情况以及树中各结点的访问次序如表 5-1 所示。

表 5-1 二叉树先根遍历非递归过程

步 骤	指针 p	栈 stack 的内容	访问结点值
初态	A	空	
1	B	A	A
2	D	A，B	B
3	∧	A，B，D	D
4	G	A，B	
5	∧	A，B，G	G
6	∧	A，B	
7	∧	A	
8	C	空	

续表

步　骤	指针 p	栈 stack 的内容	访问结点值
9	E	C	C
10	∧	C，E	E
11	∧	C	
12	F	空	
13	∧	F	F
14	∧	空	

2)　中根遍历的非递归实现

中根遍历的非递归算法的实现，只需将先根遍历的非递归算法中的 Visit(p->data)移到 p=stack[top]和 p=p->rchild 之间即可。

3)　后根遍历的非递归实现

由前面的讨论可知，后根遍历与先根遍历及中根遍历不同，在后根遍历过程中，结点在第一次出栈后，还需再次入栈，也就是说，结点要入两次栈，出两次栈，而访问结点是在第二次出栈时访问。因此，为了区别同一个结点指针的两次出栈，设置一标志 flag，令

$$flag=\begin{cases}1\text{ 第一次出栈，结点不能访问}\\0\text{ 第二次出栈，结点可以访问}\end{cases}$$

当结点指针进、出栈时，其标志 flag 也同时进、出栈。因此，可将栈中元素的数据类型定义为指针和标志 flag 合并的结构体类型。定义如下：

```
typedef struct {
BiTree link;
int flag;
}stacktype;
```

后根遍历二叉树的非递归算法如下。在算法中，一维数组 stack[MAXNODE]用于实现栈的结构，指针变量 p 指向当前要处理的结点，整型变量 top 用来表示当前栈顶的位置，整型变量 sign 为结点 p 的标志量。

```
void NRPostOrder(BiTree bt)
/*非递归后根遍历二叉树 bt*/
{ stacktype stack[MAXNODE];
BiTree p;
int top, sign;
if (bt==NULL) return;
top=-1 /*栈顶位置初始化*/
p=bt;
while (!(p==NULL&& top==-1))
{ if (p!=NULL) /*结点第一次进栈*/
    { top++;
    stack[top].link=p;
    stack[top].flag=1;
    p=p->lchild; /*找该结点的左孩子*/
  }
else { p=stack[top].link;
```

```
    sign=stack[top].flag;
    top--;
    if (sign==1) /*结点第二次进栈*/
       {top++;
       stack[top].link=p;
       stack[top].flag=2; /*标记第二次出栈*/
       p=p->rchild;
    }
    else { Visit(p->data);} /*访问该结点数据域值*/
    }
    }
}
```

无论是递归还是非递归遍历二叉树，因为每个结点被访问一次，则不论按哪一种次序进行遍历，对含 n 个结点的二叉树，其时间复杂度均为 O(n)。所需辅助空间为遍历过程中栈的最大容量，即树的深度，最坏情况下为 n，则空间复杂度也为 O(n)。

前面介绍的二叉树的遍历算法可分为两类，一类是依据二叉树结构的递归性，采用递归调用的方式来实现；另一类则是通过堆栈或队列来辅助实现。采用这两类方法对二叉树进行遍历时，递归调用和栈的使用都会增加额外空间，递归调用的深度和栈的大小是动态变化的，都与二叉树的高度有关。因此，在最坏的情况下，即二叉树退化为单枝树的情况下，递归的深度或栈需要的存储空间等于二叉树中的结点数。

还有一类二叉树的遍历算法，就是不用栈也不用递归来实现。常用的不用栈的二叉树遍历的非递归方法有以下三种。

(1) 对二叉树采用三叉链表存放，即在二叉树的每个结点中增加一个双亲域 parent，这样，在遍历深入到不能再深入时，可沿着走过的路径回退到任何一棵子树的根结点，并再向另一方向走。由于这一方法的实现是在每个结点的存储上又增加一个双亲域，故其存储开销就会增加。

(2) 采用逆转链的方法，即在遍历深入时，每深入一层，就将其再深入的孩子结点的地址取出，并将其双亲结点的地址存入，当深入不下去需返回时，可逐级取出双亲结点的地址，沿原路返回。虽然此种方法是在二叉链表上实现的，没有增加过多的存储空间，但在执行遍历的过程中会改变子女指针的值，这就是以时间换取空间，同时当有几个用户同时使用这个算法时将会发生问题。

(3) 在线索二叉树上的遍历，即利用具有 n 个结点的二叉树中的叶子结点和一度结点的 n+1 个空指针域，来存放线索，然后在这种具有线索的二叉树上遍历时，就既不需要栈，也不需要递归了。有关线索二叉树的详细内容，将在下一节中讨论。

5.3.4 二叉树层次遍历

除了常用的先根、中根与后根二叉树遍历外，还有一种层次二叉树遍历方法。若二叉树非空(假设其高度为 h)，则其遍历的过程可以描述如下。

(1) 访问根结点(第 1 层)；

(2) 从左到右访问第 2 层的所有结点；

(3) 从左到右访问第 3 层的所有结点；

(4) 从左到右访问第 4,5,⋯,n 层的所有结点。

例如，图 5-18(a)所示的二叉树按照层次遍历的方法，其遍历的序列为

A—B—C—D—E—F—G

可以看出来，在进行层次遍历时，对某一层的结点访问完成后，再按照对它们的访问次序对各个结点的左、右孩子进行顺序访问。这样一层一层进行，先访问的结点，其左、右孩子也要先访问，与队列的操作原则比较吻合。因此层次遍历算法采用一个环形队列 qu 来实现。

层次遍历的过程是，先将根结点进队列，在队列不空时循环：从队列中出列一个结点*p，访问它；若它有左孩子结点，将左孩子结点进队；若它有右孩子结点，将右孩子结点进队；如此操作直到队列为空。对应的算法如下：

```
void LevelOrder(BTNode *b)
{   BTNode *p;       BTNode *qu[MaxSize];        //定义环形队列，存储结点指针
        intfront, rear;                          //定义队头和队尾指针
        front=rear=-1;                           //置队列为空队列
        rear++;      qu[rear]=b;                 //根结点指针进入队列
        while(front!=rear){                      //队列不为空
            front=(front+1)%MaxSize;
            p=qu[front];                         //队头出队列
            printf("%c", p->data);               //访问结点
            if(p->lchild!=NULL){                 //有左孩子时将其进队列
                rear=(rear+1)%MaxSize;
                qu[rear]=p->lchild;
            }
            if(p->rchild!=NULL){
                rear=(rear+1)%MaxSize;
                qu[rear]=p->rchild;              //有右孩子时将其进队列
            }
        }
    }
```

5.3.5 由遍历二叉树恢复二叉树

从前面讨论的二叉树的遍历知道，任意一棵二叉树结点的先根序列和中根序列都是唯一的。反过来，若已知结点的先根序列和中根序列，能否确定这棵二叉树呢？这样确定的二叉树是否是唯一的呢？回答是肯定的。

根据定义，二叉树的先根遍历是先访问根结点，其次再按先根遍历方式遍历根结点的左子树，最后按先根遍历方式遍历根结点的右子树。这就是说，在先根序列中，第一个结点一定是二叉树的根结点。另一方面，中根遍历是先遍历左子树，然后访问根结点，最后再遍历右子树。这样，根结点在中根序列中必然将中根序列分割成两个子序列，前一个子序列是根结点的左子树的中根序列，而后一个子序列是根结点的右子树的中根序列。根据这两个子序列，在先根序列中找到对应的左子序列和右子序列。在先根序列中，左子序列

的第一个结点是左子树的根结点，右子序列的第一个结点是右子树的根结点。这样，就确定了二叉树的三个结点。同时，左子树和右子树的根结点又可以分别把左子序列和右子序列划分成两个子序列，如此递归下去，当取尽先根序列中的结点时，便可以得到一棵二叉树。

同样的道理，由二叉树的后根序列和中根序列也可以唯一地确定一棵二叉树。因为，依据后根遍历和中根遍历的定义，后根序列的最后一个结点，就如同先根序列的第一个结点一样，可将中根序列分成两个子序列，分别为这个结点的左子树的中根序列和右子树的中根序列，再拿出后根序列的倒数第二个结点，并继续分割中根序列，如此递归下去，当倒着取尽后根序列中的结点时，便可以得到一棵二叉树。

下面通过一个例子，给出用右二叉树的先根序列和中根序列构造唯一的一棵二叉树的实现算法。

【实例 5-10】由二叉树的先根序列和中根序列构造一棵二叉树。已知一棵二叉树的先根序列与中根序列分别为

A—B—C—D—E—F—G—H—I

B—C—A—E—D—G—H—F—I

试恢复该二叉树。

首先，由先根序列可知，结点 A 是二叉树的根结点。其次，根据中根序列，在 A 之前的所有结点都是根结点左子树的结点，在 A 之后的所有结点都是根结点右子树的结点，由此得到图 5-20 (a)所示的状态。然后，再对左子树进行分解，得知 B 是左子树的根结点，又从中根序列知道，B 的左子树为空，B 的右子树只有一个结点 C。接着对 A 的右子树进行分解，得知 A 的右子树的根结点为 D；而结点 D 把其余结点分成两部分，即左子树为 E，右子树为 F、G、H、I，如图 5-20 (b)所示。接下去的工作就是按上述原则对 D 的右子树继续分解下去，最后得到如图 5-20(c)的整棵二叉树。

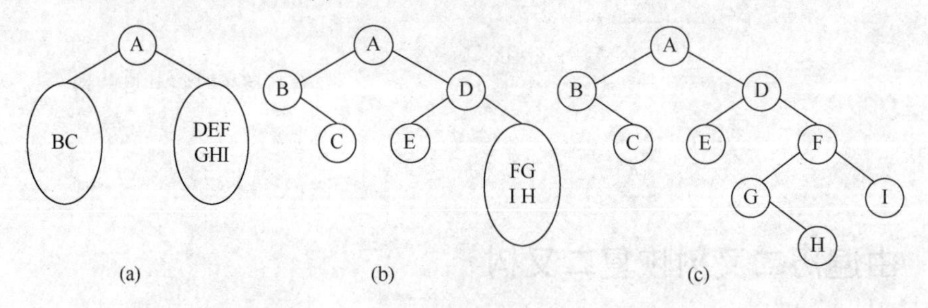

图 5-20　一棵二叉树的恢复过程示意图

上述过程是一个递归过程，其递归算法的思想是：先根据先根序列的第一个元素建立根结点；然后在中根序列中找到该元素，确定根结点的左、右子树的中根序列；再在先根序列中确定左、右子树的先根序列；最后由左子树的先根序列与中根序列建立左子树，由右子树的先根序列与中根序列建立右子树。下面给出算法的语言描述。假设二叉树的先根序列和中根序列分别存放在一维数组 preod[ ]与 inod[ ]中，并假设二叉树各结点的数据值均不相同。主要代码如下：

```
void ReBiTree(char preod[ ], char inod[ ], int n, BiTree root)
//为二叉树的结点个数，root 为二叉树根结点的存储地址
```

```
{ if (n≤0) root=NULL;           //二叉树为空
else PreInOd(preod,inod, 1, n, 1, n, &root);
}
void PreInOd(char preod[ ], char inod[ ], int i, j, k, h, BiTree *t)
{* t=(BiTNode *)malloc(sizeof(BiTNode));
*t->data=preod[i];
m=k;
while (inod[m]!=preod[i]) m++;
if (m==k) *t->lchild=NULL
else PreInOd(preod, inod, i+1, i+m-k, k, m-1, &t->lchild);
//递归调用，传入右孩子指针的指针
if (m==h) *t->rchild=NULL
else PreInOd(preod, inod, i+m-k+1, j, m+1, h, &t->rchild);
}
```

需要说明的是，数组 preod 和 inod 的元素类型可根据实际需要来设定，这里设为字符型。

【实例 5-11】已知一棵二叉树的中根序列和后根序列分别是

B—D—C—A—E—H—G—K—F

D—C—B—H—K—G—F—E—A

试恢复该二叉树。

在此仅给出恢复的步骤介绍，具体的算法实现可以参考上面的例子。

(1) 由后根遍历特征，根结点必在后根序列尾部，即根结点是 A。

(2) 由中根遍历特征，根结点必在其中间，而且其左部必全部是左子树子孙(B D C)，其右部必全部是右子树子孙(E H G K F)。

(3) 继而，根据后根序列中的 D C B 子树可以确定 B 为 A 的左孩子，根据 H K G F E 子树则可以确定 E 为 A 的右孩子。

(4) 依次类推，可以唯一地确定一棵二叉树，恢复结果如图 5-21 所示。

但是，如果只知道二叉树的先根序列和后根序列，则不能唯一地确定一棵二叉树，因为无法确定左右子树两部分。例如，假设存在先根序列 XY，后根序列 YX，因为无法确定 Y 为左子树还是右子树，所以可以恢复出如图 5-22 所示的两种不同的二叉树。

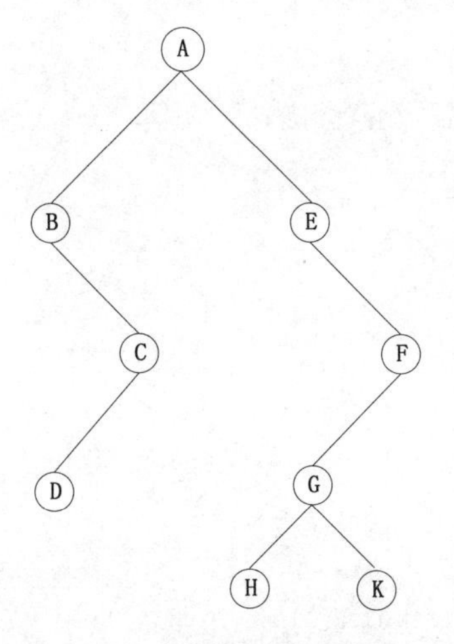

图 5-21　由中根序列和后根序列恢复的二叉树

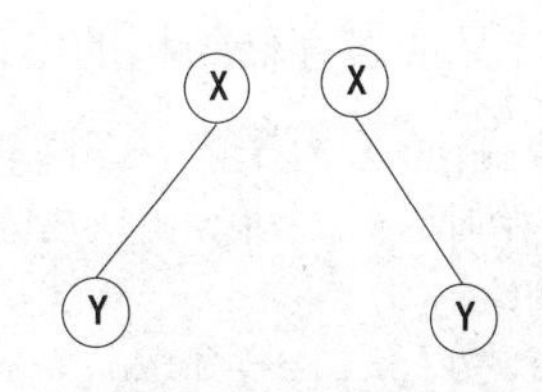

图 5-22　由先根序列和后根序列恢复的两种不同的二叉树

5.3.6　二叉树遍历算法的应用

在以上讨论的遍历算法中，访问结点的数据域信息，即遍历操作 Visit(bt->data)具有更一般的意义，假设访问结点的具体操作不仅仅局限于输出结点数据域的值，而是把“访问”延伸到对结点的判别、计数等其他操作，可以解决一些关于二叉树的其他实际问题。下面介绍几个二叉树遍历操作的典型应用。

1. 查找数据元素

Search(bt，x)在 bt 为根结点指针的二叉树中查找数据元素 x。查找成功时返回该结点的指针；查找失败时返回空指针。

算法实现如下，注意遍历算法中的 Visit(bt->data)等同于其中的一组操作步骤。

```
BiTree Search(BiTree bt, elemtype x)
{//在 bt 为根结点指针的二叉树中查找数据元素 x
BiTree p;
if (bt->data==x) return bt; //查找成功返回
if (bt->lchild!=NULL) return(Search(bt->lchild, x));
//在 bt->lchild 为根结点指针的二叉树中查找数据元素 x
if (bt->rchild!=NULL) return(Search(bt->rchild, x));
//在 bt->rchild 为根结点指针的二叉树中查找数据元素 x
return NULL; //查找失败返回
}
```

2. 统计出给定二叉树中叶子结点的数目

1)　顺序存储结构的实现

```
int CountLeaf1(SqBiTreebt, int k)
{//一维数组 bt[2k-1]为二叉树存储结构，k 为二叉树深度，函数值为叶子数。
total=0;
for(i=1;i<=2k-1;i++)
  { if(bt[i]!=0)
    { if ((bt[2i]==0 && bt[2i+1]==0) || (i>(2k-1)/2))
      total++;
    }
  }
return(total);
}
```

2)　二叉链表存储结构的实现

```
int CountLeaf2(BiTreebt)
{//开始时，bt 为根结点所在链结点的指针，返回值为 bt 的叶子数
if (bt==NULL) return(0);
if (bt->lchild==NULL&& bt->rchild==NULL) return(1);
return(CountLeaf2(bt->lchild)+CountLeaf2(bt->rchild));
}
```

3. 创建二叉树二叉链表存储并显示

设创建时，按二叉树带空指针的先根次序输入结点值，结点值的类型为字符型。输出按中根输出。

CreateBinTree(BinTree *bt)是以二叉链表为存储结构建立一棵二叉树 T 的存储，bt 为指向二叉树 T 根结点的指针。设建立时按照先根遍历的次序输入序列为 AB0D00CE00F00，其中的 0 表示空结点，建立如图 5-23 所示的二叉树结构。

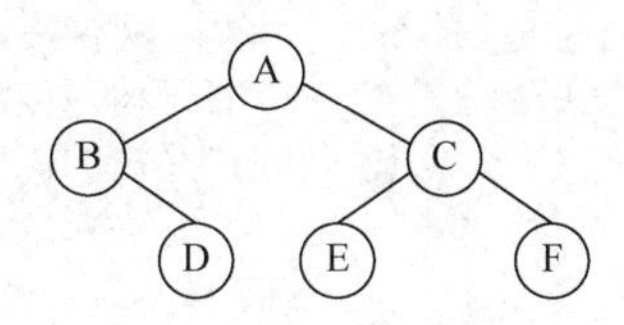

图 5-23　二叉树结构

InOrderOut(bt)为按中根输出二叉树 bt 的结点。算法实现如下，注意在创建算法中，遍历算法中的 Visite(bt->data)被读入结点、申请空间存储的操作所代替；在输出算法中，遍历算法中的 Visite(bt->data)被格式输出语句所代替。

```
void CreateBinTree(BinTree *T)
{//以加入结点的先根序列输入，构造二叉链表
char ch;
scanf("\n%c", &ch);
if (ch=='0') *T=NULL; //读入 0 时，将相应结点置空
else {*T=(BinTNode*)malloc(sizeof(BinTNode)); //生成结点空间
    (*T)->data=ch;
   CreateBinTree(&(*T)->lchild);    //构造二叉树的左子树
   CreateBinTree(&(*T)->rchild);    //构造二叉树的右子树
   }
}
void InOrderOut(BinTree T)
{//中根遍历输出二叉树 T 的结点值
if (T)
   { InOrderOut(T->lchild);          //中根遍历二叉树的左子树
   printf("%3c", T->data);           //访问结点的数据
   InOrderOut(T->rchild);            //中根遍历二叉树的右子树
  }
}
main()
{BiTree bt;
CreateBinTree(&bt);
InOrderOut(bt);
}
```

4. 计算二叉树的深度

二叉树的深度为树中结点的最大层次，如果是空树，则深度为 0；否则，递归计算左子树的深度记为 m，递归计算右子树的深度记为 n，二叉树的深度则为 m 与 n 的较大者加 1。

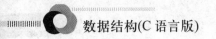

显然这是在后根遍历二叉树的基础上进行的运算。具体算法描述如下。

```
int treedepth(bitree bt)          //求二叉树 bt 的深度并返回其值
{
   int h, lh, rh;                 //定义局部变量
   if(bt==NULL)                   //如果树空则深度赋 0
      h=0;
   else
   {
      lh=treedepth(bt->lchild) ;    //左子树深度赋 lh
      rh=treedepth(bt->rchild);     //右子树深度赋 rh
      if(lh>=rh)                    //二叉树的深度为左右子树中最大深度加 1
         h=lh+1;
      else
         h=rh+1;
   }
   return h;                        //返回深度值
}
```

5.4 线索二叉树

5.4.1 线索二叉树的概念及结构

1. 线索二叉树的概念

按照某种遍历方式对二叉树进行遍历，可以把二叉树中所有结点排列为一个线性序列。在该序列中，除第一个结点外，每个结点有且仅有一个直接前驱结点；除最后一个结点外，每个结点有且仅有一个直接后继结点。但是，二叉树中每个结点在这个序列中的直接前驱结点和直接后继结点是什么，在二叉树的存储结构中并没有反映出来，只能在对二叉树遍历的动态过程中得到这些信息。为了保留结点在某种遍历序列中直接前驱和直接后继的位置信息，可以利用二叉树的二叉链表存储结构中的那些空指针域来指示。这些指向直接前驱结点和指向直接后继结点的指针被称为线索(thread)，加了线索的二叉树称为线索二叉树。

线索二叉树将为二叉树的遍历提供许多便利。

2. 线索二叉树的结构

一个具有 n 个结点的二叉树若采用二叉链表存储结构，在 2n 个指针域中只有 n-1 个指针域是用来存储结点孩子的地址，而另外 n+1 个指针域存放的都是 NULL。因此，可以利用某结点空的左指针域(lchild)指出该结点在某种遍历序列中的直接前驱结点的存储地址，利用结点空的右指针域(rchild)指出该结点在某种遍历序列中的直接后继结点的存储地址；对于那些非空的指针域，则仍然存放指向该结点左、右孩子的指针。这样，就得到了一棵线索二叉树。

由于序列可由不同的遍历方法得到，因此，线索树有先根线索二叉树、中根线索二叉树和后根线索二叉树三种。把二叉树改造成线索二叉树的过程称为线索化。对图 5-16(a)所示的二叉树进行线索化，得到先根线索二叉树、中根线索二叉树和后根线索二叉树，如图 5-24

所示。图中实线表示指针，虚线表示线索。

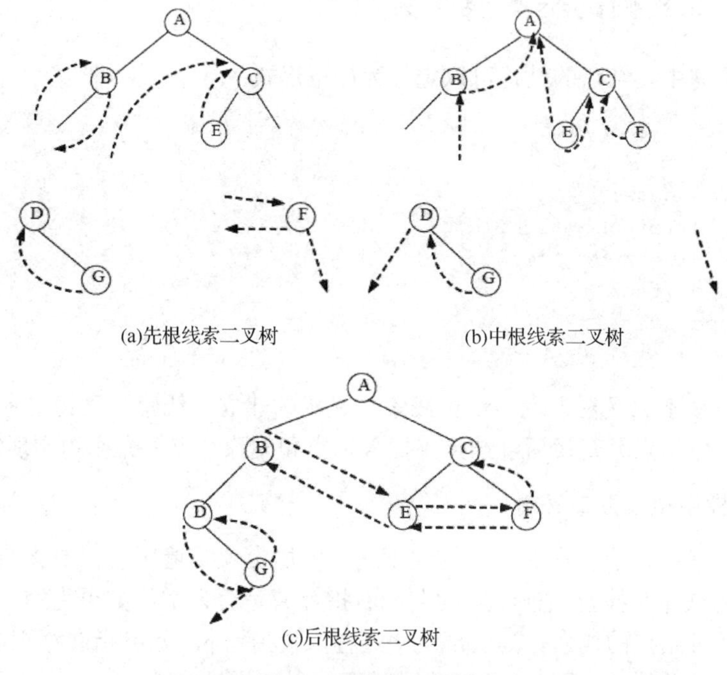

(a)先根线索二叉树　　(b)中根线索二叉树

(c)后根线索二叉树

图 5-24　线索二叉树

那么，下面的问题是在存储中，如何区别某结点的指针域内存放的是指针还是线索？通常可以采用下面两种方法来实现。

(1) 为每个结点增设两个标志位域 ltag 和 rtag，令

$$\text{ltag}=\begin{cases}0 & \text{lchild指向结点的左孩子}\\ 1 & \text{lchild指向结点的前驱结点}\end{cases}$$

$$\text{Rtag}=\begin{cases}0 & \text{Rchild指向结点的右孩子}\\ 1 & \text{Rchild指向结点的后继结点}\end{cases}$$

每个标志位令其只占一位，则系统只需要较小的存储空间开支，这种情况下结点的结构如图 5-25 所示。

ltag	lchild	data	rchild	rtag

图 5-25　结点结构示意图

(2) 不改变结构，仅在作为线索的地址前加一个负号，即负的地址表示线索，正的地址表示指针。

这里我们按第一种方法来介绍线索二叉树的存储。为了将二叉树中所有空指针域都利用上，以及操作便利的需要，在存储线索二叉树时往往增设一头结点，其结构与其他线索二叉树的结点结构一样，只是其数据域不存放信息，其左指针域指向二叉树的根结点，右指针域指向自己。而原二叉树在某根遍历下的第一个结点的前驱线索和最后一个结点的后继线索都指向该头结点。

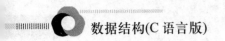

5.4.2 线索二叉树的基本操作实现

在线索二叉树中，结点的结构可以定义为如下形式:

```
typedef char elemtype;
typedef struct BiThrNode {
   elemtype data;
   struct BiThrNode *lchild;
   struct BiThrNode *rchild;
   unsigned ltag:1;
   unsigned rtag:1;
  }BiThrNodeType, *BiThrTree;
```

下面以中根线索二叉树为例，讨论线索二叉树的建立、线索二叉树的遍历以及在线索二叉树上查找前驱结点、查找后继结点、插入结点和删除结点等操作的实现算法。

1. 建立一棵中根线索二叉树

建立线索二叉树，或者说对二叉树线索化，实质上就是遍历一棵二叉树。在遍历过程中，访问结点的操作是检查当前结点的左、右指针域是否为空，如果为空，将它们改为指向前驱结点或后继结点的线索。为实现这一过程，设指针 pre 始终指向刚刚访问过的结点，即若指针 p 指向当前结点，则 pre 指向它的前驱，以便增设线索。

另外，在对一棵二叉树加线索时，必须首先申请一个头结点，建立头结点与二叉树的根结点的指向关系，对二叉树线索化后，还需建立最后一个结点与头结点之间的线索。

下面是建立中根线索二叉树的递归算法，其中 pre 为全局变量。

```
int  InOrderThr(BiThrTree *head, BiThrTree T)
{/*中根遍历二叉树 T，并将其中根线索化，*head 指向头结点。*/
 if (!(*head =(BiThrNodeType*)malloc(sizeof(BiThrNodeType))))  return 0;
 (*head)->ltag=0;   (*head)->rtag=1;          /*建立头结点*/
 (*head)->rchild=*head;                        /*右指针回指*/
 if (!T) (*head)->lchild =*head;               /*若二叉树为空，则左指针回指*/
 else { (*head)->lchild=T;  pre= head;
     InThreading(T);                           /*中根遍历进行中序线索化*/
     pre->rchild=*head;  pre->rtag=1;          /*最后一个结点线索化*/
     (*head)->rchild=pre;
    }
 return 1;
}

void InTreading(BiThrTree p)
{/*中根遍历进行中根线索化*/
 if (p)
  { InThreading(p->lchild);                    /*左子树线索化*/
    if (!p->lchild)                            /*前驱线索*/
      { p->ltag=1;  p->lchild=pre;
      }
    if (!pre->rchild)                          /*后继线索*/
      { pre->rtag=1;   pre->rchild=p;
```

```
        }
     pre=p;
     InThreading(p->rchild);                /*右子树线索化*/

   }
}
```

2. 在中根线索二叉树上查找任意结点的中根前驱结点

对于中根线索二叉树上的任一结点，寻找其中根遍历的前驱结点，有以下两种情况。

(1) 如果该结点的左标志为 1，那么其左指针域所指向的结点便是它的前驱结点；

(2) 如果该结点的左标志为 0，表明该结点有左孩子，根据中根遍历的定义，它的前驱结点是以该结点的左孩子为根结点的子树的最右结点，即沿着其左子树的右指针链向下查找，当某结点的右标志为 1 时，它就是所要找的前驱结点。

在中根线索二叉树上寻找结点 p 的中根前驱结点的算法如下：

```
BiThrTree InPreNode(BiThrTree p)
{/*在中根线索二叉树上寻找结点 p 的中根前驱结点*/
  BiThrTree pre;
  pre=p->lchild;
  if (p->ltag!=1)
while (pre->rtag==0) pre=pre->rchild;
      return(pre);
}
```

3. 在中根线索二叉树上查找任意结点的中根后继结点

对于中根线索二叉树上的任一结点，寻找其中根遍历的后继结点，有以下两种情况。

(1) 如果该结点的右标志为 1，那么其右指针域所指向的结点便是它的后继结点；

(2) 如果该结点的右标志为 0，表明该结点有右孩子，根据中根遍历的定义，它的前驱结点是以该结点的右孩子为根结点的子树的最左结点，即沿着其右子树的左指针链向下查找，当某结点的左标志为 1 时，它就是所要找的后继结点。

在中根线索二叉树上寻找结点 p 的中根后继结点的算法如下：

```
BiThrTree InPostNode(BiThrTree p)
{/*在中根线索二叉树上寻找结点 p 的中根后继结点*/
  BiThrTree post;
  post=p->rchild;
  if (p->rtag!=1)
while (post->rtag==0) post=post->lchild;
      return(post);
}
```

以上给出的仅是在中根线索二叉树中寻找某结点的前驱结点和后继结点的算法。在前根线索二叉树中寻找结点的后继结点以及在后根线索二叉树中寻找结点的前驱结点可以采用同样的方法分析和实现。在此就不再讨论了。

4. 在中根线索二叉树上查找任意结点在先根下的后继

这一操作的实现依据是：若一个结点是某子树在中根下的最后一个结点，则它必是该子树在先根下的最后一个结点。该结论可以用反证法证明。

下面就依据这一结论，讨论在中根线索二叉树上查找某结点在先根下后继结点的情况。设开始时，指向此结点的指针为 p。

(1) 若待确定先根后继的结点为分支结点，则又有两种情况：

① 当 p->ltag=0 时，p->lchild 为 p 在先根下的后继；

② 当 p->ltag=1 时，p->rchild 为 p 在先根下的后继。

(2) 若待确定先根后继的结点为叶子结点，则也有两种情况：

① 若 p->rchild 是头结点，则遍历结束；

② 若 p->rchild 不是头结点，则 p 结点一定是以 p->rchild 结点为根的左子树中在中根遍历下的最后一个结点，因此 p 结点也是在该子树中按先根遍历的最后一个结点。此时，若 p->rchild 结点有右子树，则所找结点在先根下的后继结点的地址为 p->rchild->rchild；若 p->rchild 为线索，则让 p=p->rchild，反复情况②的判定。

在中根线索二叉树上寻找结点 p 的先根后继结点的算法如下：

```
BiThrTree IPrePostNode(BiThrTree head, BiThrTree p)
{/*在中根线索二叉树上寻找结点 p 的先根的后继结点，head 为线索树的头结点*/
  BiThrTree post;
  if (p->ltag==0) post=p->lchild;
  else { post=p;
   while (post->rtag==1&&post->rchild!=head) post=post->rchild;
   post=post->rchild;
  }
     return(post);
}
```

5.5 树和森林

树与二叉树是两种不同类型的数据结构，但它们之间存在着一种内在的联系。因此一棵树(或森林)能够通过转换，唯一地与一棵二叉树相对应；而一棵二叉树也能够通过转换，唯一地与一棵树(或森林)相对应。

对于无序树来说，树中结点的各个孩子是没有次序的，但二叉树中结点的孩子却有左、右之分。为了避免发生混淆，在具体介绍树、森林与二叉树之间的相互转换方法之前，本书约定树中每个结点的孩子按从左到右的次序排列，称它们为第 1 个孩子、第 2 个孩子，……，第 n 个孩子。

5.5.1 树的存储结构

对树的实现而言，树的存储结构仍然有顺序式与链式两种。由于树中结点的邻接关系比较复杂，因此在所采用的存储结构中，既要存储结点本身的数据信息，也要存储反映结点间逻辑关系的有关信息。本节将介绍几种常用的树的存储结构，即双亲表示法(在存储结点里存放结点的双亲信息)、孩子表示法(在存储结点里存放结点的孩子信息)和孩子兄弟表示法(在存储结点里存放结点的孩子和兄弟信息)。

1. 双亲表示法

一棵树除了根结点外，每一个结点都只有一个前驱结点，即双亲结点。利用这一特性，可以把树中的结点存储在一个一维数组，即连续的存储区里，该数组的每一个元素为结构体类型，包含两个域：data 和 parent。其中，data 域存放结点的数据，parent 域存放结点的双亲在数组里的下标，树的这种存储方法称为双亲表示法，如图 5-26 所示。

存放结点的数据	存放结点双亲的数组下标
data	parent

图 5-26　双亲表示法的结点结构

由于树的根结点没有双亲，可以在它的相应数组元素的 parent 域里，存放一个“-1”。双亲表示法是实现树的一种顺序存储结构。对于图 5-27 所示的树，可以得到它的双亲表示结构示意图，如图 5-28 所示。

解决该问题的思路是将树中的结点所在的层次从上到下、从左到右进行编号。由于现在的树共有 12 个结点，因此建立一个一维数组 Tr，它有 12 个元素，每个元素的结构如图 5-26 所示。另外需要一个指针 root，它指向数组 Tr 的起始位置。接着在每一个数组元素的 data 域里存放相应结点的数据，在 parent 域里存放结点双亲的数组下标。例如，对于结点 B：Tr[2].data=B，Tr[2].parent=1，其他结点以类似的方式进行计算。完成这些工作之后，就得到了用双亲表示法实现的树的顺序存储结构。

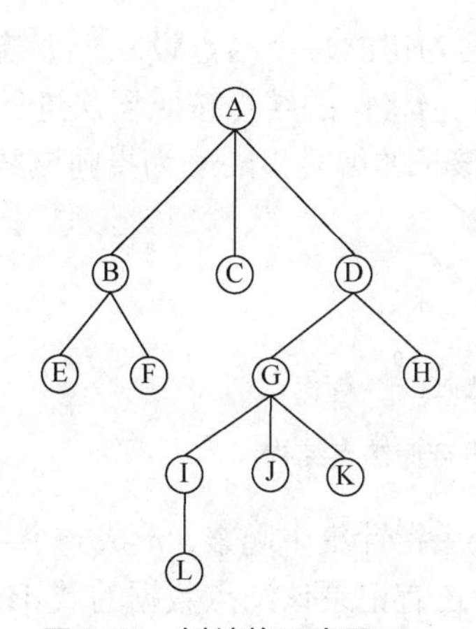

图 5-27　树结构示意图

index	data	parent
1	A	-1
2	B	1
3	C	1
4	D	1
5	E	2
6	F	2
7	G	4
8	H	4
9	I	7
10	J	7
11	K	7
12	L	9

图 5-28　树的双亲表示法

利用树的双亲表示法，从一个结点出发，很容易得到该结点的双亲，也很容易得到该树的根结点。利用这种方法，要判定“给出两个结点，它们是否在同一棵树中”这样的问题是不难的。这是因为只要从两个结点出发，通过结点中的 parent 域进行上溯，如果能够达到同一个根结点，那么它们就一定在同一棵树中。

但是，利用这种表示法试图获得某结点的孩子或兄弟信息时，会感觉到困难。

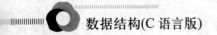

2. 孩子表示法

所谓树的孩子表示法，即是让孩子信息出现在结点的存储结构里。由于树中每个结点拥有的孩子个数是不定的，因此若要用链式结构来实现树，而且要把每个结点的孩子信息都存放在存储结点里，那么存储结点除了需要开辟 data 域外，还要按照树的度 m，开辟出 m 个指针域。因此，这时链式存储结构的结点可以分为两个部分：一个是结点数据；另一个则是指针数组，其大小由树的度 m 决定。这样的存储结构，常称为树的孩子表示法的“标准”链式结构。比如，标准链式存储结构的结点如图 5-29 所示。

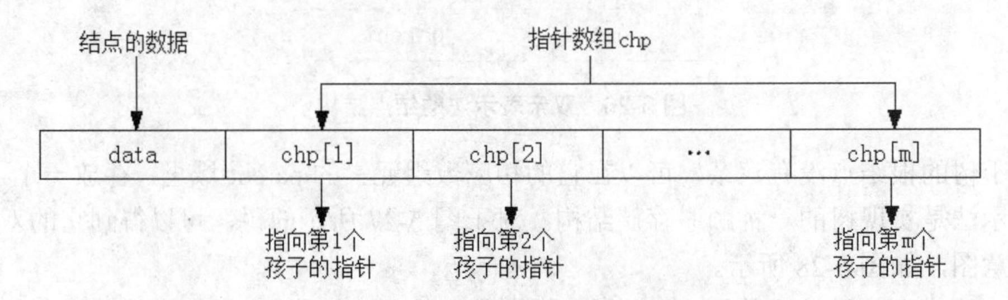

图 5-29　孩子表示法树的标准链式存储结构

若指针 ptr 指向某个结点，那么 ptr->data 就是所指结点的数据，ptr->chp[i]就是所指结点里指向它的第 i 个孩子的指针。

从前面的章节学习过程中已经知道，所谓树的度，是指一棵树中各结点的度的最大值。因此用孩子法的标准链式存储来实现树时，存储结点中可能会存在空指针域，造成存储空间资源的浪费。

对该种存储方式的一种改进方案是，一方面为树的每个结点设立一个链表，把该结点的所有孩子串联在一起，组成孩子链表。为此，仍将树的结点按照层次进行编号，链表的存储结点结构如图 5-30 所示，其中的 chn 域为孩子的编号，next 为指向该结点下一个孩子的指针。

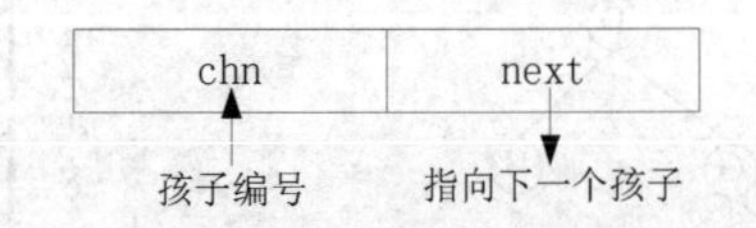

图 5-30　改进的链表存储结点结构

改进的另一方面，把每个结点孩子链表的表头指针集中起来，形成一个数组 tr，每个数组元素除了有指向结点孩子链表的域 fchild 外，还有记录该结点数据的域 data。

因此，该种树的孩子表示方案中，实际上是由 3 个部分组成：第 1 部分是一个数组；第 2 部分是若干个孩子单链表；第 3 部分是指向该数组起始位置的指针。指针指向数组，数组指向单链表，由它们来共同实现对一棵树的管理。有时也称这种存储结构为树的孩子链表表示法。下面给出针对图 5-27 所示的树状结构，使用孩子链表表示法对其进行存储的过程。

(1) 同上面的例子一样，首先仍然是将树的结点按照层次由上到下、从左到右进行编号。

(2) 开辟有 12 个元素的一个数组 tr，指针 root 指向它的起始位置。该数组的每一个元素由两个域组成，其中的 data 域记录相应结点的数据；fchild 域是一个指针，指向该结点孩子链表中的第 1 个孩子，存储结构示意图如图 5-31 所示。

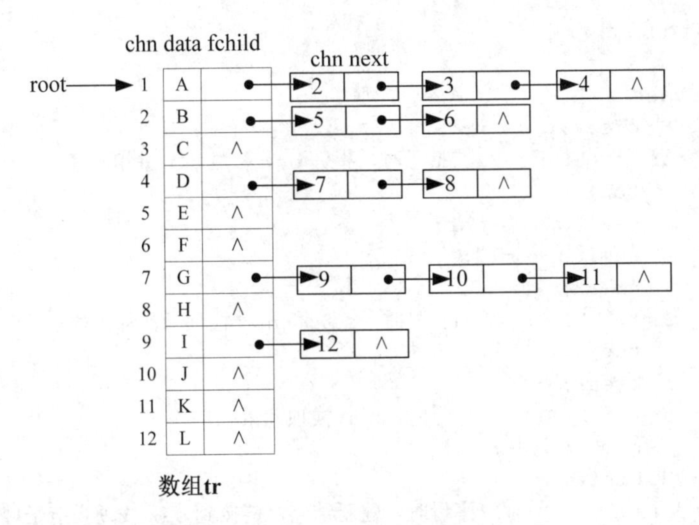

图 5-31　树状结构的孩子链表表示法示意图

从图 5-31 中可以看到，数组 tr 的第 1 个元素对应的是树的根结点，因此有 tr[1].data=A。该根结点有 3 个孩子，它们的编号分别是 2、3、4，第 1 个孩子的编号是 2。因此，在根结点的孩子链表里，有 3 个结点，第 1 个结点的 chn 域是 2，第 2 个结点的 chn 域是 3，第 3 个结点的 chn 域是 4。数组第 1 个元素的 fchild 域指向这个链表的第 1 个结点。

由这样的存储结构来管理一棵树，很容易从一个站点出发，得到该结点的孩子信息。比如由结点编号 4 出发，从数组 tr 的第 4 个元素知道该结点的数据为 D，它有两个孩子，一个编号为 7，一个编号为 8。由编号 7 可以知道，这个结点的数据是 G，它有 3 个孩子，编号分别是 9、10、11。由编号 10 知道，该结点的数据是 J，由于它的 fchild 域为空，所以它没有孩子。

从所介绍的树的各种存储结构可以得知，在具体问题中采用哪一种结构，完全应该根据实际情况的需要来定。同样的是，存储结点中包含哪些内容，也应该根据实际需要和情况来定，绝对不要受这里所讲述内容的限制。

下面以树的广义表表示字符串为基础，创建一棵采用标准链式存储结构实现孩子表示的树的算法。

1)　算法描述

本算法使用数组 str[]存放一棵度为 m 的广义表表示字符串，例如要将 AB(D，E(H，I，F)，C(G))广义表转换成如图 5-29 所示的孩子表示标准链式存储结构，使用的参数包括 str，m。

```
Create_Gtr(str, m)
{
    top = 0;                    //顺序栈的栈顶指针，初始化为0
```

```
    Gt = NULL;              //指向要创建的、具有标准链式存储结点的树的根结点指针，
                            //初始值为空
    i = 1;                  //i 是广义表表示字符串 str[]当前字符的下标，从 1 开始
while(str[i]!=NULL)         //当 str[i]不是字符串结束符时，循环一直进行
    {
        switch(str[i])
        {
            case ' ':       //空格不处理
                break;
            case '(':       //左括号时，指针 ptr 和数字 1 进相应栈
                top++
                sak[top] = ptr;
                num[top] = 1;
                break;
            case ')':       //右括号时，sak 和 num 栈顶元素都出栈
                top--;
                break;
            case ',':       //逗号时，num 栈顶元素+1
                num[top]++;
                break;
            default:        //字母时，建新结点，链接到 sak 栈顶当孩子域
                ptr = malloc(size);
                ptr->data = str[i];
                for(j=1;j<m;j++)  //m 个度，为每个子结点指针赋值
                {
                    ptr->chp[j] = NULL;
                }
                if(Gt == NULL)
                {
                    Gt = ptr;
                }
                else
                {
                    sak[top]->chp[top] = ptr;
                }
        }
        i++
    }
    return Gt;
}
```

2) 算法的相关分析说明

sak：顺序栈。扫视广义表 str 时，该栈存放扫视到的树或子树的根结点，叶结点不入此栈。栈顶元素由 top 指示，top++意味着进栈，top--意味着出栈。

num：顺序栈。数值表示当前位于 sak 位置的根结点已有或将有第 i 个孩子。栈顶元素由 top 指示，top++意味着进栈，top--意味着出栈。

ptr：工作指针，指向当前建立的结点空间。

data：储存结点的数据域。

chp[i]：储存结点的孩子指针域 1<=i<=m。

算法除了开始必要的初始化外，主要由一个 while 循环构成。循环的功能是不断扫视树的广义表表示字符串，利用 switch 语句，对扫视到的不同字符做不同的处理，直到字符串结束，算法返回创建好的、具有标准链式存储结构的树的根结点指针 gt。

switch 语句根据扫视到的字符(在 str[i]里)，分以下 5 种情况加以处理。

(1) 扫视到的字符是空格，则什么也不做，直接继续后面的扫视。

(2) 扫视到的字符是左圆括号“(”，那么根据树的广义表表示规则，表示它前面扫视到的字母是树或子树的根结点，它的孩子们都顺序罗列在圆括号内，用逗号隔开。因此，要让根结点进 sak 栈，以便孩子们能够一个个顺序地被链入 chp[i]内。所以，这时要作为根结点进栈做准备，进行 top++操作；让根结点进栈，sak[top]=ptr；同时把数字 1 压入 num 栈中，num[top]=1，以表示下面扫视到字母时，将是该根结点的第 1 个孩子。

(3) 扫视到的字母是右圆括号“)”，那么根据树的广义表表示规则，表示位于 sak 栈栈顶的根结点代表的那棵树结束了，因此要让现在两个顺序栈栈顶的、与该根结点有关的元素出栈，即执行操作“top--”。

(4) 扫视到的字符是逗号“，”，表示后面出现的字符应该是 sak 栈栈顶根结点的下一个孩子，因此做操作“num[top]++”。

(5) 扫视到的字符是字母，它可能是树或子树的根结点，也可能是树的叶结点。因此，先通过 malloc()函数为其申请一个标准链式存储结点，由指针 ptr 指向，然后把在 str[i]里的当前字母存入该结点(ptr->data=str[i])，并通过 for 循环，把该结点的 chp[j](1≤j≤m)域都设置为 NULL。若此时 gt==NULL，表示对广义表表示字符串刚开始扫视，是整个树的根结点，因此让 gt 指向 ptr 所指结点，即 gt=ptr；若此时是其他结点，那就根据 sak 和 num 栈栈顶的记录，将该结点链入到根(即父)结点的有关孩子处(sak[top]->chp[top] = ptr)。

5.5.2 树、森林与二叉树的转换

从树的孩子兄弟表示法可以看到，如果设定一定规则，就可用二叉树结构表示树和森林，这样，对树的操作实现就可以借助二叉树存储，利用二叉树上的操作来实现。本节将讨论树和森林与二叉树之间的转换方法。

1. 树转换为二叉树

对于一棵无序树，树中结点的各孩子的次序是无关紧要的，而二叉树中结点的左、右孩子结点是有区别的。为避免发生混淆，我们约定树中每一个结点的孩子结点按从左到右的次序顺序编号。如图 5-32 所示的一棵树，根结点 A 有 B、C、D 三个孩子，可以认为结点 B 为 A 的第一个孩子结点，结点 C 为 A 的第二个孩子结点，结点 D 为 A 的第三个孩子结点。

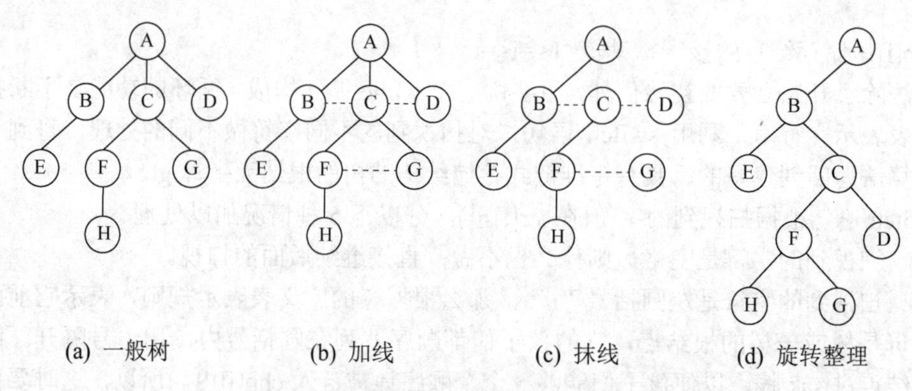

图 5-32 将一棵树转换成二叉树的过程

将一棵树转换为二叉树的方法是：

(1) 树中所有相邻兄弟之间加一条连线。如图 5-32(b)所示，将结点 B、C、D 之间以及结点 F、G 之间添加连线。

(2) 对树中的每个结点，只保留它与第一个孩子结点之间的连线，删去它与其他孩子结点之间的连线。如图 5-27(c)所示，将结点 AC、AD、CG 之间的原有连线删除。

(3) 以树的根结点为轴心，将整棵树顺时针转动一定的角度，使之结构层次分明。如图 5-27(d)所示，将树顺时针进行转动得到一棵二叉树。

可以证明，树作这样的转换所构成的二叉树是唯一的。由上面的转换可以看出，在二叉树中，这棵二叉树的根结点只有左子树，没有右子树。对于这棵二叉树上的任何一个结点，其左孩子必定是它在树中的第 1 个孩子结点，右孩子是它在树中的兄弟结点。例如，图 5-32(d)中的根结点 A，它的左孩子是它在树中的第 1 个孩子结点 B，由于 A 没有兄弟结点，所以它没有右孩子。对于图中的结点 B，它的左孩子是它在树中的第 1 个孩子结点 E，右孩子是结点 B 的兄弟结点 C。对于图中的结点 C，它的左孩子是它在树中的第 1 个孩子结点 F，右孩子是结点 C 的兄弟结点 D。对于图中的结点 F，它的左孩子是它在树中的第 1 个孩子结点 H，右孩子是结点 F 的兄弟结点 G。

事实上，一棵树采用孩子兄弟表示法所建立的存储结构与它所对应的二叉树的二叉链表存储结构是完全相同的。

2. 森林转换为二叉树

由森林的概念可知，森林是若干棵树的集合，只要将森林中各棵树的根视为兄弟，每棵树又可以用二叉树表示，这样，森林也同样可以用二叉树表示。森林转换为二叉树的方法如下。

(1) 将森林中的每棵树转换成相应的二叉树。

(2) 第一棵二叉树不动，从第二棵二叉树开始，依次把后一棵二叉树的根结点作为前一棵二叉树根结点的右孩子，当所有二叉树连起来后，此时所得到的二叉树就是由森林转换得到的二叉树。

这一方法可形式化描述如下。

如果 $F=\{T_1,T_2,\cdots,T_m\}$ 是森林，则可按如下规则转换成一棵二叉树 B=(root，LB，RB)。

(1) 若 F 为空，即 m=0，则 B 为空树；

(2) 若 F 非空，即 $m\neq 0$，则 B 的根 root 即为森林中第一棵树的根 Root(T_1)；B 的左子树 LB 是从 T_1 中根结点的子树森林 $F_1=\{T_{11},T_{12},\cdots,T_1m_1\}$转换而成的二叉树；其右子树 RB 是从森林 $F'=\{T_2,T_3,\cdots,T_m\}$转换而成的二叉树。

图 5-33 给出了森林及其转换为二叉树的过程。

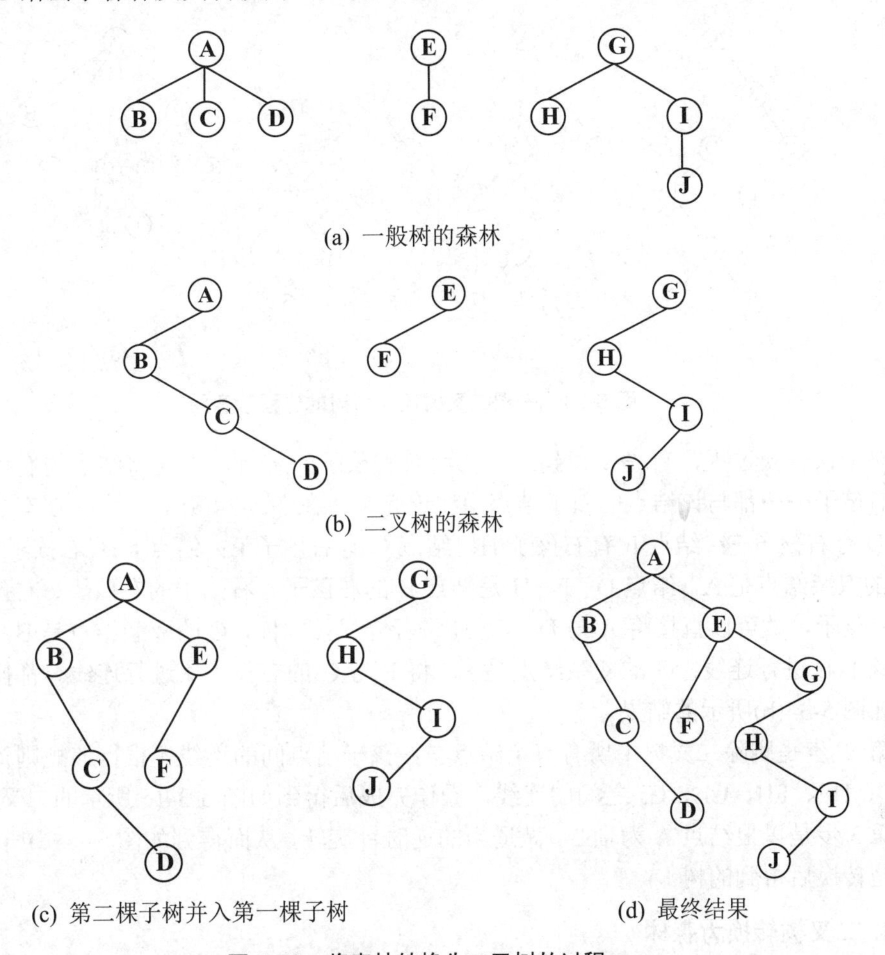

图 5-33 将森林转换为二叉树的过程

转换的过程中，首先将图 5-33(a)中的 3 棵树各自转换为二叉树，得到图 5-33(b)所示的 3 棵二叉树。保持第 1 棵二叉树不动，将第 2 棵二叉树的根结点添加到第 1 棵二叉树根结点 A 的右孩子上，将第 3 棵二叉树的根结点添加到原第 2 棵二叉树的根结点 E 的右孩子上，即完成了将森林转换为二叉树的整个过程。

3. 二叉树转换为树

树和森林都可以转换为二叉树，二者不同的是，由树转换成的二叉树，其根结点无右分支，而由森林转换成的二叉树，其根结点有右分支。显然这一转换过程是可逆的，即可以依据二叉树的根结点有无右分支，将一棵二叉树还原为树或森林，具体方法如下。

(1) 若某结点是其双亲的左孩子，则把该结点的右孩子、右孩子的右孩子……都与该结点的双亲结点用线连起来；

(2) 删去原二叉树中所有的双亲结点与右孩子结点的连线；

(3) 以原二叉树的根结点为轴心，将经过上述处理的二叉树逆时针方向转动一个角度，即可以得到它所对应的树。

图 5-34 给出了一棵二叉树还原为树的过程。

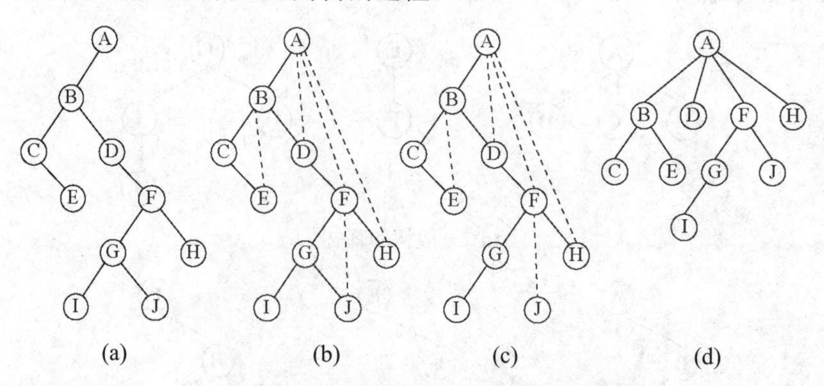

图 5-34 一棵二叉树还原为树的过程示意图

对于该转换过程，首先要找到二叉树所有右孩子的结点，以便将结点的右孩子、右孩子的右孩子……都与该结点的双亲结点用线连起来。在图 5-34(a)中，结点 B 有右孩子 D；结点 D 有右孩子 F；结点 F 有右孩子 H；结点 C 有右孩子 E；结点 G 有右孩子 J。因为结点 B 的双亲结点是 A，结点 D、F、H 是结点 B 的右孩子、右孩子的右孩子、右孩子的右孩子的右孩子，故可以直接将 A 与 D、F、H 进行连线；同样，C 的双亲结点是 B，将 B 与 C 的右孩子 E 进行连线；G 的双亲结点是 F，将 F 与 G 的右孩子 J 进行连线。都操作完毕后得到如图 5-34(b)所示的结果。

第 2 步是删除二叉树中所有双亲结点与右孩子结点间的连线。根据该规则依次删除图中 BD、DF、FH、CE、GJ 之间的连线，操作完成后得到如图 5-34(c)所示的二叉树。

第 3 步是以根结点 A 为轴心，做适当的逆时针旋转，从而得到如图 5-34(d)所示的结果，这就是转换后得到的树。

4. 二叉树转换为森林

一棵带有左、右子树的二叉树，可以通过转换，还原成由若干棵树组成的森林，具体的转换还原过程可按以下步骤进行。

(1) 抹线：将二叉树根结点与其右孩子之间的连线，以及沿着此右孩子的右链连续不断搜索到的右孩子间的连线抹掉。这样就得到了若干棵根结点没有右子树的二叉树。

(2) 将得到的这些二叉树用前述方法分别转换成相应的树。

(3) 整理上一步得到的树，使之规范，这样即可得到森林。

如图 5-35 所示即为一棵二叉树转换为森林的过程，与前面二叉树转换为树的过程较为相似，故在此不做过多的注释。

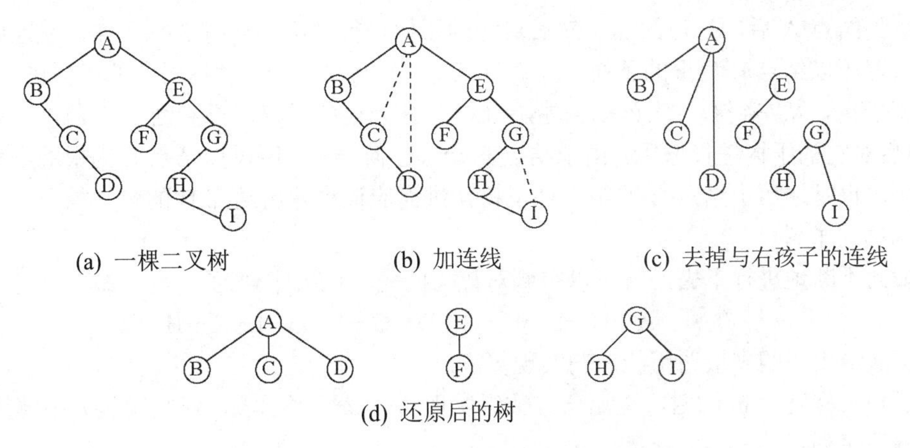

图 5-35　一棵二叉树转换为森林的过程示意图

5.5.3　树和森林的遍历

在关于树的算法中，最为重要的操作就是“按照某种顺序访问树 T 中的各个结点，且只访问一次”，也就是所谓的树的遍历(Tree Travelsal)。

遍历定义中只限定了一个条件：每个结点只访问一次。因此，树中结点的各种排列次序，都可以作为对树的一种遍历。比如一棵树有 n 个结点，那么它们可以有 n!种不同的排列，即有 n!种不同的遍历。当然，这些排列中，绝大多数是混乱而无规律可循的，因此是没有什么用处的。

对于二叉树上的每一个结点，最多只有两个子结点，且子结点有左、右之分，故一个结点总是处于其子结点的“中间”位置。正是因为如此，对二叉树的遍历有先根、中根和后根遍历三种。但树却只能有先根和后根两种遍历，因为它的每个结点都可能拥有多个子结点，故没有明显的“中根”概念。

1. 树的先根遍历

对树进行先根遍历的过程如下。

(1)　若树为空，则遍历结束；

(2)　若树非空，则先访问树的根结点，然后从左到右依次先根遍历访问根结点的每一棵子树。

根据先根遍历的规则，对图 5-36 所示的树进行先根遍历，并得到它的先根遍历序列。

此例中涉及的是一棵非空的树，因此从根结点 A 出发，对它进行遍历操作。对树的先根遍历与对二叉树的先根遍历类似，也是到达一个结点后，就先对该结点进行访问，然后对它的子树进行遍历。不同的是，树的一个结点可能有多棵子树，因此要从左到右一棵子树一棵子树地遍历完毕，才表示对一个结点整个遍历完毕。

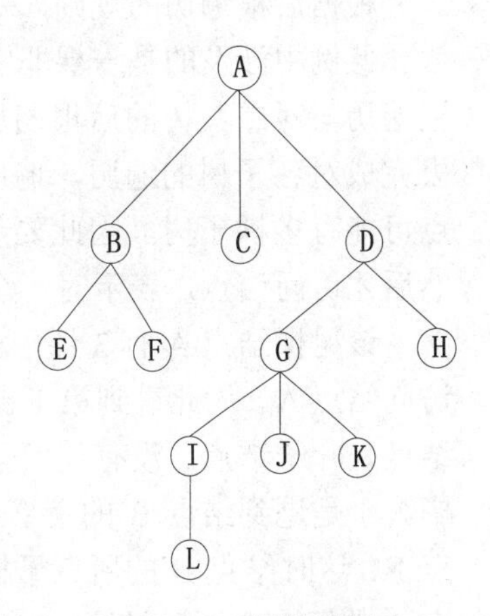

图 5-36　树的遍历

进到结点 A 后，先访问 A，然后对它的子树进行遍历。A 有 3 棵子树，从左到右，应该先去遍历以结点 B 为根的子树。进到 B 后，先访问结点 B，然后对它的子树进行遍历。B 有 2 棵子树，从左到右，应该先去遍历以结点 E 为根的子树。进到结点 E 后，先访问结点 E，然后对它的子树进行遍历。由于结点 E 没有任何子树，所以以结点 E 为根的子树全部遍历完毕，也是遍历了结点 B 的第 1 棵子树，进而应该去遍历结点 B 的第 2 棵子树，即以结点 F 为根的子树。

如此不断地进行下去，就可以得到对该树的先根遍历序列为

A—B—E—F—C—D—G—I—L—J—K—H

下面给出树的先根遍历的递归实现算法。

已知一棵度为 m 的树，采用一维数组实现树的孩子表示法，对它实施先根遍历，给出先根遍历序列。

```
Pre_Tr (root, m)
{
  ptr = root;
  if (ptr != NULL)
  {
    printf ("%c", ptr->Data);     //访问结点
    for (i=1; i<=m; i++)          //依次先根遍历结点的各子树
      Pre_Tr (ptr->Child[i]);
  }
}
```

2. 树的后根遍历

对树进行后根遍历的过程如下。

(1) 若树为空，则遍历结束；

(2) 若树非空，则从左到右依次后根遍历根结点的各子树，然后访问根结点。

根据后根遍历的规则，对图 5-36 所示的树进行后根遍历，并得到它的后根遍历序列。

此例中涉及的是一棵非空的树，因此从根结点 A 出发，对它进行遍历操作。对树的后根遍历与对二叉树的后根遍历类似，也是到达一个结点后，先不对该结点进行访问，而是去完成对各子树的遍历，遍历完所有子树后，才最后访问该结点。不同的是，树的一个结点可能有多棵子树，因此要从左到右一棵子树一棵子树地按照后根遍历的规定进行遍历，然后才访问结点，表示对一个结点整个遍历完毕。

该树棵结点 A 有 3 棵子树，因此只有在完成对子树 B、C、D 的后根遍历后，才能最终访问结点 A。为此进到第 1 棵子树的根结点 B，再进到它的第 1 棵子树的根结点 E。由于 E 结点是叶子结点，没有任何子树，故访问结点 E，并意味着对结点 B 的第 1 棵子树遍历完毕。于是进到结点 B 的第 2 棵子树的根结点 F。该结点没有子树，是叶子结点，故访问结点 F。这时结点 B 的所有子树已访问完毕。故访问结点 B。访问完结点 B 后，意味着根结点 A 的第 1 个子树已访问完毕。下面开始依次访问其第 2、3 个子树，每个子树的结点访问操作与 B 子树相同，如此不断地进行下去，最后访问的是根结点 A，于是可以得到对该树的后根遍历序列：

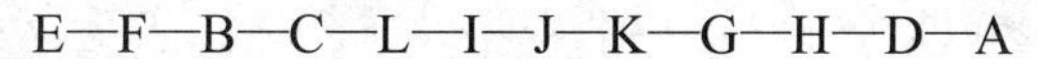

下面给出树的后根遍历的递归实现算法。

已知一棵度为 m 的树，采用一维数组实现树的孩子表示法，对它实施后根遍历，给出后根遍历序列。

```
Post_Tr(root, m)
{
  ptr = root;
  if (ptr != NULL)
  {
    for (i=1; i<=m; i++)
      Post_Tr(ptr->Child[i]);          //依次后根遍历结点的各子树
    printf ("%c", ptr->Data);          //访问结点
  }
}
```

3. 树的层次遍历

由于树具有层次结构，因此完全可以按照结点所在的层次顺序访问它们，这就是所谓的树的层次遍历。其实，对二叉树也是可以进行层次遍历的，只是其关注度相对较低而已。

对树进行层次遍历，就是依照从上到下、从左到右的顺序访问树中的每一个结点。访问的第 1 个结点是树的根结点(第 0 层)，然后访问位于第 1 层的结点，即根结点的所有孩子结点。接着访问位于第 2 层的结点，即第 1 层结点的孩子结点。访问完第 2 层的所有结点后，应该访问位于第 3 层的结点，它们正好都是第 2 层结点的孩子结点。如此进行下去，直至树中所有结点全部得到访问。

由对层次遍历的描述可以看出，为了实行对树的层次遍历，一方面应该采用孩子表示法的存储结构来管理树中的结点，因为这样从一个结点出发，能够很快地得到它的所有孩子；另一方面在进入一个结点之后，就应该把它的孩子信息保存起来，以便将来能够使用。考虑到先到达的结点的孩子，将来肯定先得到访问，所以应该把结点的孩子信息保存在一个队列里，这样它们才能依照进入队列的先后顺序得到访问。

于是，对树进行层次遍历时，只要队列不空，就表示还有树中的结点需要访问，遍历就应该进行下去。

```
Level_Tr(root, m) {
  Qs_front=0;
  Qs_rear=0;
  Qs_rear ++ ;
  Qs[Qs_rear] = root ;
  while (Qs_front <= Qs_rear)  {
    Qs_front++ ;
    ptr = Qs[Qs_front] ;
    printf ("%c", ptr->Data);
    for (i=1; i<=m; i++)
      if (ptr->Child[i] != NULL) {
        Qs_rear ++ ;
```

```
        Qs[Qs_rear] =ptr->Child[i];
    }
  }
}
```

该算法只要队列 Qs 非空，while 循环就会一直做下去。要注意的是，队列 Qs 里存放的是进队结点的位置，而不是结点的数据，即进队列的是“ptr->Child[i]”，而不是“ptr->data”。

在进入 while 循环之前，先让树的根结点进队，即执行 Qs[Qs_rear] = root，以保证开始时 Qs 非空。

每一次执行 while 循环，都做以下操作。

(1) 让队首元素出队，对该结点进行访问；

(2) 让该结点的所有孩子结点依次进队(这是通过一个 for 循环来完成的)。

这样只要队列不空，while 循环就不断进行下去，从而保证算法以树的层次为顺序，对各个结点进行遍历。

4. 关于森林的遍历

森林是若干树组成的集合，基于树的遍历可以知道对于森林也有两种遍历：森林的先根遍历和森林的后根遍历。

1) 森林的先根遍历

森林的先根遍历的过程如下。

(1) 若森林为空，则遍历结束；

(2) 若森林非空，则从左往右依次先根遍历森林中的每棵树，对结点的访问顺序，即是对森林先根遍历的结点序列。

2) 森林的后根遍历

森林的后根遍历的过程如下。

(1) 若森林为空，则遍历结束；

(2) 若森林非空，则从左往右依次后根遍历森林中的每棵树，对结点的访问顺序，即是对森林后根遍历的结点序列。

【实例 5-12】对图 5-37 所示的森林进行先根和后根遍历，并给出各种遍历的序列。

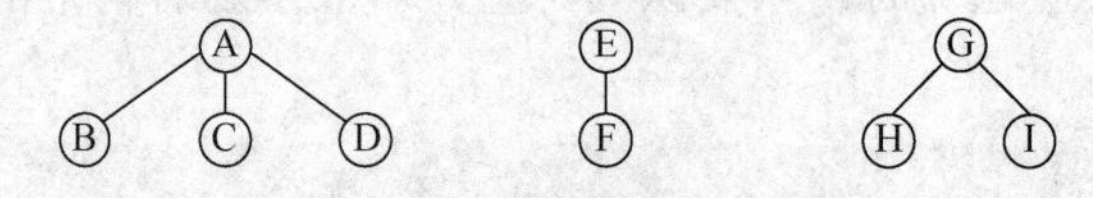

图 5-37　对森林进行遍历操作

该森林由 3 棵树组成。对森林的先根遍历就是从左往右依次对森林中的树进行先根遍历。因此，对它的先根遍历序列为

A—B—C—D—E—F—G—H—I

对森林的后根遍历就是从左往右依次对森林中的树进行后根遍历。因此，对它的后根遍历序列为

B—C—D—A—F—E—H—I—G

5.6　哈夫曼树及其应用

最优二叉树，也称哈夫曼(Huffman)树，是指对于一组带有确定权值的叶结点，构造的具有最小带权路径长度的二叉树，有着非常广泛的应用。

5.6.1　哈夫曼树的基本概念

前面我们介绍过路径和结点的路径长度的概念，而二叉树的路径长度是指由根结点到所有叶结点的路径长度之和。如果二叉树中的叶结点都具有一定的权值，则可将这一概念加以推广。设二叉树具有 n 个带权值的叶结点，那么从根结点到各个叶结点的路径长度与相应结点权值的乘积之和叫作二叉树的带权路径长度，记为

$$WPL = \sum_{k=1}^{n} W_k \cdot L_k$$

其中，W_k 为第 k 个叶结点的权值，L_k 为第 k 个叶结点的路径长度。如图 5-38 所示的二叉树，它的带权路径长度值 WPL=2×2+4×2+5×2+3×2=28。

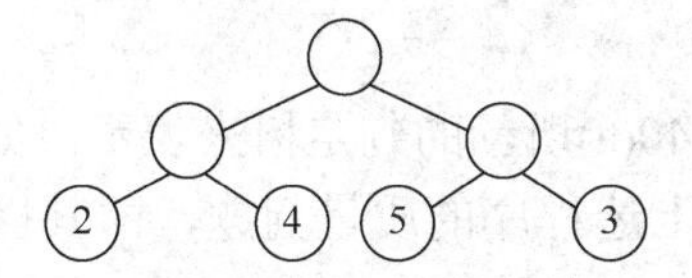

图 5-38　一个带权二叉树

给定一组具有确定权值的叶结点，可以构造出不同的带权二叉树。例如，给出 4 个叶结点，设其权值分别为 1、3、5、7，我们可以构造出形状不同的多个二叉树。这些形状不同的二叉树的带权路径长度将各不相同。图 5-39 给出了其中 5 个不同形状的二叉树。

这 5 棵树的带权路径长度分别为

(a)　WPL=1×2+3×2+5×2+7×2=32

(b)　WPL=1×3+3×3+5×2+7×1=29

(c)　WPL=1×2+3×3+5×3+7×1=33

(d)　WPL=7×3+5×3+3×2+1×1=43

(e)　WPL=7×1+5×2+3×3+1×3=29

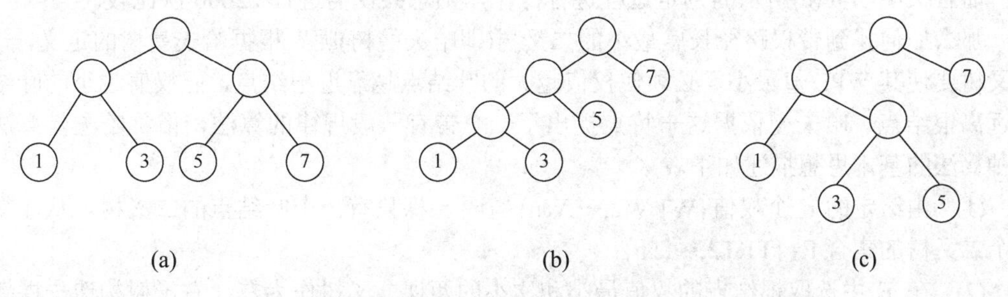

图 5-39　具有相同叶子结点和不同带权路径长度的二叉树

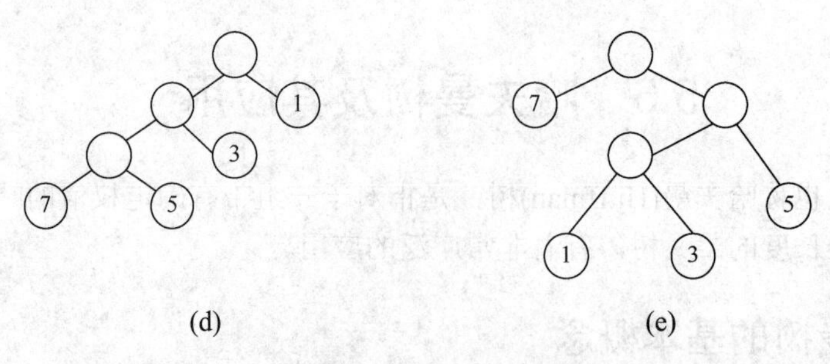

图 5-39　具有相同叶子结点和不同带权路径长度的二叉树(续)

由此可见，由相同权值的一组叶子结点所构成的二叉树有不同的形态和不同的带权路径长度，因此哈夫曼树的实际应用场合较多。在解某些判定问题时，利用哈夫曼树可以得到最佳判定算法。例如，要编制一个将百分制转换成五级分制的程序。显然，此程序很简单，只要利用条件语句便可完成。如：

```
if(a<60) b="bad";
else if(a<70)  b="pass";
else if  (a<80)  b="general";
else if(a<90)  b="good";
else b="excellent";
```

这个判定过程可以用图 5-40(a)所示的判定树来表示。如果上述程序需反复使用，而且每次的输入量很大，则应考虑上述程序的质量问题，即其操作所需时间。因为在实际生活中，学生的成绩在 5 个等级上的分布是不均匀的。假设其分布规律如表 5-2 所示。

表 5-2　学生成绩的分布规律

分数	0～59	60～69	70～79	80～89	90～100
比例数	0.05	0.15	0.4	0.30	0.10

80%以上的数据需进行 3 次或 3 次以上的比较才能得出结果。假定以 5，15，40，30 和 10 为权构造一棵有 5 个叶子结点的哈夫曼树，则可得到如图 5-40(b)所示的判定过程，它可使大部分的数据经过较少的比较次数得出结果。由于每个判定框都有两次比较，将这两次比较分开，我们得到如图 5-40(c)所示的判定树，按此判定树可写出相应的程序。假设现有 10000 个输入数据，若按图 5-40(a)所示的判定过程进行操作，则总共需进行 31500 次比较；而若按图 5-40(c)所示的判定过程进行操作，则总共仅需进行 22000 次比较。

那么如何找到带权路径长度最小的二叉树(即哈夫曼树)呢？根据哈夫曼树的定义，一棵二叉树要使其 WPL 值最小，必须使权值越大的叶结点越靠近根结点，而权值越小的叶结点越远离根结点。哈夫曼依据这一特点提出了一个带有一般规律的算法，俗称哈夫曼算法。这种算法的基本思想描述如下。

(1)　由给定的 n 个权值{W1,W2,⋯,Wn}构造 n 棵只有一个叶结点的二叉树，从而得到一个二叉树的集合 F={T1,T2,⋯,Tn}；

(2)　在 F 中选取根结点的权值最小和次小的两棵二叉树作为左、右子树构造一棵新的二叉树，这棵新的二叉树根结点的权值为其左、右子树根结点权值之和；

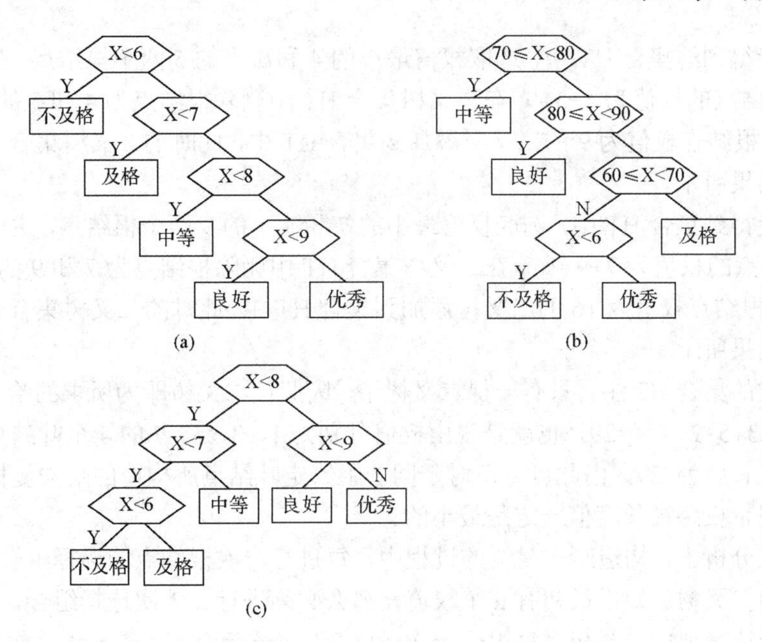

图 5-40　哈夫曼树示例

(3)　在集合 F 中删除作为左、右子树的两棵二叉树，并将新建立的二叉树加入集合 F 中；

(4)　重复(2)(3)两步，当 F 中只剩下一棵二叉树时，这棵二叉树便是所要建立的哈夫曼树。

图 5-41 给出了前面提到的叶结点权值集合为 W={1,3,5,7}的哈夫曼树的构造过程。

按照上述构造哈夫曼树的步骤，先以 1、3、5、7 构造出 4 棵只有一个根结点的二叉树，它们是一个二叉树的集合 HT，如图 5-41 中的第一步结果所示。

在第一步得到的 4 棵二叉树里，选取权值最小的 1 和次小的 3 两个根结点，生成一棵新的二叉树，其根结点的权值为 1+3=4。在二叉树集合 HT 中删除根结点为 1 和 3 的两棵二叉树，将新生成的、根结点权值为 4 的二叉树添加到集合 HT 中，此时的二叉树集合 HT 如图 5-41 中第二步的结果所示。

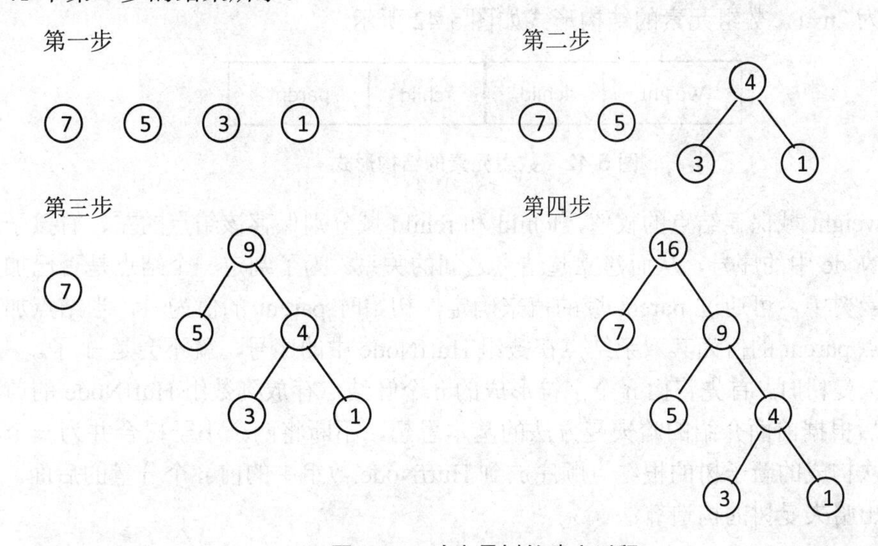

图 5-41　哈夫曼树的建立过程

在第二步得到的集合 HT 中，选取权值最小的 4 和次小的 5 两个根结点，生成一棵新的二叉树，其根结点的权值为 4+5=9。在二叉树集合 HT 中删除根结点为 4 和 5 的两棵二叉树，将新生成的、根结点权值为 9 的二叉树添加到集合 HT 中，此时的二叉树集合 HT 如图 5-41 中第三步的结果所示。

在第三步得到集合 HT 中，选取权值最小的 7 和次小的 9 两个根结点，生成一棵新的二叉树，其根结点的权值为 7+9=16。在二叉树集合 HT 中删除根结点为 7 和 9 的两棵二叉树，将新生成的、根结点权值为 16 的二叉树添加到集合 HT 中，此时的二叉树集合 HT 如图 5-41 中第四步的结果所示。

由于此时的集合 HT 中，只有一棵二叉树了，因此该二叉树即为所求的哈夫曼树，它的 WPL=1×3+3×3+5×2+7×1=29，也就是说由权值分别为 1、3、5、7 的 4 个叶结点构造的二叉树其带权路径长度为 29。由此可见，对于同一组给定叶结点所构造的哈夫曼树，树的形状可能不同，但带权路径长度值一定是最小的。

同时可以分析出，构造哈夫曼树的过程中，每进行一次根结点的选择组合，HT 集合里就会减少一棵二叉树。如果最初有 n 个权值，那么必须进行 n-1 次选择组合，才能使得 HT 中只剩下一棵所需要的二叉树。每组合一次，就产生一个新的结点，n-1 次组合就产生 n-1 个新的结点，新产生出的这些结点，其度都是 2(即都是具有两个孩子的分支结点)。因此，一棵哈夫曼树，有以下特点。

(1) 最终生成的哈夫曼树有 n 个叶结点。

(2) 最终生成的哈夫曼树，总共有 2n-1 个结点。

(3) 生成的哈夫曼树中，没有度为 1 的分支结点，只有度为 2 的分支结点。

5.6.2 哈夫曼树的构造算法

在构造哈夫曼树时，可以设置一个结构数组 HuffNode 保存哈夫曼树中各结点的信息，根据二叉树的性质可知，具有 n 个叶子结点的哈夫曼树共有 2n-1 个结点，所以数组 HuffNode 的大小设置为 2n-1，数组元素的结构形式如图 5-42 所示。

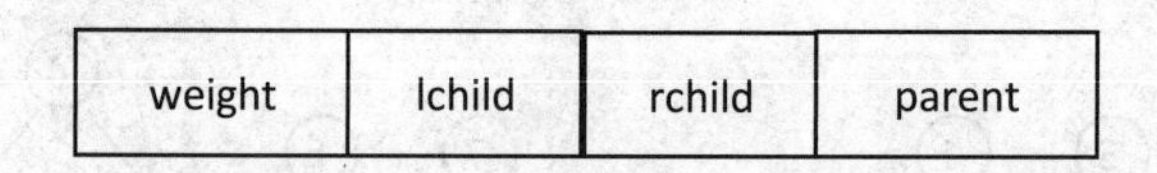

图 5-42 数组元素的结构形式

其中，weight 域保存结点的权值，lchild 和 rchild 域分别保存该结点的左、右孩子结点在数组 HuffNode 中的序号，从而建立起结点之间的关系。为了判定一个结点是否已加入要建立的哈夫曼树中，可通过 parent 域的值来确定。初始时 parent 的值为-1，当结点加入树中时，该结点 parent 的值为其双亲结点在数组 HuffNode 中的序号，就不会是-1 了。

构造哈夫曼树时，首先将由 n 个字符形成的 n 个叶结点存放到数组 HuffNode 的前 n 个分量中，然后根据前面介绍的哈夫曼方法的基本思想，不断将两个小子树合并为一个较大的子树，每次构成的新子树的根结点顺序放到 HuffNode 数组中的前 n 个分量的后面。

下面给出哈夫曼树的构造算法。

```
#define MAXVALUE 10000            //定义最大权值
```

```
   #define MAXLEAF 30                      //定义哈夫曼树中叶子结点个数
   #define MAXNODE  MAXLEAF*2-1
   typedef struct {
       int weight;
       int parent;
       int lchild;
       int rchild;
      }HNodeType;
void  HaffmanTree(HNodeType HuffNode [ ])
{/*哈夫曼树的构造算法*/
int i, j, m1, m2, x1, x2, n;
     scanf("%d", &n);                      //输入叶子结点个数
     for (i=0;i<2*n-1;i++)                 //数组 HuffNode[ ]初始化
       { HuffNode[i].weight=0;
         HuffNode[i].parent=-1;
         HuffNode[i].lchild=-1;
         HuffNode[i].rchild=-1;
        }
     for (i=0;i<n;i++) scanf("%d", &HuffNode[i].weight);
                                           //输入 n 个叶子结点的权值
     for (i=0;i<n-1;i++)                   //构造哈夫曼树
       { m1=m2=MAXVALUE;
         x1=x2=0;
         for (j=0;j<n+i;j++)
           { if (HuffNode[j].weight<m1 && HuffNode[j].parent==-1)
               { m2=m1;
                 x2=x1;
                m1=HuffNode[j].weight;
                x1=j;
               }
             else if (HuffNode[j].weight<m2 && HuffNode[j].parent==-1)
                  { m2=HuffNode[j].weight;
                    x2=j;
                  }
           }
//将找出的两棵子树合并为一棵子树
         HuffNode[x1].parent=n+i;
     HuffNode[x2].parent=n+i;
         HuffNode[n+i].weight= HuffNode[x1].weight+HuffNode[x2].weight;
         HuffNode[n+i].lchild=x1;
     HuffNode[n+i].rchild=x2;
       }
   }
```

5.6.3　哈夫曼编码

在数据通信中，经常需要将传送的文字转换成由二进制字符 0，1 组成的二进制串，我们称之为编码。例如，假设要传送的电文为 ABACCDA，电文中只含有 A、B、C、D 四种字符，若这四种字符采用图 5-43(a)所示的编码，则电文的代码为 000010000100100111 000，

长度为 21。在传送电文时，我们总是希望传送时间尽可能短，这就要求电文代码尽可能短，显然，这种编码方案产生的电文代码不够短。图 5-43(b)所示为另一种编码方案，用此编码对上述电文进行编码所建立的代码为 00010010101100，长度为 14。在这种编码方案中，四种字符的编码均为两位，是一种等长编码。如果在编码时考虑字符出现的频率，让出现频率高的字符采用尽可能短的编码，出现频率低的字符采用稍长的编码，构造一种不等长编码，则电文的代码就可能更短。如当字符 A，B，C，D 采用图 5-43(c)所示的编码时，上述电文的代码为 0110010101110，长度仅为 13。

字符	编码
A	000
B	010
C	100
D	111

(a)

字符	编码
A	00
B	01
C	10
D	11

(b)

字符	编码
A	0
B	110
C	10
D	111

(c)

字符	编码
A	01
B	010
C	001
D	10

(d)

图 5-43　字符的四种不同的编码方案

哈夫曼树可用于构造使电文的编码总长最短的编码方案。具体做法如下：设需要编码的字符集合为{d1,d2,…,dn}，它们在电文中出现的次数或频率集合为{w1,w2,…,wn}，以 d1,d2,…,dn 作为叶结点，w1,w2,…,wn 作为它们的权值，构造一棵哈夫曼树，规定哈夫曼树中的左分支代表 0，右分支代表 1，则从根结点到每个叶结点所经过的路径分支组成的 0 和 1 的序列便为该结点对应字符的编码，我们称之为哈夫曼编码。

在哈夫曼编码树中，树的带权路径长度的含义是各个字符的码长与其出现次数的乘积之和，也就是电文的代码总长，所以采用哈夫曼树构造的编码是一种能使电文代码总长最短的不等长编码。

在建立不等长编码时，必须使任何一个字符的编码都不是另一个字符编码的前缀，这样才能保证译码的唯一性。例如图 5-43(d)所示的编码方案，字符 A 的编码 01 是字符 B 的编码 010 的前缀部分，这样对于代码串 0101001，既是 AAC 的代码，也是 ABD 和 BDA 的代码，因此，这样的编码不能保证译码的唯一性，我们称之为具有二义性的译码。

采用哈夫曼树进行编码，则不会产生上述二义性问题。因为，在哈夫曼树中，每个字符结点都是叶结点，它们不可能在根结点到其他字符结点的路径上，所以一个字符的哈夫曼编码不可能是另一个字符的哈夫曼编码的前缀，从而保证了译码的非二义性。

下面讨论实现哈夫曼编码的算法。实现哈夫曼编码的算法可分为两大部分。

(1) 构造哈夫曼树；

(2) 在哈夫曼树上求叶结点的编码。

求哈夫曼编码，实质上就是在已建立的哈夫曼树中，从叶结点开始，沿结点的双亲链域回退到根结点，每回退一步，就走过了哈夫曼树的一个分支，从而得到一位哈夫曼码值，由于一个字符的哈夫曼编码是从根结点到相应叶结点所经过的路径上各分支组成的 0，1 序列，因此先得到的分支代码为所求编码的低位码，后得到的分支代码为所求编码的高位码。我们可以设置一个结构数组 HuffCode 用来存放各字符的哈夫曼编码信息，数组元素的结构如图 5-44 所示。

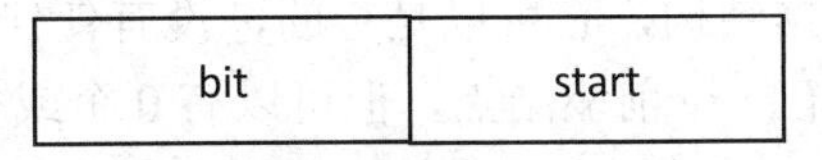

图 5-44　数组元素的结构形式

其中，分量 bit 为一维数组，用来保存字符的哈夫曼编码，start 表示该编码在数组 bit 中的开始位置。所以，对于第 i 个字符，它的哈夫曼编码存放在 HuffCode[i].bit 中的从 HuffCode[i].start 到 n 的分量上。

哈夫曼编码算法描述如下。

```
  #define MAXBIT 10                    //定义哈夫曼编码的最大长度
  typedef struct {
      int bit[MAXBIT];
      int start;
     }HCodeType;
  void HaffmanCode ( )
{/*生成哈夫曼编码*/
HNodeType HuffNode[MAXNODE];
    HCodeType HuffCode[MAXLEAF], cd;
    int i, j, c, p;
    HuffmanTree (HuffNode );           //建立哈夫曼树
  for (i=0;i<n;i++)                    //求每个叶子结点的哈夫曼编码
    { cd.start=n-1;   c=i;
     p=HuffNode[c].parent;
     while(p!=0)                       //由叶结点向上直到树根
       { if (HuffNode[p].lchild==c) cd.bit[cd.start]=0;
        else  cd.bit[cd.start]=1;
        cd.start--;     c=p;
        p=HuffNode[c].parent;
        }
     for (j=cd.start+1;j<n;j++)   //保存求出的每个叶结点的哈夫曼编码和编码的起始位
       HuffCode[i].bit[j]=cd.bit[j];
     HuffCode[i].start=cd.start;
    }
   for (i=0;i<n;i++)                   //输出每个叶子结点的哈夫曼编码
    { for (j=HuffCode[i].start+1;j<n;j++)
        printf("%ld", HuffCode[i].bit[j]);
     printf("\n");
     }
  }
```

本 章 小 结

本章的内容是围绕树与二叉树展开的，包括树与二叉树的基本概念、基本性质、存储实现、遍历概念及算法、各种线索二叉树，以及树、二叉树与森林三者之间的转换。最后介绍的哈夫曼树以及编码，是关于二叉树的应用。

学习本章应该重点掌握以下知识要点。

(1) 树是一种非线性数据结构，它可以是空的，没有任何结点。对于一般树而言，除根结点外，其他结点有且只有一个前驱结点，但可以有 0 个或多个后继结点。

(2) 作为树的一种特例，二叉树上每个结点最多可以有两棵子树，这两棵子树是不相交的，且有左、右之分，次序不能颠倒。

(3) 二叉树可以使用顺序存储实现，也可以使用链式存储实现，链式存储显得更为灵巧。对于一般树的存储实现，常用的有双亲表示法、孩子表示法、左孩子/右兄弟表示法，它们又都可以分为顺序式和链式两种。因此在描述算法时，必须首先清楚采用的是哪种存储结构。

(4) 二叉树的遍历算法中，常用的三种分别是先根遍历、中根遍历与后根遍历，各种遍历的非递归算法是讲述的重点，它们都是建立在链式存储基础上的。由于树的根结点的各子树是无序的，因此树没有“中间”的概念，也就是没有中根遍历之说。对于树，只有先根遍历、后根遍历和层次遍历。

(5) 已知中根遍历序列和后根遍历序列，能够唯一地确定这棵二叉树；已知先根遍历序列和中根遍历序列，也能够唯一地确定这棵二叉树；但由先根遍历序列和后根遍历序列，不能够唯一地确定这棵二叉树。

(6) 为了有效地利用链式存储结点中的域，引入了线索二叉树。为了方便算法的描述，线索二叉树都带有头结点。

(7) 树、森林可以以一定的方式转换成一棵二叉树；一棵二叉树可以以一定的方式转换成树和森林。正因为如此，有很多与树有关的问题，都可以通过转换成二叉树的方法来解决。因此，要较熟练地掌握它们之间相互转换的方法。

(8) 哈夫曼树是使带权路径长度(WPL)最小的一种二叉树，因此也称为最优二叉树。应该知道通过权值构造哈夫曼树的方法。把哈夫曼树应用到编码上，就能得到平均编码长度最短的编码——哈夫曼编码。它是一种不等长编码，是一种具有前缀特性的编码。

(9) 最后要强调的一点是，少数几个二叉树的概念，在不同书中的说法是不同的，例如对于根结点的层次，有的书中称为第 0 层，有的则称为第 1 层。因此读者在学习和着手解决问题时，必须清楚前提条件。

习　题

一、单选题

1. 在一棵度为 3 的树中，度为 3 的结点数为 2 个，度为 2 的结点数为 1 个，度为 1 的结点数为 2 个，则度为 0 的结点数为(　　)个。

　　A. 4　　B. 5　　C. 6　　D. 7

2. 假设在一棵二叉树中，双分支结点数为 15，单分支结点数为 30 个，则叶子结点数为(　　)个。

　　A. 15　　B. 16　　C. 17　　D. 47

3. 假定一棵三叉树的结点数为 50，则它的最小高度为(　　)。

A. 3　　B. 4　　C. 5　　D. 6

4. 在一棵二叉树上第 4 层的结点数最多为(　　)。

A. 2　　B. 4　　C. 6　　D. 8

5. 用顺序存储的方法将完全二叉树中的所有结点逐层存放在数组中 R[1..n]，结点 R[i] 若有左孩子，其左孩子的编号为结点(　　)。

A. R[2i+1]　　B. R[2i]　　C. R[i/2]　　D. R[2i−1]

6. 由权值分别为 3，8，6，2，5 的叶子结点生成一棵哈夫曼树，它的带权路径长度为(　　)。

A. 24　　B. 48　　C. 72　　D. 53

7. 线索二叉树是一种(　　)结构。

A. 逻辑　　B. 逻辑和存储　　C. 物理　　D. 线性

8. 线索二叉树中，结点 p 没有左子树的充要条件是(　　)。

A. p->lc=NULL　　B. p->ltag=1

C. p->ltag=1 且 p->lc=NULL　　D. 以上都不对

9. 设 n，m 为一棵二叉树上的两个结点，在中根遍历序列中，n 在 m 前的条件是(　　)。

A. n 在 m 右方　　B. n 在 m 左方

C. n 是 m 的祖先　　D. n 是 m 的子孙

10. 如果 F 是由有序树 T 转换而来的二叉树，那么 T 的先根序列就是 F 的(　　)。

A. 中根序列　　B. 前根序列　　C. 后根序列　　D. 层次序列

二、填空题

1. 假定一棵树的广义表表示为 A(B(E),C(F(H,I,J),G) ,D)，则该树的度为_____，树的深度为_____，终端结点的个数为______，单分支结点的个数为______，双分支结点的个数为______，三分支结点的个数为_______，C 结点的双亲结点为_______，其孩子结点为_______和_______结点。

2. 设 F 是一个森林，B 是由 F 转换得到的二叉树，F 中有 n 个非终端结点，则 B 中右指针域为空的结点有_______个。

3. 对于一个有 n 个结点的二叉树，当它为一棵________二叉树时具有最小高度，即为_______，当它为一棵单枝树时具有_______高度，即为_______。

4. 由带权为 3，9，6，2，5 的 5 个叶子结点构成一棵哈夫曼树，则带权路径长度为______。

5. 在一棵二叉排序树上按_______遍历得到的结点序列是一个有序序列。

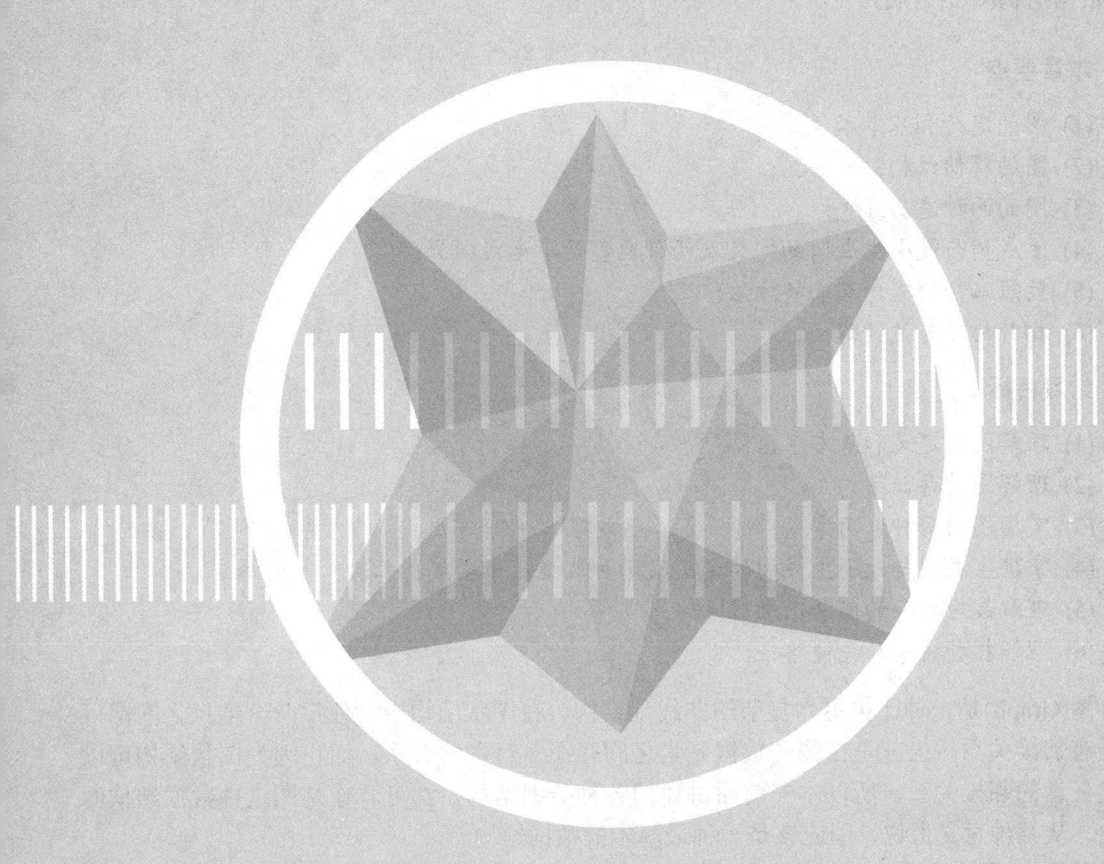

第6章

图

本章要点

(1) 图的定义和基本术语;
(2) 图的存储结构;
(3) 图的两种遍历方式;
(4) 生成树与最小生成树的定义及两种典型最小生成树算法;
(5) 最短路径的概念及求解方法;
(6) 拓扑排序与关键路径。

学习目标

(1) 理解图的定义和基本术语;
(2) 理解图的存储结构;
(3) 掌握图的两种遍历方式;
(4) 掌握生成树与最小生成树的定义及两种典型最小生成树算法;
(5) 理解最短路径的概念及求解方法;
(6) 理解拓扑排序与关键路径。

图(Graph)是一种比树更为复杂的非线性结构。在图状结构中，任意两个结点之间都可能具有邻接关系，也就是在图的数据元素之间存在多对多的关系。而正因为图状结构可以描述任意的邻接关系，所以本书前面讲述的各种数据结构，都可看作是图这种数据结构的特例。从某种意义上说，图应该是一种最基本的数据结构。

图的应用极为广泛，已经深入诸如物理、化学、电信工程、计算机科学，以及数学等其他分支中，在供电网络分析、交通运输管理、市政管线铺设、工作进度安排等诸多方面都采用图状结构来模拟各种复杂的数据对象。在离散数学中，图论是专门研究图的性质的数学分支，而在数据结构中，则应用图论的知识讨论如何在计算机上实现图的操作，因此主要学习图的存储结构，以及若干图的操作的实现。

6.1 图的定义和基本术语

6.1.1 图的定义

在讲述图的时候，人们习惯将数据元素统称为顶点。

图是图状结构的简称，图 G 是由一个非空的顶点(Vertice)集合 V 和一个描述顶点之间邻接关系的边(Edge)集合 E 组成的，记为 E(G)；E 中每条边连接的两个顶点都必须属于集合 V，记为 V(G)。于是，一个图可以记为

$$G=(V,E)$$

同前面讲的线性表、树类似，图也是一种典型的数据结构，加上一组基本操作，就构成了其抽象数据类型。图的抽象数据类型定义如下：

```
ADT Graph {
数据对象：V 是具有相同特征的数据元素的集合，称为顶点集合。
```

```
数据关系 R：R={VR}
VR={<v，w>|v，w∈V 且 P(v，w)<v，w>表示从 v 到 w 的弧，谓语 P(v，w)定义了弧 P(v，w)
的意义或信息。
基本操作：
CreatGraph(&G, V, VR)
初始条件：V 是图的顶点集，VR 是图中弧的集合。
操作结果：按定义(V，VR)构造图 G。
DestroyGraph(&G)
初始条件：图 G 存在。
操作结果：销毁图 G。
LocateVex(G, u)
初始条件：图 G 存在，u 和 G 中顶点有相同的特征。
操作结果：若图 G 中存在顶点 u，则返回该顶点在图中的位置；否则返回其他信息。
GetVex(G, v)
初始条件：图 G 存在，v 是 G 中顶点。
操作结果：返回 v 的值。
FirstAjvex(G, v)
初始条件：图 G 存在，v 是 G 中顶点。
操作结果：返回 v 的第一个邻接顶点，若顶点在图中没有邻接顶点，则返回为空。
NextAjvex(G, v, w)
初始条件：图 G 存在，v 是 G 中顶点，w 是 v 的邻接顶点。
操作结果：返回 v 的下一个邻接顶点，若 w 是 v 的最后一个邻接顶点，则返回空。
InsertVex(&G, v)
初始条件：图 G 存在，v 和图中顶点有相同特征。
操作结果：在图 G 中增添新顶点 v。
DeleteVex(&G, v)
初始条件：图 G 存在，v 是 G 中顶点。
操作结果：删除顶点 v 及其相关的弧。
DFSTraverse(G, visit())
初始条件：　图 G 存在，visit 是顶点的应用函数。
操作结果：对图进行深度优先遍历，在遍历过程中对每个结点调用 visit 函数一次，一旦 visit 失
败，则操作失败。
BFSTraverse(G, visit())
初始条件：图 G 存在，visit 是顶点的应用函数。
操作结果：对图进行广度优先遍历，在遍历过程中对每个结点调用 visit 函数一次，一旦 visit 失
败，则操作失败。
}ADT Graph
```

对于一个图 G 而言，边的集合 E 可以是空的。如果边集合为空，则表示该图 G 只有顶点而没有边。

如果边集合 E(G)为有向边的集合，则称该图为有向图；若边集合 E(G)为无向边的集合，则称该图为无向图。

在有向图中，顶点对(x,y)是有序的，它称为从顶点 x 到顶点 y 的一条有向边。因此，(x,y)与(y,x)是不同的两条边。顶点对用一对括号括起来，x 是有向边的始点，y 是有向边的终点。有向边(x,y)也被称作为一条弧，则 x 称为弧尾，y 称为弧头。

在无向图中，顶点对(x,y)是无序的，它称为从顶点 x 到顶点 y 的一条边。这条边没有特定的方向，(x,y)与(y,x)是同一条边。图 6-1 所示为有向图与无向图的示例。

图 6-1(a)所示为一个无向图，该图的组成如下：

顶点集合 V= $\{v_1,v_2,v_3,v_4,v_5\}$

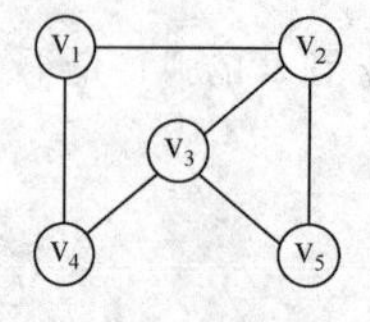

(a) 无向图示例

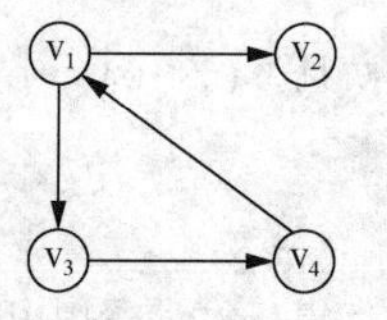

(b) 有向图示例

图 6-1　图的示例

边的集合 E={(v_1,v_2)，(v_1,v_4)，(v_3,v_4)，(v_3,v_5)，(v_2,v_5)}，例如图中的边(v_1,v_2)(也就是边(v_2,v_1)，对于无向图而言，两者是等价的)，表示顶点 v_1 和顶点 v_2 之间(也可以是顶点 v_2 和顶点 v_1 之间)存在着邻接关系。

而图 6-1(b)所示为一个有向图，该图的组成如下：

顶点集合 V={v_1,v_2,v_3,v_4}

边的集合 E={(v_1,v_2)，(v_1,v_3)，(v_3,v_4)，(v_4,v_1)}

在该图中，对于边(v_1,v_2)而言，存在着顶点 v_1 到顶点 v_2 之间的邻接关系，但由于没有边(v_2,v_1)，故不存在顶点 v_2 到顶点 v_1 之间的邻接关系。在使用箭头表示有向图时，带箭头的一端是弧头，不带箭头的一端则称为弧尾。例如，对于图中的边(v_1,v_2)而言，顶点 v_1 是弧尾，而顶点 v_2 则是弧头。

6.1.2　图的基本术语

关于图的基本术语较多，在此介绍相关术语。

1. 顶点的度、入度和出度

在无向图中，若顶点 v_i 与 v_j 之间有一条边(v_i,v_j)存在，那么表明顶点 v_i 和 v_j 互为邻接点，简称 v_i 与 v_j 相邻接。所谓顶点 v_i 的度，即是指与它相邻的顶点个数，并记为 $D(v_i)$。

例如，在图 6-1(a)所示的无向图中，顶点 v_1 与两个顶点(v_2,v_4)相邻，因此它的度是 2，记作 $D(v_1)=2$；因为 v_2 与相邻的三个顶点(v_1,v_3,v_5)相邻，故顶点 v_2 的度是 3，记作 $D(v_2)=3$。

而在有向图中，要区别顶点的入度与出度的概念。顶点 v_i 的入度是指以顶点为终点的边的数目，记为 $ID(v_i)$；顶点 v_i 的出度是指以顶点 v_i 为起始点的边的数目，记为 $OD(v_i)$。而该顶点的度等于其入度和出度之和，即 $D(v_i)=ID(v_i)+OD(v_i)$。

例如，在图 6-1(b)所示的有向图中，对于顶点 v_1 而言，有向边(v_1,v_4)是以顶点 v_1 作为其终点，故 v_1 的入度为 1，即 $ID(v_1)=1$；而对于有向边(v_1,v_2)与(v_1,v_3)而言，两条有向边都是以 v_1 作为起始点，故 v_1 的出度为 2，即 $OD(v_1)=2$；于是对于顶点 v_1 求其度即为 3：$D(v_1)=ID(v_1)+OD(v_1)=3$。

可以证明，对于具有 n 个顶点、e 条边的图，顶点 v_i 的度 $D(v_i)$与顶点的个数以及边的数目满足关系：

$$2e=\frac{\sum_{i=1}^{n}D(v_i)}{2}$$

也就是意味着，一个图中所有顶点的度之和等于边数的两倍，这是因为图中每条边分别作为两个邻接点的度各自计算了一次。

2. 路径与路径长度

在一个图 G=(V,E)中，从顶点 v_i 到顶点 v_j 的一条路径是一个顶点序列$(I,i_1,i_2,\cdots,i_m,j)$。若此图 G 是无向图，则边(i,i_1)，(i_1,i_2)，…，(i_{m-1},i_m)，(i_m,j)属于 E(G)；若此图是有向图，则$<i,i_1>$，$<i_1,i_2>$，…，$<i_{m-1},i_m>$，$<i_m,j>$属于 E(G)。

路径长度是指一条路径上经过的边的数目，若一条路径上除起始点和结束点可以相同外，其余顶点均不相同，则称此路径为简单路径。例如，图 6-1(a)所示的无向图中，$v_1 \to v_4 \to v_3 \to v_5$ 与 $v_1 \to v_2 \to v_5$ 是从顶点 v_1 到顶点 v_5 的两条路径，路径长度分别为 3 和 2，而这两条路径所包含的结点除起始点和结束点相同外，其余顶点均不相同，都属于简单路径。

需要注意的是，对于有向图来说，路径也是有向的。这就是说，在图 6-1(b)所示的有向图中从顶点 v_1 到顶点 v_2 之间有一条路径，而不能称从顶点 v_2 到顶点 v_1 之间有一条路径，因为在顶点 v_2 到顶点 v_1 之间不存在有向边。

3. 回路或环

若一条路径上的开始点与结束点为同一个顶点，则此路径被称为回路或环，回路所代表的路径的长度即是该回路的长度。开始点与结束点相同的简单路径被称为简单回路或简单环。

例如，图 6-2 所示的图中存在着路径“$v_1 \to v_2 \to v_3 \to v_4 \to v_5 \to v_3 \to v_1$”，因为该路径的起始点与结束点均是顶点 v_1，故该路径是一条回路。需要注意的是，这条路径上的顶点中，除起始点 v_1 与结束点 v_1 重复外，顶点 v_3 重复经过了两次，故该回路不是简单回路。而对于图 6-2 所示的图中存在的回路“$v_1 \to v_2 \to v_3 \to v_4 \to v_5 \to v_1$”而言，只有起始点 v_1 与结束点 v_1 重复，故该回路是简单回路，其长度为 5。

4. 无向完全图与有向完全图

无向图中，两个顶点 v_i、v_j 之间最多只能有一条边(v_i,v_j)。因此，对于有 n 个顶点的无向图，最多可有 n(n−1)/2 条边。如果一个有 n 个顶点的无向图，拥有 n(n−1)/2 条边，那么就称该图为“无向完全图”。可见，一个无向完全图的每个不同顶点对之间，都存在一条边。

如图 6-3 所示是一个无向完全图，因为它有 5 个顶点，且它有 5×(5−1)/2=10 条边，符合无向完全图的定义。

而在有向图中，两个顶点 v_i、v_j 之间最多可以有两条边(v_i,v_j)与(v_j,v_i)。因此，对于有 n 个顶点的有向图，最多可以有 n(n−1)条边。如果一个有 n 个顶点的有向图，拥有 n(n−1)条边，就称该图为“有向完全图”。可见，一个有向完全图的每个不同顶点对之间，都存在两条边。

如图 6-4 所示为一个有向完全图，这是因为它有 3 个顶点，且有 3×(3−1)=6 条边的缘故。

无论是无向图还是有向图，图中每条边都与两个顶点有关。因此，在图的顶点数 n、边数 e 以及各顶点的度 $D(v_i)(1 \leqslant i \leqslant n)$三者之间，有如下关系存在：

$$e = \frac{\sum_{i=1}^{n} D(v_i)}{2}$$

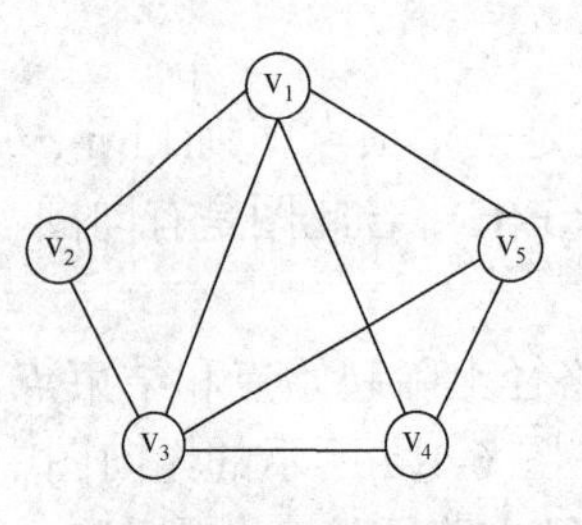

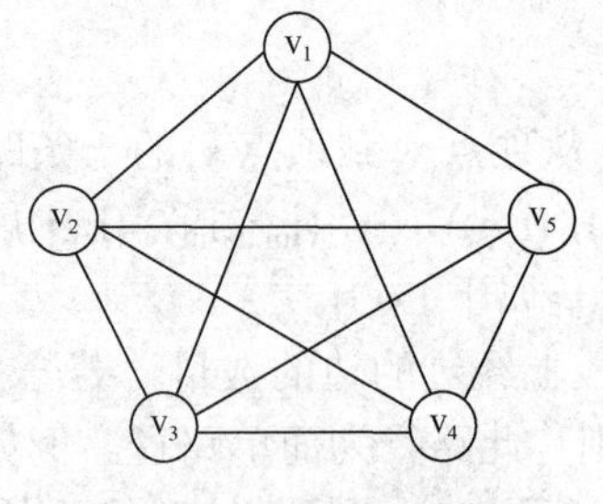

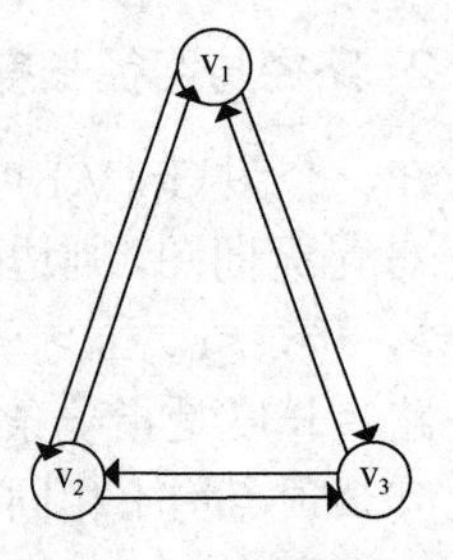

图 6-2　回路示例　　图 6-3　无向完全图示例　　图 6-4　有向完全图示例

5. 子图

已知两个图 G=(V, E)和 G'=(V', E')。若 V'是 V 的子集，E'是 E 的子集，且 E'中的边都依附于 V'中的顶点，那么就称 G'是 G 的一个“子图”。

图 6-5 所示为图 6-3 无向图里所包含的部分子图。

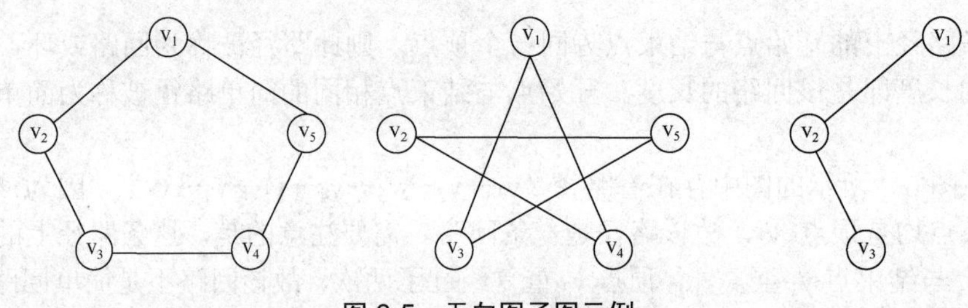

图 6-5　无向图子图示例

图 6-6 所示为图 6-4 有向图里所包含的部分子图。

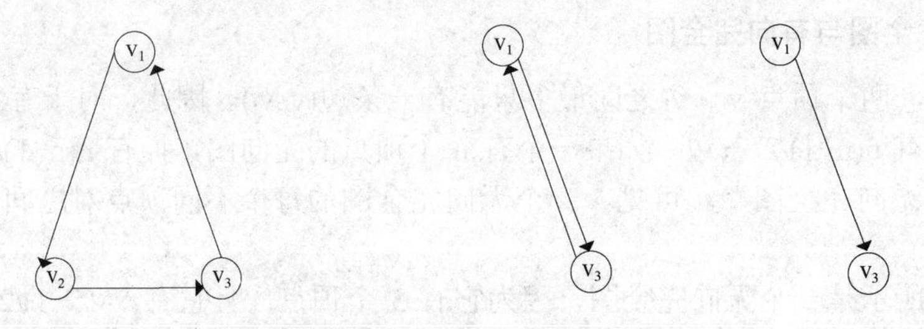

图 6-6　有向图子图示例

6. 连通、连通图、连通分量

需要注意的一点是，无论连通、连通图还是连通分量的概念都是关于无向图的，不涉及有向图。

在无向图中，若从顶点 v_i 到顶点 v_j 之间有路径存在，则称 v_i 与 v_j 是“连通”的。如果无向图 G 中任意一对顶点之间都是连通的，则称该图 G 为“连通图”，否则是非连通图。

如图 6-7(a)所示即为一个连通图，因为从该图的任意一个顶点出发，都有路径可以到达图中的其他顶点。而图 6-7(b)所示即为一个非连通图，因为从顶点 v_1 出发不存在到达顶点 v_7 的路径。但图 6-7(b)中存在着两个连通分量，所谓的连通分量，指的是无向图中的极大连通子图。在无向图 G 中，应尽可能多地从集合 V 及 E 里收集顶点和边，使它们成为该图的

“连通分量”。因此，如果图 G 是一个连通图，那么它本身就是该图的连通分量。

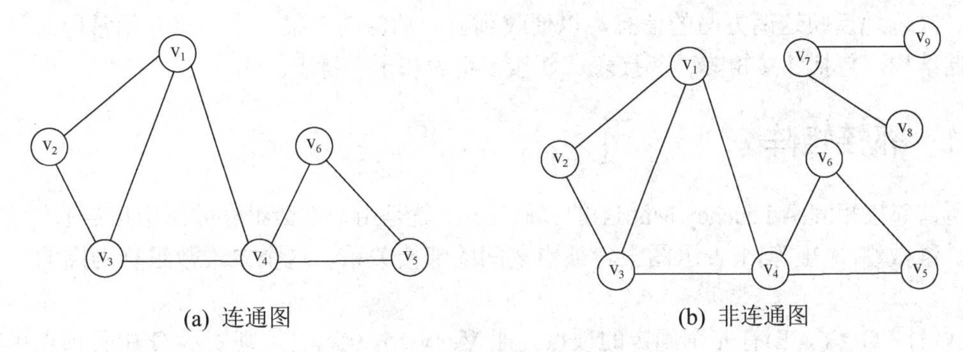

(a) 连通图　　(b) 非连通图

图 6-7　连通图与非连通图

如图 6-8 所示，即是图 6-7(b)中存在的两个连通分量。

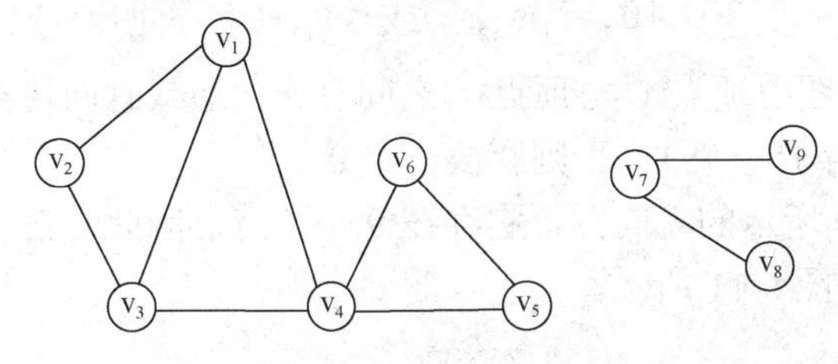

图 6-8　连通分量示例

7. 边的权、网络

在实际应用中，可以根据实际情况给图的边或弧依附上某种数值，这种与图的边或弧相关的数值被称为“权”。例如，在实际应用中，可以使用权来表示图中两个顶点之间的距离、费用、时间等。边或弧上带有权的图称为“网图”或“网络”。图 6-9(a)所示为无向网图，图 6-9 (b)所示为有向网图。

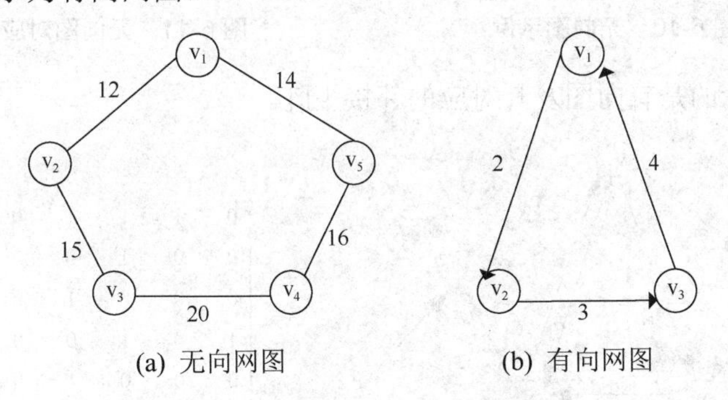

(a) 无向网图　　(b) 有向网图

图 6-9　无向网图与有向网图

6.2　图的存储结构

图是一种结构复杂的数据结构，不仅各个顶点的度可以千差万别，而且顶点之间的逻辑关系也错综复杂。从图的定义可知，一个图的信息包括两部分，即图中顶点的信息以及描述顶点之间的关系——边或者弧的信息。因此无论采用什么方法建立图的存储结构，都要完整、准确地反映这两方面的信息，以便收到事半功倍的效果。本节将介绍常用的几种图的存储结构，包括邻接矩阵、邻接表、邻接多重表和十字链表。

6.2.1 邻接矩阵

所谓邻接矩阵(Adjacency Matrix)的存储结构，就是用一维数组存储图中顶点的信息，用一个二维数组(即矩阵)来表示图中各顶点之间的邻接关系，这个二维数组称为图的“邻接矩阵”。

假设图 G=(V，E)有 n 个确定的顶点，即 $V=\{v_0,v_1,\cdots,v_{n-1}\}$，则表示 G 中各顶点相邻关系为一个 n×n 的矩阵，矩阵的元素定义为：

$$A[i][j]=\begin{cases}1，若(v_i,v_j)或<v_i,v_j>是E(G)中的边\\0，若(v_i,v_j)或<v_i,v_j>不是E(G)中的边\end{cases}$$

在该定义中，如果图中顶点 v_i 与顶点 v_j 之间有无向边或有向边存在，那么在矩阵中的第 i 行、第 j 列的位置存放一个 1，否则存放一个 0。

例如，对于图 6-10 所示的无向图，它存在 9 个顶点，因此它在存储结构上对应的是一个 9×9 的邻接矩阵，如图 6-11 所示。

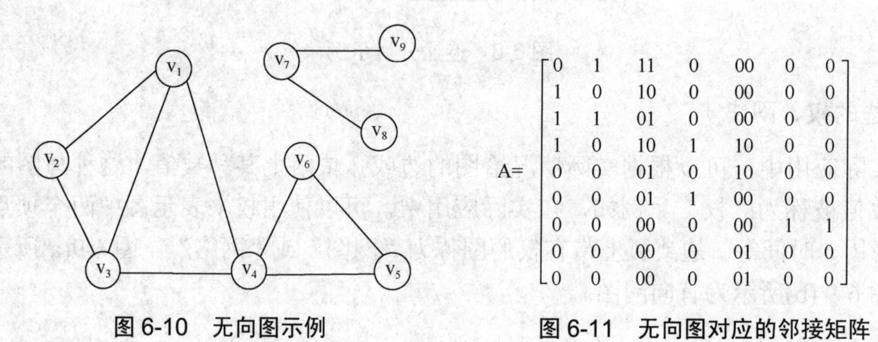

图 6-10　无向图示例　　图 6-11　无向图对应的邻接矩阵

而图 6-12 所示的是有向图及其对应的邻接矩阵。

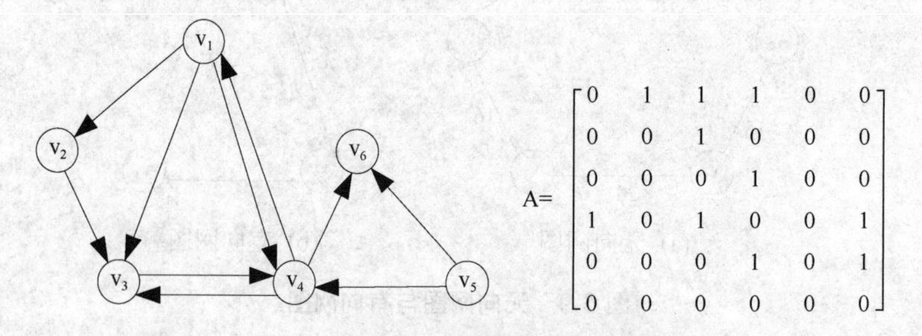

图 6-12　有向图及其对应的邻接矩阵

对于一个网图来说，不仅应该通过邻接矩阵反映出顶点之间的邻接关系，还应该利用它反映出依附于边或弧的权值。若 G 是带有权的网图，则邻接矩阵可以定义为

$$A[i][j]=\begin{cases} w_{ij}\text{，若}(v_i,v_j)\text{或}<v_i,v_j>\text{是}E(G)\text{中的边} \\ 0\text{或}\infty\text{，若}(v_i,v_j)\text{或}<v_i,v_j>\text{不是}E(G)\text{中的边} \end{cases}$$

其中，w_{ij} 表示边(v_i,v_j)或$<v_i,v_j>$上的权值；∞表示一个计算机允许的、大于所有边上权值的数。该规则的含义是，如果图网中顶点 v_i 与顶点 v_j 之间有边或弧存在，那么就在矩阵第 i 行、第 j 列的位置处存放边或弧的权值，在矩阵的对角线处填上“0”，在其他位置处填上“∞”。

例如，对于图 6-9 所示的无向网图与有向网图，使用邻接矩阵表示法表示，如图 6-13 所示。

$$A=\begin{bmatrix} 0 & 12 & \infty & \infty & 14 \\ 12 & 0 & 15 & \infty & \infty \\ \infty & 15 & 0 & 20 & \infty \\ \infty & \infty & 20 & 0 & 16 \\ 14 & \infty & \infty & 16 & 0 \end{bmatrix}$$

(a) 无向网图的邻接矩阵

$$A=\begin{bmatrix} 0 & 2 & \infty \\ \infty & 0 & 3 \\ 4 & \infty & 0 \end{bmatrix}$$

(b) 有向网图的邻接矩阵

图 6-13　网图的邻接矩阵

分析比较图的各种邻接矩阵，可得出以下基本规律。

1)　无向图的邻接矩阵是对称的

对于无向图来说，由于有边(v_i,v_j)就意味着有边(v_j,v_i)，所以无向图的邻接矩阵关于其主对角线总是对称的。这种矩阵的对称性，可以从图 6-11 及图 6-13 中的无向图邻接矩阵中看到。因此，在具体存放邻接矩阵时，只需要存放上(或下)三角矩阵中的元素即可。

2)　邻接矩阵与图中各点的度有密切关系

对于无向图来说，其相应的邻接矩阵中第 i 行(或第 i 列)里非零或非∞元素的个数，正好是第 i 个顶点 v_i 的度 $D(v_i)$。例如在图 6-11 中，第 1 行与第 1 列中，1 的个数均是 3，这表明顶点 v_1 的度 $D(v_1)=3$，对应的是图 6-10 无向图中 v_1 相邻接的 3 条边，分别是(v_1,v_2)，(v_1,v_3)与边(v_1,v_4)。

而对于有向图，其相应的邻接矩阵中第 i 行里非零或非∞元素的个数，正好是第 i 个顶点 v_i 的出度 $OD(v_i)$；其相应的邻接矩阵中第 i 列里非零或非∞元素的个数，正好是第 i 个顶点 v_i 的入度 $ID(v_i)$。例如在图 6-12 中，第 1 行中 1 的个数均是 3，这表明顶点 v_1 的入度 $ID(v_1)=3$，这与图中的 3 条有向边(v_1,v_2)、(v_1,v_3)以及(v_1,v_4)相对应；而在第 1 列中 1 的个数为 1，这表明顶点 v_1 的出度 $OD(v_1)=1$，这与图中的有向边(v_4,v_1)相对应。

使用邻接矩阵的方法来存储图，可以较为方便地知道图中任意两个顶点之间是否存在边。但是要统计图中一共有多少条边，则必须按行、按列对第一个矩阵元素进行检测才可以，所花费的时间代价很大，这是用邻接矩阵存储图的局限性。

在用邻接矩阵存储图时，除了要用一个二维数组存储用于表示顶点间相邻关系的邻接矩阵外，还要用一个一维数组来存储顶点信息，另外还有图的顶点数和边数。故可将其形式描述如下：

```
#define MaxVertexNum 100 /*最大顶点数设为100*/
typedef char VertexType; /*顶点类型设为字符型*/
```

```
typedef int EdgeType; /*边的权值设为整型*/
typedef struct {
VertexType vexs[MaxVertexNum]; /*顶点表*/
EdeType edges[MaxVertexNum][MaxVertexNum]; /*邻接矩阵，即边表*/
int n, e; /*顶点数和边数*/
}Mgragh; /*Maragh 是以邻接矩阵存储的图类型*/
```

建立一个图的邻接矩阵存储的算法如下：

```
void CreateMGraph(MGraph *G)
{/*建立有向图 G 的邻接矩阵存储*/
int i, j, k, w;
char ch;
printf("请输入顶点数和边数(输入格式为:顶点数，边数):\n");
scanf("%d, %d", &(G->n), &(G->e));/*输入顶点数和边数*/
printf("请输入顶点信息(输入格式为:顶点号<CR>):\n");
for (i=0;i<G->n;i++) scanf("\n%c", &(G->vexs[i])); /*输入顶点信息，建立顶点表*/
for (i=0;i<G->n;i++)
for (j=0;j<G->n;j++) G->edges[i][j]=0; /*初始化邻接矩阵*/
printf("请输入每条边对应的两个顶点的序号(输入格式为:i, j):\n");
for (k=0;k<G->e;k++)
{scanf("\n%d, %d", &I, &j); /*输入 e 条边，建立邻接矩阵*/
G->edges[i][j]=1; /*若加入 G->edges[j][i]=1;, */
/*则为无向图的邻接矩阵存储建立*/
}
}/*CreateMGraph*/
```

6.2.2 邻接表

邻接表(Adjacency List)是图的一种顺序存储与链式存储相结合的存储方法。其基本思想是，对图的每个顶点建立一个单链表，存储该顶点所有邻接顶点及其相关信息。每一个单链表设一个表头结点。第 i 个单链表表示依附于顶点 v_i 的边(对有向图是以顶点 v_i 为头或尾的弧)。

链表中的结点称为表结点，每个结点由三个域组成，如图 6-14(a)所示。其中邻接点域(adjvex)指示与顶点 v_i 邻接的顶点在图中的位置(顶点编号)，链域(nextarc)指向下一个与顶点 v_i 邻接的表结点，数据域(info)存储和边或弧相关的信息，如权值等。对于无权图，如果没有与边相关的其他信息，可省略数据域。

每个链表设一个表头结点(称为顶点结点)，由两个域组成，如图 6-14(b)所示。链域(firstarc)指向链表中的第一个结点，数据域(data)存储顶点名或其他信息。

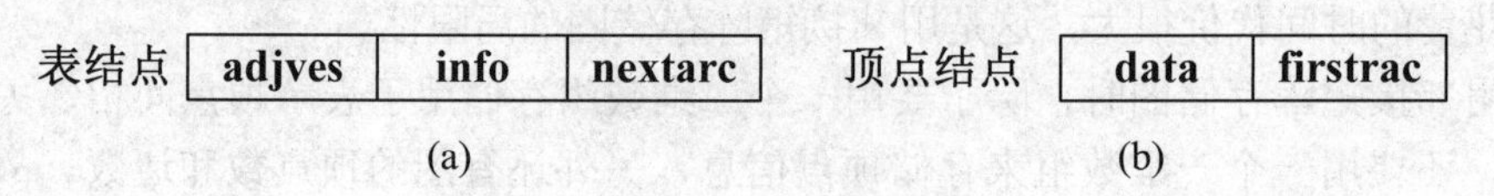

图 6-14　邻接链表结点结构

在图的邻接链表表示中，所有顶点结点用一个向量以顺序结构形式存储，可以随机访问任意顶点的链表，该向量称为表头向量，向量的下标指示顶点的序号。

用邻接链表存储图时，对无向图，其邻接链表是唯一的，如图 6-15 所示。

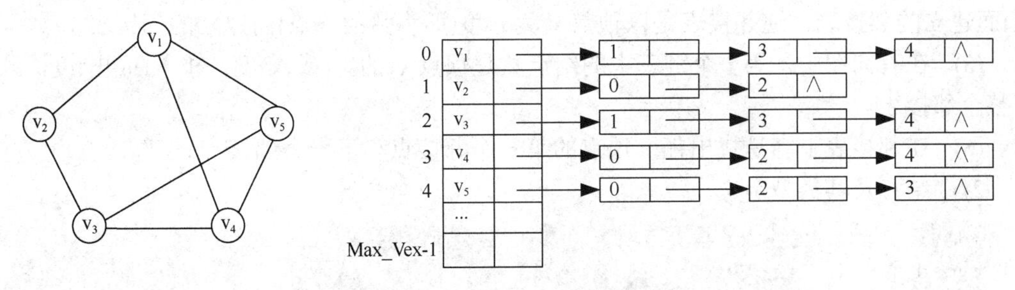

图 6-15　无向图及其邻接链表

对于有向图，其邻接链表有两种形式，如图 6-16 所示。

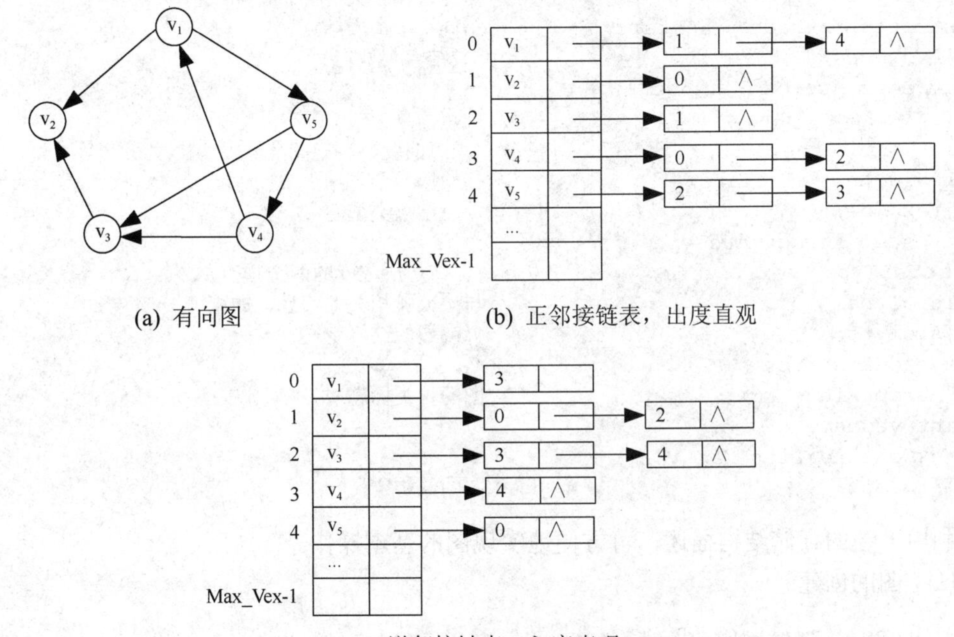

(a) 有向图　　(b) 正邻接链表，出度直观

(c) 逆邻接链表，入度直观

图 6-16　有向图及其邻接链表

设图中有 n 个顶点，e 条边，则用邻接表表示无向图时，需要 n 个顶点结点，2e 个边结点；用邻接表表示有向图时，若不考虑逆邻接表，只需 n 个顶点结点，e 个边结点。

建立邻接表的时间复杂度为 O(n*e)。若顶点信息即为顶点的下标，则时间复杂度为 O(n+e)。

在有向图的邻接表中，第 i 个链表中结点的个数是顶点 v_i 的出度。

在有向图的逆邻接表中，第 i 个链表中结点的个数是顶点 v_i 的入度。

1)　邻接表法的特点

(1)　表头向量中的每个分量都是一个单链表的头结点，分量个数就是图中的顶点数目。

(2)　在边或弧稀疏的条件下，用邻接表表示比用邻接矩阵表示节省存储空间。

(3)　在无向图，顶点 v_i 的度是第 i 个链表的结点数。

(4) 对有向图可以建立正邻接表或逆邻接表。正邻接表是以顶点 v_i 为出度(即为弧的起点)而建立的邻接表；逆邻接表是以顶点 v_i 为入度(即为弧的终点)而建立的邻接表。

(5) 在有向图中，第 i 个链表中的结点数是顶点 v_i 的出(或入)度；求入(或出)度，须遍历整个邻接表。

(6) 在邻接表上容易找出任一顶点的第一个邻接点和下一个邻接点。

2) 结点及其类型定义

```
#define MAX_VEX  30                  /*  最大顶点数  */
typedef int  InfoType;
typedef enum {DG, AG, WDG,WAG} GraphKind ;
typedef struct LinkNode
{  int  adjvex;                      // 邻接点在头结点数组中的位置(下标)
InfoType   info;                     // 与边或弧相关的信息，如权值
struct LinkNode  *nextarc;           // 指向下一个表结点
}LinkNode;                           /*  表结点类型定义   */
typedef struct VexNode
{  VexType  data;                    // 顶点信息
int  indegree;                       //  顶点的度，有向图是入度或出度或没有
LinkNode  *firstarc;                 // 指向第一个表结点
}VexNode;                            /* 顶点结点类型定义 */
typedef struct ArcType
{  VexType  vex1, vex2;              /*  弧或边所依附的两个顶点 */
InfoType   info;                     // 与边或弧相关的信息，如权值
}ArcType;                            /* 弧或边的结构定义 */
typedef struct
{ GraphKind  kind;                   /* 图的种类标志 */
int vexnum;
VexNode AdjList[MAX_VEX];
}ALGraph;                            /* 图的结构定义 */
```

利用上述的存储结构描述，可方便地实现图的基本操作。

(1) 图的创建。

```
ALGraph *Create_Graph(ALGraph * G)
{   printf("请输入图的种类标志：") ;
scanf("%d", &G->kind);
G->vexnum=0;          /* 初始化顶点个数 */
return(G);
}
```

(2) 图的顶点定位。

图的顶点定位实际上是确定一个顶点在 AdjList 数组中的某个元素的 data 域内容。

算法实现：

```
int  LocateVex(ALGraph *G , VexType *vp)
{  int  k;
for (k=0; k<G->vexnum; k++)
if (G->AdjList[k].data==*vp)  return(k);
return(-1);     /*  图中无此顶点  */
}
```

(3) 在图中增加顶点。

在图中增加一个顶点的操作，就是在 AdjList 数组的末尾增加一个数据元素。

算法实现：

```
int  AddVertex(ALGraph *G , VexType *vp)
{ int  k , j ;
if  (G->vexnum>=MAX_VEX)
{  printf("Vertex Overflow !\n") ;  return(-1) ; }
if  (LocateVex(G , vp)!=-1)
{  printf("Vertex has existed !\n") ; return(-1) ; }
G->AdjList[G->vexnum].data=*vp ;
G->AdjList[G->vexnum].degree=0 ;
G->AdjList[G->vexnum].firstarc=NULL ;
k=++G->vexnum ;
return(k) ;
}
```

(4) 在图中增加一条弧。

根据给定的弧或边所依附的顶点，修改单链表：无向图修改两个单链表，有向图修改一个单链表。

算法实现：

```
int  AddArc(ALGraph *G , ArcType *arc)
{  int  k , j ;
LinkNode *p ,*q ;
k=LocateVex(G , &arc->vex1)  ;
j=LocateVex(G , &arc->vex2)  ;
if (k==-1||j==-1)
{  printf("Arc’s Vertex do not existed !\n") ;
return(-1) ;
}
p=(LinkNode *)malloc(sizeof(LinkNode)) ;
p->adjvex=arc->vex1 ; p->info=arc->info ;
p->nextarc=NULL ;   /* 边的起始表结点赋值  */
q=(LinkNode *)malloc(sizeof(LinkNode)) ;
q->adjvex=arc->vex2 ; q->info=arc->info ;
q->nextarc=NULL ;   /* 边的末尾表结点赋值  */
if (G->kind==AG||G->kind==WAG)
{  q->nextarc=G->adjlist[k].firstarc ;
G->adjlist[k].firstarc=q ;
p->nextarc=G->adjlist[j].firstarc ;
G->adjlist[j].firstarc=p ;
}  /* 是无向图，用头插入法插入到两个单链表 */
else      /* 建立有向图的邻接链表，用头插入法 */
{  q->nextarc=G->adjlist[k].firstarc ;
G->adjlist[k].firstarc=q ;  /* 建立正邻接链表用 */
//q->nextarc=G->adjlist[j].firstarc ;
//G->adjlist[j].firstarc=q ;  /* 建立逆邻接链表用 */
}
return(1);
}
```

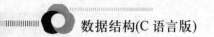

6.2.3 十字链表

十字链表(Orthogonal List)是有向图的另一种链式存储结构。可看作是有向图的邻接表和逆邻接表相结合的一种链表。在十字链表结构中，每条弧的弧头结点和弧尾结点都存放在链表中，并将弧结点分别组织到以弧尾结点为头(顶点)结点和以弧头结点为头(顶点)结点的链表中。这种结构的结点逻辑结构如图 6-17 所示。

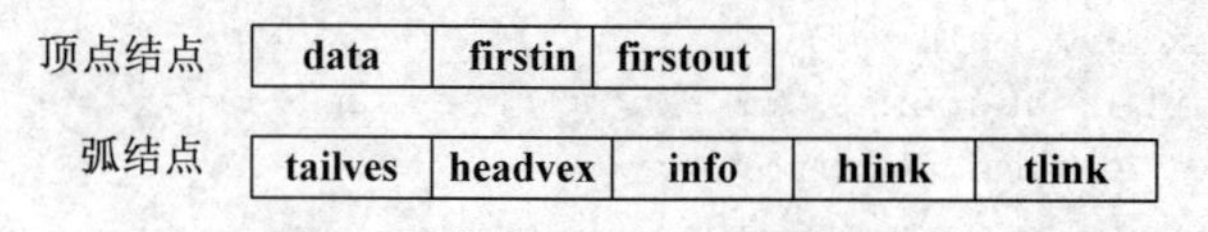

图 6-17 十字链表结点示意图

为每个顶点 v_i 设置一个结点，它包含数据域 data 和两个链域 firstout、firstin，称为顶点结点。数据域 data 用于存放顶点 v_i 的有关信息；链域 firstin 指向以顶点 v_i 为弧头的第一个弧结点；链域 firstout 指向以顶点 v_i 为弧尾的第一个弧结点。

弧结点包括五个域：尾域 tailvex、头域 headvex、链域 hlink 和 tlink 以及 info 域。hlink 指向弧头相同的下一条弧，tlink 指向弧尾相同的下一条弧；tailvex 和 headvex 分别指示弧尾和弧头这两个顶点在图中的位置；info 域：指向该弧的相关信息。

结点类型定义：

```
#define INFINITY  MAX_VAL         /* 最大值∞ */
#define MAX_VEX  30               //最大顶点数
typedef struct ArcNode
{   int  tailvex , headvex ;     //尾结点和头结点在图中的位置
InfoType   info  ;               //与弧相关的信息，如权值
struct ArcNode  *hlink , *tlink ;
}ArcNode ;                        /* 弧结点类型定义 */
typedef struct VexNode
{  VexType  data;                 //顶点信息
ArcNode  *firstin , *firstout ;
}VexNode ;                        /* 顶点结点类型定义 */
typedef struct
{  int vexnum ;
VexNode  xlist[MAX_VEX] ;
}OLGraph ;   /*  图的类型定义   */
```

图 6-18 所示是一个有向图及其十字链表(略去了表结点的 info 域)。

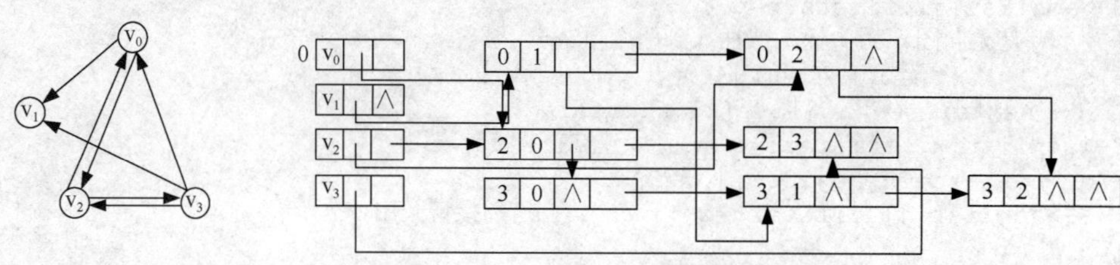

图 6-18 有向图的十字链表结构

从这种存储结构图可以看出，从一个顶点结点的 firstout 出发，沿表结点的 tlink 指针构成了正邻接表的链表结构；而从一个顶点结点的 firstin 出发，沿表结点的 hlink 指针构成了逆邻接表的链表结构。

6.3　图的遍历

从给定图中任意指定的顶点(称为初始点)出发，按照某种搜索方法沿着图的边访问图中的所有顶点，使每个顶点仅被访问一次，这个过程称为图的遍历。如果给定图是连通的无向图或者是强连通的有向图，则遍历过程一次就能完成，并可按访问的先后顺序得到由该图所有顶点组成的一个序列。图的遍历是图的一种基本操作，图的许多其他操作，如图的连通性问题、拓扑排序和求解关键路径等算法都是建立在遍历操作的基础上的。

图的遍历操作和树的遍历操作功能相似，但比树的遍历复杂得多。从树根到达树中的任意结点只有一条路径，而从图的任一顶点都可能和其余的顶点相邻接。所以在访问了某个顶点并沿着某条路径搜索之后，又可能回到该顶点上。为了避免同一顶点被访问多次，在遍历图的过程中，必须记下每个已访问过的顶点。为此可以设置一个访问标志数组 visited[0…n−1]，它的初始值置为“假”或者零，一旦访问顶点 v_i，便将 visited[i]置为“真”或者 1。

根据搜索方法的不同，图的遍历方法有两种：一种叫作深度优先搜索法(DFS)，另一种叫作广度优先搜索法(BFS)。它们对无向图和有向图都适用。

6.3.1　深度优先搜索

深度优先搜索法是树的先根遍历的推广，它的基本思想是：从图 G 的某个顶点 v_0 出发，访问 v_0，然后选择一个与 v_0 相邻且没被访问过的顶点 v_i 访问，再从 v_i 出发选择一个与 v_i 相邻且未被访问的顶点 v_j 进行访问，依次继续。如果当前被访问过的顶点的所有邻接顶点都已被访问，则退回到已被访问的顶点序列中最后一个拥有未被访问的相邻顶点的顶点 w，从 w 出发按同样的方法向前遍历，直到图中所有顶点都被访问。

【实例 6-1】图 6-19 所示为一个无向图，试求该图的深度优先搜索遍历序列。

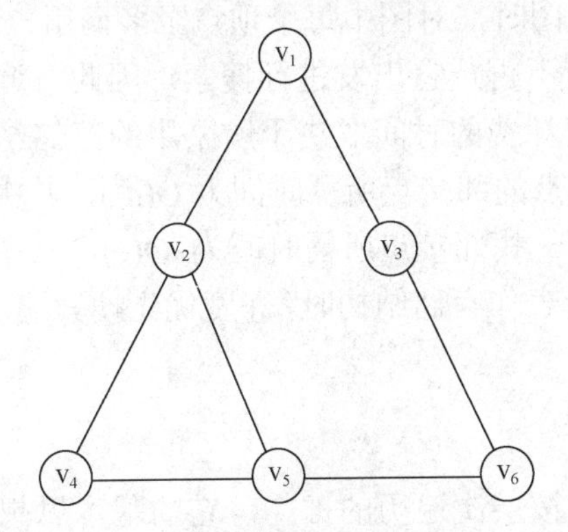

图 6-19　无向图深度优先搜索遍历示例

解：假定从顶点 v_1 出发对图进行深度优先搜索。在访问了顶点 v_1 之后，应该依次从与 v_1 邻接的顶点出发继续进行深度优先搜索。由图中可知，与 v_1 邻接的顶点有 v_2 和 v_3。假设选择顶点 v_2。这样又从顶点 v_2 开始进行深度优先搜索。

在访问了顶点 v_2 之后，应该依次从与 v_2 邻接的顶点出发，继续进行深度优先搜索。由图中可知，与 v_2 邻接的顶点有 v_1、v_4 和 v_5。由于 v_1 已经被访问过，当然不能再将它选择作为深度优先搜索的对象。假设选择顶点 v_4。这样又从顶点 v_4 开始进行深度优先搜索。

依次类推，接着从 v_5、v_6、v_3 进行搜索。在访问了 v_3 之后，图中所有的顶点都被访问了，且都被访问了一次，遍历的序列为：

$$v_1 \to v_2 \to v_4 \to v_5 \to v_6 \to v_3$$

从上面的描述可以看出，这是一个递归过程。为了在遍历过程中便于区分顶点是否已被访问过，需附设访问标志数组 visited[0 … n-1]，其初值为 false，一旦某个顶点被访问，则其相应的分量置为 true。图的深度优先遍历算法描述如下。

```
Boolean visited[MAX_VERTEX_NUM];          //访问标志数组
Status (*VisitFunc)(int v); //VisitFunc 是访问函数，对图的每个顶点调用该函数
void DFSTraverse (Graph G, Status(*Visit)(int v)){
   VisitFunc = Visit;//使用全局变量 VisitFunc，使 DFS 不必设函数指针参数
   for(v=0; v<G.vexnum; ++v)
      visited[v] = FALSE;                 //访问标志数组初始化
   for(v=0; v<G.vexnum; ++v)
      if(!visited[v])     DFS(G, v);      //对尚未访问的顶点调用 DFS
}

void DFS(Graph G, int v){
//从第 v 个顶点出发递归地深度优先遍历图 G
   visited[v]=TRUE; VisitFunc(v);         //访问第 v 个顶点
   for(w=FirstAdjVex(G, v); w>=0; w=NextAdjVex(G,v,w))
   //FirstAdjVex 返回 v 的第一个邻接顶点，若顶点在 G 中没有邻接顶点，则返回空(0)。
   //若 w 是 v 的邻接顶点，NextAdjVex 返回 v 的(相对于 w 的)下一个邻接顶点。
   //若 w 是 v 的最后一个邻接点，则返回空(0)。
   if(!visited[w])  DFS(G, w);            //对 v 的尚未访问的邻接顶点 w 调用 DFS
}
```

分析上述算法，在遍历图时，对图中每个顶点至多调用一次 DFS 函数，因为一旦某个顶点被标志为已被访问，就不再从它出发进行搜索。因此，遍历图的过程实质上是对每个顶点查找邻接点的过程。其耗费的时间取决于所采用的存储结构。当采用邻接矩阵作为图的存储结构时，查找每个顶点的邻接点所需时间为 $O(n^2)$，其中 n 为图中顶点数。而当采用以邻接表作图的存储结构时，找邻接点所需时间为 O(e)，其中 e 为无向图中边的数或有向图中弧的数。由此，当以邻接表作存储结构时，深度优先搜索遍历图的时间复杂度为 O(n+e)。

6.3.2 广度优先搜索

图的广度优先搜索是树按层次遍历的推广，它的基本思想是：从图中某个初始顶点 v 出发，首先访问初始顶点 v，然后选择一个与顶点 v 相邻且未被访问过的顶点 w 为初始顶

点，再从 w 出发进行深度优先搜索，直到图中与当前顶点 v 邻接的所有顶点都被访问过。若此时图中尚有顶点未被访问，则另选图中一个未曾被访问的顶点作为初始顶点，重复上述过程，直至图中所有顶点都被访问到为止。

例如，对于图 6-16 所示的有向图，从顶点 v_1 开始进行广度优先搜索，可以得到如下访问序列：$v_1 \to v_2 \to v_5 \to v_4 \to v_3$。

和深度优先搜索类似，在遍历的过程中也需要一个访问标志数组来记录哪个顶点已经访问过。并且还应该把到达顶点的所有邻接顶点信息保存在一个队列里，这样它们才能按照进入队列的先后顺序得到访问。图的广度优先搜索算法描述如下。

```
Boolean visited[MAX_VERTEX_NUM];     //访问标志数组
Status (*VisitFunc)(int v); //VisitFunc 是访问函数，对图的每个顶点调用该函数
void BFSTraverse (Graph G, Status(*Visit)(int v)){
   VisitFunc = Visit;
   for(v=0; v<G.vexnum, ++v)
      visited[v] = FALSE;
   initQueue(Q);                      //置空辅助队列 Q
   for(v=0; v<G.vexnum; ++v)
      if(!visited[v]){
         visited[v]=TRUE; VisitFunc(v);
         EnQueue(Q, v);               //v 入队列
         while(!QueueEmpty(Q)){
            DeQueue(Q, u);            //队头元素出队并置为 u
            for(w=FirstAdjVex(G, u); w>=0; w=NextAdjVex(G, u, w))
               if(!Visited[w]){   //w 为 u 的尚未访问的邻接顶点
               Visited[w]=TRUE; VisitFunc(w);
               EnQueue(Q, w);
            }
         }
      }
}
```

分析上述算法，每个顶点至多进一次队列。遍历图的过程实质上是通过边或弧找邻接点的过程，因此广度优先搜索遍历图的时间复杂度和深度优先搜索遍历相同，两者不同之处仅仅在于对顶点访问的顺序不同。

6.4　生成树与最小生成树

6.4.1　最小生成树的定义

如果连通图是一个带权图，则其生成树中的边也带权，生成树中所有边的权值之和称为生成树的代价。

最小生成树(Minimum Spanning Tree)：带权连通图中代价最小的生成树称为最小生成树。

最小生成树在实际中具有重要用途，如设计通信网。设图的顶点表示城市，边表示两个城市之间的通信线路，边的权值表示建造通信线路的费用。n 个城市之间最多可以建

n×(n−1)/2 条线路，如何选择其中的 n−1 条线路，使总的建造费用最低？

构造最小生成树的算法有许多，基本原则如下。

(1) 尽可能选取权值最小的边，但不能构成回路；

(2) 选择 n−1 条边构成最小生成树。

以上的基本原则基于 MST 的以下性质。

设 G=(V, E)是一个带权连通图，U 是顶点集 V 的一个非空子集。若 u∈U，v∈V-U，且(u, v)是 U 中顶点到 V-U 中顶点之间权值最小的边，则必存在一棵包含边(u, v)的最小生成树。

证明：用反证法证明。

设图 G 的任何一棵最小生成树都不包含边(u, v)。设 T 是 G 的一棵生成树，则 T 是连通的，从 u 到 v 必有一条路径(u, …, v)，当将边(u,v)加入到 T 中时就构成了回路。则路径(u, …, v)中必有一条边(u', v')，满足 u'∈U，v'∈V−U。删去边(u', v')便可消除回路，同时得到另一棵生成树 T'。

由于(u, v)是 U 中顶点到 V-U 中顶点之间权值最小的边，故(u,v)的权值不会高于(u', v')的权值，T'的代价也不会高于 T，T'是包含(u, v)的一棵最小生成树，与假设矛盾。

构造无向连通网图 G 的最小生成树，通常有 Prim(普里姆)方法和 Kruskal(克鲁斯卡尔)方法。相对应地，就有 Prim(普里姆)算法和 Kruskal(克鲁斯卡尔)算法。下面将用两节的内容，分别介绍这两种算法的基本思想和实现。

6.4.2 最小生成树的普里姆(Prim)算法

普里姆算法是构造最小生成树的算法，它是以逐个将顶点连通的方式来构造最小生成树的。从连通网图 N={V, E}中的某一顶点 u_0 出发，选择与它关联的具有最小权值的边(u_0, v)，将其顶点加入生成树的顶点集合 U 中。以后每一步从一个顶点在 U 中，而另一个顶点不在 U 中的各条边中选择权值最小的边(u, v)，把该边加入生成树的边集 TE 中，把它的顶点加入集合 U 中。如此重复执行，直到网络中的所有顶点都加入生成树顶点集合 U 中为止。

假设 G=(V, E)是一个具有 n 个顶点的带权无向连通图，T(U, TE)是 G 的最小生成树，其中 U 是 T 的顶点集，TE 是 T 的边集，则构造 G 的最小生成树 T 的步骤如下。

(1) 初始状态，TE 为空，U={v_0}，v_0∈V；

(2) 在所有 u∈U，v∈V-U 的边(u, v)∈E 中找一条代价最小的边(u', v')并入 TE，同时将 v'并入 U；

(3) 重复执行步骤(2)n−1 次，直到 U=V 为止。

例：利用上面描述的 Prim 算法思想，求解图 6-20 所示无向连通图的最小生成树。

假定从图的顶点 v_1 开始构造它的 MST。初始时，有：

$$U=\{v_1\},\ V-U=\{v_2,v_3,v_4,v_5,v_6,v_7\},\ TE=\{\ \}$$

将 U 与 V-U 的各顶点间存在的边的集合设为 LW，则初始状态下 LW={(v_1,v_2)7，(v_1,v_4)5，(v_1,v_3)∞，(v_1,v_5)∞，(v_1,v_6)∞，(v_1,v_7)∞}。

需要注意的是，每条边后面跟的数字是该边的权，它们是当前可供选择的候选边，边的权值为∞时，表示这两个顶点之间没有直接的边相连，即不邻接。

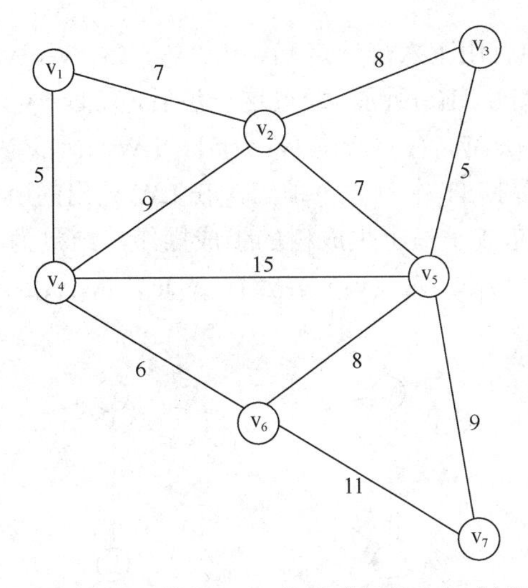

图 6-20　无向图使用 Prim 算法求解最小生成树示例

过程 1：当前情况下，在 LW 中列出的所有候选边里(v_1,v_4)的权值最小，所以应该从 V-U 里选择顶点 v_4 并入 U。这样，在 MST 中就有了两个顶点 v_1、v_4 以及边(v_1,v_4)，如图 6-21(a)所示。经过这一步后，有

$$U=\{v_1,v_4\}，V-U=\{v_2,v_3,v_5,v_6,v_7\}，TE=\{(v_1,v_4)5\}$$

$$LW=\{(v_1,v_2)7，(v_1,v_3)\infty，(v_4,v_5)15，(v_4,v_6)6，(v_1,v_7)\infty\}$$

需要注意的是，在把边(v_1,v_4)并入集合 TE 后，一方面，原先 LW 中记录的边的信息产生了变化；另一方面，原先 LW 记录的是从顶点 v_1 到其他各顶点的最小权值，现在 LW 中记录的内容变成了顶点 v_1 和 v_4 到其他各顶点的最小权值。例如：过程 1 之前 LW 记录的信息 v_1 到 v_5 的边(v_1,v_5)权值为∞，而新的 LW 中记录的边被替换为 v_4 到 v_5 的边(v_4,v_5)，权值为 15；过程 1 之前 LW 记录的信息 v_1 到 v_6 的边(v_1,v_6)权值为∞，而新的 LW 中记录的边被替换为 v_4 到 v_6 的边(v_4,v_6)，权值为 6。根据集合 LW 的含义，每次操作完成后都需要这样的替换操作。

过程 2：在 LW 列出的所有候选边里(v_4,v_6)的权值最小，所以应该从 V-U 里选择顶点 v_6 并入 U。这样，在 MST 中就用了三个顶点 v_1、v_4、v_6 以及边(v_1,v_4)、(v_4,v_6)，如图 6-21(b)所示。经过这一步后，有 $U=\{v_1,v_4,v_6\}$，$V-U=\{v_2,v_3,v_5,v_7\}$，$TE=\{(v_1,v_4)5，(v_4,v_6)6\}$，$LW=\{(v_1,v_2)7，(v_1,v_3)\infty，(v_6,v_5)8，(v_6,v_7)11\}$。

过程 3：在 LW 列出的所有候选边里(v_1,v_2)的权值最小，所以应该从 V-U 里选择顶点 v_2 并入 U。这样，在 MST 中就用了四个顶点 v_1、v_2、v_4、v_6 以及边(v_1,v_4)、(v_4,v_6)、(v_1,v_2)，如图 6-21(c)所示。经过这一步后，有 $U=\{v_1,v_2,v_4,v_6\}$，$V-U=\{v_3,v_5,v_7\}$，$TE=\{(v_1,v_4)5，(v_1,v_2)7，(v_4,v_6)6\}$，$LW=\{(v_2,v_3)8，(v_2,v_5)7，(v_6,v_7)11\}$。

过程 4：在 LW 列出的所有候选边里$(v_2，v_5)$的权值最小，所以应该从 V-U 里选择顶点 v_5 并入 U。这样，在 MST 中就用了四个顶点 v_1、v_2、v_4、v_5、v_6 以及边(v_1,v_4)、(v_4,v_6)、(v_1,v_2)、(v_2,v_5)，如图 6-21(d)所示。经过这一步后，有 $U=\{v_1,v_2,v_4,v_5,v_6\}$，$V-U=\{v_3,v_7\}$，$TE=\{(v_1,v_4)5，(v_1,v_2)7，(v_2,v_5)7，(v_4,v_6)6\}$，$LW=\{(v_5,v_3)5，(v_5,v_7)9\}$。

过程 5：在 LW 列出的所有候选边里(v_5,v_3)的权值最小，所以应该从 V-U 里选择顶点 v_3

并入 U。这样，在 MST 中就用了六个顶点 v_1、v_2、v_3、v_4、v_5、v_6 以及边(v_1, v_4)、(v_4, v_6)、(v_1,v_2)、(v_2,v_5)、(v_5,v_3)，如图 6-21(e)所示。经过这一步后，有 $U=\{v_1,v_2,v_3,v_4,v_5,v_6\}$，$V-U=\{v_7\}$，$TE=\{(v_1,v_4)5，(v_1,v_2)7，(v_2,v_5)7，(v_4,v_6)6，(v_5,v_3)5\}$，$LW=\{(v_5,v_7)9\}$。

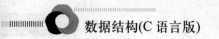

过程 6：过程 5 结束后 MST 中有 6 个顶点，在 LW 列出的所有候选边里选取最小的边(v_5,v_7)，将 v_7 并入 U 即完成了最小生成树的生成操作，结果为 $U=\{v_1,v_2,v_3,v_4,v_5,v_6,v_7\}$，$V-U=\{\phi\}$，$TE=\{(v_1,v_4)5，(v_1,v_2)7，(v_2,v_5)7，(v_4,v_6)6，(v_5,v_3)5，(v_5,v_7)9\}$。最终结果如图 6-21(f)所示。

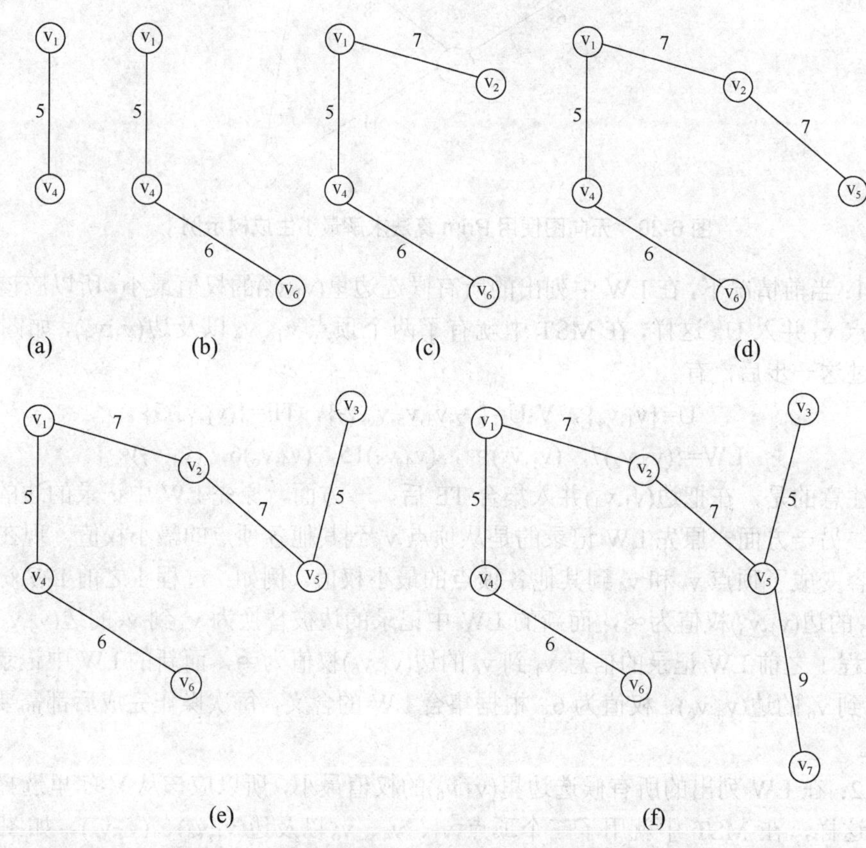

图 6-21　无向图使用 Prim 算法求解最小生成树过程

算法实现：

设用邻接矩阵(二维数组)表示图，两个顶点之间不存在边的权值为机内允许的最大值。

为便于算法实现，设置一个一维数组 closedge[n]，用来保存 V-U 中各顶点到 U 中顶点具有权值最小的边。数组元素的类型定义如下：

```
struct
{   int  adjvex ;       /*边所依附于 U 中的顶点*/
int  lowcost ;         /*该边的权值*/
}closedge[MAX_EDGE] ;
```

例如：closedge[j].adjvex=k，表明边(v_j, v_k)是 V-U 中顶点 v_j 到 U 中权值最小的边，而顶

点 v_k 是该边所依附的 U 中的顶点。closedge[j].lowcost 存放该边的权值。

假设从顶点 v_s 开始构造最小生成树。初始时令：

Closedge[s].lowcost=0 表示顶点 v_s 首先加入到 U 中。

Closedge[k].adjvex=s，Closedge[k].lowcost=cost(k, s)表示 V-U 中的各顶点到 U 中权值最小的边(k≠s)，cost(k, s)表示边(v_k, v_s)权值。

算法步骤：

(1) 从 closedge 中选择一条权值(不为 0)最小的边(v_k, v_j)，然后做：

① 置 closedge[k].lowcost 为 0，表示 v_k 已加入到 U 中。

② 根据新加入的 v_k 更新 closedge 中的每个元素：

∀vi∈V-U，若 cost(i, k)≤colsedge[i].lowcost，表明在 U 中新加入顶点 v_k 后，(v_i, v_k)成为 v_i 到 U 中权值最小的边：

```
Closedge[i].lowcost=cost(i, k)
Closedge[i].adjvex=k
```

(2) 重复(1)n-1 次就得到最小生成树。

在 Prim 算法中，图采用邻接矩阵存储，所构造的最小生成树用一维数组存储其 n-1 条边，每条边的存储结构描述如下：

```
typedef struct MSTEdge
{  int  vex1, vex2 ;                /* 边所依附的图中两个顶点 */
WeightType  weight ;                /* 边的权值 */
}MSTEdge ;
```

算法实现：

```
#define INFINITY  MAX_VAL           /* 最大值 */
MSTEdge *Prim_MST(AdjGraph *G , int u)
                                    /* 从第 u 个顶点开始构造图 G 的最小生成树 */
{  MSTEdge TE[] ;                   // 存放最小生成树 n-1 条边的数组指针
int j , k , v , min ;
for (j=0; j<G->vexnum; j++)
{  closedge[j].adjvex=u  ;
closedge[j].lowcost=G->adj[j][u]  ;
}                                   /* 初始化数组 closedge[n] */
closedge[u].lowcost=0 ;             /* 初始时置 U={u} */
TE=(MSTEdge *)malloc((G->vexnum-1)*sizeof(MSTEdge)) ;
for (j=0; j<G->vexnum-1; j++)
{ min= INFINITY ;
for (v=0; v<G->vexnum; v++)
    if  (closedge[v].lowcost!=0&& closedge[v].Lowcost<min)
       {  min=closedge[v].lowcost ; k=v ;  }
TE[j].vex1=closedge[k].adjvex ;
TE[j].vex2=k ;
TE[j].weight=closedge[k].lowcost ;
closedge[k].lowcost=0 ;             /* 将顶点 k 并入 U 中 */
for (v=0; v<G->vexnum; v++)
   if (G->adj[v][k]<closedge[v]. lowcost)
```

```
        {  closedge[v].lowcost= G->adj[v][k] ;
           closedge[v].adjvex=k ;
        }                          /* 修改数组 closedge[n]的各个元素的值 */
}
return(TE) ;
}                                  /* 求最小生成树的 Prim 算法 */
```

算法分析：设带权连通图有 n 个顶点，则算法的主要执行步骤是二重循环：求 closedge 中权值最小的边，频度为 n-1；修改 closedge 数组，频度为 n 。因此，整个算法的时间复杂度是 $O(n^2)$，与边的数目无关。

6.4.3 最小生成树的克鲁斯卡尔(Kruskal)算法

设 G=(V, E)是具有 n 个顶点的连通网，T=(U,TE)是其最小生成树。初值：U=V，TE={}。使用克鲁斯卡尔算法求解最小生成树的主要思路是对 G 中的边按权值大小从小到大依次选取。算法求解过程如下。

(1) 选取权值最小的边(v_i,v_j)，若边(v_i,v_j)加入到 TE 后形成回路，则舍弃该边；否则，将该边并入到 TE 中，即 $TE=TE\cup\{(v_i,v_j)\}$ 。

(2) 重复(1)，直到 TE 中包含有 n−1 条边为止。

按照克鲁斯卡尔算法对图 6-20 所示的无向图求解最小生成树的过程描述如下。

步骤 1：从图中选取权值最小的边(v_1,v_4)，因为存在两条权值为 5 的边，在此步骤中可以任选其中的一条，将(v_1,v_4)加入到 TE 后不形成回路，因此将该边并入到 TE 中，即 TE=$\{(v_1,v_4)\}$，当前阶段的最小生成树示意图如图 6-22(a)所示。

步骤 2：从图中剩余的边中选取权值最小的边(v_3,v_5)，将(v_3,v_5)加入到 TE 后不形成回路，因此将该边并入到 TE 中，即 TE= $\{(v_1,v_4)，(v_3,v_5)\}$，当前阶段的最小生成树示意图如图 6-22(b)所示。

步骤 3：从图中剩余的边中选取权值最小的边(v_4,v_6)，将(v_4,v_6)加入到 TE 后不形成回路，因此将该边并入到 TE 中，即 TE=$\{(v_1,v_4)，(v_3,v_5)，(v_4,v_6)\}$，当前阶段的最小生成树示意图如图 6-22(c)所示。

步骤 4：从图中剩余的边中选取权值最小的边(v_1,v_2)，将(v_1,v_2)加入到 TE 后不形成回路，因此将该边并入到 TE 中，即 TE=$\{(v_1,v_4)，(v_3,v_5)，(v_4,v_6)，(v_1,v_2)\}$，当前阶段的最小生成树示意图如图 6-22(d)所示。

步骤 5：从图中剩余的边中选取权值最小的边(v_2,v_5)，将(v_2,v_5)加入到 TE 后不形成回路，因此将该边并入到 TE 中，即 TE=$\{(v_1,v_4)，(v_3,v_5)，(v_4,v_6)，(v_1,v_2)，(v_2,v_5)\}$，当前阶段的最小生成树示意图如图 6-22(e)所示。

步骤 6：从图中剩余的边中选取权值最小的边(v_2,v_3)，将(v_2,v_3)加入到 TE 后形成回路，因此不能将该边并入到 TE 中，重新进行权值最小边的选择。从图中剩余的边中选取权值最小的边(v_5,v_6)，将(v_5,v_6)加入到 TE 后形成回路，因此不能将该边并入到 TE 中，重新进行权值最小边的选择。从图中剩余的边中选取权值最小的边(v_5,v_7)，将(v_5,v_7)加入到 TE 后不形成回路，因此将该边并入到 TE 中，即 TE=$\{(v_1,v_4)，(v_3,v_5)，(v_4,v_6)，(v_1,v_2)，(v_2,v_5)，(v_5,v_6)\}$，此时所有的结点都实现了互连，最小生成树求解完毕，最小生成树结果示意图如图 6-22(f)

所示。

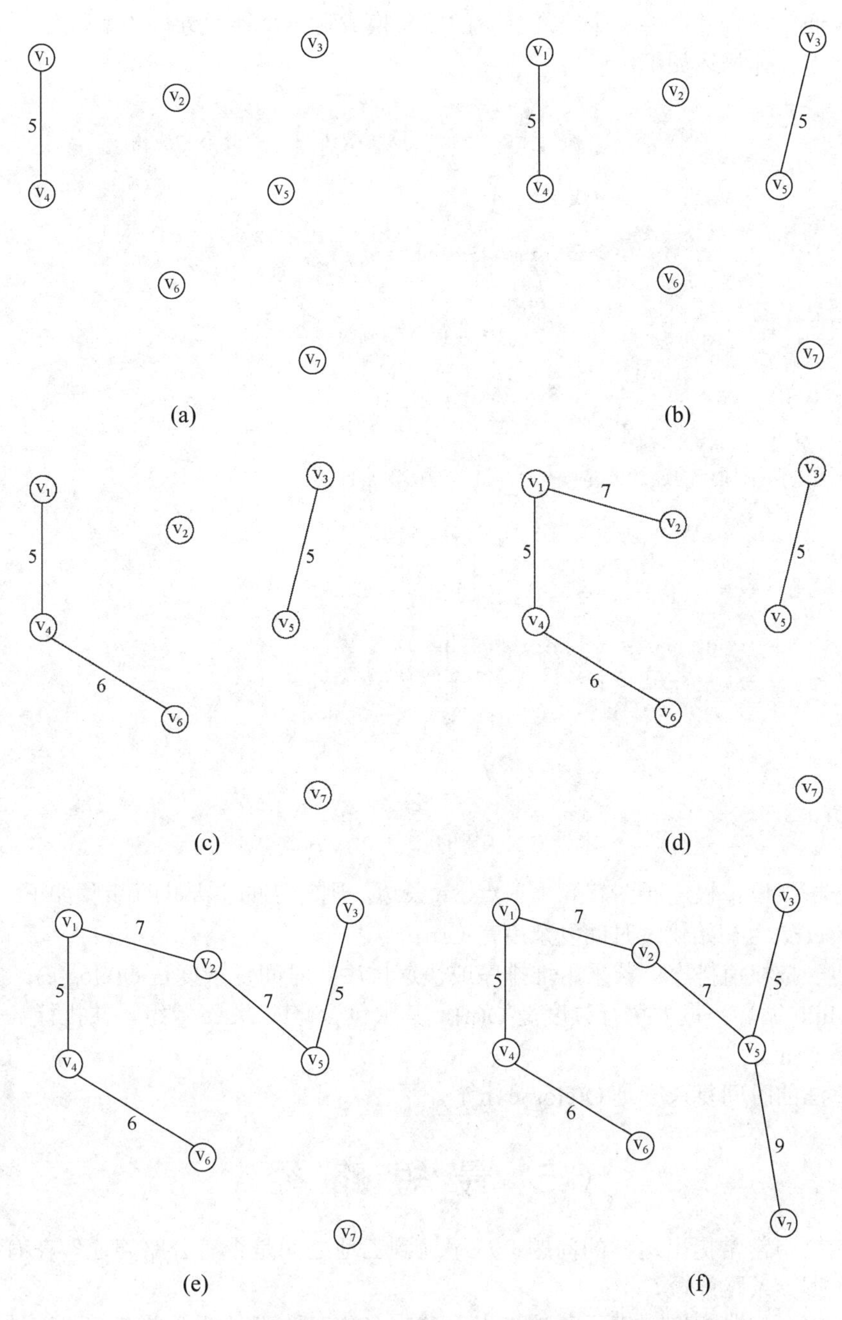

图 6-22　无向图使用 Kruskal 算法求解最小生成树过程

Kruskal 算法实现的关键是：当一条边加入到 TE 的集合后，如何判断是否构成回路?简单的解决方法是：定义一个一维数组 Vset[n]，存放图 T 中每个顶点所在的连通分量的编号。其初值：Vset[i]=i，表示每个顶点各自组成一个连通分量，连通分量的编号简单地使用顶点在图中的位置(编号)。当往 T 中增加一条边(v_i, v_j)时，先检查 Vset[i]和 Vset[j]值：若 Vset[i]=Vset[j]，表明 v_i 和 v_j 处在同一个连通分量中，加入此边会形成回路；若 Vset[i]≠

Vset[j]，则加入此边不会形成回路，将此边加入到生成树的边集中。加入一条新边后，将两个不同的连通分量合并：将一个连通分量的编号换成另一个连通分量的编号。

算法实现具体描述如下：

```
MSTEdge *Kruskal MST(ELGraph *G)
                        /* 用 Kruskal 算法构造图 G 的最小生成树 */
{  MSTEdge TE[] ;
int  j, k, v, s1, s2, Vset[] ;
WeightType  w ;
Vset=(int  *)malloc(G->vexnum*sizeof(int)) ;
for (j=0; j<G->vexnum; j++)
Vset[j]=j  ;            /* 初始化数组 Vset[n] */
sort(G->edgelist) ;     /* 对表按权值从小到大排序 */
j=0 ; k=0 ;
while (k<G->vexnum-1&&j< G->edgenum)
{  s1=Vset[G->edgelist[j].vex1] ;
s2=Vset[G->edgelist[j].vex2] ;
/*  若边的两个顶点的连通分量编号不同，边加入到 TE 中  */
if  (s1!=s2)
    {  TE[k].vex1=G->edgelist[j].vex1 ;
       TE[k].vex2=G->edgelist[j].vex2 ;
       TE[k].weight=G->edgelist[j].weight ;
       k++ ;
       for (v=0; v<G->vexnum; v++)
           if  (Vset[v]==s2)  Vset[v]=s1 ;
    }
j++ ;
}
free(Vset) ;
return(TE) ;
}                    /* 求最小生成树的 Kruskal 算法 */
```

算法分析：设带权连通图有 n 个顶点、e 条边，则算法的主要执行步骤如下。

(1) Vset 数组初始化：时间复杂度是 O(n)；

(2) 边表按权值排序：若采用堆排序或快速排序，时间复杂度是 $O(e\log_2 e)$；

(3) while 循环：最大执行频度是 O(n)，其中包含修改 Vset 数组，共执行 n−1 次，时间复杂度是 $O(n^2)$；

整个算法的时间复杂度是 $O(e\log_2 e+n^2)$ 。

6.5 最短路径

交通网络中常常提出这样的问题：从甲地到乙地之间是否有公路连通？在有多条通路的情况下，哪一条路最短？

交通网络可用带权图来表示。顶点表示城市名称，边表示两个城市有路连通，边上权值可表示两城市之间的距离、交通费或途中所花费的时间等。求两个顶点之间的最短路径，不是指路径上边数之和最小，而是指路径上各边的权值之和最小。

另外，若两个顶点之间没有边，则认为两个顶点无通路，但有可能有间接通路(从其他顶点到达)。

路径上的开始顶点(出发点)称为源点，路径上的最后一个顶点称为终点，并假定讨论的权值不能为负数。

如果从图中某一顶点(称为源点)到达另一顶点(称为终点)的路径可能不止一条，如何找到一条路径使得沿此路径各边上的权值总和达到最小。对于带权的图，通常把一条路径上所经过边或弧上的权值之和定义为该路径的路径长度。从一个顶点到另一个顶点可能存在多条路径，把路径长度最短的那条路径称为最短路径，其路径长度称为最短路径长度。无权图实际上是有权图的一种特例，我们可以把无权图的每条边或弧的权值看成是 1，每条路径上所经过的边或弧数即为路径长度。

本章讨论两种最常见的最短路径问题，分别是边上权值非负情形的单源最短路径问题与所有顶点之间的最短路径。

6.5.1　单源最短路径

单源最短路径是指：给定一个出发点(单源点)和一个有向网 G=(V, E)，求出源点到其他各顶点之间的最短路径。

迪杰斯特拉(Dijkstra)在做了大量观察后，首先提出了按路径长度递增产生各顶点的最短路径算法，我们称之为迪杰斯特拉算法。

算法的基本思想是：设置并逐步扩充一个集合 U，存放已求出其最短路径的顶点，则尚未确定最短路径的顶点集合是 V-U，其中 V 为网中所有顶点集合。按最短路径长度递增的顺序逐个将 V-U 中的顶点加到 U 中，直到 U 中包含全部顶点，而 V-U 为空。

具体做法是：设源点为 v_1，则 U 中只包含顶点 v_1，令 W=V-U，则 W 中包含图中除 v_1 之外的所有顶点，v_1 对应的距离值为 0，W 中顶点对应的距离值是这样规定的：若图中有弧 $<v_1, v_j>$，则 v_j 顶点的距离为此弧权值，否则为∞(一个很大的数)，然后每次从 W 中选一个其距离值为最小的顶点 v_m 加入到 U 中，每往 U 中加入一个顶点 v_m，就要对 W 中的各个顶点的距离值进行一次修改。若加进 v_m 做中间顶点，使 $<v_1, v_m>+<v_m, v_j>$ 的值小于 $<v_1, v_j>$ 的值，则用 $<v_1, v_m>+<v_m, v_j>$ 代替原来 v_j 的距离，修改后再在 W 中选距离值最小的顶点加入到 U 中，如此进行下去，直到 U 中包含了图中所有顶点为止。

【实例 6-2】如图 6-23 所示，设 G=(V, E)是一个带权有向图，指定顶点 v_0 为源点，求 v_0 到图中其余各顶点的最短路径。

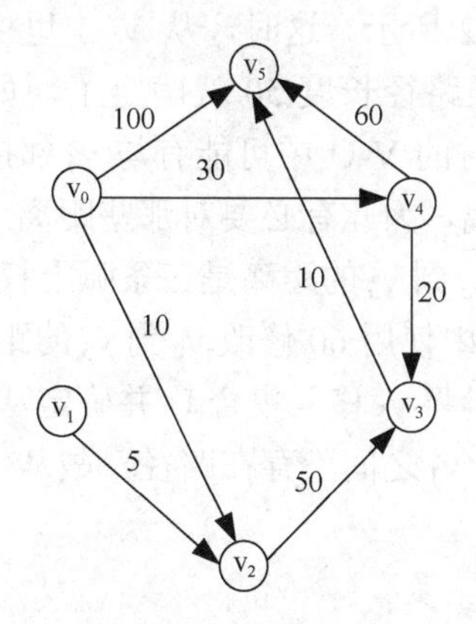

图 6-23　带权有向图

根据 Dijkstra 算法，初始时集合 U 里只有源点 v_0，其他顶点都在集合 V-U 中。由于所给图中有顶点 v_2、v_4、v_5 与 v_0 邻接，所以在图 6-23 的初始状态里，标出了从 v_0 到 v_2 的距离是 10，从 v_0 到 v_4 的距离是 30，从 v_0 到 v_5 的距离是 100。由于不再与其他的顶点相邻，因此与它们之间的距离都标记为∞。这时，从集合 V-U 里挑选与源点 v_0 的距离最近的顶点应该 v_2。这样，从 v_0 到 v_2 的最小路径长度 10 就确定了，如图 6-24 中的粗斜体数字所示。

状态	集合 U	距离				
		v_1	v_2	v_3	v_4	v_5
初始	v_0	∞	**10**	∞	30	100
1	v_0 v_2	∞		60	**30**	100
2	v_0 v_2 v_4	∞		**50**		90
3	v_0 v_2 v_4 v_3	∞				**60**
4	v_0 v_2 v_4 v_3 v_5	∞				

图 6-24　Dijkstra 算法求解最短路径示意图

将 v_2 移入集合 U。由于这时的 V-U 中可能有与 v_2 邻接的顶点，v_2 移入到集合 U 可能会影响源点 v_0 到其他顶点的距离，因此有必要对那些距离进行调整。从图 6-23 中可以看出与 v_2 邻接的顶点有 v_3。v_0 通过 v_2 到 v_3 的距离是两条弧上权值的和 10+50=60，它比原来的距离∞要小，所以在图 6-24 中使用 60 修改 v_0 到 v_3 的距离，如图 6-24 中的状态 1 所示。这时，从 V-U 里挑选与源点 v_0 的距离最小的顶点是 v_4。这样，从 v_0 到 v_4 的最小路径长度 30 就确定了，如图 6-24 中的粗斜体数字所示。

将 v_4 移入集合 U。由于这时的 V-U 中可能有与 v_4 邻接的顶点，v_4 移入到集合 U 可能会影响源点 v_0 到其他顶点的距离，因此有必要对那些距离进行调整。从图 6-23 中可以看出与 v_4 邻接的顶点有 v_3 和 v_5。v_0 通过 v_4 到 v_3 的距离是两条弧上权值的和 20+30=50，它比原来的距离 60 要小，所以在图 6-24 中使用 50 修改 v_0 到 v_3 的距离，还需要使用 90 修改 v_0 到 v_5 的距离，如图 6-24 中的状态 2 所示。这时，从 V-U 里挑选与源点 v_0 的距离最小的顶点是 v_3。这样，从 v_0 到 v_3 的最小路径长度 50 就确定了，如图 6-24 中的粗斜体数字所示。

将 v_3 移入集合 U。由于这时的 V-U 中可能有与 v_3 邻接的顶点，v_3 移入到集合 U 可能会影响源点 v_0 到其他顶点的距离，因此有必要对那些距离进行调整。从图 6-23 中可以看出与 v_3 邻接的顶点有 v_5。v_0 通过 v_3 到 v_5 的距离是三条弧上权值的和 20+30+10=60，它比原来的距离 90 要小，所以在图 6-24 中使用 60 修改 v_0 到 v_5 的距离，如图 6-24 中的状态 3 所示。这时，V-U 集合中有｛v_1, v_5｝，将 v_5 移入集合 U 并确定从 v_0 到 v_5 的最小路径长度 60。此时 V-U 集合中仅余 v_1，而 v_0 与 v_1 之间不存在路径，故从 v_0 到其他各点的最短路径求解完毕，过程示意图如图 6-25 所示。

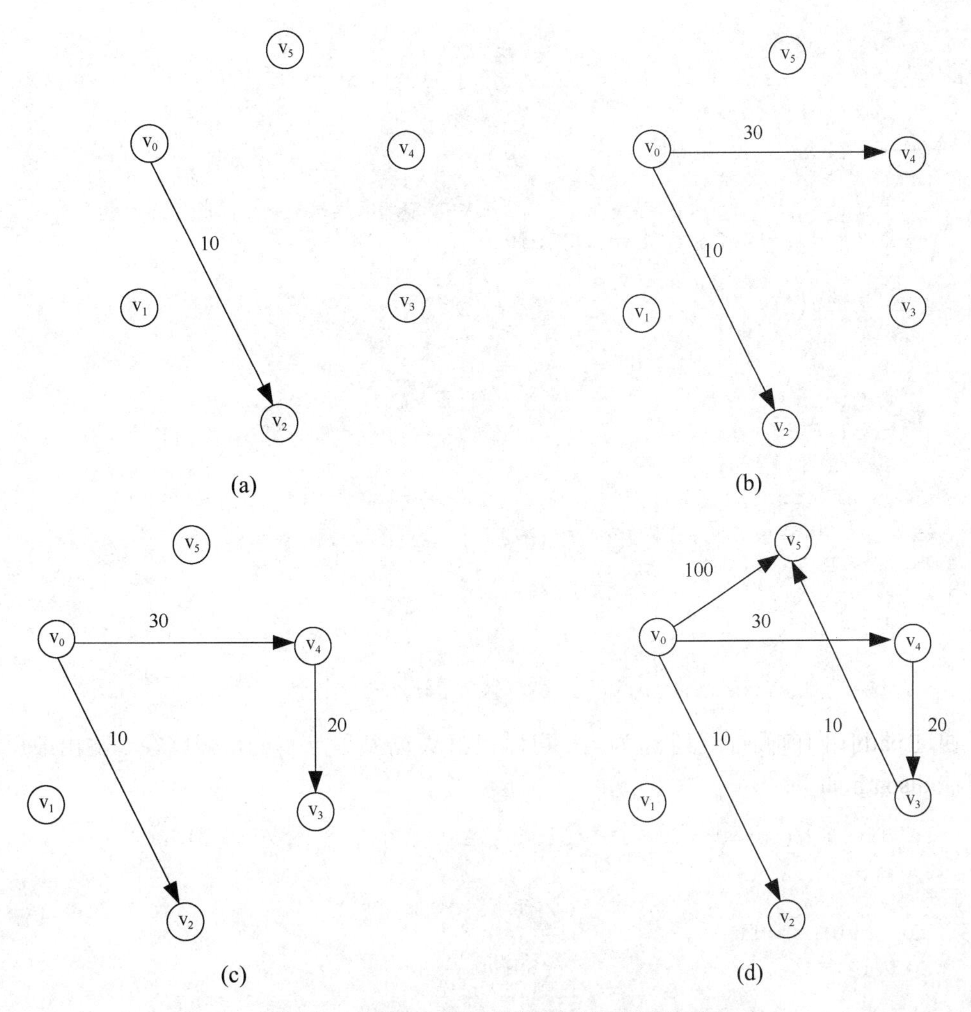

图 6-25　Dijkstra 算法求解最短路径过程示例

Dijkstra 算法实现如下，其中 n 为图 G 的顶点数，v0 为源点。

```
#define INF 32767             //INF 表示∞
#define MAXV <最大顶点个数>
void dijkstra(int cost[][MAXV], int n, int v0)
{
int dist[MAXV], path[MAXV];
int U[MAXV];
int mindis;
int i, j, k;
for(i=0;i<n;i++){
   dist[i]=cost[v0][i];       //距离初始化
   U [i]=0;                   //U []初始化
   if (cost[v0][i]<INF)       //路径初始化
      path[i]=v0;
   else
     path[i]=-1;
}
```

```
   U [v0]=1;                          //源点 v0 放入 U 中
   for(i=1;i<n;i++)                   //重复，直到求出 v0 到其余所有顶点的最短路径
      for(i=1;i<n;i++)                //重复，直到求出 v0 到其余所有顶点的最短路径
{  mindis=INF;
      k=v0;
      for(j=1;j<n;j++)                //从 V-U 中选取具有最小距离的顶点 vk
      { if(U [j]==0 && dist[j]<mindis)
        { k=j;
mindis=dist[j];
        }
      }
      U[k]=1;                         //将顶点 k 加入 U 中
      for(j=1;j<n;j++)                //修改 V-U 中顶点的距离 dist[j]
      { if(U[j]==0)
         if(cost[k][j]<INF && dist[k]+cost[k][j]<dist[j])
         { dist[j]=dist[k]+cost[k][j];
           path[j]=k;
         }
      }
    }
   dispath(dist,path,U,n,v0);    //输出最短路径}
```

通过 path[i]向前回推直到 v_0 为止，可以找出从 v_0 到顶点 v_i 的最短路径。输出最短路径的算法 dispath 如下：

```
void dispath(int dist[],int path[],int U[],int n,int v0)
{
int i,k;
   for(i=0;i<n;i++)
   if(U[i]==1)                     //S 中顶点
    { k=i;
      printf("%d 到%d 的最短路径为:", v0,i);
      while(k!=v0){
        printf("%d<-",k);
        k=path[k];
      }
      printf("%d 路径长度为:%d\n",v0,dist[i]);
   }
   else
   printf("%d<-%d 不存在路径\n",i,v0);
}
```

在迪杰斯特拉算法中，求一条最短路径所花费的时间：从 V-U 中选取具有最小距离的顶点 v_k 花费时间 O(n)；修改 V-U 中顶点的距离花费时间 O(n)；输出最短路径花费时间 O(n)。因此求出 n−1 条最短路径的时间复杂度为 $O(n^2)$。

6.5.2 所有顶点对之间的最短路径

顶点对之间的最短路径是指对于给定的有向网 G=(V, E)，要对 G 中任意一对顶点有序

对V、W(V≠W)，找出V到W的最短距离和W到V的最短距离。

解决此问题的一个有效方法是：轮流以每一个顶点为源点，重复执行迪杰斯特拉算法n次，即可求得每一对顶点之间的最短路径，总的时间复杂度为$O(n^3)$。

弗洛伊德提出了另外一个求图中任意两顶点之间最短路径的算法，虽然其时间复杂度也是$O(n^3)$，但其算法的形式更简单，易于理解和编程。

弗洛伊德算法仍然使用前面定义的图的邻接矩阵arcs[n+1][n+1]来存储带权有向图。算法的基本思想是：设置一个n×n的矩阵$A^{(k)}$，其中除对角线的元素都等于0外，其他元素$a^{(k)}$[i][j]表示顶点i到顶点j的路径长度，K表示运算步骤。开始时，以任意两个顶点之间的有向边的权值作为路径长度，没有有向边时，路径长度为∞，当K=0时，$A^{(0)}$[i][j]=arcs[i][j]。

以后逐步尝试在原路径中加入其他顶点作为中间顶点，如果增加中间顶点后，得到的路径比原来的路径长度减少了，则以此新路径代替原路径，修改矩阵元素。具体做法如下。

(1) 让所有边上加入中间顶点1，取A[i][j]与A[i][1]+A[1][j]中较小的值作A[i][j]的值，完成后得到$A^{(1)}$；

(2) 让所有边上加入中间顶点2，取A[i][j]与A[i][2]+A[2][j]中较小的值，完成后得到$A^{(2)}$，如此进行下去，当第n步完成后，得到$A^{(n)}$，$A^{(n)}$即为我们所求结果，$A^{(n)}$[i][j]表示顶点i到顶点j的最短距离。

因此，弗洛伊德算法可以描述为

$$\begin{cases} A^2[i][j] = arcs[i][j]; \text{//arcs为图的邻接矩阵} \\ A^{(k)}[i][j] = \min\{A^{(k-1)}[i][j],\ A^{(k-1)}[i][k] + A^{(k-1)}[k][j]\} \end{cases}$$

其中，k=1, 2, …, n。

弗洛伊德算法的基本思想：

定义一个n阶方阵序列：

$$D^{(-1)},\ D^{(0)},\ \cdots,\ D^{(n-1)}$$

其中，$D^{(-1)}[i][j] = G.arcs[i][j]$；$D^{(k)}[i][j] = \min\{D^{(k-1)}[i][j],\ D^{(k-1)}[i][k] + D^{(k-1)}[k][j]\}$，k = 0, 1, …, n−1。

$D^{(0)}$[i][j]是从顶点v_i到v_j，中间顶点是v_0的最短路径的长度；

$D^{(k)}$[i][j]是从顶点v_i到v_j，中间顶点的序号不大于k的最短路径长度；

$D^{(n-1)}$[i][j]是从顶点v_i到v_j的最短路径长度。

弗洛伊德算法允许图中有带负权值的边，但不许有带负权值的边组成的回路。

本章给出的求解最短路径的算法不仅适用于带权有向图，对带权无向图也适用。因为带权无向图可以看作是有往返二重边的有向图，只要在顶点v_i与v_j之间存在无向边(v_i, v_j)，就可以看成是在这两个顶点之间存在权值相同的两条有向边$<v_i, v_j>$和$<v_j, v_i>$。

弗洛伊德(Floyd)算法具体描述如下：

```
#define INF 32767              //INF表示∞
#define MAXV <最大顶点个数>
void floyd(int cost[][MAXV], int n)
{  int A[MAXV][MAXV], path[MAXV][MAXV];
int i,j,k;
for(i=0;i<n;i++)                    //赋值A0[i][j]和path0[i][j]
```

```
    for(j=0;j<n;j++)
{ A[i][j]=cost[i][j];
      if cost[i][j]<INF
        path[i][j]=i;
      else
path[i][j]=-1;
    }
  for(k=0;k<n;k++)            //在 vi 与 vj 之间 n 次加入中间顶点 vk
    for(i=0;i<n;i++)
      for(j=0;j<n;j++)        //求 min{A^k[i][j], A^k+1[i][k]+A^k+1[k][j]}
        if(A[i][j]>(A[i][k]+A[k][j]))
         if(A[i][j]>(A[i][k]+A[k][j]))
{ A[i][j]=A[i][k]+A[k][j];
  path[i][j]=k;
       }
  dispath(A,path,n);          //输出最短路径
}
```

以下是输出最短路径的算法 dispath，其中 ppath()函数在 path 中递归输出从顶点 v_i 到 v_j 的最短路径。

```
void ppath(int path[][MAXV],int i,int j)
{  int k;
   k=path[i][j];
   if(k==-1)  //path[i][j]=-1 时,顶点 vi 和 vj 之间无中间顶点
      return;
   ppath(path,i,k);
   printf("%d,",k);
   ppath(path,k,j);
}void dispath(int A[][MAXV],int path[][MAXV],int n)
{  int i,j;
   for(i=0;i<n;i++)
     for(j=0;j<n;j++)
{ if(A[i][j]==INF)
      { if(i!=j)
          printf("从顶点%d 到顶点%d 没有路径\n",i,j);
      }
      else
      { printf("从顶点%d 到顶点%d 路径为:",i,j);;
        printf("%d," ,i);
        ppath(path,i,j);
        printf("%d",j);
        printf("路径长度为:%d\n", A[i][j]);
      }
    }
}
```

弗洛伊德算法包含一个三重循环，其时间复杂度为 $O(n^3)$。

6.6　拓 扑 排 序

通常我们把计划、施工过程、生产流程、程序流程等都当成一个工程，一个大的工程常常被划分成许多较小的子工程，这些子工程称为活动。这些活动完成时，整个工程也就完成了。

例如，计算机专业学生的课程开设可看成是一个工程，每一门课程就是工程中的活动，图 6-26 给出了若干门所开设的课程，其中有些课程的开设有先后关系，有些则没有先后关系，有先后关系的课程必须按先后关系开设，如开设数据结构课程之前必须先学完程序设计基础及离散数学，而开设离散数学则必须先并行学完高等数学、程序设计基础课程。

在这里引入一种特殊的有向图，在这种有向图中，顶点表示活动，有向边表示活动的优先关系，这种有向图简称为 AOV 网。如图 6-27 所示为使用 AOV 网表示课程安排。

课程代号	课程名称	先修课程
C1	高等数学	无
C2	程序语言	无
C3	离散数学	C1
C4	数据结构	C2，C3
C5	编译原理	C2，C4
C6	操作系统	C4，C7
C7	计算机组成原理	C2

图 6-26　课程名称及相应的课程安排次序

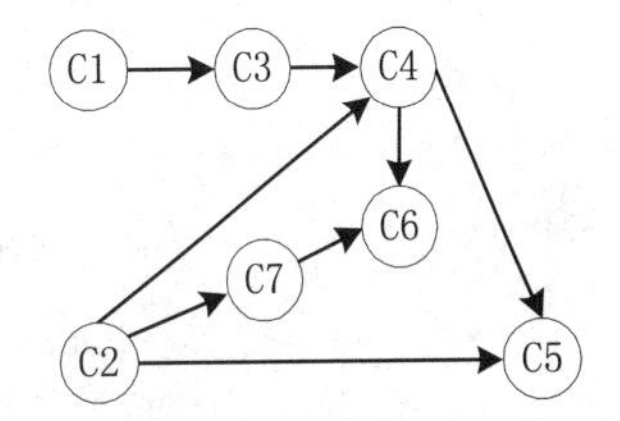

图 6-27　课程安排的 AOV 网

相关概念介绍如下。

AOV 网——Activity On Vertex Network：用顶点表示活动，用弧表示活动间的优先关系的有向图，称为顶点表示活动的网，在 AOV 网中不能有回路。

拓扑排序：假设 G=(V, E)是一个具有 n 个顶点的有向图，V 中顶点序列 $v_1,v_2,\cdots,v_n$ 称作一个拓扑序列(Topological Order)，当且仅当该顶点序列满足下列条件：若在有向图 G 中存在从顶点 v_i 到 v_j 的一条路径，则在顶点序列中顶点 v_i 必须排在顶点 v_j 之前。通常，在 AOV 网中，将所有活动排列成一个拓扑序列的过程叫作拓扑排序(Topological Sort)。

由于 AOV 网中有些活动之间没有次序要求，它们在拓扑序列中的位置可以是任意的，因此拓扑排序的结果不唯一。

对图 6-27 进行拓扑排序，可得一个拓扑序列：

C1,C3,C2,C4,C7,C6,C5

也可得到另一个拓扑序列：

C2,C7,C1,C3,C4,C5,C6

还可以得到其他的拓扑序列。学生按照任何一个拓扑序列都可以学完所要求的全部课程。

在 AOV 网中不应该出现有向环。因为环的存在意味着某项活动将以自己为先决条件，显然无法形成拓扑序列。

判定网中是否存在环的方法：对有向图构造其顶点的拓扑有序序列，若网中所有顶点都出现在它的拓扑有序序列中，则该 AOV 网中一定不存在环。

进行拓扑排序的方法如下。

(1) 输入 AOV 网络，令 n 为顶点个数。

(2) 在 AOV 网络中选一个没有直接前驱的顶点并输出。从图中删去该顶点，同时删去所有它发出的有向边。

重复以上(1)、(2)步，直到全部顶点均已输出，拓扑有序序列形成，拓扑排序完成。如果图中还有未输出的顶点，但已跳出处理循环，这说明有向图中存在有向环。

对如图 6-28 所示的有向无环图进行拓扑排序的过程如图 6-29 所示。

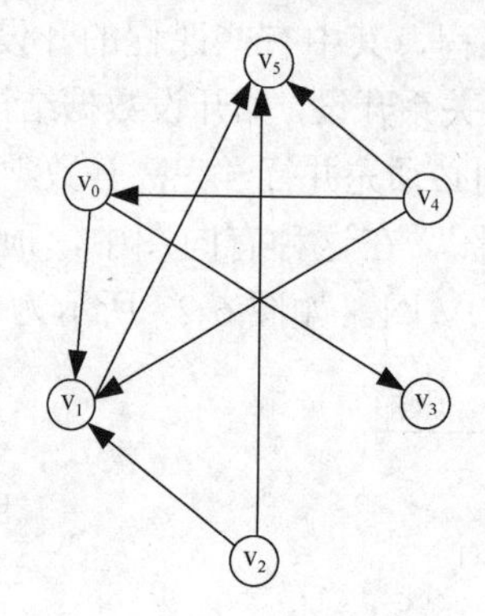

图 6-28 有向无环图示例

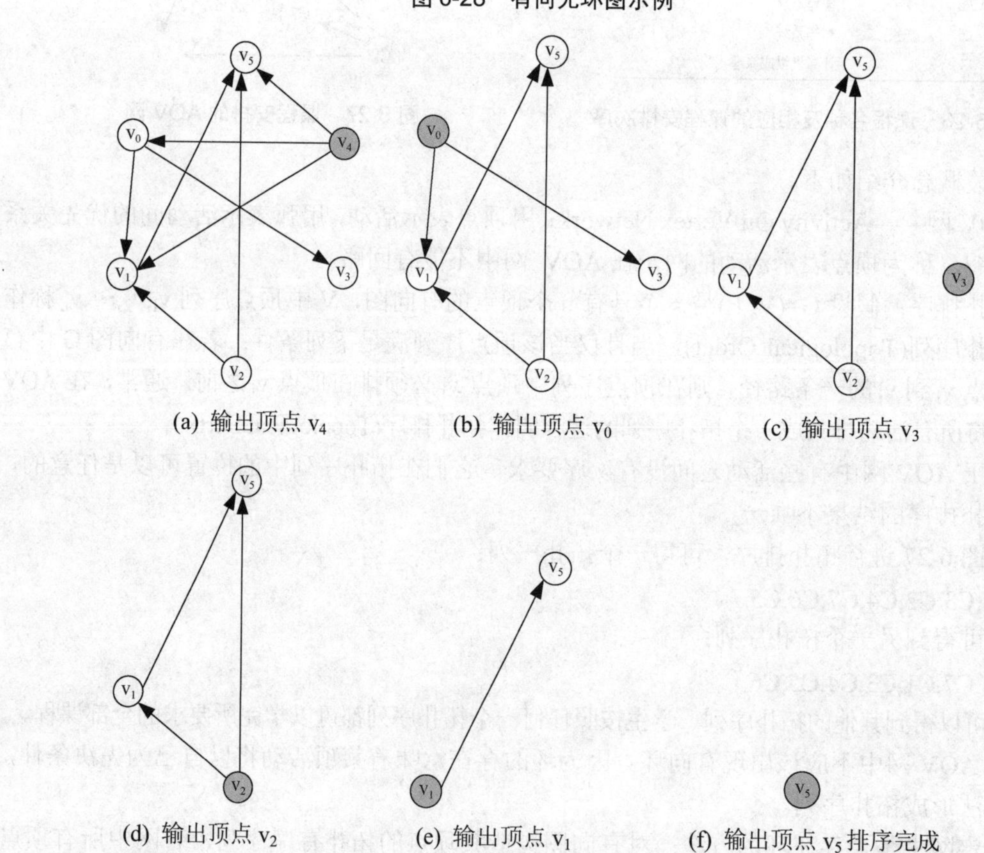

(a) 输出顶点 v_4　(b) 输出顶点 v_0　(c) 输出顶点 v_3

(d) 输出顶点 v_2　(e) 输出顶点 v_1　(f) 输出顶点 v_5 排序完成

图 6-29 有向无环图进行拓扑排序的过程示意

最后得到的拓扑有序序列为 v_4,v_0,v_3,v_2,v_1,v_5。它满足图中给出的所有前驱和后继关系，对于本来没有这种关系的顶点，如 v_4 和 v_2，也排出了先后次序关系。

在实现拓扑排序的算法中，采用邻接表作为有向图的存储结构，每个顶点设置一个单链表，每个单链表有一个表头结点，在表头结点中增加一个存放顶点入度的域 count，这些表头结点构成一个数组，表头结点定义如下：

```
typedef struct                        //表头结点
{ Vertex data;                        //顶点信息
  int count;                          //存放顶点入度
  ArcNode *firstarc;                  //指向第一条弧
}Vnode;
```

在执行拓扑排序的过程中，当某个顶点的入度为零(没有前驱顶点)时，就将此顶点输出，同时将该顶点的所有后继顶点的入度减 1，相当于删除所有以该顶点为尾的弧。为了避免重复检测顶点的入度是否为零，需要设立一个栈来存放入度为零的顶点。执行拓扑排序的算法如下：

```
void topsort(VNode adj[],int n)
{  int i,j;
   int stack[MAXV],top=0;          //栈 stack 的指针为 top
   ArcNode *p;
   for(i=0;i<n;i++)
     if(adj[i].count==0)           //建入度为 0 的顶点栈
     {  top++;
        stack[top]=i;
     }
   while(top>0)                    //栈不为空
   { i=stack[top];
 top--;                            //顶点 vi 出栈
     printf("%d",i);               //输出 vi
     p=adj[i].firstarc;            //指向以 vi 为弧尾的第一条弧
     while(p!=NULL)
     { j=p->adjvex;                //以 vi 为弧尾的弧的另一顶点 vj
         while(p!=NULL)
     { j=p->adjvex;                //以 vi 为弧尾的弧的另一顶点 vj
       adj[j].count--;             //顶点 vj 的入度减 1
       if(adj[j].count==0)         //入度为 0 的相邻顶点入栈
        { top++;
          stack[top]=j;
        }
       p=p->nextarc;               //指向以 vi 为弧尾的下一条弧
     }
   }
 }
```

可见，对于有 n 个顶点和 e 条边的有向图而言，for 循环中建立入度为 0 的顶点栈的时间为 O(n)；若在拓扑排序过程中不出现有向环，则每个顶点出栈、入栈和入度减 1 的操作在 while(top>0)循环语句中均执行 e 次，因此拓扑排序总的时间花费为 O(n+e)。

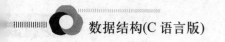

6.7 关键路径

如果在无有向环的带权有向图中用有向边表示一个工程中的各项活动(Activity)，用边上的权值表示活动的持续时间(Duration)，用顶点表示事件(Event)，则这样的有向图叫作用边表示活动的网络，简称 AOE (Activity On Edges)网络。

AOE 网是一个带权的有向无环图，它在某些工程估算方面非常有用。例如，使用 AOE 网络可以使人们了解：

(1) 完成整个工程至少需要多少时间(假设网络中没有环)？

(2) 为缩短完成工程所需的时间，应当加快哪些活动？

在 AOE 网络中，有些活动顺序进行，有些活动并行进行。

从源点到各个顶点，以至从源点到汇点的有向路径可能不止一条。这些路径的长度也可能不同。完成不同路径的活动所需的时间虽然不同，但只有各条路径上所有活动都完成了，整个工程才算完成。

因此，完成整个工程所需的时间取决于从源点到汇点的最长路径长度，即在这条路径上所有活动的持续时间之和。这条路径长度最长的路径就叫作关键路径(Critical Path)。

图 6-30 就是一个 AOE 网，该网中有 11 个活动和 9 个事件。每个事件表示在它之前的活动已经完成，在它之后的活动可以开始。如事件 5 表示 a_4 和 a_5 活动已经完成，a_7 和 a_8 活动可以开始。每个弧上的权值表示完成相应活动所需要的时间，如完成活动 a_1 需要 6 天，a_8 需要 7 天。

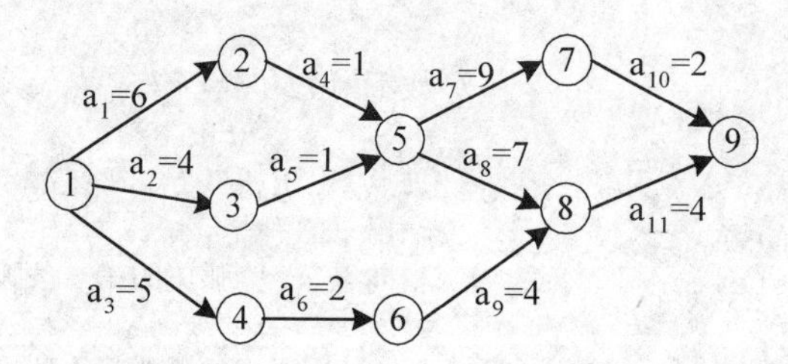

图 6-30 AOE 网示意图

AOE 网常用于表示工程的计划或进度。由于实际工程只有一个开始点和一个结束点，因此 AOE 网存在唯一的入度为 0 的开始点(又称源点)和唯一的出度为 0 的结束点(又称汇点)，例如图 6-29 所示的 AOE 网从事件 v_1 开始，以事件 v_9 结束。同时 AOE 网应当是无环的。

定义几个与计算关键活动有关的量：

事件 v_i 的最早可能开始时间 $v_e(i)$：是从源点 v_0 到顶点 v_i 的最长路径长度。

事件 v_i 的最迟允许开始时间 $v_l[i]$：是在保证汇点 v_{n-1} 在 $v_e[n-1]$时刻完成的前提下，事件 v_i 允许的最迟开始时间。

活动 a_k 的最早可能开始时间 e[k]：设活动 a_k 在边$<v_i, v_j>$上，则 e[k]是从源点 v_0 到顶点 v_i 的最长路径长度。因此，$e[k] = v_e[i]$。

活动 a_k 的最迟允许开始时间 l[k]：l[k]是在不会引起时间延误的前提下，该活动允许的最迟开始时间。

$l[k] = v_l[j] - dur(<i, j>)$。

其中，$dur(<i, j>)$是完成 a_k 所需的时间。

时间余量 $l[k] - e[k]$：表示活动 a_k 的最早可能开始时间和最迟允许开始时间的时间余量。$l[k] == e[k]$表示活动 a_k 是没有时间余量的关键活动。

为找出关键活动，需要求各个活动的 $e[k]$与 $l[k]$，以判别是否 $l[k] == e[k]$。

为求得 $e[k]$与 $l[k]$，需要先求得从源点 v_0 到各个顶点 v_i 的 $v_e[i]$和 $v_l[i]$。

从 $v_e[0] = 0$ 开始，向前递推：

$v_e[i]=\max\{v_e[j]+dur(<v_j, v_i>)\}$，$<v_j, v_i>\in S_2$，$i = 1,2,\cdots,n-1$

其中，S_2 是所有指向顶点 v_i 的有向边$<v_j, v_i>$的集合。

从 $v_l[n-1] = v_e[n-1]$开始，反向递推：

$v_l[i]=\min\{v_l[j] - dur(<v_i, v_j>)\}$　$<v_i, v_j>\in S_1$，$i =n-2,n-3,\cdots,0$

其中，S_1 是所有从顶点 v_i 发出的有向边$<v_i, v_j>$的集合。

这两个递推公式的计算必须分别在拓扑有序及逆拓扑有序的前提下进行。

设活动 a_k $(k = 1, 2, \cdots, e)$在带权有向边$<v_i, v_j>$上，它的持续时间用 $dur(<v_i, v_j>)$表示，则有

$e[k] = v_e[i]$；

$l[k] = v_l[j] - dur(<v_i , v_j >)$，$k = 1, 2, \cdots, e$。这样就得到计算关键路径的算法。

计算关键路径时，可以一边进行拓扑排序，一边计算各顶点的 $v_e[i]$。为了简化算法，假定在求关键路径之前已经对各顶点实现了拓扑排序，并按拓扑有序的顺序对各顶点重新进行了编号。算法在求 $v_e[i]$, $i=0, 1, \cdots, n-1$ 时按拓扑有序的顺序计算，在求 $v_l[i]$，$i=n-1, n-2, \cdots, 0$ 时按逆拓扑有序的顺序计算。

利用关键路径法求 AOE 网的各关键活动：

```
void CriticalPath (ALGraph G) {
int i, j, k, e, l;
int *Ve,*Vl;
ArcNode *p;
  Ve = new int[G.vexnum];
   Vl = new int[G.vexnum];
    for ( i = 0; i < G.vexnum; i++ ) Ve[i] = 0;
    for ( i = 0; i < G.vexnum; i++ ) {
        ArcNode *p = G.vertices[i].firstarc;
        while ( p != NULL ) {
            k = p->adjvex;
            if (Ve[i] + p->info > Ve[k])
      Ve[k] = Ve[i] + p->info;
       p = p->nextarc;
       }
   }
for ( i = 0; i < G.vexnum; i++ )
       Vl[i] = Ve[G.vexnum-1];
     for ( i = G.vexnum-2; i; i-- ) {
       p = G.vertices[i].firstarc;
       while ( p != NULL ) {
```

```
            k = p->adjvex;
            if ( Vl[k] - p->info < Vl[i])
          Vl[i] = Vl[k] - p->info;
        p = p->nextarc;
        }
    }
for ( i = 0; i < G.vexnum; i++ ) {
    p = G.vertices[i].firstarc;
    while ( p != NULL ) {
        k = p->adjvex;
        e = Ve[i];  l = Vl[k] - p->info;
        char tag= (e = = l) ? '*' : ' ';
printf("(%c,%c),e=%d,l=%d,%c\n",G.vertices[i].data,G.vertices[k].data,e,
l,tag);
        p = p->nextarc;
       }
    }
}
```

在拓扑有序求 $v_e[i]$和逆拓扑有序求 $v_l[i]$时，所需时间为 O(n+e)，求各个活动的 e[k]和 l[k]时所需时间为 O(e)，总共花费时间仍然是 O(n+e)。

本 章 小 结

图是一种复杂的非线性结构，具有广泛的应用背景。本章基本学习要点如下。

(1) 掌握图的相关概念，包括图、有向图、无向图、完全图、子图、连通图、度、入度、出度、简单回路和环等的定义。

(2) 重点掌握图的各种存储结构，包括邻接矩阵和邻接表等。

(3) 重点掌握图的基本运算，包括创建图、输出图、深度优先遍历、广度优先遍历算法等。

(4) 掌握图的其他运算，包括最小生成树、最短路径、拓扑排序等算法。

(5) 灵活运用图这种数据结构解决一些综合应用问题。

习 题

一、单选题

1. 在一个具有 n 个顶点的有向图中，若所有顶点的出度数之和为 s，则所有顶点的入度数之和为(　　)。

A. s　　　B. s−1　　　C. s+1　　　D. n

2. 在一个具有 n 个顶点的有向图中，若所有顶点的出度数之和为 s，则所有顶点的度数之和为(　　)。

A. s　　　B. s−1　　　C. s+1　　　D. 2s

3. 在一个具有 n 个顶点的无向图中，若具有 e 条边，则所有顶点的度数之和为(　　)。

A. n　　　B. e　　　C. n+ e　　　D. 2 e

4. 在一个具有 n 个顶点的无向完全图中，所含的边数为(　　)。

A. n　　B. n(n−1)　　C. n(n−1)/2　　D. n(n+1)/2

5. 在一个具有 n 个顶点的有向完全图中，所含的边数为(　　)。

A. n　　B. n(n−1)　　C. n(n−1)/2　　D. n(n+1)/2

6. 在一个无向图中，若两顶点之间的路径长度为 k，则该路径上的顶点数为(　　)。

A. k　　B. k+1　　C. k+2　　D. 2k

7. 对于一个具有 n 个顶点的无向连通图，它包含的连通分量的个数为(　　)。

A. 0　　B. 1　　C. n　　D. n+1

8. 假设一个图中包含 k 个连通分量，若要按照深度优先搜索的方法访问所有顶点，则必须调用(　　)次深度优先搜索遍历的算法。

A. k　　B. 1　　C. k−1　　D. k+1

9. 若要把 n 个顶点连接为一个连通图，则至少需要(　　)条边。

A. n　　B. n+1　　C. n−1　　D. 2n

10. 在一个具有 n 个顶点和 e 条边的无向图的邻接矩阵中，表示边存在的元素(又称为有效元素)的个数为(　　)。

A. n　　B. n×e　　C. e　　D. 2× e

二、填空题

1. 在一个图中，所有顶点的度数之和等于所有边数的________倍。

2. 在一个具有 n 个顶点的无向完全图中，包含________条边，在一个具有 n 个顶点的有向完全图中，包含________条边。

3. 假定一个有向图的顶点集为{a,b,c,d,e,f}，边集为{<a,c>, <a,e>, <c,f>, <d,c>,<e,b>, <e,d>}，则出度为 0 的顶点个数为________，入度为 1 的顶点个数为________。

4. 在一个具有 n 个顶点的无向图中，要连通所有顶点则至少需要________条边。

5. 表示图的两种存储结构为__________和__________。

6. 在一个连通图中存在________个连通分量。

7. 图中的一条路径长度为 k，该路径所含的顶点数为________。

8. 若一个图的顶点集为{a,b,c,d,e,f}，边集为{(a,b),(a,c),(b,c),(d,e)}，则该图含有________个连通分量。

9. 对于一个具有 n 个顶点的图，若采用邻接矩阵表示，则矩阵大小至少为________×________。

10. 对于具有 n 个顶点和 e 条边的有向图和无向图，在它们对应的邻接表中，所含边结点的个数分别为________和________。

11. 假定一个有向图的边集为{<a,c>,<a,e>,<c,f>,<d,c>,<e,b>,<e,d>}，对该图进行拓扑排序得到的顶点序列为________。

三、算法设计题

1. 编写一个算法，求出邻接矩阵表示的无向图中序号为 numb 的顶点的度数。

2. 编写一个算法，求出邻接矩阵表示的有向图中序号为 numb 的顶点的度数。

3. 编写一个算法，求出邻接表表示的无向图中序号为 numb 的顶点的度数。

4. 编写一个算法，求出邻接表表示的有向图中序号为 numb 的顶点的度数。

第7章

查　找

本章要点

(1) 查找的基本概念;
(2) 静态查找表的三种查找方法;
(3) 树表的查找;
(4) 散列表的查找。

学习目标

(1) 理解查找的基本思想;
(2) 掌握查找表的几种组织及查找方法。

查找是数据处理领域使用最为频繁的一种基本操作，例如，编译器对源程序中变量名的管理、数据库系统的信息维护等，都会涉及查找操作。同时查找操作也频繁地出现在我们的日常生活中，人们几乎每天都要进行一系列的数据查找操作，例如，在手机通信录中寻找某个联系人的通信号码，在企业员工名单中查找某个职工的姓名及其信息，等等。

由于查找运算是当前信息处理过程中最基本、最重要、使用最频繁的操作，几乎在任何一个计算机系统软件和应用软件中都会涉及，所以当问题所涉及的数据量相当大时，查找方法的效率就显得格外重要，在一些实时查询系统中尤其重要。

而要在计算机系统中查找某一个信息，必须先把供人们查找用的信息进行组织和存储到计算机系统中。通常的处理方式是把供人们查找用的各种各样的信息按其作用和类型存储到一个被称为“查找表”的数据表中，然后通过有关的算法，根据需要确定查找的关键词从查找表中获取人们所需要的信息。

7.1 查找的基本概念

下面以某企业员工信息登记表为例(见表 7-1)，先来讨论一下有关查找的几个基本概念。

表 7-1 某企业员工信息登记表

职工编号	姓 名	性别	年龄	入职年限	籍贯	工作岗位	联系电话
⋮	⋮	⋮	⋮	⋮	⋮	⋮	⋮
S1001	赵小明	男	35	5	天津	车间主任	3487121
K1001	王小华	女	42	10	山东	会计	3487232
D2001	刘军	男	56	15	河北	司机	3487211
⋮	⋮	⋮	⋮	⋮	⋮	⋮	⋮

1. 数据项(字段)

数据项是数据不可分割的最小单位，如表 7-1 中的“职工编号”“姓名”“性别”等。每个数据项都必须有一个名称，这个名称称为数据项名或称为“字段名”。在查找表中，要求同一个数据项的数据(字段的值)要具有相同的数据类型。并且，不可以在查找表中有完全相同的两个数据项。

2. 组合项

如果一个数据项是由若干项组合构成的，则称此数据项为组合项。例如在图 7-1 所示员工信息表中假设存在一个出生日期数据项，它是由年、月、日三部分组成的，则出生日期称为一个组合项。

3. 数据元素(记录)

数据元素是由若干数据项、组合项构成的数据单位，是在某一问题中作为整体进行考虑和处理的基本单位。它对应着查找表中的一行。数据元素有数据类型和取值之分，表中项名的集合，也即表头部分就是数据元素的类型；表 7-1 中一个职工对应的一行数据就是一个数据元素的值，表中全体职工即为数据元素集合。

4. 关键字

关键字是数据元素(记录)中某个项或组合项的值，用它可以标识一个数据元素(记录)。能唯一确定一个数据元素(记录)的关键字称为主关键字；而不能唯一确定一个数据元素(记录)的关键字称为次关键字。表 7-1 中的“职工编号”即可看成是主关键字，“姓名”则应视为次关键字，因为可能在企业中存在同名同姓的职工。

5. 查找表

查找表是由具有同一类型(属性)的数据元素(记录)组成的集合。它以集合作为逻辑结构。分为静态查找表和动态查找表两类。

(1) 静态查找表：仅对查找表进行查找操作，而不能改变的查找表。这意味着在查找操作的过程中，查找表的结构不发生变化。同时，查找表中的数据元素个数也不会发生改变。

(2) 动态查找表：对查找表除进行查找操作外，还能在表中插入数据元素或删除数据元素的查找表。动态查找表的结构是动态的，数据元素是可以增加或减少的。

(3) 顺序表：如果查找表中的数据元素采用顺序存储方式，那么把这样的查找表称为顺序表。

(4) 有序表：如果查找表中的数据元素是按照某个关键字的顺序排列的，那么就称此查找表为有序表。

6. 查找

广义地讲，查找是在具有相同类型的记录构成的集合中找出满足给定条件的记录。给定的查找条件可能是多种多样的，为了便于讨论，我们把查找条件限制为“匹配”，即查找关键字等于给定值的记录。查找的结果有两种：一种是查找成功，也就意味着在查找表通过查找操作，得到了所要查找的记录；另一种是查找不成功(或查找失败)，即通过对查找表的某种查找操作，没有得到所要查找的记录。通常情况下，查找成功时，要返回一个查找成功标志，例如返回查找到的记录的位置或值；查找不成功时，要返回一个不成功标志，例如空指针或 0，或者将被查找的记录插入到查找表中。

如果查找的关键字所对应的字段是查找表中的主关键字字段，则在查找成功时，所得到的查找结果是唯一的，否则在查找成功时有可能得到多个符合查找条件的记录。

7. 查找分类

按查找目的可以将查找分为静态查找和动态查找：不涉及插入和删除操作的查找称为静态查找，静态查找在查找失败时，只返回一个不成功标志，查找的结果不改变查找表。涉及插入和删除操作的查找称为动态查找，动态查找在查找失败时，需要将被查找的记录插入到查找表中，查找的结果可能会改变查找表。

静态查找适用场合是：查找表一旦生成，便只对其进行查找，而不进行插入和删除操作，或经过一段时间的查找之后，集中地进行插入和删除等修改操作；动态查找的适用场合是：查找与插入和删除操作是在同一阶段进行的，例如在某些问题中，当查找成功时，要删除查找的记录，当查找不成功时，要插入被查找的记录。

8. 查找结构

一般来言，各种数据结构都会涉及查找操作，如前面介绍的线性表、树与图等。在这些数据结构中，查找操作并没有被作为主要操作考虑，其实现服从于数据结构。但在某些应用中，查找操作是最主要的操作，为了提高查找效率，需要专门为查找操作设置数据结构，这种面向查找操作的数据结构称为查找结构。本章所涉及的主要查找结构包括静态查找表、动态查找表以及哈希表。

9. 查找的性能分析

查找算法中的基本操作通常是将记录的关键字和给定值进行比较，其运行时间主要消耗在关键字的比较上。因此，应该以关键字的比较次数来度量查找算法的时间性能。比较总人数又与哪些因素相关呢？显然，除了与算法本身及问题规模相关外，还与待查关键字在查找表中的位置有关。同一查找表、同一查找算法，待查关键字所处的位置不同，比较次数往往不同。所以，查找算法的时间复杂度是问题规模 n 和待查关键字在查找集合中的位置 k 的函数，记为 T(n,k)。

对于查找算法，以个别关键字的查找来衡量时间性能是不全面的。一般来讲，我们关心的是其整体性能。将查找算法进行的关键字的比较次数的数学期望定义为平均查找长度。对于查找成功的情况，其计算公式为：

$$ASL=\sum_{i=1}^{n}p_i c_i$$

其中，n 是问题规模，查找表中的记录个数；p 是查找第 i 个记录的概率；c_i 是查找第 i 个记录所需要的关键字的比较次数。一般情况下，如果不特别声明，则认为每个记录的查找概率相等，即 $p_1=p_2=\cdots=p_n=1/n$。

显然，c_i 与算法密切相关，取决于算法；p_i 与算法无关，取决于具体应用。如果 p_i 是已知的，则平均查找长度 ASL 只是问题规模 n 的函数。

对于查找不成功的情况，平均查找长度即为查找失败对应的关键字的比较次数。查找算法总的平均查找长度应该为查找成功与查找失败两种情况下的查找长度的平均。但在实际实用中，查找成功的可能性比查找不成功的可能性要大得多，特别是在查找表中的记录个数很多时，查找不成功的概念可以忽略不计。

7.2　静态查找表的查找

在表的组织方式中，静态查找表是最简单的。对于一般的无序静态查找表(顺序存储结构或链式存储结构)，进行静态查找时采用的是大家熟悉的顺序查找算法。也就是从查找表的第 1 个记录开始，就将给定值 K 按顺序依次与每个记录的关键字进行比较，直到找到要查找的记录(查找成功)，或是到达查找表的末尾也没有一个记录的关键字与 K 相同(查找失败)。这种查找算法的查找效率当然是比较低的。

若已经根据某种规则对静态查找表中记录的关键字进行了某种排序，那么就可以设计出其他算法来对表元素进行较高效率的查找。

下面首先简要介绍无序表的顺序查找算法，然后再分别介绍两种具有较高查找效率的顺序查找算法：折半查找算法和分块查找算法。要再次强调的是，必须清楚地知道使用它们的前提条件。

7.2.1　顺序查找

顺序查找是最基本的查找技术之一，也是一种最简单的查找方法。其思想是基于顺序表 Sq，将给定的值 K 依次与表中元素的关键字做比较。若某元素的关键字等于给定值 K，则查找成功，返回该元素所在位置下标；若没有找到关键字值为 K 的元素，则查找失败，返回某个约定的标识，比如返回“-1”。

顺序表的顺序查找算法分析。

顺序表 Sq 共有 n 个记录，存储在一维数组里，结点的存储结构如图 7-1 所示，由关键字 key 及其他数据 data 组成。给定值 K，要求对 Sq 进行顺序查找，返回位置下标或-1。

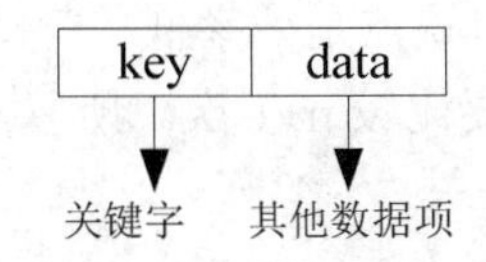

图 7-1　存储结构与顺序表

顺序查找算法可以描述如下：

```
void Seqsch_Sq(Sq, n, K)
{
   for(i=1; i<=n; i++)
      if(Sq[i].key==K)
         break;
   if(i<=n)
      return i;
   else
```

```
    return -1;
}
```

该算法可以进行适当的改进，即将顺序表中的 n+1 号单元设置为“哨兵”，就是把待查的数据元素放入该单元。存储结构示意图如图 7-2 所示。

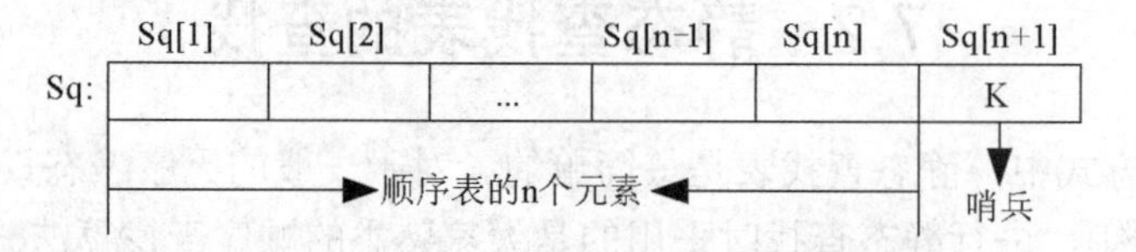

图 7-2　添加“哨兵”单元的顺序表结构示意图

在查找开始前，把给定值 K 赋予“哨兵”，这样做的优点在于查找过程中不用每一次比较之后都要判断查找位置是否越界，从而节省了时间。实践证明，这个改进在顺序表长度大于 1000 时，运行一次顺序查找的时间几乎减少了一半。

改进后的算法描述如下：

```
void Seqsch_Sq(Sq, n, K)
{
Sq[n+1]=K;        /*设置哨兵单元 */
  i=1;
  while(Sq[i].key!=K)
  i++;
  if ( i>n;)
  return -1;
  else
     return i;
}
```

由于第 n+1 个元素在开始时被设置为 K，因此循环时只需专心去处理元素间的比较，而不必管数组下标是否越界，比较到最后，Sq[n+1].key 肯定等于 K，循环自然会停下来。

顺序查找的优点是适应性强，无须过问查找表中的元素是否有序，也无须过问查找表采用的是顺序存储还是链式存储。但缺点是效率低，查找成功的平均查找长度是(n+1)/2 次，即整个表长的一半；查找失败时需要比较 n+1 次。所以，顺序查找的时间复杂度是 O(n)。

7.2.2　折半查找

相对于顺序查找技术来言，折半查找技术的要求比较高，这是一种基于有序表的查找算法，具有很高的查找效率。所谓“有序表”，是指已经将记录按照关键字的大小顺序进行了排列(由小到大或由大到小)的一种查找表。

1. 折半查找的基本思想

折半查找的基本思想是以有序表的中间记录为准，将表分为左、右两个子表。用给定值 K 与中间记录的关键字比较，若结果相等，则查找成功；若给定值 K 小于中间记录的关键字，则取左子表继续这种查找；若给定值 K 大于中间记录的关键字，则取右子表继续这种查找。不断重复，直到查找成功，或无该记录存在而查找失败。

【实例 7-1】 设有 16 个记录的查找表，其关键字序列如下：

10 12 17 22 26 31 33 37 39 46 50 58 63 69 77 91

现在给定 K=39，试用折半查找方法找出哪一个记录的关键字等于 39。

由于给定的查找表已经按关键字有序排列，因此可以采用折半查找来解决这个问题。如图 7-3 所示，在“初始状态”，箭头指向查找表“中间”记录的关键字 37，用给定值 39 与它比较时，由于 39>37，表示所要查找的记录应在右子表里。于是略去“中间”记录和左子表里的记录，剩下右子表。

剩余右子表中现有 8 个记录，对其进行折半查找分析，仍旧拆成左右两个子表，取“中间”记录的关键字是 58，成为“第 1 次比较后”的情形。这时比较“中间”记录的关键字与 K 的关系，由于 39<58，表示所要查找的记录应该在当前的左子表中。略去“中间”记录与右子表中的记录，剩下左子表的三个元素继续进行折半查找操作，成为“第二次比较后”的情形，在这里没有再标出左、右子表。

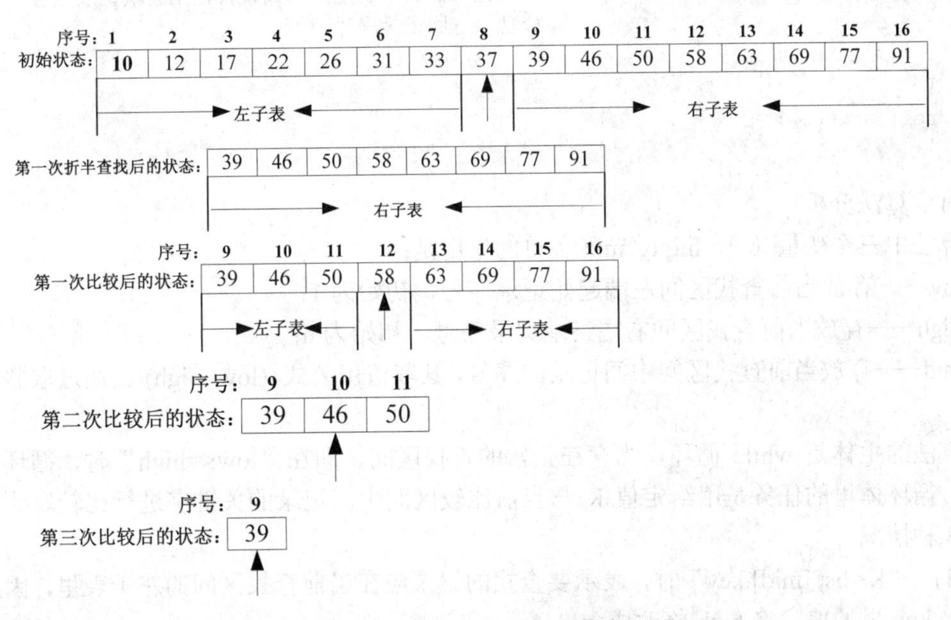

图 7-3 折半查找过程示意图一

继续这一过程，“中间”记录的关键字是 46，由于 39<46，表示所要查找的记录应该在左子表里。于是继续略去“中间”记录和右子表里的记录，剩下左子表，成为“第三次比较后的状态”的结果。这时只有一个记录了，它的关键字是 39，于是经过四次关键字比较，查找获得成功，它所对应的序号 9 就是记录在查找表中的位置。

2. 折半查找算法

实施折半查找时，应把查找表顺序存储在一个一维数组里，数组元素的存储结构仍如图 7-1 所示。注意，由于查找时最关心的是记录的关键字，而不是它的数据项信息，所以在下面叙述时只提及记录的 key 域，而不再去顾及记录的 data 域。

折半查找时，要不断地从当前的比较范围里取得“中间”记录的key。因此，算法实现时必须有两个变量，用来随时记录当前比较范围内的起始记录和终端记录的位置；也必须有一个变量，用来记录每次比较范围内“中间”记录的位置。

1) 折半查找算法

有序表list共有n个记录，存储在一个一数组里，给定值K，要求对list进行折半查找，返回查找成功或失败的信息，算法名为Bin_list()，参数为list、n、k。

```
Bin_list (list, n, K) {
  low = 1;                    /* 当前查找范围内起始记录序号为 1 */
  high = n;                   /* 当前查找范围终端记录序号置为 n */
  while (low<=high) {
    mid = (low+high)/2;       /* 将整除得到的查找范围中间记录序号存入 mid */
    if (K<list [mid].key)     /* 将给定值 K 与中间记录关键字比较 */
      high = mid - 1;         /* 所查记录在左子表里，修改查找范围终端记录序号 */
    else if (K>list [mid].key)
      low = mid + 1;          /* 所查记录在右子表里，修改查找范围终端记录序号 */
    else                      /* 成功！返回记录序号 */
      return (mid);
  }
  return (-1);
}
```

2) 算法分析

算法中三个变量low、high、mid各自的作用是：

low——存放当前查找区间左端起始记录序号，初始为1；

high——存放当前查找区间右端终端记录序号，初始为n；

mid——存放当前查找区间中间记录的序号，其取值由公式 (low+high)/2 通过取整运算求得。

算法的主体是while循环，当存在正常的查找区间，即在“low<=high”时，循环一直进行。循环体里的任务是用给定值K与当前比较区间中间记录的关键字进行比较。比较有以下3种情况。

(1) “K<list [mid].key”时，表示要查找的记录应在当前查找区间的左子表里，因此保持原来low里的值，将high修改成mid−1；

(2) “K>list [mid].key”时，表示要查找的记录应在当前查找区间的右子表里，因此保持原有high里的值，将low修改成mid+1；

(3) “K= list [mid].key”时，表示要查找的记录就是查找区间的中间记录。于是查找成功，返回记录的序号mid，循环结束。

而在“low>high”时，表示已经无法形成正常的查找区间了，循环结束，且查找操作失败。

综上所述，实施折半查找时的每次比较都只有 3 种结果，因此可以用一棵二叉判定树来描述。实例7-1给出的查找表的查找过程对应的二叉判定树如图7-4所示。

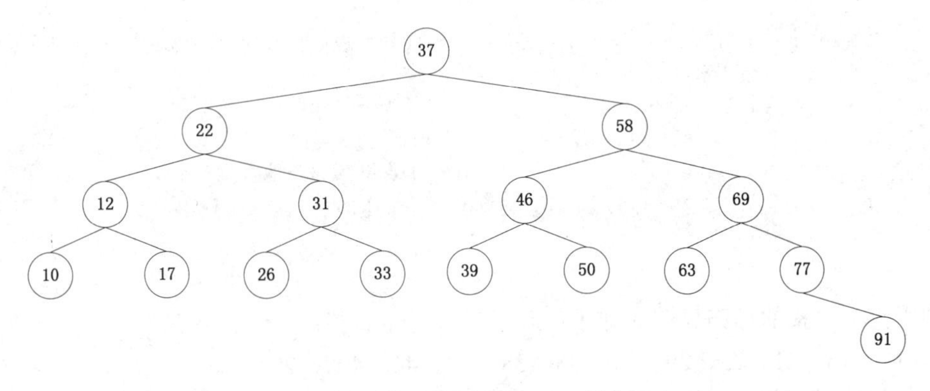

图 7-4　折半查找对应的二叉判定树

在二叉判定树中，结点内的数字是表中记录的关键字，树中每个根结点对应于当前查找区间的中间元素 list[mid]，它的左子树和右子树分别对应该区间的左子表和右子表。从根结点到树中任意结点的路径，代表了关键字的比较顺序。

折半查找所对应的二叉判定树的形态，只与查找表中记录的个数 n 有关，与各记录的关键字取值无关。折半查找时，循环一次，查找区间就会在原来的基础上缩小一半，因此比较次数是 $\log_2 n$ 这个数量级别的。不妨设 $n=2^k-1$。容易看出，这时有序表至多进行 k 次折半即可完成查找。也就意味着，在最坏情况下算法查找 $k=\log_2(n+1)$次即可结束。

又由于在 $n=2^k-1$ 个结点中，通过一次查找即可找到的结点有 1(即$=2^0$)个；通过两次查找即可找到的结点有 2(即$=2^1$)个；以此类推，通过 i 次查找即可找到的结点有 2^{i-1} 个。假定每个结点的查找概率相同，那么折半查找的平均查找长度是：

$$
\begin{aligned}
ASL&=(1\times2^0+2\times2^1+3\times2^2+\cdots+i\times2^{i-1}+\cdots+k\times2^{k-1})/n=(2^k(k-1)+1)/n\\
&=(((n+1)(\log_2(n+1)-1)+1))/n\\
&=(\log_2(n+1)-1+(\log_2(n+1))/n\\
&=\log_2(n+1)-1
\end{aligned}
$$

通过该计算可以得知，折半查找算法的时间复杂度为 $O(\log_2 n)$。

因此，相对于对查找表实行顺序查找，折半查找所要做的关键字比较次数会少得多，即无论查找是成功还是失败，查找效率都是很高的。不过折半查找的前提是查找表必须事先排好序，排序当然是要花费时间的。另外，折半查找只适合于顺序存储结构。

3)　算法讨论

由于折半查找时，除了起始记录序号和终端记录序号外，在查找区间里进行的操作都是相同的，因此也可以通过递归来实现折半查找算法。

已知有序表 list，存储在一个一维数组里，起始记录序号为 low，终端记录序号为 high，给定值 K。要求对 list 进行折半查找，返回查找成功或失败的信息。算法的程序代码描述如下：

```
Bin_list(list, K, low,  high) {
  if (low>high)                    /* 查找失败，返回-1 */
    return (-1 );
  else  {
    mid = (low+high)/2;            /* 折半 */
```

```
    if (list [mid].key == K)      /* 查找成功，返回记录序号 */
      return (mid);
    if (list [mid].key > K)       /* 在左子表继续递归地查找 */
      return Bin_list (list, K, low,  mid-1);
   else                           /* 在右子表继续递归地查找 */
      return Bin_list (list, K, mid+1, high);
  }
}
```

利用折半查找的递归算法对如下序表进行关键字查找：

7、14、18、21、23、29、31、35、38、42、46、49、52

要查找关键字为 14 和 22 的记录，利用图法说明折半查找时变量 low、high、mid 的变化。

首先来看查找关键字 14 的过程，其中变量 low、high、mid 的变化过程如图 7-5 所示。

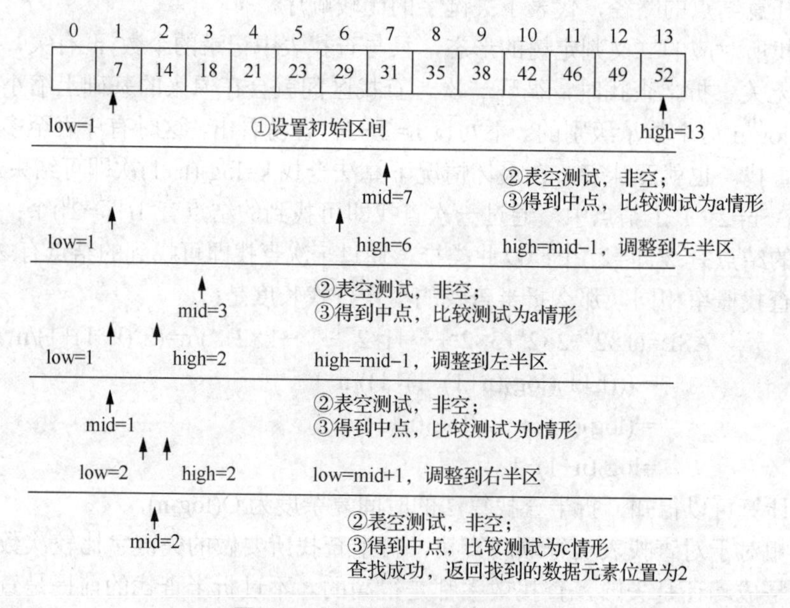

图 7-5　折半查找过程示意图二

最初 low 指向记录 1，high 指向记录 13。由于 mid=$\lfloor (low+high)/2 \rfloor$=7，因此 mid 指向记录 7，如图 7-5 中第一部分初始状态所示。这时，要查找的关键字 14 小于记录 7 的关键字 31，因此调整 high=mid−1=6，而 low 不需要改变仍旧是 1，查找区间变化为(1，6)，mid=$\lfloor (low+high)/2 \rfloor$=3。于是，low、high、mid 的情况如图 7-5 中第二部分所示，这时要查找的关键字 14 小于 Mid 所指记录 3 的关键字 18，因此继续进行调整：high=mid−1=2，而 low 不需要改变，仍旧是 1，查找区间变化为(1,2)，mid=$\lfloor (low+high)/2 \rfloor$=1。于是，low、high、mid 的情况如图 7-5 中第三部分所示，这时要查找的关键字 14 大于 Mid 所指记录 1 的关键字 7，因此需要继续进行调整：low=mid+1=2，而 high 不需要改变，仍旧是 2，mid 的值不变，仍旧是 2，查找区间变化为(2,2)。于是，low、high、mid 的情况如图 7-5 中第四部分所示，这时要查找的关键字 14 等于 mid 所指记录 2 的关键字 14，表明经过 4 次关键字比较后查找关键字获得了成功，返回此时 mid 的值 2，算法结束。

而对于关键字 22 的查找过程，如图 7-6 所示。

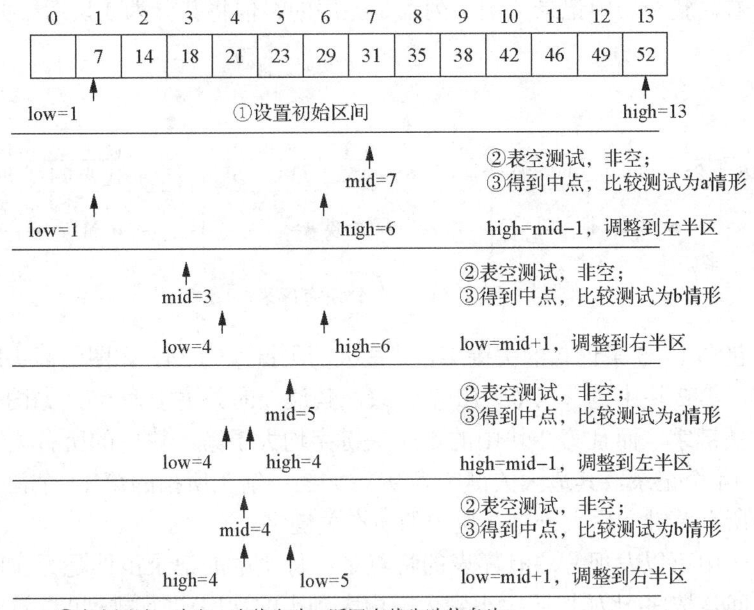

图 7-6　折半查找过程示意图三

具体过程可以描述如下。

查找关键字 22 过程中的初始状态与查找关键字 14 过程中的初始状态完全一样。第 1 次比较过程中要查找的关键字 22 小于记录 7 的关键字 31，因此与查找 14 第 1 次比较后的情形也完全一致，如图 7-6 中对应部分。而两次查找的区别发生在第 2 次比较过程中，要查找的关键字 22 大于 mid 所指记录 3 的关键字 18，因此调整 low=mid+1=4，而 high 不需要改变其值，仍旧为 6，查找的区间变化为(4,6)，mid=$\lfloor (low+high)/2 \rfloor$=5，于是 low、high、mid 的取值的情况如图 7-6 中对应部分。这时要查找的关键字 22 小于 mid 所指记录 5 的关键字 23，因此需要调整 high=mid−1=4，而 low 不需要改变其值仍旧为 4，查找的区间变化为(4,4)，mid=$\lfloor (low+high)/2 \rfloor$=4，于是 low、high、mid 取值的情况如图 7-6 中对应部分。这时要查找的关键字 22 大于 mid 所指记录 4 的关键字 21，因此调整 low=mid+1=5，而 high 不需要改变其值，仍旧为 4，查找的区间变化为(5,4)，mid=$\lfloor (low+high)/2 \rfloor$=4，于是 low、high、mid 取值的情况如图 7-6 中对应部分。

至此出现了 low>high 的情形，while 循环结束，表示经过 4 次比较后查找失败，返回−1。

7.2.3　分块查找

所谓“分块有序表”，是指这样的一种线性表，若把它顺序分为若干部分，每部分称为一“块”，那么每块里面的记录关键字虽然是无序的，但后面块里的所有记录的关键字值均大于前面块里记录的最大关键字值。

例如，给出一个线性表，其记录关键字的排列顺序如下：

15,25,11,34,21,46,65,52,38,55,91,81,74,86

从总体上看，整个表中记录关键字列都是无序的，但将其分为 3 块后，如图 7-7 所示。

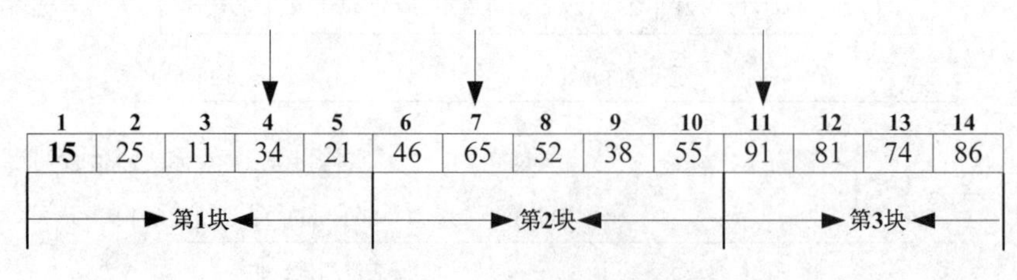

图 7-7　一个分块有序表

第 1 块里包含 1～5 条记录的关键字，其最大的关键字为 34，如图中箭头所指的第 4 个记录的关键字；第 2 块中包含第 6～10 个记录，其最大的关键字为 65，如图中箭头所指的第 7 个记录的关键字，而且第 2 块中的 5 个关键字均大于第 1 块中的所有关键字；第 3 块中包含第 11～14 个记录，其最大关键字为 91，如图中箭头所指的第 14 个记录的关键字，同样第 3 块中所有关键字均大于第 2 块中的所有关键字。

从这个例子中可以发现分块有序表的特点是：每块中的记录虽然是无序的，但各块的最大关键字之间是按序(比如按照由小到大或由大到小的次序)进行排列的，这种分块有序表是实施分块查找的基础。

1. 分块查找的基本思想

分块查找又称为索引顺序查找，这是基于分块有序表提出的一种查找算法，是对顺序查找的一种改进。分块查找要求将查找表分成若干个子表(块)，子表(块)为非有序表，但要求子表之间存在有序关系。算法按照子表(块)的顺序，以每个子表(块)中记录最大关键字值建立一个索引表，称为索引顺序表。查找时，先用给定值 K 在索引顺序表里采用顺序查找算法或折半查找算法进行查找以确定出它可能在的块，然后再在该块里使用顺序查找算法最终获得查找结果。

【实例 7-2】基于图 7-7 所示的分块有序表，查找关键字 K=53 的记录。

为该查找表建立一个索引顺序表，索引顺序表的每一个索引项均由两部分组成：关键字字段(存放对应子表中的最大关键字值)和指针字段(存放指向对应子表的指针，即该子表第 1 个记录的序号)。按关键字值 34、65、91 分为三块建立的查找表及其索引表如图 7-8 所示。

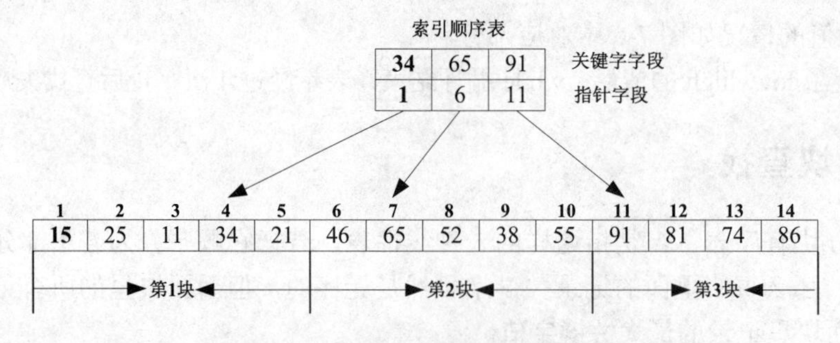

图 7-8　分块查找时的索引顺序表

查找过程中，首先通过索引顺序表确定关键字为53的记录应该位于哪一个分块中，这只需要用给定值K与索引顺序表的关键字字段域进行比较即可。由于第1块记录的最大关键字为34，因此关键字为53的记录不会出现在第1块里。由于第2块记录的最大关键字为65，因此如果有关键字为53的记录存在，那么它应该出现在第2个分块中。

确定了给定值记录可能出现在的分块后，由索引顺序表的指针字段项即可获得该分块的起始记录是查找表中的第6个记录，在该分块中顺序查找即可，如存在则返回该关键字的序号，若不存在则返回错误信息。

2. 分块查找的算法实现

索引顺序表的数据类型定义如下：

```
#define Maxi <索引顺序表的最大长度>
typedef struct
{  keytype key;         /* keytype 为关键字的类型*/
   int link;            /*指向对应分块的起始下标*/
}idxtype;
typedef idxtype idx[Maxi] /*索引顺序表类型*/
```

采用折半查找索引顺序表的分块查找算法如下(其中索引顺序表idx1的长度为b)：

```
int IdxSearch(idx idx1, int b, Seqlist R, int n, keytype k)
{  int low=0, high=m-1, mid,i;
Int s=n/b;                  /*s 为每块的元素个数，应为n/b的向上取整。*/
   while (low<=high)         /*在索引表中进行折半查找，找到的位置为high+1 */
   {  mid=(low+high)/2;
If(idx1[mid].key>=k)
         high=mid-1;
      else
         low=mid+1;
   }        /*应在索引表的high+1块中，再在对应的线性表中进行顺序查找*/
i=idx1[high+1].link;
while ( i<= idx1[high+1].link + s-1 && R[i].key!=k)
  i++ ;
if(i<= idx1[high+1].link + s-1)
  return i+1 ;              /*查找成功，返回该元素的逻辑序号*/
else
  return 0 ;                /*查找失败，返回0*/
}
```

3. 分块查找算法分析

分块查找是两次查找过程，整个查找过程的平均查找长度是两次查找过程的平均查找长度之和。对于具有n个记录的顺序表，将静态查找表划分为b块，第1块到第b-1块的记录个数均为$s=\lceil n/b \rceil$，第b块的记录个数等于或小于s；如果表中每个记录的查找概率相等，则每个块的查找概率为1/b，块中每个记录的查找概率为1/s。

如果以顺序查找来确定块，则分块查找成功时的平均查找长度为

$$ASL=\sum_{j=1}^{b}p_i c_i+\sum_{i=1}^{s}p_i c_i=\frac{1}{b}\sum_{j=1}^{b}j+\frac{1}{s}\sum_{i=1}^{s}i=\frac{b+1}{2}+\frac{s+1}{2}=\frac{1}{2}\left(\frac{n}{s}+s\right)+1$$

因此，分块查找以顺序查找来确定块的时间复杂度为 O(n+s)，显然当 s 的值为 $\sqrt{n}$ 时，ASL 取极小值 $\sqrt{n}+1$，即采用顺序查找确定块时，各块中的元素个数选定为 $\sqrt{n}$ 时效果最佳。

如果以折半查找来确定块，则分块查找成功时的平均查找长度为

$$ASL=\log_2(b+1)-1+\frac{s+1}{2}\approx\log_2\left(\frac{n}{s}+1\right)+\frac{s}{2}$$

显然，当 s 越小时，ASL 的值越小，即采用折半查找确定块时，各块中的长度值越小越好。

分块查找的主要代价是增加了一个索引表的存储空间和延长了建立索引表的时间。

7.3 树表的查找

从前面内容介绍可知，当用线性表作为表的组织形式时，可以有三种查找方法，其中以折半查找效率最高。由于折半查找要求表中元素按关键字有序且不能用链表作为存储结构，因此，当表的插入或删除操作频繁时，为维护表的有序性，需要移动表中的大量元素。这种由移动元素引起的额外时间开销，就会降低折半查找的效率。也就意味着，折半查找只适用于静态查找表。若要对动态查找表进行高效率的查找，可采用本节介绍的几种特殊的二叉树或树作为表的组织形式，在这里将它们统称为树表。本节将主要介绍讨论在这些树表上进行查找和修改操作的方法。

7.3.1 二叉排序树

二叉排序树(简称 BST)又称为二叉查找树，其定义为：二叉排序树或是一棵空树，或是一棵满足下列条件的二叉树。

(1) 若它的左子树非空，则左子树上所有结点的值都小于根结点的值；

(2) 若它的右子树非空，则右子树上所有结点的值都大于根结点的值；

(3) 它的左、右子树本身也是一棵二叉排序树。

上述性质简称二叉排序树性质。由定义可知，二叉排序树中任一元素 x，其左(右)子树中任一元素 y(若存在)的关键字必小(大)于 x 的关键字。如此定义的二叉排序树中，各元素关键字是唯一的。但实际应用中，不能保证被查找的数据集中各元素的关键字互不相同，所以可将二叉排序树定义中二叉排序树性质(1)里的“小于”改成“小于等于”，或将二叉排序树性质(2)里的“大于”改为“大于等于”，甚至可同时修改这两个性质。

从二叉排序树性质可以推出二叉排序树的另一个重要性质：中根遍历二叉排序树所得到的中根序列是一个递增有序序列。

在讨论二叉排序树上的运算之前，定义其结点的类型如下：

```
typedef structnode                  /*记录类型*/
{KeyTypekey;                        /*关键字项*/
   InfoTypedata;                    /*其他数据域*/
   structnode*lchild, *rchild;     /*左右孩子指针*/
}BSTNode;
```

1. 二叉排序树的插入和生成

在二叉排序树中插入一个新元素，要保证插入后仍满足二叉排序树性质。其插入过程是：若二叉排序树 T 为空，则创建一个 key 域为 k 的结点，将它作为根结点；否则将 k 和根结点的关键字比较，若二者相等，则说明树中已有此关键字 k，无须插入，直接返回 0；若 k<p->key，则将 k 插入根结点的左子树中，否则将它插入右子树中。对应的递归算法 InsertBST()如下：

```
int InsertBST(BSTNode *&p, KeyType k)
/* 在以*p 为根结点的 BST 中插入一个关键字为 k 的结点。插入成功返回 1，否则返回 0 */
{  if (p==NULL)                         /* 原树为空，新插入的记录为根结点 */
   {   p=(BSTNode *)malloc(sizeof(BSTNode));
       p->key=k;p->lchild=p->rchild=NULL;
       return 1;
   }
   else if  (k==p->key)                 /* 存在相同关键字的结点，返回 0 */
     return 0;
   else if (k<p->key)
     return InsertBST(p->lchild, k);    /* 插入到左子树中 */
   else
     return InsertBST(p->rchild, k);    /* 插入到右子树中 */
}
```

上述算法是在根结点指针为 p(p 可能为空)的二叉排序树中插入一个关键字值为 k 的结点，p 的值可能发生变化，所以一定要用引用类型，即将 p 的值改变后的结果回传给实参，否则会出现错误。

二叉排序树的生成，是从一个空树开始，每插入一个关键字，就调用一次插入算法将它插入到当前已生成的二叉排序树中。从关键字数组 A[0⋯n-1]生成二叉排序树的算法 CreatBST()如下：

```
  BSTNode *CreatBST(KeyType A[],int n)     /* 返回树根指针 */
 {  BSTNode *bt=NULL;                       /* 初始时 bt 为空树 */
    int i=0;
    while (i<n)
    {  InsertBST(bt, A[i]);                 /* 将 A[i]插入二叉排序树 bt 中 */
     i++;
    }
    return bt;                              /* 返回建立的二叉排序树的根指针  */
 }
```

下面通过一个实际的例子来介绍二叉排序树的构造过程，假设 c[ ]={4,2,3}，调用 CreatBST(c,3)构造二叉排序树的过程如图 7-9 所示。

构造该二叉排序树的过程描述如下。

(1) 执行 CreatBST(c,3)=>bt=NULL，第 1 次循环调用 InsertBST(bt,3)。

(2) 执行 InsertBST(p,4)=>p=NULL，k=4；创建一个结点*p，假设该结点的地址为 0x100，即 p=0x100，其 key 域为 4，p->lchild=p->rchild=NULL，InsertBST(p,4)执行完毕返回到

InsertBST(bt,4)，将 p 回传给 bt，即 bt=0x100(也就意味着将 bt 指向根结点)。

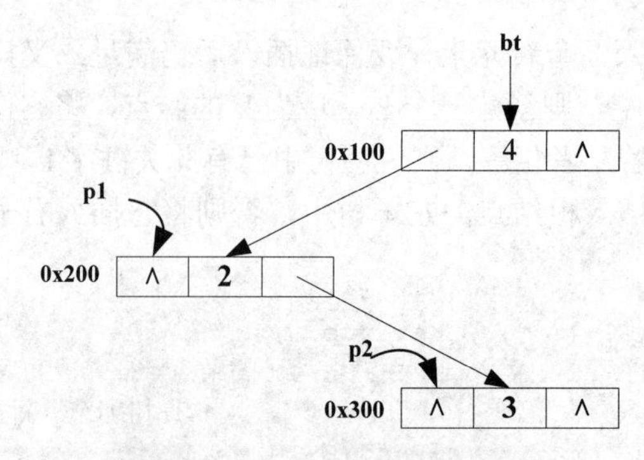

图 7-9　构造二叉排序树的过程

(3)　第 2 次循环调用 InsertBST(bt,2)。

(4)　执行 InsertBST(p,2)=>p=0x100≠NULL,k=2;k<p->key (p->key=4)条件成立，调用 InsertBST(p->lchild,2)，此时 p->lchild=NULL。

(5)　执行 InsertBST(p1,2)=>p1=NULL，k=2，在这里为了区分，将本次调用的形参 p 均用 p1 表示。创建一个结点*p1，假设该结点的地址为 0x200，其 key 域为 2，p1->lchild=p1->rchild=NULL，InsertBST(p1,2)执行完毕后返回到 InsertBST(p1->lchild,2)，将 p1 回传给 p->lchild，即 p->lchild=0x200，即将 bt 所指根结点的左孩子指针指向*p1 结点；InsertBST(p1->lchild,2)执行完毕后再返回到 InsertBST(bt,2)。

(6)　第 3 次循环调用 InsertBST(bt,3)。

(7)　执行 InsertBST(p,3)=>p=0x100≠NULL,k=3;k<p->key(p->key=4)条件成立，调用 InsertBST(p->lchild,3)，此时 p->lchild=0x200。

(8)　执行 InsertBST(p,3)=>p=0x200≠NULL,k=3;k>p->key (p->key=2)条件成立，调用 InsertBST(p->rchild,3)，此时 p->rchild=NULL。

(9)　执行 InsertBST(p2,3)=>p2=NULL,k=3，在这里为了区分将本次调用的形参 p 均用 p2 表示。创建一个结点*p2，假设该结点的地址为 0x300，即 p2=0x300，其 key 域为 3，p2->lchild=p2->rchild=NULL，InsertBST(p2,3)执行完毕后返回到 InsertBST(p2->lchild,3)，将 p2 回传给 p->lchild，即 p->lchild=0x300，即将 bt 所指根结点的右孩子指针指向*p2 结点；InsertBST(p1->rchild,3)，再返回到 InsertBST(p1->rchild,3)，执行完毕后最后返回到 InsertBST(bt,3)。

(10) CreatBST(c,4)在执行时退出 while 循环，bt 仍为 0x100，返回根结点的指针。

从上述过程中可以看到，每个结点插入时都需要从根结点开始比较，若比较根结点的 key 值小，当前指针移到左子树，否则当前指针移到右子树，如此操作，直到当前指针为空，再创建一个结点，将当前指针指向它，这样便将这个结点插入到二叉排序树中了。由此可知，将任何结点插入到二叉排序树中，都是以叶子结点插入的。

对于一组关键字集合，若关键字序列不同，上述算法生成的二叉排序树可能不同。例如，对于关键字序列为上述算法生成的二叉排序树，如图 7-10(a)所示；而对于关键字序列｛1,2,3,4,5,6,7,8,9｝，利用上述算法生成的二叉排序树如图 7-10(b)所示。

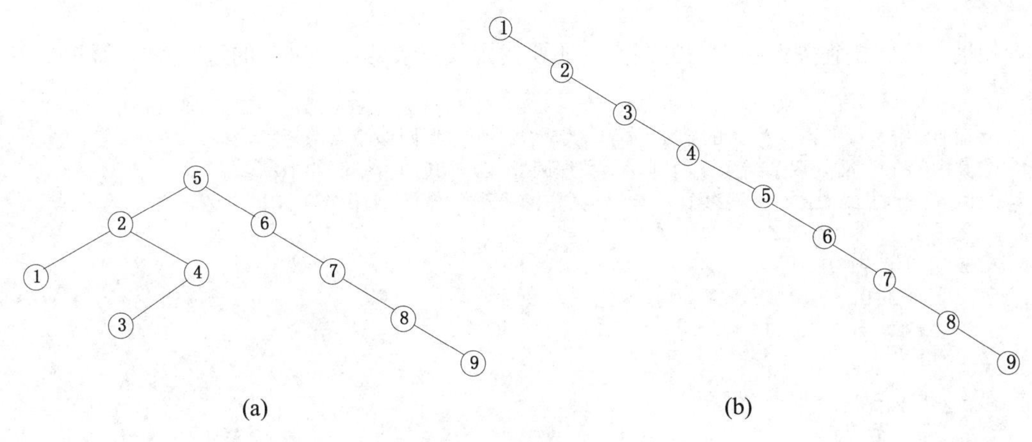

图 7-10　两棵排序二叉树

通过分析算法可知，构造的二叉排序树高度越小，其查找效率越高。因为二叉排序树的中根序列是一个有序序列，所以对于任意一个关键字序列构造一棵二叉树排序树，其实质是对此关键字序列进行排序，使其变为有序序列，“排序树”的名称也由此而来。通常将这种排序称为树排序，可以证明这种排序的平均时间复杂度为 $O(n\log_2 n)$。

2. 二叉排序树的查找

因为二叉排序树可看作是一个有序表，所以在二叉排序树上进行查找，和二分查找类似，也是一个逐步缩小查找范围的过程。递归查找算法 SearchBST()如下(在二叉排序树 bt 上查找关键字为 k 的记录，成功时返回该结点指针，否则返回 NULL)：

```
BSTNode *SearchBST(BSTNode *bt, KeyType k)
 {  if (bt==NULL || bt->key==k)          //递归终结条件
      return bt;
    if (k<bt->key)
   return SearchBST(bt->lchild, k);      //在左子树中递归查找
    else
   return SearchBST(bt->rchild, k);      //在右子树中递归查找
 }
```

也可以采用如下非递归算法：

```
BSTNode *SearchBST1(BSTNode *bt, KeyType k)
{  while (bt!=NULL)
   {
     if (k==bt->key)
        return bt;
     else if (k<bt->key)
        bt=bt->lchild;                   //在左子树中递归查找

     else
        bt=bt->rchild;                   //在右子树中递归查找
   }
   else                                  //没有找到返回 NULL
     return NULL;
 }
```

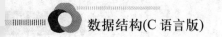

如果不仅要找到关键字为 k 的结点，还要找到其双亲结点，采用的递归查找算法如下：

```
BSTNode *SearchBST2 (BSTNode *bt,KeyType k, BSTNode *f1, BSTNode *&f)
/*在 bt 中查找关键字为 k 的结点，若查找成功，函数返回该结点的指针，*/
/*其中的 f 返回其双亲结点，否则，函数返回 NULL，其调用方法如下： */
/*SearchBST2(bt, x, NULL, f)，其中的第三个参数 f1 仅作为中间参数，*/
/*用于求 f，初始时设为 NULL*/
{  if( bt==NULL)
  {  f==NULL;
     Return ( NULL);
  }
   Else if ( k==bt->key)
  {  f=f1;
     return( bt );
  }
  else if( k<bt->key )
    return SearchBST1 ( bt->lchild, k, bt, f);  /* 在左子树中递归查找 */
    else
   return SearchBST1 ( bt->rchild, k, bt, f);  /* 在右子树中递归查找 */
}
```

显然，在二叉排序树上进行查找，若查找成功，则是从根结点出发走了一条从根结点到查找结点的路径；若查找不成功，则是从根结点出发走了一条从根到某个叶子结点的路径。因此与折半查找类似，和关键字比较的次数不超过树的深度。然而，折半查找法查找长度为 n 的有序表，其判定树是唯一的，而含有 n 个元素的二叉排序树却不唯一。对于含有同样一组元素的表，由于元素插入的先后次序不同，所构成的二叉排序树的静态和深度也可能不同，如图 7-10 所示的两棵二叉排序树的深度分别为 5 和 9。因此在查找失败的情况下，在这两棵树上所进行的关键字比较次数最多分别为 5 和 9；在查找成功的情况下，它们的平均查找长度也不相同。对于图 7-10(a)中的二叉排序树，在等概率假设下，查找成功的平均查找长度为

$$\text{ASL(a)}=\frac{1+2\times2+3\times3+4\times2+5\times1}{9}=3$$

类似地，在等概率假设下，对于图 7-10(b)中的二叉排序树在查找成功时的平均查找长度为

$$\text{ASL(b)}=\frac{1+2+3+4+5+6+7+8+9+10}{9}=5$$

由此可见，在二叉排序树上进行查找时的平均查找长度和二叉排序树的形态有关，当排序树的形态比较匀称时，查找效率就好一些；当树的形态是一棵单枝树时，查找效率最差。在最坏的情况下，二叉排序树是通过把一个有序表的 n 个元素依次插入而生成的，此时所得的二叉排序树蜕化为一棵深度为 n 的单支树，它的平均查找长度和在单链表上的顺序查找相同，即(n+1)/2。在最好情况下，二叉排序树上的查找和折半查找差不多。但就维护表的有序性而言，前者更有效，因为无须移动元素，只需修改指针即可完成对二叉排序树的插入和删除操作，且其平均执行时间均为 $O(\log_2 n)$。

3. 二叉排序树的删除

从二叉排序树中删除一个结点时，不能把以该结点为根的子树都删除，只能删除该结点本身，并且还要保证删除所得的二叉树仍然满足排序二叉树的基本性质。也就是说，在二叉排序树中删去一个结点就相当于删除有序序列(即该树的中根序列)中的一个元素。

以图 7-11 所示的二叉排序树为例，现在要将其中的关键字为 40 的结点删除。该结点既有左子树，又有右子树。将它删除后，为了保证不破坏二叉排序树应该满足的条件，就必须对其左、右子树进行重新安排。

如图 7-12 所示为删除二叉排序树结点 40 后的一种调整，它用原结点 52 的左孩子 45 取代结点 40 的位置，并修改它的左、右指针，以保持所有结点仍然是一棵二叉排序树。

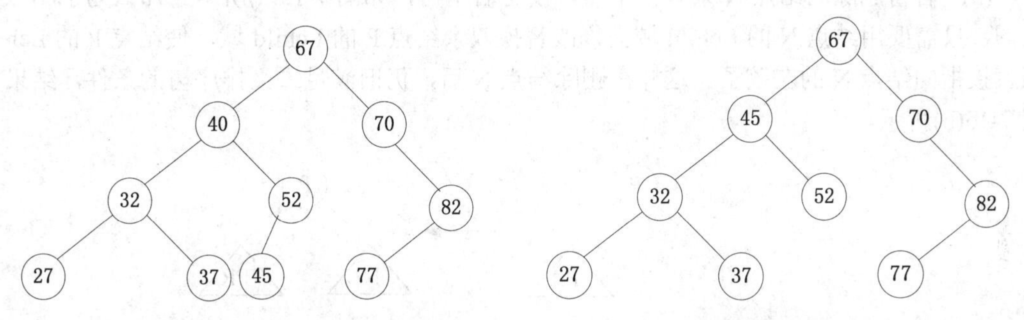

图 7-11　二叉排序树上删除结点的处理示例　　　图 7-12　二叉排序树结点删除后调整方式 1

如图 7-13 所示为二叉排序树结点 40 删除后的另一种调整方式，它把删除结点的整个右子树提上来，并修改结点 45 的左指针。

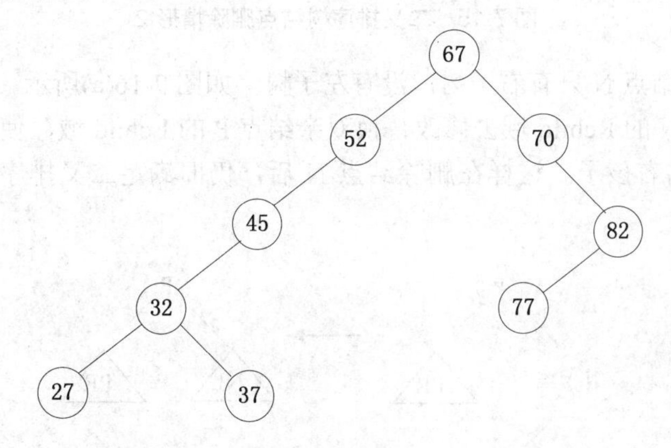

图 7-13　二叉排序树结点删除后调整方式 2

总之在二叉排序树里删除结点的过程中，必须考虑后序结点的位置调整。

设二叉排序树上任一结点 A，约定用 AL 表示该结点的左子树，AR 表示该结点的右子树。假设结点 N 表示待删除结点，P 表示该结点的双亲结点。不失一般性，下面都视 N 是 P 的左孩子。从二叉排序树中删除一个结点，仍需要保证删除后还是一棵二叉排序树，所有结点还需要满足二叉排序树的 3 个条件。因此整个删除算法可以分 4 种情况来考虑。

(1) 若被删除的结点 N 是叶子结点，这是最简单的删除结点的情况，如图 7-14(a)所示，直接删去该结点，并将其双亲结点的左指针域 Lchild 置为 NULL 即可达到删除 N 的目的。

直接删除结点 N 后如图 7-14(b)所示。

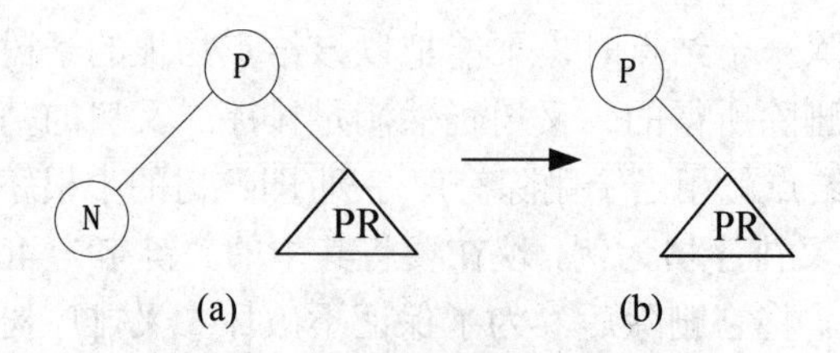

图 7-14　二叉排序树结点删除情形 1

需要注意的是，如果删除的是二叉排序树的根结点，那么删除后该树就成了一棵空树。

(2) 若待删除的结点 N 只有左子树，没有右子树，如图 7-15(a)所示。那么为了删除结点 N，只需要用结点 N 的 Lchild 域去修改替换双亲结点 P 的 Lchild 域，使结点 P 的 Lchild 域直接指向结点 N 的左孩子。这样在删除结点 N 后，仍旧满足二叉排序树的条件，结果如图 7-15(b)所示。

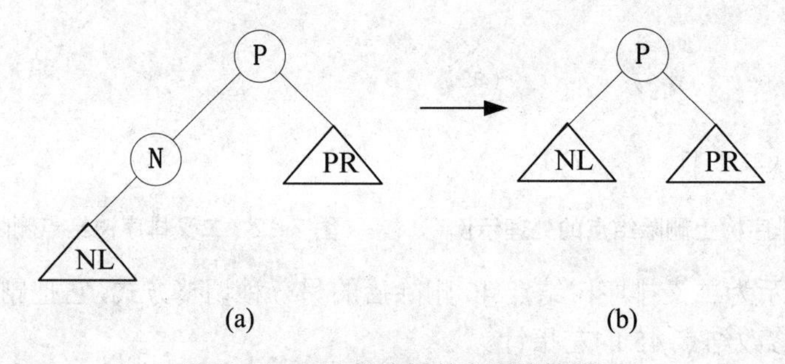

图 7-15　二叉排序树结点删除情形 2

(3) 若待删除结点 N 只有右子树，没有左子树，如图 7-16(a)所示。那么为了删除结点 N，只需要用结点 N 的 Rchild 域去修改替换双亲结点 P 的 Lchild 域，使结点 P 的 Lchild 域直接指向结点 N 的右孩子。这样在删除结点 N 后，仍旧满足二叉排序树的条件，结果如图 7-16(b)所示。

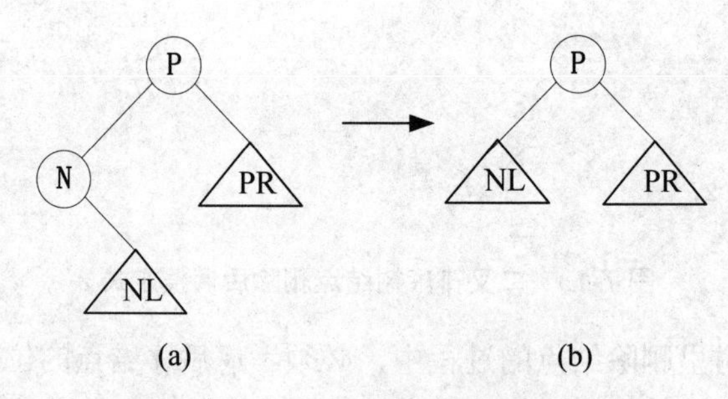

图 7-16　二叉排序树结点删除情形 3

(4) 若待删除结点 N 既有右子树，又有左子树，这时的情况比较复杂。为了在删除后能够保持二叉排序树必须满足的条件，可以用以下两个方法按照不同的角度加以处理。

方法 1：用中根遍历的直接前驱或者直接后继取代待删除的结点。

待删结点 N 有左子树 NL 和右子树 NR，对该树进行中根遍历得到中根遍历序列，左子树上最右端的那个结点就是该序列中待删除结点 N 的直接前驱，根据二叉排序树必须满足的条件，它必定是所有小于关键字 N 中最大的那一个；类似地，右子树上最左端的那个结点是遍历序列中待删除结点 N 的直接后继，根据二叉排序树必须满足的条件，它必定是所有大于关键字 N 中最小的那一个。如图 7-17 所示的二叉排序树中，假设待删除的结点为 40，其左子树最右侧的结点 37 即为 40 的直接前驱，而其右子树中最左侧的结点 45 即为 40 的直接后继。

该方式的示意图如图 7-18 所示。

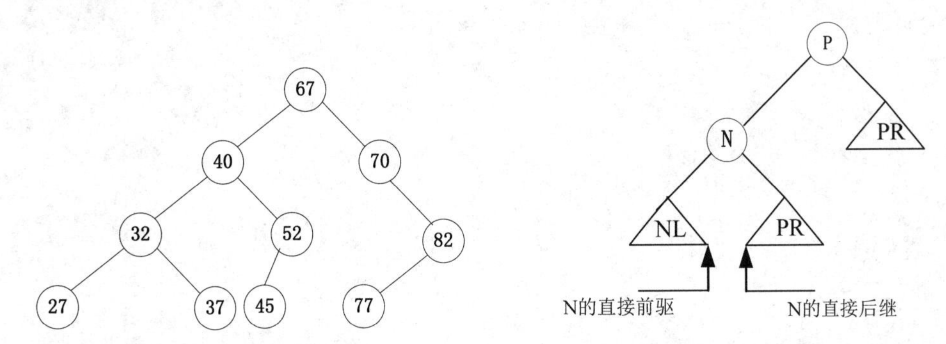

图 7-17　二叉排序树示例　　　　图 7-18　二叉排序树结点删除情形 4

根据这样的分析，中根遍历情况下可以采用直接前驱或直接后继取代待删除结点，有两种方式来实现。

实现方式一：使用 N 的直接前驱取代待删除结点 N。这时，原待删除结点的左、右子树成为取代结点的左、右子树；若直接前驱有左子树，就将该左子树作为它双亲结点的右子树。方法二是可以使用 N 的直接后继取代待删除结点 N。这时，原待删除结点的左、右子树成为取代结点的左、右子树；若直接后继有右子树，就将该右子树作为它双亲结点的左子树。

要删除如图 7-19 所示的结点 40，它既有左子树，又存在右子树，其中根遍历序列表示为 27→32→37→40→45→52→67→70→77→82。

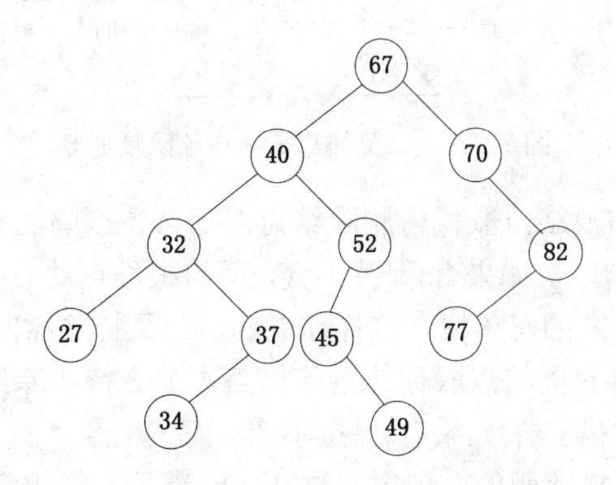

图 7-19　二叉排序树示例

使用直接前驱取代待删除结点，待删除结点 40 的直接前驱是 37，它是所有小于 40 的关键字中最大的一个，且绝不会有右子树。因此，用它取代 40 时，原来的左、右子树就成为 37 结点的左、右子树。由于 37 结点在原位置上存在有左子树，就将其左子树调整为 37 原双亲结点 32 的右子树。转换的结果如图 7-20 所示。

实现方式二，使用直接后继取代待删除结点，待删除结点 40 的直接后继是 45，它是所有大于 40 的关键字中最小的一个，且绝不会有左子树。因此，用结点 45 取代 40 时，原来 40 的左、右子树就成为 45 结点的左、右子树。由于 45 结点在原位置上有右子树，就将其右子树调整为 45 原双亲结点 52 的左子树。转换的结果如图 7-21 所示。

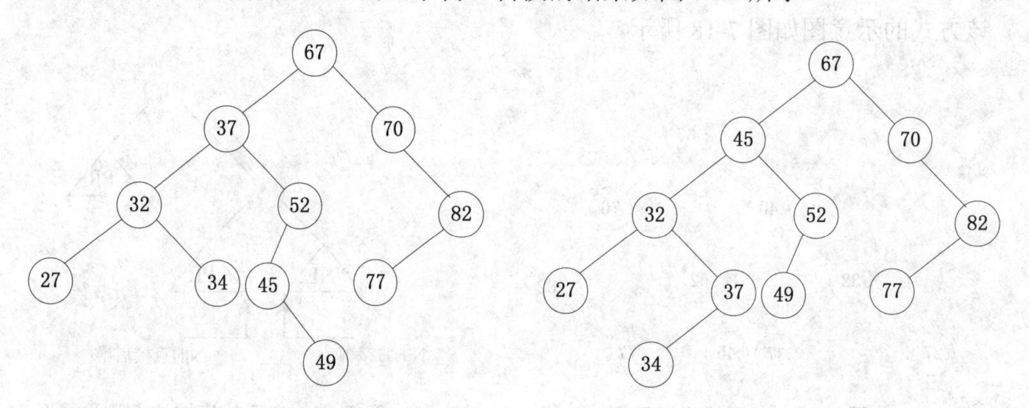

图 7-20　以直接前驱取代待删除结点示例　　图 7-21　以直接后继取代待删除结点示例

方法 2：用左子树或右子树根结点取代待删除结点。

如图 7-22 所示，待删除结点 N 有左子树 NL 和右子树 NR。按照二叉排序树必须满足的条件可知，左、右子树根结点的关键字应在整个子树里处于“居中”的位置。该方法的特点就是使用待删除结点的左、右子树根结点来进行替换。

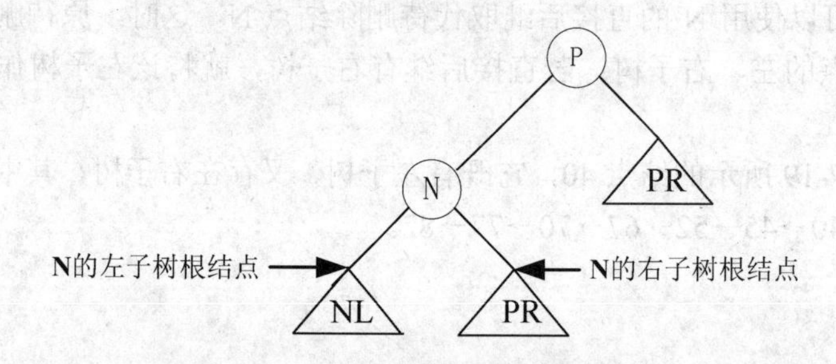

图 7-22　二叉排序树结点删除情形 5

因此，若用左子树的根结点取代待删除结点，那么待删除结点的右子树成为该根结点的右子树，该根结点的左子树(如果有)保持不变，而该根结点的右子树应该被调整做中根遍历序列里该根结点直接后继的左子树，这样才能满足二叉排序树的条件。

类似地，若用右子树的根结点取代待删除结点，那么待删除结点的左子树成为该根结点的左子树，该根结点的右子树(如果有)保持不变，而该根结点的左子树应该被调整去做中根遍历序列里该根结点直接前驱的右子树，这样才能满足二叉排序树的条件。

仍旧以图 7-19 中的二叉排序树为例，要删除树中的结点 40。结点 40 既有根结点为 32 的左子树，又存在根结点为 52 的右子树。使用左子树的根结点两种方式来进行替换的过程可以描述如下：以待删除结点 40 的左子树根结点 32 取代待删除结点 40，那么待删除结点的右子树即以 52 为根结点的子树成为取代结点 32 的右子树，而结点 32 的原左子树保持不变，结点 32 的右子树成为中根遍历序列中待删除结点直接后继结点 45 的左子树，删除结点后的结果示意图如图 7-23 所示。使用右子树的根结点方式类似，在此不做介绍。

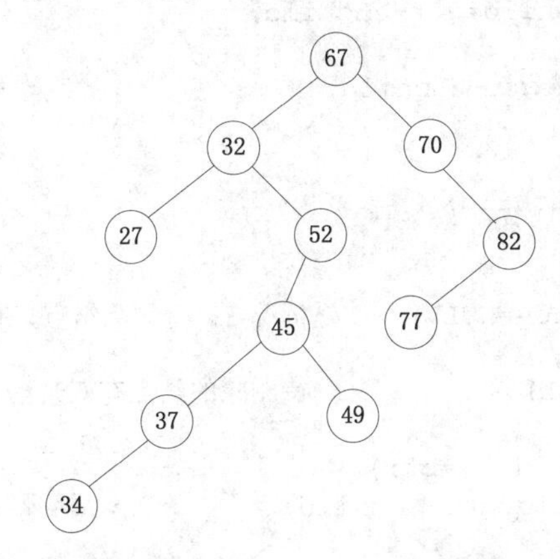

图 7-23 以代待删除结点左子树根结点取代待删除结点示例

二叉排序树的删除算法可以描述如下。

已知一棵二叉排序树 Bs，要将关键字为 K 的记录删除。算法名为 Del_Bs( )，参数为 Bs、K。此算法的主要代码如下：

```
Del_Bs(Bs, K)
{
  ptr=NULL;
  qtr=Bs;
  while (qtr!=NULL)              /* 寻找待删除结点位置 */
 {
    if(K!=qtr->key)
     ptr=qtr;                    /* ptr 指向双亲结点*/
     if(K<qtr->key)
       qtr=qtr->Lchild;
     else
       qtr=qtr->Rchild;
   }
  if (qtr!=NULL)                 /* 找到关键字值为 K 的记录，由 qtr 指向*/
  {
    if (qtr->Lchild==NULL &&qtr->Rchild==NULL) /* 情况 1：待删除的是叶子结点*/
    {
     if (ptr!=NULL)              /*待删除的结点有双亲*/
     {
       if (ptr->Lchild==qtr)                    /* 待删除的结点是双亲的左孩子*/
         ptr->Lchild=NULL;
       else
         ptr->Rchild=NULL;
      }
     else
       Bs=NULL;
       }
       else
    if (qtr->Rchild==NULL)                      /*情况 2：待删除结点只有左子树 */
```

```
    {
      if (ptr!=NULL)            /*待删除的结点有双亲*/
          {
       if (ptr->Lchild==qtr)
           ptr->Lchild=qtr->Lchild;
     else
       ptr->Rchild=qtr->Lchild;
    }
        else
          Bs=qtr->Lchild;
      }
      else
    if (qtr->Lchild==NULL)    /*情况 3：待删除结点只有右子树 */
    {
      if (ptr!=NULL)            /*待删除的结点有双亲*/
      {
        if (ptr->Lchild==qtr)
          ptr->Lchild=qtr->Rchild;
        else
          ptr->Rchild=qtr->Rchild;
    }
          else
           Bs=qtr->Rchild;
    }
    else
    {                               /*情况 4：待删除结点有左、右子树 */
      rtr =rtr->Rchild;         /*用右子树代替待删除结点 */
      while (rtr->Lchild!=NULL)
        rtr =rtr->Rchild;
    rtr->Lchild=qtr->Lchild;
    if (ptr!=NULL)              /*待删除的结点有双亲*/
    {
      if (ptr->Lchild==qtr)
          ptr->Lchild=qtr->Rchild;
        else
          ptr->Rchild=qtr->Rchild;
        }
        else
        Bs=qtr->Rchild;
    }
      }
   free(qtr);
   return Bs;
}
```

7.3.2 平衡二叉树

从对二叉排序树的讨论可以知道，在二叉排序树上进行查找时的效率，与树的深度 h 有关，也就是说与树的形状有关。虽然在二叉排序树上实施插入、删除和查找等基本操作的平均时间为 $O(\log_2 n)$，但最坏情况下，这些基本运算的时间均会增至 O(n)。为了避免这种情况发生，人们研究了许多动态平衡的方法，使得在树中插入或删除元素时，通过调整树的形态来保持树的“平衡”，使之既保持二叉排序树性质不变，又保证树的高度在任何情况下均为 O($\log_2 n$)，从而确保树上的基本运算在最坏情况下的时间也均为 O($\log_2 n$)。这种二叉排序树被称为平衡二叉排序树，并以两位苏联数学家 Adel'son-Vel'sii 和 Landis 的名字缩写 AVL 作为平衡二叉排序树的简称。基本思想就是在构造二叉排序树的过程中，每插入或删除一个新的结点时，就先检查是否因该操作而破坏了树的平衡性。若是，则找出其中最小不平衡子树，然后在保持排序特性的前提下，调整其各结点的关系，以求达到新的平衡。下面的讨论都是针对平衡二叉排序树的。

平衡二叉树的定义，或者是一棵空树，或者是具有以下特性的二叉排序树。

(1) 左子树和右子树的深度之差的绝对值不超过 1；

(2) 它的左、右子树也分别是平衡二叉树。

在算法中，通过平衡因子(Balanced Factor，用 BF 代表)来具体实现上述平衡二叉树的定义。平衡因子的定义为：平衡二叉树中每个结点有一个平衡因子，每个结点的平衡因子是该结点左子树的高度减去右子树的高度。从平衡因子的角度来分析，若一棵二叉树是平衡二叉树，那该二叉树中所有结点的平衡因子的绝对值小于或等于 1，即该二叉树上所有结点的平衡因子只可能是-1、0 和 1，而不能是别的数字。因此，一棵二叉树上只要有一个结点的平衡因子不是-1、0 和 1，那么这棵二叉树就处于一种“失衡”状态，就不能称之为二叉平衡树。如图 7-24 所示为两个典型的平衡二叉树实例。

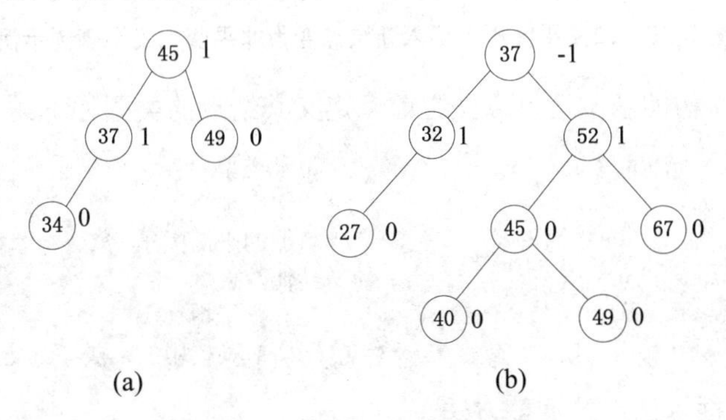

图 7-24　平衡二叉树示例

图 7-24 中每个结点右侧的数值即为该结点的平衡因子，所有结点的平衡因子绝对值小于或等于 1。而如图 7-25 所示为两个典型的非平衡二叉树实例。

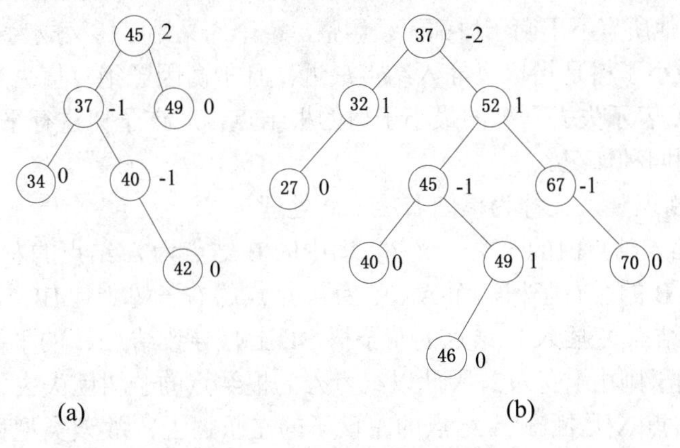

图 7-25　非平衡二叉树示例

图 7-25 中的两个二叉树是非平衡二叉树，在图 7-25(a)中根结点 45 的左子树高度为 3，而其右子树的高度为 1，因此根结点的平衡因子为 3−1=2，违背了平衡二叉树对结点平衡因子的要求；同样在图 7-25(b)中，根结点 37 的左、右子树高度差为 2，违背了平衡二叉树对结点平衡因子的要求。

如何使构造的二叉树是一棵平衡二叉树，而不是一棵二叉排序树，关键是每次向二叉树中插入新结点时要保持所有结点的平衡因子满足平衡二叉树的基本要求。这就要求一旦某些结点的平衡因子在插入新结点后不满足要求就要进行调整。如图 7-26 所示，在左侧原有二叉平衡树中插入新结点 35 后，打破原有二叉树的平衡状态，需要进行调整。

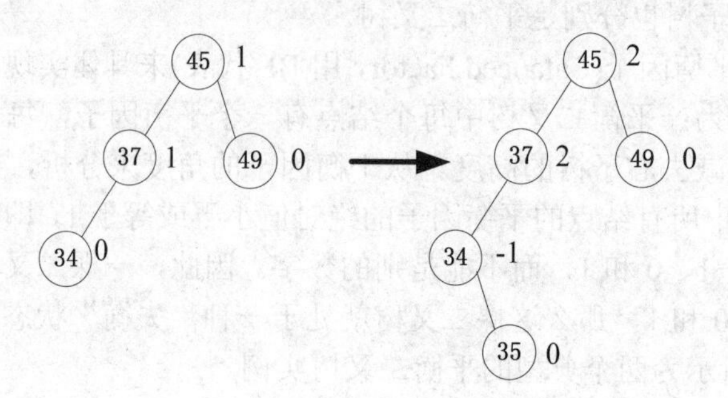

图 7-26　二叉平衡树中插入新结点变为非平衡二叉平衡树示例

在讨论平衡二叉树的基本运算算法之前，定义其结点的类型如下：

```
typedef struct node                     /*记录类型 */
{  KeyType key;                         /*关键字项 */
   int bf;                              /*增加的平衡因子 */
   InfoType data;                       /*其他数据域 */
   struct node *lchild, *rchild;        /*左右孩子指针 */
} BSTNode;                              /*平衡二叉树中结点类型的定义 */
```

1. 平衡二叉树插入结点的调整方法

若向平衡二叉树中插入一个新结点后破坏了平衡二叉树的平衡性，应首先从新插入的结点向根结点方向找到第一个失去平衡的结点，然后以该失衡结点和与它相邻的刚查找过的两个结点构成调整子树，使之成为新的平衡子树，当失去平衡的最小子树被调整为平衡子树后，原有的其他所有不平衡子树都无须调整，整个二叉排序树又成为一棵平衡二叉树。

失去平衡的最小子树是指以离插入结点最近，且平衡因子绝对值大于 1 的结点作为根的子树。假设用 A 表示失去平衡的最小子树的根结点，对该子树进行平衡化调整的规律归纳起来可以有下列四种情况。

(1) LL 型平衡调整，又称为单向右旋平衡处理。

图 7-27(a)为插入结点前的平衡二叉树。图中的 B 结点为 A 结点的左子树的根结点，BL 与 BR 分别为结点 B 的左右子树，而 AR 则为 A 结点的右子树，且 BL、BR、AR 三棵子树的高度均为 h。将结点 X 插入 B 结点的左子树 BL 上，导致结点 B 的平衡因子由 0 变为 1，而结点 A 的平衡因子则由 1 变为 2，因此以结点 A 为根结点的子树就失去了平衡，如图 7-27(b)所示。新插入的结点 X 是插在 A 结点的左孩子的左子树上，故该类型称为 LL 型。

此时，将支撑点由结点A改为结点B，需要进行顺时针旋转。旋转后，结点A和BR发生冲突，按照“旋转优先”原则，结点A成为结点B的右孩子，结点B的右子树BR成为结点A的左子树，调整后的结果如图7-28所示。

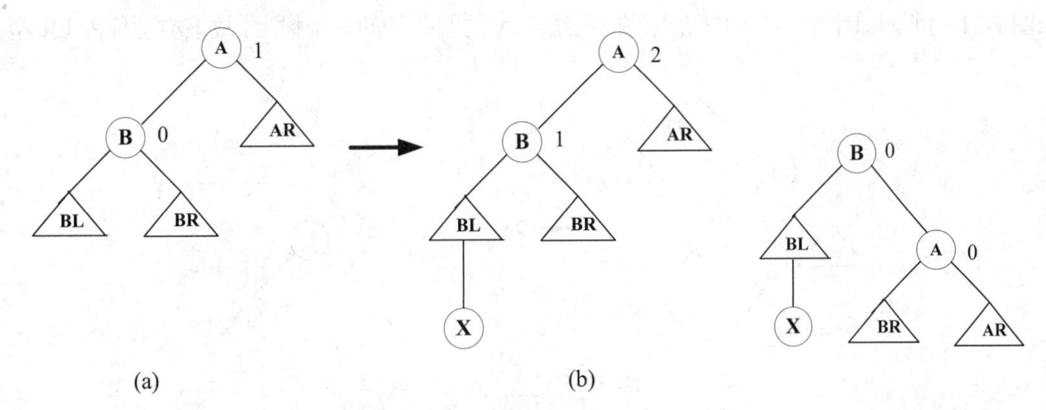

图7-27 LL型平衡调整初始图

图7-28 LL型平衡调整结果

(2) RR型平衡调整，又称为单向左旋平衡处理。

图7-29(a)为插入前的平衡二叉树。图中的B结点为A结点的右子树的根结点，BL与BR分别为结点B的左右子树，而AL则为A结点的左子树，且BL、BR、AR三棵子树的高度均为h。将结点X插入B结点的右子树BR上，导致结点B的平衡因子由0变为-1，而结点A的平衡因子则由-1变为-2，因此以结点A为根结点的子树就失去了平衡，如图7-29(b)所示。因为新插入的结点是插在结点A的右孩子中的右子树上，故该类型称为RR型。

此时，将支撑点由结点A改为结点B，需要进行逆时针旋转。旋转后，结点A和结点B的左孩子BL发生冲突，按照“旋转优先”原则，结点A成为结点B的左孩子，结点B的左子树BL成为结点A的右子树，调整后的结果如图7-30所示。

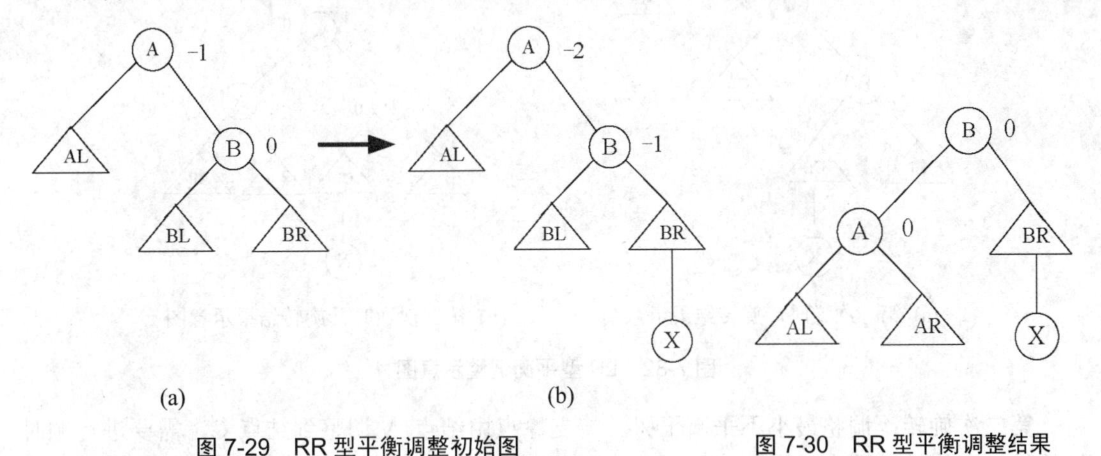

图7-29 RR型平衡调整初始图

图7-30 RR型平衡调整结果

(3) LR型平衡调整，又称双向旋转(先左后右)平衡处理。

图7-31(a)为插入前的平衡二叉树。图中的B结点为A结点的左子树的根结点，结点C为结点B右子树的根结点，AR是结点A的右子树，BL是结点B的左子树，而CL与CR

分别为结点 C 的左右子树，设 BL、AR 两棵子树的高度均为 h，则 CL 与 CR 两棵子树的高度均为 h-1。将结点 X 插入根结点 A 的左孩子的右子树上，导致结点 B 的平衡因子由 0 变为-1，而结点 A 的平衡因子则由 1 变为 2，因此以结点 A 为根结点的子树就失去了平衡，如图 7-31(b)所示。因为新插入的结点是插在结点 A 的左孩子的右子树上，故该类型称为 LR 型。

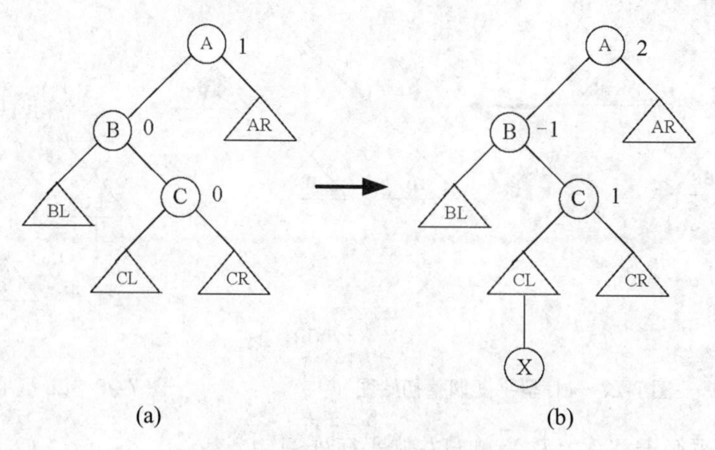

图 7-31　LR 型平衡调整初始图

不同于上述两种平衡调整类型，LR 型平衡调整需要进行两次旋转方可。

第一次旋转：根结点 A 不动，先调整结点 A 的左子树。将支撑点由结点 B 调整到结点 C 处，需要进行逆时针旋转。在旋转过程中，结点 B 与结点 C 的左子树发生了冲突，按照“旋转优先”原则，结点 B 作为结点 C 的左孩子，结点 C 的左子树作为结点 B 的右子树，其他结点之间的关系没有发生冲突，如图 7-32(a)所示。

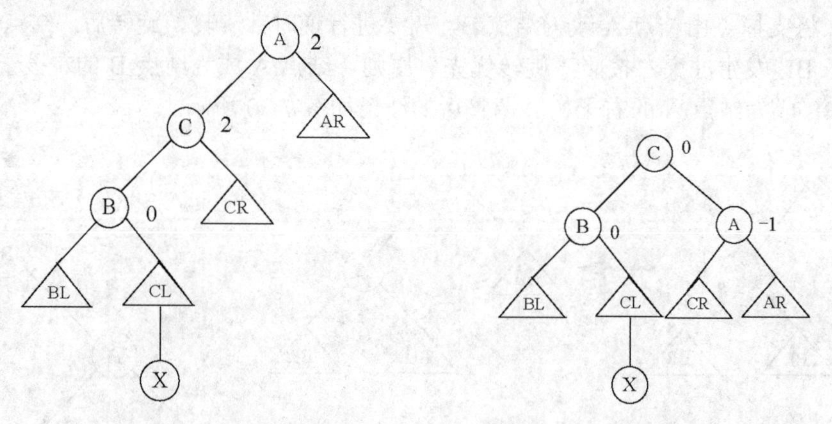

(a) 第一次逆时针旋转结果示意图　　(b) 第二次逆时针旋转结果示意图

图 7-32　LR 型平衡调整示意图

第二次旋转：调整最小不平衡子树。将支撑点由结点 A 调整到结点 C，需要进行顺时针旋转，在旋转过程中，结点 A 与结点 C 的右子树发生了冲突，按照“旋转优先”原则，结点 A 作为结点 C 的右孩子，结点 C 的右子树作为结点 A 的左子树，其他结点之间的关系没有发生冲突，如图 7-32(b)所示。

(4) RL 型平衡调整，又称双向旋转(先右后左)平衡处理。

图 7-33(a)为插入前的平衡二叉树。图中的 B 结点为 A 结点的右子树的根结点，结点 C 为结点 B 左子树的根结点，AL 是结点 A 的左子树，BR 是结点 B 的右子树，而 CL 与 CR 分别为结点 C 的左右子树，且 AL、BR 两棵子树的高度均为 h，CL 与 CR 两棵子树的高度均为 h-1。将结点 X 插入根结点 A 的右孩子的左子树上，导致结点 B 的平衡因子由 0 变为 1，而结点 A 的平衡因子则由-1 变为 2，因此以结点 A 为根结点的子树就失去了平衡，如图 7-33(b)所示。因为新插入的结点是插在结点 A 的右孩子的左子树上，故该类型称为 RL 型。与 LR 型平衡调整一样，RL 型平衡调整需要进行两次旋转方可。

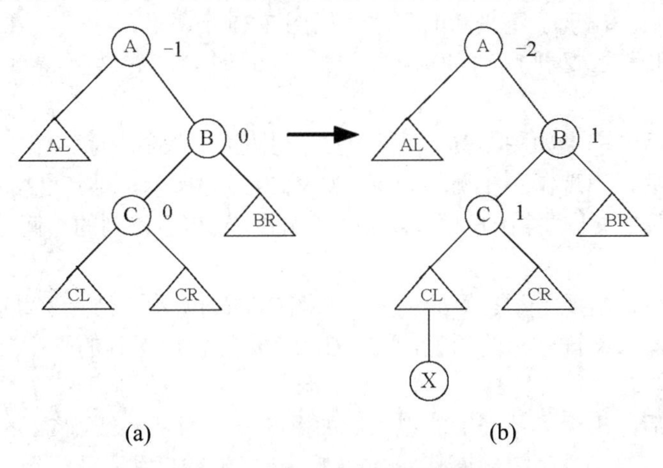

图 7-33　RL 型平衡调整初始图

第一次旋转：根结点 A 不动，先调整结点 A 的右子树。将支撑点由结点 B 调整到结点 C 处，需要进行顺时针旋转。在旋转过程中，结点 B 与结点 C 的右子树发生了冲突，按照“旋转优先”原则，结点 B 作为结点 C 的右孩子，结点 C 的右子树作为结点 B 的左子树，其他结点之间的关系没有发生冲突，如图 7-34(a)所示。

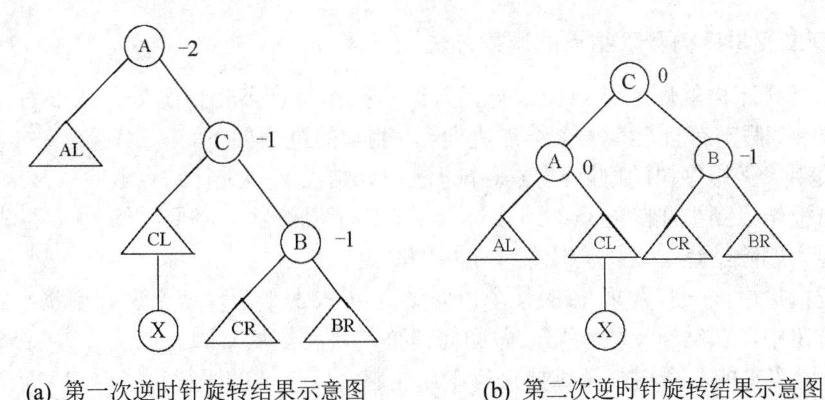

(a) 第一次逆时针旋转结果示意图　　(b) 第二次逆时针旋转结果示意图

图 7-34　RL 型平衡调整示意图

第二次旋转：调整最小不平衡子树。将支撑点由结点 A 调整到结点 C，需要进行逆时针旋转，在旋转过程中，结点 A 与结点 C 的左子树发生了冲突，按照“旋转优先”原则，结点 A 作为结点 C 的左孩子，结点 C 的左子树作为结点 A 的右子树，其他结点之间的关系没有发生冲突，如图 7-34(b)所示。

实际上构造平衡二叉树的过程就是从空的二叉排序树开始，不断执行上述插入操作，当某结点插入平衡二叉树时引起不平衡，则进行相应的调整。可以看到，在上述调整过程中，仅需要修改少量的指针，而且不需要考虑变动之外的结点，即可完成对整个二叉排序树的平衡处理。

【实例 7-3】设关键字集合为{22, 8, 12, 16, 14, 35, 25, 19, 20}，在一棵空的二叉排序树上构造一棵平衡二叉树。

(1) 插入 22 和 8，产生如图 7-35(a)所示的二叉排序树，此时为平衡二叉树。

(2) 插入 12 后，出现了不平衡的现象，如图 7-35(b)所示，结点 22 的平衡因子由 1 变为 2，需要进行平衡二叉排序树的调整，实施 LR 调整，旋转后得到的平衡二叉树如图 7-35(c)所示。

(3) 插入 16 后，产生如图 7-35(d)所示的二叉排序树，此时为平衡二叉树。

(4) 插入 14 后，出现了不平衡的现象，如图 7-35(e)所示，结点 22 的平衡因子由 1 变为 2，需要进行平衡二叉排序树的调整，实施 LL 调整，旋转后得到的平衡二叉树如图 7-35(f)所示。

(5) 插入 35 后，出现了不平衡的现象，如图 7-35(g)所示，结点 12 的平衡因子由-1 变为-2，需要进行平衡二叉排序树的调整，实施 RR 调整，旋转后得到的平衡二叉树如图 7-35(h)所示。

(6) 插入 25 后，出现了不平衡的现象，如图 7-35(i)所示，结点 22 的平衡因子由-1 变为-2，需要进行平衡二叉排序树的调整，实施 RL 调整，旋转后得到的平衡二叉树如图 7-35(j)所示。

(7) 插入 19 后，产生如图 7-35(k)所示的二叉排序树，此时为平衡二叉树。

(8) 插入 20 后，出现了不平衡的现象，如图 7-35(l)所示，结点 22 的平衡因子由 1 变为 2，需要进行平衡二叉排序树的调整，实施 LR 调整，旋转后得到的平衡二叉树如图 7-35(m)所示。

2. 平衡二叉排序树删除结点的调整方法

平衡二叉排序树的删除结点操作与插入结点操作有许多相似之处，在平衡二叉排序树上删除结点 x，假定有且仅有一个结点值为 x，删除的过程如下。

(1) 采用二叉排序树的删除结点操作方法找到结点 x 并进行结点删除。

(2) 沿根结点到被删除结点的路线进行反方向上溯查找，必要时修改 x 祖先结点的平衡因子，因为删除结点 x 后，会使某些子树的高度降低。

(3) 查找途中，一旦发现 x 的某个祖先结点 y 失去平衡，就要进行调整。假设结点 x 在 y 的左子树中，在结点 y 失衡后，做如何调整，要看结点 y 的右孩子 y_r，若 y_r 的平衡因子是 1，说明它的左子树高，需要进行 RL 调整；若 y_r 的平衡因子是-1，需要进行 RR 调整；若 y_r 的平衡因子是 0，则进行 RL 调整或 RR 调整均可。如果结点 x 在 y 的右子树中，调整过程类似。

(4) 如果调整之后，对应子树的深度降低了，这个过程还需要继续进行下去，直到根结点为止。也就是说，在平衡二叉排序树上删除一个结点有可能引起多次调整，不像插入结点至多调整一次。

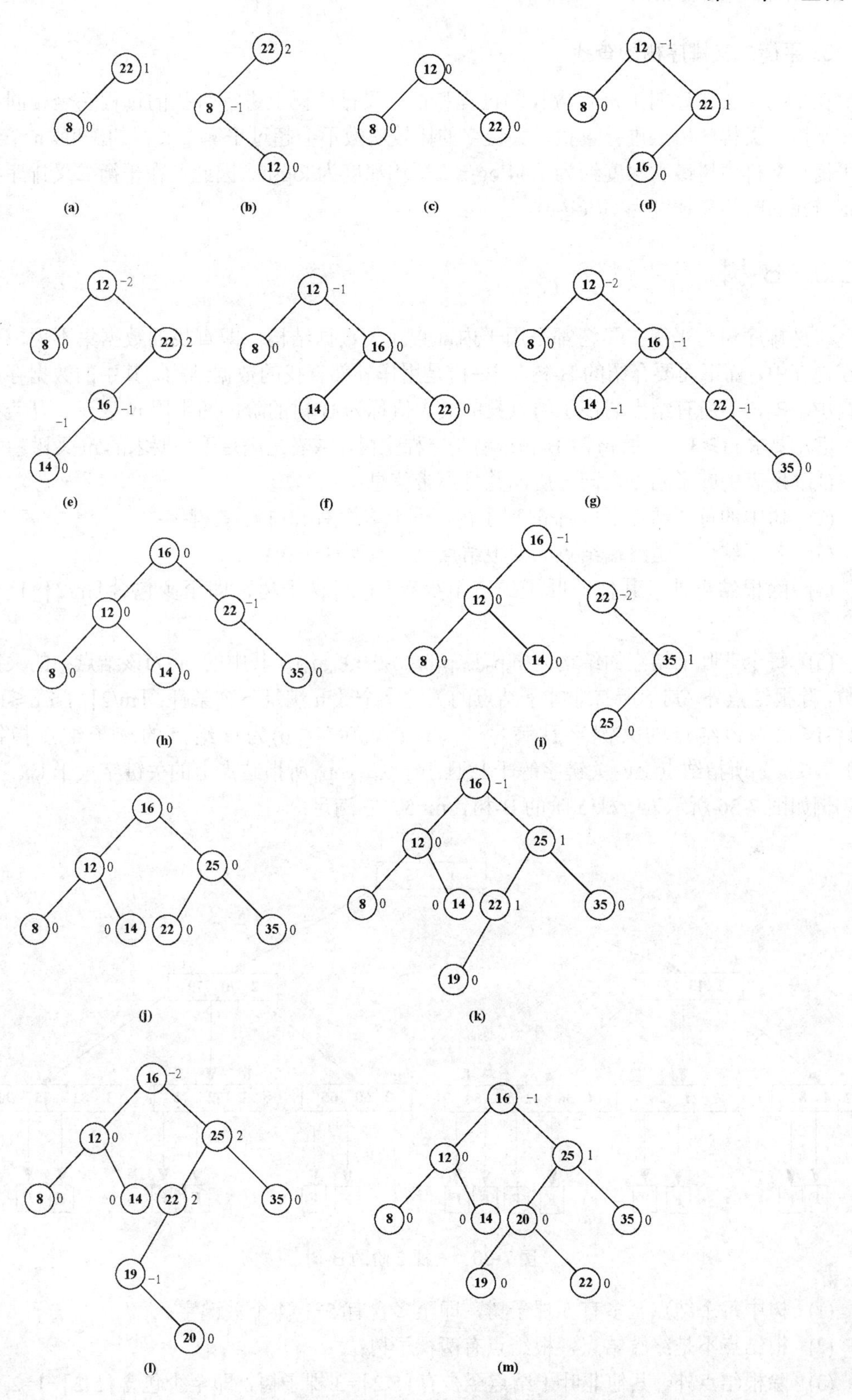

图 7-35　平衡二叉排序树构造过程示例

3. 平衡二叉排序树的查找

在平衡二叉排序树上进行查找的过程和在二叉排序树上进行查找的过程完全相同，因此在平衡二叉排序树上进行查找时关键字的比较次数不会超过平衡二叉树的深度。n 个结点的平衡二叉排序树最大深度约为 $1.44\log_2 n$，平均深度为 $\log_2 n$。因此，在平衡二叉排序树上进行查找的时间复杂度为 $O(\log_2 n)$。

7.3.3 B-树

二叉排序树与平衡二叉树都是用于内部查找的数据结构，即查找的数据集不大，可以放在内存中，而下面要介绍的 B-树与 B+树是用作外部查找的数据结构，其中的数据存放在外存中。B-树中所有结点的孩子结点数的最大值称为 B-树的阶，通常用 m 表示，从查找效率考虑，要求 m≥3。一棵 m 阶 B-树或者是一棵空树，或者是满足下列要求的 m 叉树。

(1) 所有的叶子结点在同一层，并且不带信息；

(2) 树中的每个结点至多有 m 棵子树，即至多含有 m-1 个关键字；

(3) 若根结点不是终端结点，则根结点至少有两棵子树；

(4) 除根结点外，其他非叶子结点至少有⌈m/2⌉棵子树，即至少包含⌈m/2⌉-1 个关键字；

(5) 每个非叶子结点的结构为$(n,p_0,k_1,p_1,k_2,p_2,\cdots,k_n,p_n)$，其中的 n 为该结点中的关键字个数，除根结点外，其他所有非叶子结点的关键字个数 n 满足下列条件：$\lceil m/2\rceil-1\leqslant n\leqslant m-1$；$k_i(1\leqslant i\leqslant n)$为该结点的关键字且满足 $k_i<k_{i+1}$；$p_i(0\leqslant i\leqslant n)$为该结点的孩子结点指针且 $p_i(0\leqslant i\leqslant n-1)$所指结点上的关键字等于 k_i 且小于 k_{i+1}，p_n 所指结点上的关键字大于 k_n。

例如图 7-36 所示为一棵 5 阶的 B-树，m=5。它满足：

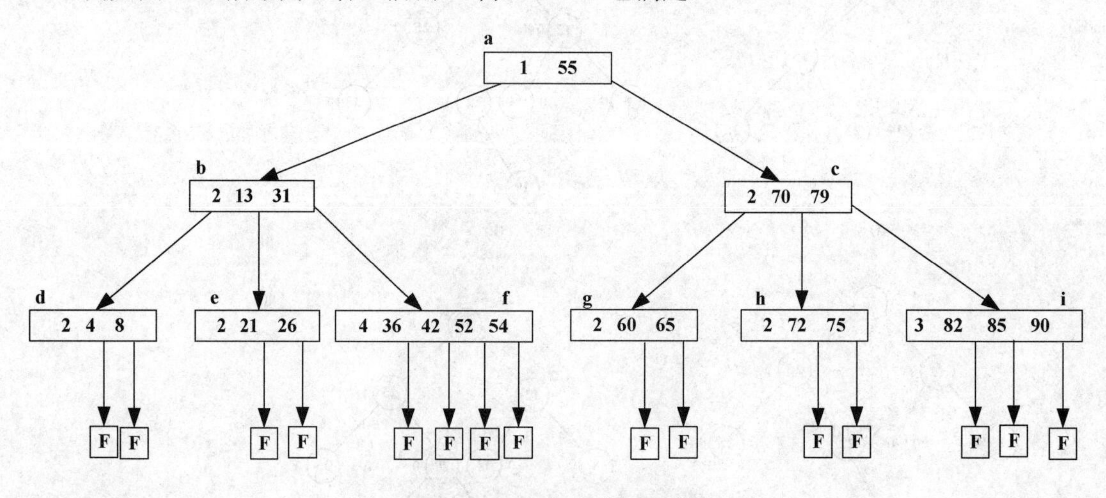

图 7-36 一棵 5 阶的 B-树

(1) 树中每个结点至多有 5 棵子树，即至多含有 5-1=4 个关键字；

(2) 根结点不是终端结点，根结点有两棵子树；

(3) 除根结点外，其他非叶子结点至少有⌈5/2⌉=3 棵子树，即至少包含⌈5/2⌉-1=2 个关键字，小于等于 5-1=4；

(4) 所有的叶子结点在同一层上。

在 B-树中，叶子结点不带信息，可以看成是外部结点或查找失败的结点，实际上这些结点不存在，指向这些结点的指针为空，为了方便，后面的 B-树图中都没有画出叶子结点层。

在 B-树的存储结构中，各结点的类型定义如下：

```
#define MAXM 10                    //B-树的最大阶数
typedef int KeyType;               //KeyType 为关键字类型
typedef  struct  node
{int  keynum;                      //结点中的关键字个数
 struct node * parent;             //双亲结点指针
 keytype  key[MAXM];               //关键字数组 key[1…keynum]，key[0]不用
 struct node *ptr[MAXM];           //孩子结点指针数组 ptr[0…keynum]
}BTNode;                           //B-树结点类型
int m;                             //m 阶 B-树，m，Max，Min3 个变量均定义为全局变量
int Max;                 //m 阶 B-树中每个结点的至多关键字个数，Max=m-1
int Min;                 //m 阶 B-树非叶子结点的至少关键字个数，Min=⌈m/2⌉-1=(m-1)/2
```

为了方便在 B-树中查找时返回结果，定义如下类型：

```
typedef struct         //B-树的查找结果类型
{ BTNode * pt;         //指向找到的结点
 int i;                //1 至 m，在结点中的关键字序号
 int tag;              //1 表示查找成功，0 表示查找失败
}Result;
```

当查找的返回值 tag 为 0 时，表示查找失败，当 tag 为 1 时表示查找的结果为结点*pt 的 key[i]关键字。

1. B-树的查找

在 B-树中查找给定关键字的方法类似于在二叉排序树上的查找，不同的是，在每个结点上确定向下查找的路径不一定是二路的，而是 n+1 路的。因为结点内的关键字序列 key[1…n]有序，故既可以用顺序查找，也可以用折半查找。在一棵 B-树上查找关键字为 k 的方法为：将 k 与根结点中的 key[i](1≤i≤n)进行比较。

(1) 若 k=key[i]，则查找成功；

(2) 若 k<key[1]，则沿着指针 ptr[0]所指的子树继续查找；

(3) 若 key[i]<k<key[i+1]，则沿着指针 ptr[i]所指的子树继续查找；

(4) 若 k>key[n]，则沿着指针 ptr[n]所指的子树继续查找。

对应的查找算法如下：

```
Result SearchBTree(BTNode *t, KeyType k)
{ /*在 m 阶 B-树 t 中查找关键字 k，返回结果(pt, I, tag).若查找成功，则特征值 tag=1，
指针 pt 所指结点中第 i 个关键字等于 k；否则特征值 tag=0，等于 k 的关键字应插入指针 Pt 所指
结点中第 i 和第 i+1 个关键字之间*/
 BTNode *p=t, *q=NULL;                      //p 指向待查结点，q 指向 p 的双亲
```

```
 int found=0, i=0;
   Result r;
 while (p!=NULL && found==0)
  {i=Search(p, k);  //在 p->key[1…keynum]中查找 i，使得
p->key[i]<=k<p->key[i+1]
   if  (i>0 && p->key[i]==k)
    found=1;         //找到待查关键字
   else
    {q=p;
    p=p->ptr[i];
    }
  }
 r.i=i;
 if (found==1)
  {r.pt=p;
  r.tag=1;
  } //查找成功
 else
  {r.pt=q;
  r.tag=0;
  }  //查找不成功，返回 K 的插入位置信息
 return r;       //返回 k 的位置(或插入位置)
}
int Search(BTNode *p, KeyType k)
{                  //在指针 p 所指结点中查找关键字 k，在 p->key[1…keynum]中查找 i，
                   //使得 p->key[i]<=k<p->key[i+1]
 for (int i=0; i<p->keynum && p->key[i+1]<=k; i++);
 return i;
}
```

在 B-树中进行查找时，其查找时间主要花费在搜索结点上，即主要取决于 B-树的深度。那么，含有 n 个关键字的 m 阶 B-树可能达到的最大深度 h 为多少呢，或者说，深度为 h 的 B-树中，至少含有多少个结点？

第 1 层最少结点数为 1 个；

第 2 层最少结点数为 2 个；

第 3 层最少结点数为 $2\lceil m/2\rceil$个；

第 4 层最少结点数为 $2\lceil m/2\rceil^2$ 个；

……

第 h+1 层最少结点数为 $2\lceil m/2\rceil^{h-1}$ 个。

假设 m 阶 B-树的深度为 h+1，由于第 h+1 层为叶子结点，而当前树中含有 n 个关键字时，则叶子结点必为 n+1 个，由此可以推得下列结果：

$n+1\geqslant 2\lceil m/2\rceil^{h-1}$

$h-1\leqslant \log_{\lceil m/2\rceil}(n+1)/2$

$h\leqslant \log_{\lceil m/2\rceil}(n+1)/2+1$

因此，在含 n 个关键字的 B-树上进行查找，需访问的结点数不超过 $\log_{\lceil m/2 \rceil}(n+1)/2+1$ 个。也就是意味着，含 n 个关键字的 B-树上查找的时间复杂度为 $O(\log_{\lceil m/2 \rceil}(n+1)/2+1)$。

2. B-树的插入

从空树起逐个插入关键字便可生成 B-树，将关键字 k 插入 B-树中的过程分两步完成。

(1) 利用 B-树的查找算法找出该关键字的插入结点，需要注意的是，B-树的插入结点一定是叶子结点。

(2) 若该结点关键字个数 $n<m-1$，说明该结点还有空位置，直接把关键字 k 插入该结点的合适位置上；若该结点关键字个数 $n=m-1$，说明该结点已没有空位置，插入后需按以下方法把该结点分裂成两个结点：分配一新结点节，把需分裂结点上的关键字从中间位置(即 m/2 处)分成两部分，左部分所含关键字放在旧结点中，右部分所含关键字放在新结点中，中间位置的关键字连同新结点的存储位置插入父结点中。如果父结点的关键字个数也超过 $m-1$，则要再分裂，再往上插入，直至这个过程传到根结点为止。可见，B-树是从底向上生成的。

例关键字序列为｛22, 56, 71, 86, 73, 32, 80, 27, 95, 43, 9, 79, 53, 68, 70, 55, 8, 81, 37, 14, 18, 67｝，建立一个 5 阶的 B-树。

建立过程描述如下。

① 向空树中插入 22，如图 7-37(a)所示。

② 插入 56、71、86，如图 7-37(b)所示。

③ 插入 73 后，关键字个数达到 5，需要对结点进行分裂操作，原有的结点中只保留｛22,56｝两个关键字，新产生一个结点存储关键字｛73,86｝，中间的关键字 71 形成两个结点的父结点，如图 7-37(c)所示。

④ 依次插入 32、80、27、95 四个关键字，得到如图 7-37(d)所示的 B-树。

⑤ 插入关键字 43 后，关键字个数达到 5，需要对结点进行分裂操作，结果如图 7-37(e)所示。

⑥ 关键字 9 直接插入即可，结果如图 7-37(f)所示。

⑦ 插入关键字 79 后，关键字个数达到 5，需要对结点进行分裂操作，结果如图 7-37(g)所示。

⑧ 依次插入 53、68 两个关键字，得到如图 7-37(h)所示的 B-树。

⑨ 插入关键字 70 后，关键字个数达到 5，需要对结点进行分裂操作，结果如图 7-37(i)所示。

⑩ 依次插入 55、8、81、37 四个关键字，得到如图 7-37(j)所示的 B-树。

⑪ 插入关键字 14 后，关键字个数达到 5，需要对结点进行分裂操作，同时中间关键字 14 升入父结点后，父结点关键字个数也达到 5，同样需要对结点进行分裂操作，结果如图 7-37(k)所示。

⑫ 依次插入 18、67 两个关键字，得到如图 7-37(l)所示的最终 B-树结果。

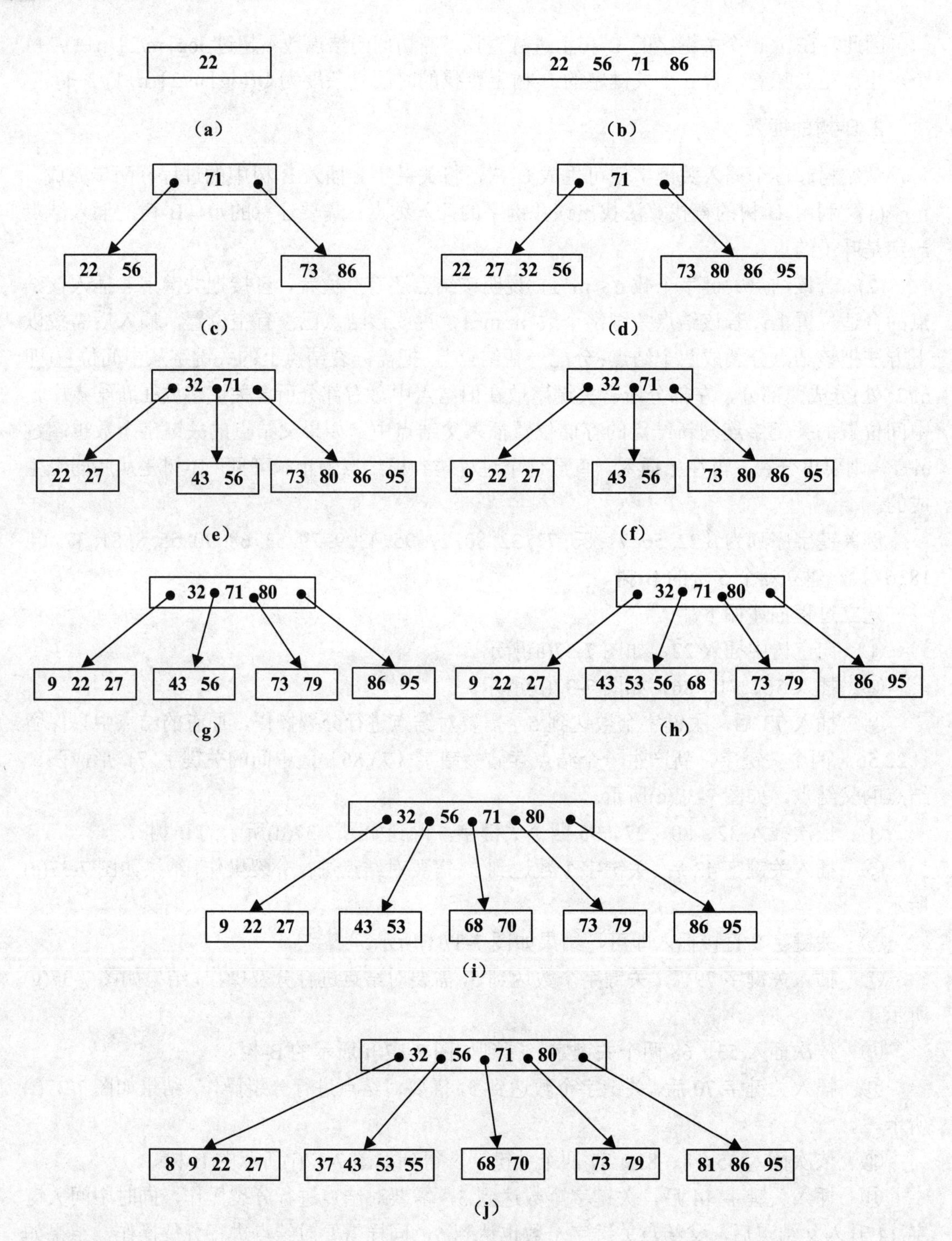

图 7-37 B-树的生成示例

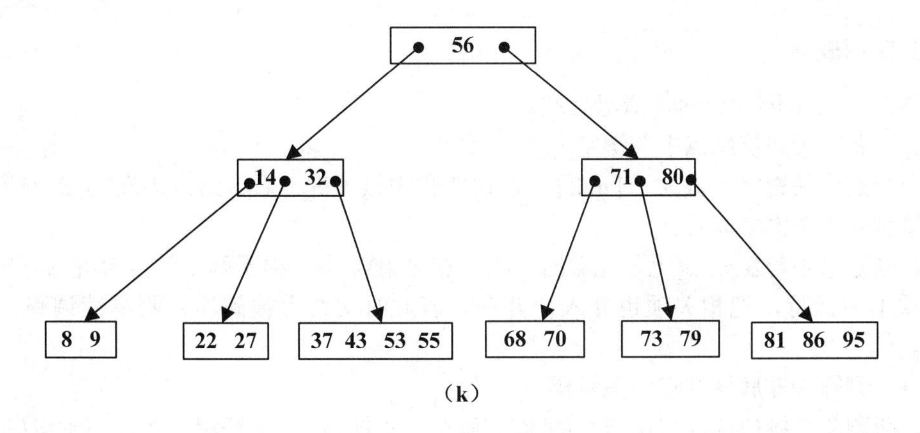

(k)

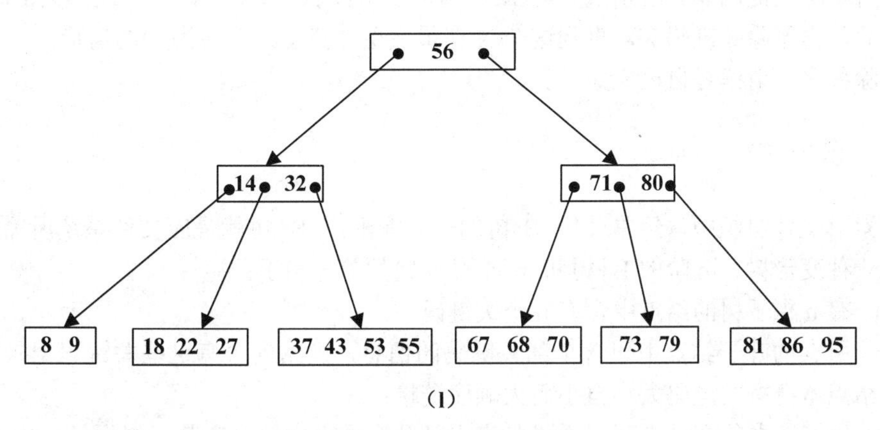

(l)

图 7-37 B-树的生成示例(续)

B-树插入过程的算法描述如下：

```
int InserBTree(NodeType **t, KeyType kx, NodeType *q, int i)
{ /*在 m 阶 B 树*t 上结点*q 的 key[i]，key[i+1]之间插入关键码 kx*/
   /*若引起结点过大，则沿双亲链进行必要的结点分裂调整，使*t 仍为 m 阶 B 树*/
x=kx;
ap=NULL;f
inished=FALSE;
while(q&&!finished)
  { Insert(q, i, x, ap);     /*将 x 和 ap 分别插入 q->key[i+1]和 q->ptr[i+1]*/
    if(q->keynum<m)   finished=TRUE;      /*插入完成*/
    else
      {                                    /*分裂结点*p*/
  s=m/2;split(q, ap);x=q->key[s];
        /*将 q->key[s+1…m]，q->ptr[s…m]和 q->recptr[s+1…m]移入新结点*ap*/
q=q->parent;
 if(q) i=Search(q, kx);      /*在双亲结点*q 中查找 kx 的插入位置*/
}
    }
  if(!finished) /*(*t)是空树或根结点已分裂为*q*和 ap*/
  NewRoot(t, q, x, ap);
  /*生成含信息(t，x，ap)的新的根结点*t，原*t 和 ap 为子树指针*/
}
```

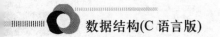

3. B-树删除

关于B-树的删除分两种情况处理。

1) 删除最底层结点中关键字

若结点中关键字个数大于⌈m/2⌉-1，说明删去该关键字后该结点仍满足B-树的定义，则直接删除该关键字即可。

否则除余项与左兄弟(无左兄弟时，则与右兄弟)合并。由于两个结点合并后，父结点中相关项不能保持，把相关项也并入合并项。若此时父结点被破坏，则继续调整，直到根结点。

2) 删除为非底层结点中关键码

若所删除关键码非底层结点中的Ki，则可以指针Ai所指子树中的最小关键码X替代Ki，然后，再删除关键码X，直到这个X在最底层结点上，即转为1)的情形。

删除程序，请读者自己完成。

7.3.4 B+树

在索引文件组织中，经常使用B-树的一些变形，B+树就是应文件系统所需而产生的B-树的一种变形树。m阶的B+树和m阶的B-树的差异在于：

(1) 有n棵子树的结点中含有n个关键码；

(2) 所有的叶子结点中包含全部关键码的信息，及指向含有这些关键码记录的指针，且叶子结点本身按关键码大小自小而大顺序链接；

(3) 所有的非终端结点可以看成是索引部分，结点中仅含有其子树根结点中最大(或最小)关键码。

例如，图7-38所示为一棵五阶的B+树，通常在B+树上有两个头指针，一个指向根结点，另一个指向关键码最小的叶子结点。因此，可以对B+树进行两种查找运算：一种是从最小关键码起顺序查找，另一种是从根结点开始，进行随机查找。

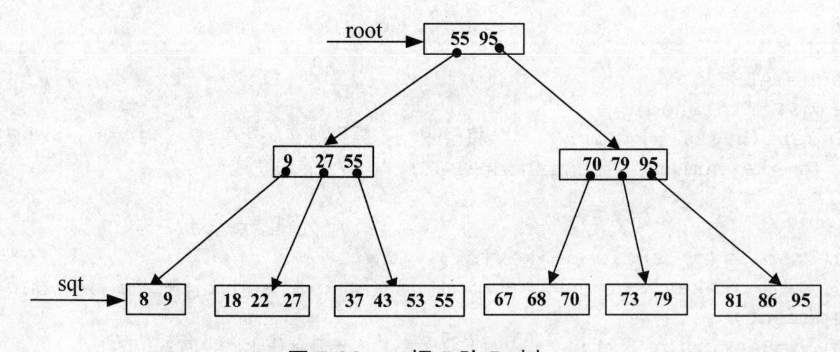

图7-38 一棵5阶B+树

在B+树上进行随机查找、插入和删除的过程基本上与B-树类似。只是在查找时，若非终端结点上的关键码等于给定值，则不终止，而是继续向下直到叶子结点。因此，在B+树，不管查找成功与否，每次查找都是走了一条从根到叶子结点的路径。B+树查找的分析类似于 B-树。B+树的插入仅在叶子结点上进行，当结点中的关键码个数大于 m 时要分裂成两个结点，它们所包含关键字的个数均为⌈(m+1)/2⌉。并且，它们的双亲结点中应同时包含这两个结点中的最大关键码。B+树的删除也仅在叶子结点进行，当叶子结点中的最大关键码被删除时，其在非终端结点中的值可以作为一个“分界关键码”存在。若因为删除而使结点中的关键字个数少于 m 时，其和⌈m/2⌉兄弟结点的合并过程也与 B-树类似。

7.4　散列表的查找

在上面讨论的查找方法中，由于数据元素的存储位置与关键字之间不存在确定的关系，因此，查找时，需要进行一系列对关键字的查找比较，即“查找算法”是建立在比较的基础上的，查找效率由比较一次缩小的查找范围决定。而理想的情况是依据关键字直接得到其对应的数据元素位置，即要求关键字与数据元素间存在一一对应关系，通过这个关系，能很快地由关键字得到对应的数据元素位置。本节要介绍的散列表查找即采用了该种方法。

7.4.1　散列表的基本概念

散列表又称为哈希表，是除顺序表存储结构、链表存储结构和索引表存储结构之外的又一种存储线性表的存储结构。散列表存储的基本思路是：设要存储的对象个数为 n，设置一个长度为 m(m≥n)的连续内存单元，以线性表中每个对象的关键字 $k_i(0 \leqslant i \leqslant n-1)$为自变量，通过一个称为散列函数的函数 $h(k_i)$，把 k_i 映射为内存单元的地址(或称为下标)$h(k_i)$，并把该对象存储在这个内存单元中。$h(k_i)$称为散列地址，又称为哈希地址。把如此构造的线性表存储结构称为散列表或哈希表。

但是存在这样的问题，对于两个关键字 k_i 和 $k_j(i \neq j)$，有 $k_i \neq k_j(i \neq j)$，但 $h(k_i)=h(k_j)$，把这种现象叫作哈希冲突。通常把这种具有不同关键字但具有相同哈希地址的对象称作“同义词”，由同义词引起的冲突称作同义词冲突。在散列表存储结构中，同义词冲突是很难避免的，除非关键字的变化区间小于等于散列存储结构的变化区间，而这种情况在关键字取值不连续时是非常浪费存储空间的。通常实际情况是关键字的取值区间远大于散列地址的变化区间。

一旦散列表建立，在散列表中进行查找的方法就是以要查找关键字 k 为映射函数的自变量，以建立散列表时使用的同样的散列函数 h(k)为映射函数得到一个散列地址(设该地址中原对象的关键字为 k_i)，比较要查找的关键字 k 和 k_i，如果 $k=k_i$，则查找成功；否则，以建立散列表时使用的同样的散列冲突函数得到新的散列地址(设该地址中对象的关键字为 k_j)，比较要查找的关键字 k 和 k_j，直到查找成功能或查找完 m 个存储单元仍未查找到(即查找失败)为止。

7.4.2　散列函数的构造方法

构造散列函数的目标是使得到的散列地址尽可能均匀地分布在 n 个连续内存单元地址上，同时使计算过程尽可能简单，以达到尽可能高的时间效率。根据关键字的结构和分布的不同，可构造出许多不同的散列函数。这里主要讨论几种常用的整数类型关键字的散列函数构造方法。

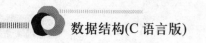

1. 直接定址法

直接定址法是以关键字 k 本身或关键字的某个线性函数值为散列地址，直接定址法的散列函数 h(k)为

$$h(k)=k \text{ 或 } h(k) = a \cdot key + b$$

其中，a 和 b 为常数的散列函数叫作自身函数。例如，有一个从 1 到 100 岁的人口数字统计表，其中，年龄作为关键字，哈希函数取关键字自身。这种散列函数计算简单，并且不可能有冲突发生。当关键字的分布基本连续时，可以使用直接定址法的散列函数，但若在关键字分布不连续时将造成内存单元的大量浪费，存储效率不高。该散列函数构造方法的时间复杂度是 O(1)，空间复杂度是 O(n)，n 是关键字的个数。

2. 数字分析法

例如，学生的生日数据按照“年.月.日”的格式记录如下：{75.10.03,75.11.23,76.03.02,76.07.12,75.04.21,76.02.15}，经分析，第一位、第二位、第三位重复的可能性大，取这三位造成冲突的机会增加，所以尽量不取前三位，取后三位比较好。因此数字分析法就是找出数字的规律，尽可能利用这些数据来构造冲突概率较低的散列地址。

该方法是提取关键字中取值较均匀的数字位作为散列地址的方法。它适合于所有关键字值都已知的情况，并需要对关键字中每一位的取值分布情况进行分析。

3. 除留余数法

除留余数法是用关键字 k 除以某个不大于散列表长度 m 的数 p 所得的余数作为散列地址的方法，除留余数法的散列函数 h(k)为

$$h(k)=k \bmod p \ (\text{mod 为求余运算，} p \leqslant m)$$

除留余数法计算比较简单，适用范围广，是最经常使用的一种散列函数。这种方法的关键是选好 p，使得记录集合中的每一个关键字通过该函数转换后映射到散列表范围内的任意地址上的概率相等，从而尽可能减少发生冲突的可能性。例如，p 取奇数就比 p 取偶数好。理论研究表明，p 取不大于 m 的素数时效果最好。

【实例 7-4】假设散列表长度 m=13，采用除留余数法散列函数建立以下关键字集合的散列表：{16, 74, 60, 43, 54, 90, 46, 31, 29, 88, 77}。

解：n=11，m=13，除留余数法的散列函数为 h(k)=k mod p，p 应为小于等于 m 的素数，假设 p 取值为 13，则有：h(16)=3,h(74)=9,h(60)=8,h(43)=4,h(54)=2,h(90)=12,h(46)=7,h(31)=5,h(29)=3,h(88)=10,h(77)=12。

显然在本例中 16 和 29、90 以及 77 都出现了同义词的问题。

4. 平方取中法

平方取中法是以关键字的平方值的中间几位作为存储地址。求“关键字的平方值”的目的是“扩大差别”，同时平方值的中间各位又能受到整个关键字中各位的影响。此方法

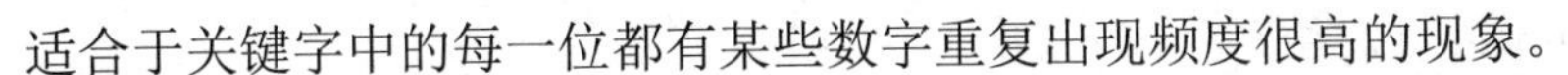

适合于关键字中的每一位都有某些数字重复出现频度很高的现象。

其他构造整数关键字的散列函数的方法还有折叠法，它是先把关键字中的若干段作为一小组，然后把各小组折叠相加后分布均匀的几位作为散列地址的方法。

7.4.3 处理散列冲突的方法

解决散列冲突的方法有很多种，下面介绍几种常用的解决散列冲突的方法。

1. 开放定址法

开放定址法是一类以发生冲突的散列地址为自变量，通过某种散列冲突函数得到一个新的空闲的散列地址的方法。在开放定址法中，散列表中的空闲单元(假设其下标为d)不仅允许散列地址为 d 的同义词关键字使用，而且也允许发生冲突的其他关键字使用，因为这些关键字的散列地址不为d，所以称为非同义词关键字。开放定址法的名称就是来自于此，散列表空闲单元既向同义词关键字开放，也向发生冲突的非同义词关键字开放。至于散列表的一个地址中存放的是同义词关键字还是非同义词关键字，要看谁先占用它，这和构造散列表的记录排列次序有关。

在开放定址法中，以发生冲突的散列地址为自变量，通过某种散列函数得到一个新的空闲的散列地址的方法有很多种，下面介绍常用的几种。

(1) 线性探查法。

线性探查法是从发生冲突的地址(设为d)开始，依次探查d的下一个地址，当到达下标为 m−1 的散列表表尾时，下一个探查的地址是表首地址 0，直到找到一个空闲单元为止，当 m≥n 时一定能找到一个空闲单元。线性探查法的数学递推描述公式为

$$d_0=h(k)$$
$$d_i=(d_{i-1}+1) \bmod m \qquad (1\leqslant i\leqslant m-1)$$

线性探查法容易产生堆积问题。这是由于当连续出现若干个同义词后(设第一个同义词占用单元d，这连续的若干个同义词将占用散列表的d，d+1，d+2等单元)，此时，随后任何d+1，d+2等单元和的散列映射都会由于前面的同义词堆积而产生冲突，尽管随后的这些关键字并没有同义词。

【实例 7-5】 关键字集为{47, 7, 29, 11, 16, 92, 22, 8, 3}，散列表表长为11，h(k)=k mod 11，用线性探查法处理冲突，建表如下：

0	1	2	3	4	5	6	7	8	9	10
11	22		47	92	16	3	7	29	8	

47，7，11，16，92 均是由散列函数直接得到的，没有发生冲突，按散列地址而直接存入。

h(29)=7，散列地址上冲突，需寻找下一个空的散列地址。

由 h_1=(h(29)+1)mod 11=8，散列地址 8 为空，将 29 存入。另外，22、8 同样在散列地址上有冲突，也是由 h_1 找到空的散列地址。

而 h(3)=3，散列地址上冲突，由：

h_1=(h (3) +1)mod 11= 4，仍然冲突。

h_2=(h (3) +2)mod 11= 5，仍然冲突。

h_3=(h (3) +3)mod 11= 6，找到空的散列地址，存入即可。

线性探查法可能使第 i 个散列地址的同义词存入第 i+1 个散列地址，这样本应存入第 i+1 个散列地址的元素变成了第 i+2 个散列地址的同义词，……，因此，可能会出现很多元素在相邻的散列地址上“堆积”起来，从而大大降低了查找效率。为此，可采用二次探查法，或双散列函数探查法，以改善“堆积”问题。

(2) 二次探查法。

二次探查法的数学递推描述公式为

$$h_i=(h(k) \pm d_i) \bmod m$$

其中，h(k)为散列函数，m 为散列表长度，m 要求是某个 4k+3 的质数(k 是整数)；d_i 为增量序列 $1^2,-1^2,2^2,-2^2,\cdots,q^2,-q^2$ 且 $q \leqslant (m-1)/2$。

仍以上例使用二次探查法处理冲突，建表如下：

0	1	2	3	4	5	6	7	8	9	10
11	22	3	47	92	16		7	29	8	

对关键字寻找空的散列地址只有 3 这个关键字与上例不同，h(3)=3，散列地址上冲突，由 $h_1=(h(3)+1^2) \bmod 11=4$ 仍然冲突；$h_2=(h(3)-1^2) \bmod 11=2$，找到空的散列地址，存入即可。

(3) 双散列函数探查法。

双散列函数探查法的数学递推描述公式为

$$h_i=(h(k)+i*ReHash(k)) \bmod m \qquad (i=1, 2, 3, \cdots, m-1)$$

其中，h(k)、ReHash(k)是两个散列函数；m 为散列表长度。

使用双散列函数探查法时，先用第一个函数 h(k)对关键字计算散列地址，一旦产生地址冲突，再用第二个函数 ReHash(k)确定移动的步长因子，最后，通过步长因子序列由探查函数寻找空的散列地址。

例如，h(k)=a 时产生地址冲突，就计算 ReHash(k)=b，则探查的地址序列为

$h_1=(a+b) \bmod m$，$h_2=(a+2b) \bmod m$，…，$h_{m-1}=(a+(m-1)b) \bmod m$

2. 拉链法(链地址法)

设散列函数得到的散列地址域在区间[0，m−1]上，以每个散列地址作为一个指针，指向一个链，即分配指针数组 elemtype * eptr[m]建立 m 个空链表，由散列函数对关键字转换后，映射到同一散列地址 i 的同义词均加入到* eptr[i]指向的链表中。

【实例 7-6】关键字集为{47, 7, 29, 11, 16, 92, 22, 8, 3, 50, 37, 89, 94, 21}，散列函数为

$$h(k)=k \bmod 11$$

用拉链法处理冲突，建表如图 7-39 所示。

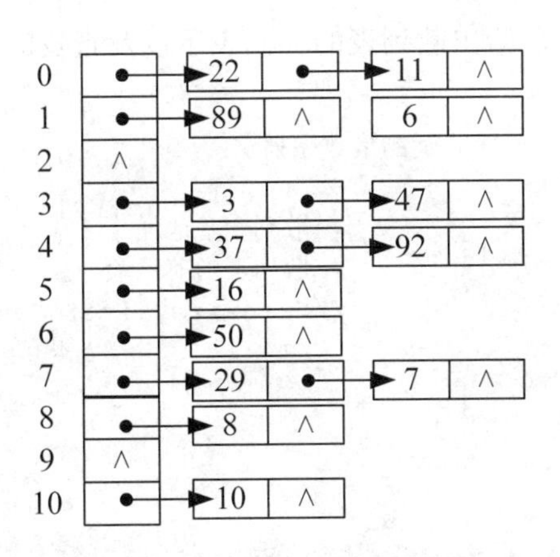

图7-39　拉链法处理冲突时的散列表(向链表中插入元素均在表头进行)

与开放定址法相比，拉链法有以下几个优点。

(1) 拉链法处理冲突简单，且无堆积现象，即非同义词绝不会发生冲突，因此平均查找长度较短。

(2) 由于拉链法中各链表上的记录空间是动态申请的，故它更适合于造表前无法确定表长的情况。

(3) 开放定址法为减少冲突要求装填因子α较小，故当数据规模较大时会浪费很多空间，而拉链法中可取α≥1，且记录较大时，拉链法中增加的指针域可忽略不计，因此节省空间。

(4) 在用拉链法构造的散列表中，删除记录的操作易于实现，只要简单地删去链表上相应的记录即可。而对开放定址法构造的散列表，删除记录时不能简单地将被删除记录的空间置为空，否则将截断在它之后填入散列表的同义词记录的查找路径，这是因为各种开放定址法中，空地址单元(即开放地址)都是查找失败的条件。因此在用开放定址法处理冲突的散列表上执行删除操作，只能在被删除记录上做删除标记，而不能真正删除记录。

当然拉链法也存在较大的不足：指针需要额外的空间，故当记录规模较小时，开放定址法较为节省空间，而若将节省的指针空间用来扩大散列表的规模，可使装填因子变小，这又减少了开放定址法中的冲突，从而提高了平均查找速度。

3. 建立一个公共溢出区

通过建立一个公共溢出区处理散列冲突的基本思想是：散列表包含基本散列表和溢出表两部分。在散列表的填入过程中，将冲突的元素顺序填入溢出表，而当查找过程中发现冲突时，就在溢出表中进行顺序查找。溢出表是一个顺序查找表。

7.4.4 散列表的查找分析

散列表的查找过程基本上和造表过程相同。一些关键字可通过散列函数转换的地址直接找到，另一些关键字在散列函数得到的地址上会产生冲突，需要按处理冲突的方法进行查找。

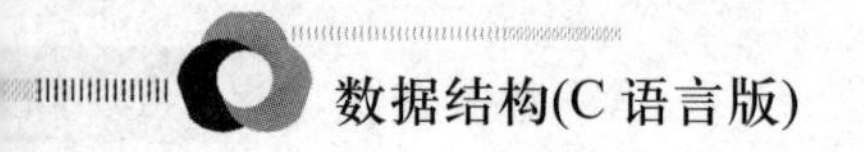

下面以开放地址法为例，给出散列表的存储表示以及查找的算法描述。

```
int hashsize[]={997, ...};
    //散列表容量递增表，一个合适的素数序列
typedef struct{
    ElemType *elem;                  //散列表基地址
    int count;                       //散列表当前记录个数
    int sizeindex;                   //hashsize[sizeindex]为当前散列表容量
}HashTable;

const SUCCESS=1;
const UNSUCCESS=0;
const DUPLICATE=-1;
Status SearchHash(HashTable H, KeyType K, int &p, int &c){
    //在开放定址散列表 H 中查找关键字值为 K 的记录。若查找成功，
    //以 p 指示目标记录在表中的位置，并返回 SUCCESS；若查找失败，
                                     //c 用来统计冲突次数，供建表插入时参考。
p=Hash(K);                           //Hash()是散列函数，计算散列地址
  while(H.elem[p].key!=NULLKEY&&K!=H.elem[p].key)
collision(p,c++);                    //按解决冲突策略求得下一探测地址 p
    if(K==H.elem[p].key) return SUCCESS;          //查找成功
  else return UNSUCCESS;             //查找失败
}//SearchHash
Status InsertHash(HashTable &H, ElemType e){
  //H 是开放定址散列表。查找 H，若 H 中不存在元素 e，则插入，
  //并返回 OK。若在查找过程中冲突次数过大，则需重建散列表。
    int p, c=0;
    if(SearchHash(H, e.key, p, c)==SUCCESS)
        return DUPLICATE;
    if(c<hashsize[H.sizeindex]/2){
        H.elem[p]=e; H.count++; return OK; }
    else{
        ReCreateHashTable(H);  //冲突次数太多，重建散列表
        return UNSUCCESS;
    }
}//InsertHash
```

从散列表的查找过程可见：

(1) 在介绍的处理冲突的方法中，虽然散列表在关键字与记录的存储位置之间建立了直接映象，但由于“冲突”的发生，使得散列表的查找仍然是一个给定值和关键字之间行行比较的过程。因此，对散列表查找效率的量度，仍然用平均查找长度来衡量。

(2) 查找过程中需要和给定值进行比较的关键字的个数取决于三个因素：散列函数、处理冲突的方法和散列表的装填因子。

(3) 散列函数的优劣首先影响出现冲突的频繁程度。但一般情况下认为：凡是“均匀的”散列函数，对同一组随机的关键字，产生冲突的可能性相同，假如所设定的散列函数是“均匀”的，则影响平均查找长度的因素只有两个：处理冲突的方法和装填因子。

表 7-2 给出了在等概率情况下，采用几种不同方法处理冲突时，得到的散列表查找成功

和查找失败时的平均查找长度，证明过程从略。

表 7-2　用几种不同方法处理冲突时散列表的平均查找长度

处理冲突的方法	平均查找长度	
	查找成功时	查找失败时
线性探查法	$S_{nl}\approx\frac{1}{2}\left(1+\frac{1}{1-\alpha}\right)$	$U_{nl}\approx\frac{1}{2}\left(1+\frac{1}{(1-\alpha)^2}\right)$
二次探查法与双散列函数探查法	$S_{nr}\approx-\frac{1}{\alpha}\ln(1-\alpha)$	$U_{nr}\approx\frac{1}{1-\alpha}$
拉链法	$S_{nc}\approx1+\frac{\alpha}{2}$	$U_{nc}\approx\alpha+e^{-\alpha}$

(4)　从表中可以看出，由于散列表的平均查找长度不是 n 的函数，而是α 的函数，因此虽然不能做到平均查找长度为 0，但可以设计一个散列表，使它的平均查找长度控制在一个期望值之内。

(5)　散列方法存取速度快，也较节省空间，静态查找、动态查找均适用，但由于存取是随机的，因此，不便于进行顺序查找。

本 章 小 结

本章讨论查找表的各种表示方法以及查找效率的衡量标准——平均查找长度。查找表即为集合结构，表中记录之间本不存在约束条件，但为了提高查找速度，在计算机中构建查找表时，应人为地在记录的关键字之间加上某些约束条件，即以其他结构表示。由于查找过程中的主要操作是关键字和给定值进行比较，因此以一次查找所需进行的比较次数的期望值作为查找方法效率的衡量标准，称为平均查找长度。

本章介绍了查找表的三类存储表示方法：顺序表、树表和哈希表。这里的顺序表指的是顺序存储结构，包括有序表和索引顺序表，因此主要用于表示静态查找表；树表包括静态查找树、二叉查找树和二叉平衡树，树表和哈希表主要用于表示动态查找表。

查找树的特点是，每经过一次比较便可将继续查找的范围缩小到某一棵子树上，但查找树并不仅限于二叉树，以后还将介绍其他形式的查找树。

所有顺序结构的表和查找树的平均查找长度都是随查找表中记录数的增加而增大，而哈希表的平均查找长度是装填因子的函数，因此有可能设计出使平均查找长度不超过某个期望值的哈希表。

习　　题

一、单选题

1. 若查找每个元素的概率相等，则在长度为 n 的顺序表上查找任一元素的平均查找长度为(　　)。

A. n　　　　B. n+1　　　　C. (n−1)/2　　　　D. (n+1)/2

2. 对于长度为 9 的顺序存储的有序表，若采用折半查找，在等概率情况下的平均查找长度为(　　)的九分之一。

A. 20　　　　B. 18　　　　C. 25　　　　D. 22

3. 对于长度为 18 的顺序存储的有序表，若采用折半查找，则查找第 15 个元素的比较次数为(　　)。

A. 3　　　　B. 4　　　　C. 5　　　　D. 6

4. 对于顺序存储的有序表(5, 12, 20, 26, 37, 42, 46, 50, 64)，若采用折半查找，则查找元素 26 的比较次数为(　　)。

A. 2　　　　B. 3　　　　C. 4　　　　D. 5

5. 对具有 n 个元素的有序表采用折半查找，则算法的时间复杂度为(　　)。

A. O(n)　　　　B. $O(n^2)$　　　　C. O(1)　　　　D. $O(\log_2 n)$

6. 在索引查找中，若用于保存数据元素的主表的长度为 n，被均分为 k 个子表，每个子表的长度均为 n/k，则索引查找的平均查找长度为(　　)。

A. n+k　　　　B. k+n/k　　　　C. (k+n/k)/2　　　　D. (k+n/k)/2+1

7. 在索引查找中，若用于保存数据元素的主表的长度为 144，被均分为 12 子表，每个子表的长度均为 12，则索引查找的平均查找长度为(　　)。

A. 13　　　　B. 24　　　　C. 12　　　　D. 79

8. 从具有 n 个结点的二叉排序树中查找一个元素时，平均情况下的时间复杂度大致为(　　)。

A. O(n)　　　　B. O(1)　　　　C. $O(\log_2 n)$　　　　D. $O(n^2)$

9. 从具有 n 个结点的二叉排序树中查找一个元素时，在最坏情况下的时间复杂度为(　　)。

A. O(n)　　　　B. O(1)　　　　C. $O(\log_2 n)$　　　　D. $O(n^2)$

10. 在一棵平衡二叉排序树中，每个结点的平衡因子的取值范围是(　　)。

A. −1～1　　　　B. −2～2　　　　C. 1～2　　　　D. 0～1

二、填空题

1. 以顺序查找方法从长度为 n 的顺序表或单链表中查找一个元素时，平均查找长度为________，时间复杂度为________。

2. 对长度为 n 的查找表进行查找时，假定查找第 i 个元素的概率为 p_i，查找长度(即在查找过程中依次同有关元素比较的总次数)为 c_i，则在查找成功情况下的平均查找长度的计算公式为________。

3. 假定一个顺序表的长度为 40，并假定查找每个元素的概率都相同，则在查找成功情况下的平均查找长度为________，在查找不成功情况下的平均查找长度为________。

4. 以折半查找方法从长度为 n 的有序表中查找一个元素时，平均查找长度约等于________的向上取整减 1，时间复杂度为________。

5. 以折半查找方法在一个查找表上进行查找时，该查找表必须组织成________存储的________表。

6. 从有序表(12, 18, 30, 43, 56, 78, 82, 95)中折半查找 43 和 56 元素时，其比较次数分别为________和________。

7. 假定对长度 n=50 的有序表进行折半查找，则对应的判定树高度为________，最后一层的结点数为________。

8. 假定在索引查找中，查找表长度为 n，每个子表的长度相等，设为 s，则进行成功查找的平均查找长度为___________。

9. 在索引查找中，假定查找表(即主表)的长度为 96，被等分为 8 个子表，则进行索引查找的平均查找长度为________。

10. 在一棵二叉排序树中，每个分支结点的左子树上所有结点的值一定________该结点的值，右子树上所有结点的值一定________该结点的值。

三、算法设计题

1. 试写一个判别给定二叉树是否为二叉排序树的算法，设此二叉树以二叉链表作为存储结构，且树中结点的关键字均不同。

2. 试将折半查找的算法改写成递归算法。

第 8 章

排　序

本章要点

(1) 排序的基本概念;
(2) 插入排序;
(3) 交换排序;
(4) 选择排序;
(5) 归并排序;
(6) 基数排序;
(7) 外部排序;
(8) 各种排序方法的综合比较。

学习目标

(1) 理解排序的基本概念;
(2) 掌握插入排序、快速排序、交换排序的方法及性能分析;
(3) 掌握选择排序、归并排序的方法及性能分析;
(4) 了解外部排序的方法和性能分析。

在日常生活中，经常需要对收集到的各种数据信息进行处理，这些数据处理中经常用到的核心运算就是排序。例如，图书管理员将书籍按照编号排序放置在书架上，方便读者查找；计算机的资源管理器，可以选择按名称、大小、类型等来排列图标；搜索引擎把与检索词最相关的页面排在前面返回给用户。

从第 7 章的讨论也可以发现有序表比顺序表的查找效率高，在前面章节的讨论中也曾提到，对于进行并、交和差的集合，用有序表表示时其运算的时间复杂度要比线性表低一个数量级。如何将顺序表变成有序表？排序为常用的方法。从排序的本意而言，排序可以对单个关键字进行，也可以对多个关键字的组合进行，可统称排序时所依赖的准绳为“排序码”。为讨论方便，本章约定排序只对单个关键字进行，并约定排序结果为记录按关键字“非递减”的顺序进行排列。

由于排序运算的广泛性和重要性，人们在长期的实践中不断开发出各种各样的排序算法，并被广泛应用在很多领域。排序算法主要分为两类：内排序和外排序。如果待排序的记录个数较少，整个排序过程中所有的记录都可以直接放在内存中，这样的排序称为内排序。如果待排序记录数量太大，内存无法容纳所有记录，在排序过程中还需要访问外存，这样的排序称为外排序。本章仅讨论几种典型的、常用的排序方法。读者在学习本章内容时应注意，除了掌握算法本身以外，更重要的是了解该算法在进行排序时所依据的原则，以利于学习和创造更加有效的新算法。

8.1 基本概念和排序方法概述

8.1.1 排序的基本概念

什么是“排序”？简单地说，排序是将无序的记录序列调整为有序记录序列的一种操作。例如，将下列记录序列：

{ 52,49,80,36,14,58,61,23,97,75 }

调整为序列：

{ 14,23,36,49,52,58,61,75,80,97 }

一般情况下，对排序的定义如下：假设含有 n 个记录的序列为{R_1, R_2, …, R_n}，它们所对应的关键字相应为{K_1, K_2, …, K_n }，将这些记录重新排列成顺序为 {R_{s1}, R_{s2}, …, R_{sn}}，使得对应的关键字满足 $K_{s1} \leqslant K_{s2} \leqslant \cdots \leqslant K_{sn}$ 的升序条件，这种重排一组记录、使其关键字值具有非递减(或非递增)顺序的过程，就称为排序。

作为排序依据的关键字，可以是记录的主关键字，也可以是记录的次关键字。当待排序记录中的关键字(i=1, 2, …, n)都不相同时，则任何一个记录的无序序列经排序后得到的结果是唯一的；反之，若待排序的序列中存在两个或两个以上关键字相等的记录，则排序所得到的结果不唯一。本章所有的排序算法都适用于处理具有相同关键字值的排序问题。

假设 $k_i=k_j(1 \leqslant i \leqslant n, 1 \leqslant j \leqslant n, i \neq j)$，且在排序前的序列中 r_i 领先于 r_j(即 i<j)。若在排序后的序列中 r_i 仍领先于 r_j，则称所用的排序方法是稳定的；反之，若可能使排序后的序列中 r_j 领先于 r_i，则称所用的排序方法是不稳定的。在某些有特殊要求的应用问题中需要考虑所用排序方法的稳定性问题，可能会要求尽量不要改变具有相同关键字的记录的原始输入顺序，这样就需要采用那些稳定的排序算法。例如，分配排序中的低位优先法 LSD，第一趟分配和收集以后的其他排序步骤，都要求采用稳定排序算法。

根据在排序过程中涉及的存储器不同，可将排序方法分为两大类。

(1)　内部排序：在排序进行的过程中不使用计算机外部存储器的排序过程，待排记录序列全部存放在内存，整个排序过程都在内存里完成，不涉及数据记录的内、外存交换问题。

内部排序的过程是一个逐步扩大记录的“有序序列”区域的长度的过程。大多数排序方法在排序过程中将出现“有序”和“无序”两个区域，其中有序区内的记录已按关键字非递减有序排列，而无序区内为待排记录，通常称“使有序区中记录数目增加一个或几个”的操作过程为“一趟排序”。按何种策略扩大有序区域将导致不同的排序方法。例如，在无序区域中选取一个关键字最小记录加到有序区域中的排序方法称为“选择类”的排序法，除此之外还有插入类、交换类、归并类和计数类等排序方法。因此根据内排序的基本思想，可以将内排序大致分为：插入排序、交换排序、选择排序、归并排序、基数排序等几种。基于考虑问题的角度不同，每种里面又可能有几个不同的排序算法。

(2)　外部排序：在排序进行的过程中需要对外存进行访问的排序过程，排序过程中需要不断地在内、外存之间进行数据交换。因此，内排序适用于数据记录个数较小的集合，外排序适用于规模很大、一次不能将其全部放入内存的数据记录集合。根据存储数据的介质不同，常用的外部排序包括磁盘排序、磁带排序等。因为内排序是外排序的基础，所以本章介绍的重点也是各种内部排序的方法。

8.1.2　待排序记录的存储方式

待排序的记录序列可以采用不同的存储方式进行存储，主要的存储方式有以下几种。

(1)　顺序表：记录之间的次序关系由其存储位置决定，实现排序需要移动记录。

(2) 链表：记录之间的次序关系由指针指示，实现排序不需要移动记录，仅需要修改指针即可。这种排序方式称为链表排序。

(3) 待排序的记录本身存储在一组地址连续的存储单元内，同时另设一个指示各个记录存储位置的地址向量，在排序过程中不移动记录本身，而移动地址向量中这些记录的“地址”，在排序结束之后再按照地址向量中的值调整记录的存储位置。这种排序方式称为地址排序。

在本章讨论的排序算法表示中，除基数排序外，待排序记录均按第一种方式存储，且为了讨论方便，设记录的关键字均为整数。

8.1.3 排序算法效率的评价指标

在众多的排序算法中，无法说哪一种算法是最好的。通常，每种算法都有自己适合使用的环境。在某种情况下某个算法可以工作得很好，在另一种情况下就可能不理想。与许多算法一样，对各种排序算法性能的评价主要从两个方面来考虑，一是时间性能；二是空间性能。

1. 时间复杂度分析

排序算法的时间复杂度分析通常是使用排序过程中记录之间关键字的比较次数与记录的移动次数来衡量。在本章各节中讨论算法的时间复杂度时，一般按平均时间复杂度(通常是数据随机存放时)进行估算；对于那些受数据表中记录的初始排列及记录数目影响较大的算法，按最好情况(常发生在数据已经有序时)和最坏情况(常发生在数据按反序存放时)分别进行估算。

2. 空间复杂度分析

排序算法的空间复杂度是指算法在执行时所需的附加存储空间，也就是用来临时存储数据的内存使用情况。

在以后的排序算法中，若无特别说明，均假定待排序的记录序列采用顺序表结构来存储，即数组存储方式，并假定是按关键字递增方式排序。为简单起见，假设关键字类型为整型。待排序的顺序表类型的类型定义如下：

```
typedef int KeyType                //定义关键字类型
typedef struct dataType            //记录类型
{ keytype key;                     //关键字项
   elemtype otherelement;          //其他数据项
}RecType;
```

8.2 插 入 排 序

插入排序的基本思想是：每次将一个待排序的记录，按其关键字大小插入前面已经排好序的子表中的适当位置，直到全部记录插入完成为止。也就是说，将待排序列表分成左右两部分，左边为有序表(有序序列)，右边为无序表(无序序列)。整个排序过程就是将右边无序表中的记录逐个插入左边的有序表中，构成新的有序序列。根据不同的插入方法，可以设计出不同的插入排序算法。较为常见的算法包括：直接插入排序、折半插入排序、希尔排序等。本章重点介绍直接插入排序、折半插入排序和希尔排序。

8.2.1　直接插入排序

直接插入排序(Insertion Sort)是所有排序方法中最简单的一种排序方法。其基本原理是顺次地从无序表中取出记录 $R_i(1 \leqslant i \leqslant n)$，与有序表中记录的关键字逐个进行比较，找出其应该插入的位置，再将此位置及其之后的所有记录依次向后顺移一个位置，将记录 R_i 插入其中。

假设待排序的 n 个记录为$\{R_1, R_2, \cdots, R_n\}$，初始有序表为$[R_1]$，初始无序表为$[R_2 \cdots R_n]$。当插入第 i 个记录 $R_i(2 \leqslant i \leqslant n)$时，有序表为$[R_1 \cdots R_{i-1}]$，无序表为$[R_i \cdots R_n]$。将关键字 K_i 依次与 $K_{i-1}, K_{i-2}, \cdots, K_1$ 进行比较，找出其应该插入的位置，将该位置及其以后的记录向后顺移，插入记录 R_i，完成序列中第 i 个记录的插入排序。当完成序列中第 n 个记录 R_n 的插入后，整个序列排序完毕。

向有序表中插入记录，主要完成以下操作。

(1) 搜索插入位置；

(2) 移动插入点及其以后的记录空出插入位置；

(3) 插入记录。

假设将 n 个待排序的记录顺序存放在长度为 n+1 的数组 R[1]～R[n]中。R[0]作为辅助空间，用来暂时存储需要插入的记录，起监视哨的作用。直接插入排序算法如下：

```
void Insert_Sort(int R[], int n)
{int i, j;
 for(i=2;i<=n; i++)                //表示待插入元素的下标
  {R[0]=R[i];                      //设置监视哨保存待插入元素，腾出R[i]空间
    j=i-1;                         //j 指示当前空位置的前一个元素
    while(R[0].key<R[j].key)       //搜索插入位置并后移腾出空间
        {R[j+1]=R[j];
         j--; }
    R[j+1]=R[0];                   //插入元素
  }
}
```

显然，开始时有序表中只有 1 个记录[R[1]]，然后需要将 R[2]～R[n]的记录依次插入有序表中，总共要进行 n−1 次插入操作。首先从无序表中取出待插入的第 i 个记录 R[i]，暂存在 R[0]中；然后将 R[0].key 依次与 R[i−1].key,R[i−2].key,… 进行比较，如果 R[0].key<R[i−j].key(1⩽j⩽i−1)，则将 R[i−j]后移一个单元；如果 R[0].key⩾R[i−j].key，则找到 R[0]插入的位置 i−j+1，此位置已经空出，将 R[0] (即 R[i])记录直接插入即可。然后采用同样的方法完成下一个记录 R[i+1]的插入排序。如此不断进行，直到完成记录 R[n]的插入排序，整个序列变成按关键字非递减的有序序列为止。在搜索插入位置的过程中，R[0].key 与 R[i−j].key 进行比较时，如果 j=i，则循环条件 R[0].key<R[i−j].key 不成立，从而退出 while

循环。由此可见 R[0]起到了监视哨的作用，可以避免数组下标出界。

【实例 8-1】假设有 7 个待排序的记录，它们的关键字分别为 23、4、15、8、19、24、15，用直接插入法进行排序，如图 8-1 所示。

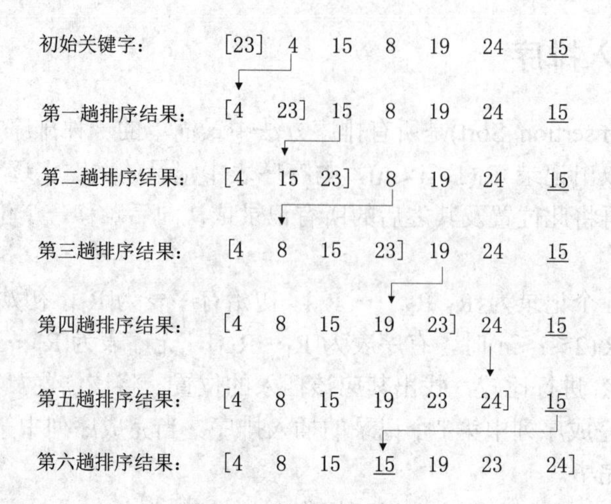

图 8-1　直接插入排序

(1) 初始关键字后，初始有序表中只有一个关键字即{23}，第一趟排序是将关键字 4 插入有序表中，将 4 与有序表中已有的元素 23 进行比较，4<23，将 23 后移并完成 4 的插入操作。

(2) 第二趟排序前，有序表中包含关键字{4, 23}，该次排序是将关键字 15 插入有序表中，将 15 与有序表中已有的元素进行比较，因为 15>4，跳过 4 之后继续与下一个关键字 23 进行比较，15<23，将 23 后移并完成 15 的插入操作后，有序表集合变为{4, 15, 23}。

(3) 第三趟排序前，有序表中包含关键字{4, 15, 23}，该次排序是将关键字 8 插入有序表中，将 8 与有序表中已有的元素进行比较，因为 8>4，跳过 4 之后继续与下一个关键字 15 进行比较，8<15，将{15, 23}后移并完成 8 的插入操作后，有序表集合变为{4, 8, 15, 23}。

(4) 第四趟排序前，有序表中包含关键字{4, 8, 15, 23}，该次排序是将关键字 19 插入有序表中，将 19 与有序表中已有的元素进行比较，因为 19>4，跳过 4 之后继续与下一个关键字 8 进行比较；因为 19>8，跳过 8 之后继续与下一个关键字 15 进行比较；因为 19>15，跳过 15 之后继续与下一个关键字 23 进行比较，19<23，将{23}后移并完成 19 的插入操作后，有序表集合变为{4, 8, 15, 19, 23}。

(5) 第五趟排序前，有序表中包含关键字{4, 8, 15, 19, 23}，该次排序是将关键字 24 插入有序表中，将 24 与有序表中已有的元素进行比较，因为 24>4，跳过 4 之后继续与下一个关键字 8 进行比较；因为 24>8，跳过 8 之后继续与下一个关键字 15 进行比较；因为 24>15，跳过 15 之后继续与下一个关键字 23 进行比较，比较完 24>23 之后，在有序表中已到最后，故将 24 插入即可完成本趟排序操作，有序表集合变为{4, 8, 15, 19, 23, 24}。

(6) 第六趟排序前，有序表中包含关键字{4, 8, 15, 19, 23, 24}，该次排序是将关键字 15 插入有序表中，将 15 与有序表中已有的元素进行比较，因为 15>4，跳过 4 之后继续与下一个关键字 8 进行比较；因为 15>8，跳过 8 之后继续与下一个关键字 15 进行比较；因为 15

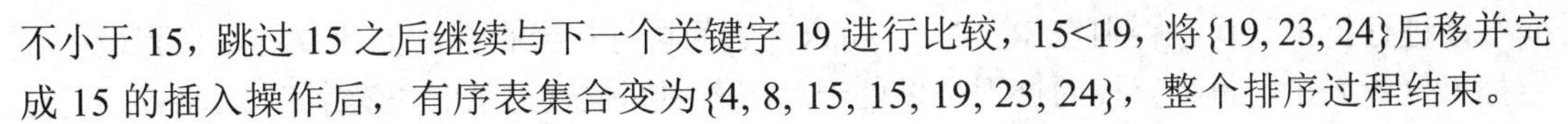

不小于 15，跳过 15 之后继续与下一个关键字 19 进行比较，15<19，将{19, 23, 24}后移并完成 15 的插入操作后，有序表集合变为{4, 8, 15, 15, 19, 23, 24}，整个排序过程结束。

1)　算法分析

算法稳定性分析：由于该算法在搜索插入位置时遇到关键字值相等的记录时就停止操作，不会把关键字值相等的两个数据交换位置，所以该算法是稳定的。

2)　空间性能分析

该算法仅需要一个记录的辅助存储空间，空间复杂度为 O(1)。

3)　时间性能分析

整个算法执行 for 循环 n−1 次，每次循环中的基本操作是比较和移动，其总次数取决于数据表的初始特性，可能有以下几种情况。

(1)　当初始记录序列的关键字已是递增排列时，这是最好的情况。算法中 while 语句的循环体执行次数为 0，因此，在一趟排序中关键字的比较次数为 1，即 R[0]的关键字与 R[j]的关键字比较。而移动次数为 2，即 R[i]移动到 R[0]中，R[0]移动到 R[j+1]中。所以，整个排序过程中的比较次数和移动次数分别为(n−1)和 2×(n−1)，因而其时间复杂度为 O(n)。

(2)　当初始数据序列的关键字序列是递减排列时，这是最坏的情况。在第 i 次排序时，while 语句内的循环体执行次数为 i。因此，关键字的比较次数为 i，而移动次数为 i+1。所以，整个排序过程中的比较次数和移动次数分别为

$$\text{总比较次数}C_{max}=\sum_{i=2}^{n} i=\frac{(n-1)(n+2)}{2}$$

$$\text{总移动次数}M_{max}=\sum_{i=2}^{n}(i+1)=\frac{(n-1)(n+4)}{2}$$

(3)　一般情况下，可认为出现各种排列的概率相同，因此取上述两种情况的平均值，作为直接插入排序关键字的比较次数和记录移动次数，约为 $n^2/4$。所以其时间复杂度为 $O(n^2)$。

根据上述分析得知：直接插入排序是一种稳定排序，其算法较为简单，且容易实现。该种排序算法也可以应用于链式存储结构，只是在单链表上无须移动记录，只需要修改相应的指针即可。在初始序列越接近有序的情况下，该算法的执行效率就越高；当初始序列无序时，n 较大，此算法的时间复杂度较高，不宜采用。

8.2.2　折半插入排序

直接插入排序的基本操作是向有序表中插入一个记录，插入位置的确定通过对有序表中记录按关键字逐个比较得到。既然是在有序表中确定插入位置，因此可以不断地二分有序表来确定插入位置，并做一次比较，通过待插入记录与有序表居中的记录按关键字比较，将有序表一分为二，下次比较在其中一个有序子表中进行，将子表又一分为二。这样继续下去，直到要比较的子表中只有一个记录时，比较一次便确定了插入位置。

采用上述方法的排序算法即是折半插入排序。所谓折半插入查找，就是在插入 R_i 时(此时 $R_1, R_2, \cdots, R_{i-1}$ 已排序)，取 $R\lfloor i/2\rfloor$的关键字 $K\lfloor i/2\rfloor$与 K_i 进行比较($\lfloor i/2\rfloor$表示取不大于 i/2 的最大整数)，如果 $K_i<K\lfloor i/2\rfloor$，R_i 的插入位置只能在 R_1 和 $R\lfloor i/2\rfloor$之间，则在 R_1 和 $R\lfloor i/2\rfloor-1$ 之

间继续进行折半查找，否则在 $R_{\lfloor i/2 \rfloor+1}$ 和 R_{i-1} 之间进行折半查找。如此反复，直到最后确定插入位置为止。折半查找的过程是以处于有序表中间位置记录的关键字和 K_i 比较，经过一次比较，便可排除一半记录，把可插入的区间缩小一半，故称为折半。

设置始指针 low，指向有序表的第一个记录，尾指针 high，指向有序表的最后一个记录，中间指针 mid 指向有序表中间位置的记录。每次将待插入记录的关键字与 mid 位置记录的关键字进行比较，从而确定待插入记录的插入位置。折半插入排序算法描述如下：

```
typedef  int  keytype;
void   Insert_halfSort(RecType  R[], int n)
{/*对顺序表 R 作折半插入排序*/
 int  i, j, low, high, mid;
for(i=2; i<=n; i++)
{ R[0]=R[i];                    //保存待插入元素
low=1; high=i-1;                //设置初始区间
while(low<=high)                //该循环语句完成确定插入位置
{ mid=(low+high)/2;
 if(R[0].key>R[mid].key)
low=mid+1;                      //插入位置在后半部分中
    else   high=mid-1;          //插入位置在前半部分中
}
 for(j=i-1;j>=high+1; --j)  //high+1 为插入位置
   R[j+1]=R[j];                 //后移元素，空出插入位置
   R[high+1]=R[0];              //将元素插入
 }
}
```

【实例 8-2】待排序记录的关键字为：28、13、72、85、39、41、6、20，在前 7 个记录都已排好序的基础上，采用折半插入第 8 个记录关键字 20 的比较过程如图 8-2 所示。

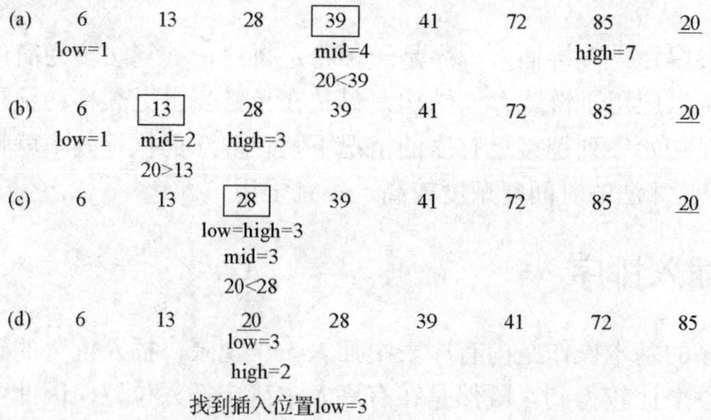

(a) 6 13 28 [39] 41 72 85 20
low=1 mid=4 high=7
20<39

(b) 6 [13] 28 39 41 72 85 20
low=1 mid=2 high=3
20>13

(c) 6 13 [28] 39 41 72 85 20
low=high=3
mid=3
20<28

(d) 6 13 20 28 39 41 72 85
low=3
high=2
找到插入位置low=3

图 8-2 折半插入排序的局部过程

第一次折半时，有 low=1、high=7、mid=4，如图 8-2(a)所示。由于 R[4]的关键字是 39>20，所以它的插入位置应该在左半子表。于是，修改 high，进入第 2 次折半。

第二次折半时，有 low=1、high=3、mid=2，如图 8-2(b)所示。由于 R[2]的关键字是 13<20，所以它的插入位置应该在右半子表。于是，修改 low，进入第 3 次折半。

第三次折半时，有 low=3、high=3、mid=3，如图 8-2(c)所示。由于 R[3]的关键字是 28>20，所以它的插入位置应该在左半子表。于是，修改 high，进入第 4 次折半。

当要进行第四次折半时，由于 low=3、high=2，因此折半查找过程结束，high+1=3 是找到的插入位置。于是将 R[n−1]～R[high+1]的原记录内容逐一移到 R[n]～R[high+2]的位置，把 R[high+1]清空，如图 8-2(d)所示。最后把暂存在 R[0]中的关键字移入 R[3]中，完成插入操作，结束整个排序工作。

折半插入排序的比较次数与待排序记录的初始排列次序无关，仅依赖于记录的个数。插入第 i 个元素时，如果 $i=2^j(1\leqslant j\leqslant\lfloor \log_2 n\rfloor)$，则无论关键字值的大小，都恰好经过 $j=\log_2 i$ 次比较才能确定其应插入的位置；如果 $2^j<i\leqslant 2^{j+1}$，则比较次数为 j+1。

折半插入排序仅减少了关键字间的比较次数，但记录的移动次数不变。因此折半插入排序的时间复杂度仍为 $O(n^2)$。折半插入排序的空间复杂度与直接插入排序相同。折半插入排序也是一个稳定的排序方法。

8.2.3　希尔排序

希尔排序(Shell’s Sort)又称缩小增量排序(Diminishing Increment Sort)。它是希尔(D.L.Shell)于 1959 年提出的插入排序的改进算法。如前所述，直接插入排序算法的时间性能取决于数据的初始特性，一般情况下，它的时间复杂度为 $O(n^2)$。但是当待排序列为正序或基本有序时，时间复杂度则为 O(n)。因此，若能在一次排序前将排序序列调整为基本有序，则排序的效率就会大大提高。正是基于这样的考虑，希尔提出了改进的插入排序方法。

希尔排序的基本思想是：先将整个待排记录序列分割成若干小组(子序列)，分别在组内进行直接插入排序，待整个序列中的记录“基本有序”时，再对全体记录进行一次直接插入排序。希尔排序的具体步骤如下。

(1)　首先取一个整数 $d_1<n$，称为增量，将待排序的记录分成 d_1 个组，凡是距离为 d_1 倍数的记录都放在同一个组，在各组内进行直接插入排序，这样的一次分组和排序过程称为一趟希尔排序。

(2)　再设置另一个新的增量 $d_2<d_1$，采用与上述相同的方法继续进行分组和排序过程。

(3)　继续取 $d_{i+1}<d_i$，重复步骤(2)，直到增量 d=1，即所有记录都放在同一个组中。

【实例 8-3】设有一个待排序的序列有 10 个记录，它们的关键字分别为 58、46、72、95、84、25、37、58、63、12，用希尔排序法进行排序。

图 8-3 给出了希尔排序的整个过程，用同一连线上的关键字表示其所属的记录在同一组。为区别具有相同关键字 58 的不同记录，用下划线标记后一个记录的关键字。

第一趟排序时，取 $d_1=5$，整个序列被划分成 5 组，分别为{58,25}，{46,37}，{72,58}，{95,63}，{84,12}。对各组内的记录进行直接插入排序，得到第一趟排序结果如图 8-3(a)所示。

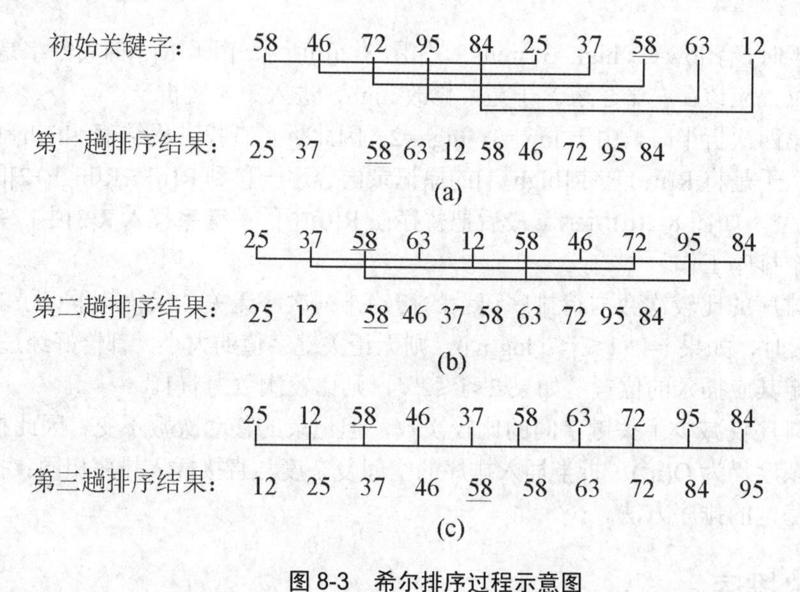

图 8-3 希尔排序过程示意图

第二趟排序时，取 $d_2=3$，将第一趟排序的结果分成 3 组，分别为{25, 63, 46, 84}，{37, 12, 72}，{58, 58, 95}。再对各组内记录进行直接插入排序，得到第二趟排序结果，如图 8-3(b)所示。

第三趟排序时，取 $d_3=1$，所有的数据记录分成 1 组{25, 12, 58, 46, 37, 58, 63, 72, 95, 84}，此时序列基本"有序"，对其进行直接插入排序，最后得到希尔排序的结果，如图 8-3(c)所示。

希尔排序的算法如下：

```
void Shell_Sort(RecType R[],int n)
{ int I, j, d;
   RecType temp;
   d=n / 2;                            //初始增量
   while(d>0){                         //通过增量控制排序的执行过程
     for(i=d; i<n; i++){               //对各个分组进行处理
       j=i-d;
      while(j>=0)
        if(R[j].key>R[j+d].key){
          temp=R[j];                   //R[j]与 R[j+d]交换
            R[j]=R[j+d];
            R[j+d]=temp;
            j=j-d;                     //j 前移
          }
        else j=-1;
      }
    d=d / 2;                           //递减增量 d
   }
}
```

从希尔排序过程可以看到：

(1) 算法中约定初始增量 d_1 为已知。

(2) 算法中采用简单的取增量值的方法，从第二次起取增量值为其前次增量值的一半。在实际应用中，可能有多种取增量的方法，并且不同的取值方法对算法的时间性能有一定的影响，因而一种好的取增量的方法是改进希尔排序算法时间性能的关键。

(3) 希尔排序开始时增量较大，分组较多，每组的记录数较少，故各组内直接插入过程较快。随着每一趟中增量 d_i 逐渐缩小，分组数逐渐减少，虽各组的记录数目逐渐增多，但由于已经以 d_{i-1} 为增量排过序，使序列表较接近有序状态，所以新的一趟排序过程也较快。因此，希尔排序在效率上较直接插入排序有较大的改进。希尔排序的时间复杂度约为 $O(n^{1.3})$，它实际所需的时间取决于各次排序时增量的取值。大量研究证明，若增量序列取值较合理，希尔排序时关键字比较次数和记录移动次数约为 $O(n\log_2 n)^2$。由于其时间复杂度分析较复杂，在此不做讨论。

希尔排序会使关键字相同的记录交换相对位置，所以希尔排序是不稳定的。

8.3 交 换 排 序

交换排序的基本方法或手段主要就是比较和交换。所谓交换就是根据序列中两个关键字值的比较结果来对换这两个记录在序列中的位置。交换排序的特点是：将键值较大的记录向序列的一端移动，键值较小的记录向序列的另一端移动。常用的交换排序方法主要有冒泡排序和快速排序。快速排序是一种分区交换排序法，是对冒泡排序方法的改进。

8.3.1 冒泡排序

冒泡排序(Bubble sort)的算法思想是：设待排序有 n 个记录，首先将第一个记录的关键字 R_1.key 和第二个记录的关键字 R_2.key 进行比较，若 R_1.key>R_2.key，就交换记录 R_1 和 R_2 在序列中的位置；然后继续对 R_2.key 和 R_3.key 进行比较，并做相同的处理；重复此过程，直到关键字 R_{n-1}.key 和 R_n.key 比较完成。其结果是 n 个记录中关键字最大的记录被交换到序列的最后一个记录的位置上，即具有最大关键字的记录被“沉”到了最后，这个过程被称为一趟冒泡排序。然后进行第二趟冒泡排序，对序列表中前 n−1 个记录进行同样的操作，使序列表中关键字次大的记录被交换到序列的 n−1 位置上；第 i 趟冒泡排序是从 R_1 到 R_{n-i+1} 依次比较相邻两个记录的关键字，并在“逆序”时交换相邻记录，其结果是这 n−i+1 个记录中关键字最大的记录被交换到 n−i+1 位置上。每一趟排序都有一个相对大的数据被交换到后面，就像一块块“大”石头不断往下沉，最大的总是最早沉下；而具有较小关键字的记录则不断向上(前)移动位置，就像水中的气泡逐渐向上漂浮一样，冒到最上面的是关键字值最小的记录。所以把这种排序方法称为冒泡排序。对有 n 个记录的序列最多做 n−1 趟冒泡就会把所有记录依关键字大小排好序。如果在某一趟排序中没有发生相邻记录的交换，表示在该趟之前已达到排序的目的，整个排序过程可以结束。在操作实现时，常用一个标志位 flag 标示在第 i 趟是否发生了交换，若在第 i 趟发生过交换，则置 flag=false(或 0)；若第 i 趟没有发生交换，则置 flag=true(或 1)，表示在第 i−1 趟已经达到排序目的，可结束整个排序过程。

算法描述如下：

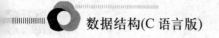

```
#define False 0
#define True  1
typedef int keytype;
void Bubble_Sort(RecType R[], int n)
                    //用冒泡排序对R[1]~R[n]记录排序
{ int i, j, flag=0;
for(i=1; i<n; i++)
{ flag=1;           //每趟比较前设置flag=1，假定该序列已有序
     for(j=1;j<=n-i;j++)
      if(R[j+1].key<R[j].key)
      { flag=0;     //如果有逆序的，则置flag=0
     R[0]=R[j];
        R[j]=R[j+1];
      R[j+1]=R[0];
      }
    if(flag==1)
      return;       //flag为True，则表示序列已有序，可结束排序过程
  }
}
```

在该算法中，外层循环控制排序的执行趟数，内层循环控制在一趟冒泡排序中相邻记录间的比较和交换。

【实例 8-4】假设有 8 个记录，关键字分别为 53、38、47、24、69、15、17、38，用冒泡排序方法排序。

冒泡排序过程如下所示。

初始关键字序列：53 38 47 24 69 15 17 38
第一趟排序后：38 47 24 53 15 17 38 69
第二趟排序后：38 24 47 15 17 38 53
第三趟排序后：24 38 15 17 38 47
第四趟排序后：24 15 17 38
第五趟排序后：15 17 24

待排序的记录总共有 8 个，但算法在第五趟排序过程中没有进行过交换记录的操作，则完成排序。

排序中当关键字间的比较呈逆序时，需要交换两个记录的位置，使用一个辅助空间来完成交换。在算法中用数组中的R[0]作为辅助空间，所以其空间复杂度为O(1)。

对于有 n 个记录的待排序列进行冒泡排序，算法的时间复杂度依赖于待排序序列的初始特性，有以下几种情况。

(1) 如果初始记录序列为“正序”序列，则只需进行一趟排序，记录移动次数为0，关键字间比较次数为n−1；

(2) 如果初始记录序列为“逆序”序列，则进行 n−1 趟排序，每一趟中的比较和交换次数将达到最大，即冒泡排序的最大比较次数为$\sum_{n}^{2}(i-1)$=n(n−1)/2，最大移动次数为$3\times\sum_{n}^{2}(i-1)$=3n(n−1)/2。

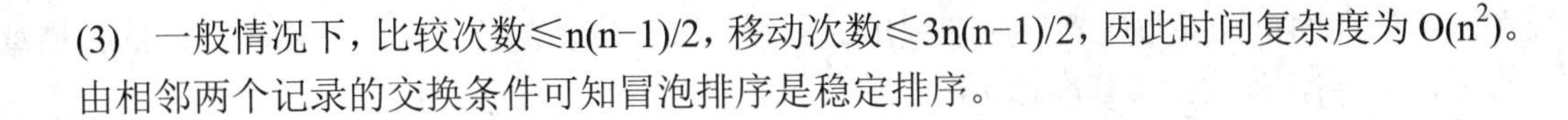
(3) 一般情况下，比较次数≤n(n−1)/2，移动次数≤3n(n−1)/2，因此时间复杂度为 $O(n^2)$。由相邻两个记录的交换条件可知冒泡排序是稳定排序。

8.3.2 快速排序

快速排序(Quick Sorting)又称分区交换排序，是对冒泡排序算法的改进，是一种基于分组进行互换的排序方法。

1. 快速排序的基本思想

快速排序的基本思想是：从待排记录序列中任取一个记录 R_i 作为基准(通常取序列中的第一个记录)，将所有记录分成两个序列分组，使排在 R_i 之前的序列分组的记录关键字都小于等于基准记录的关键字值 R_i.key，排在 R_i 之后的序列分组的记录关键字都大于 R_i.key，形成以 R_i 为分界的两个分组，此时基准记录 R_i 的位置就是它的最终排序位置。此趟排序称为第一趟快速排序。然后分别对两个序列分组重复上述过程，直到所有记录排在相应的位置上。

2. 选取基准

在快速排序中，选取基准常用的方法如下。

(1) 选取序列中第一个记录的关键字值作为基准关键字。这种选择方法简单。但是当序列中的记录已基本有序时，这种选择往往使两个序列分组的长度不均匀，不能改进排序的时间性能。

(2) 选取序列中间位置记录的关键字值作为基准关键字。

(3) 比较序列中始端、终端及中间位置上记录的关键字值，并取这三个值中居中的一个作为基准关键字。

为了叙述方便，在下面的快速排序中，选取第一个记录的关键字作为基准关键字。

3. 快速排序的实现

算法中记录的比较和交换是从待排记录序列的两端向中间进行的。设置两个变量 i 和 j，其初值分别是 n 个待排序记录中第一个记录的位置号和最后一个记录的位置号。在扫描过程中，变量 i，j 的值始终表示当前所扫描分组序列的第一个和最后一个记录的位置号。将第一个记录 R_0 作为基准记录放到一个临时变量 temp 中，将 R_0 的位置空出。每趟快速排序，如下进行。

(1) 从序列最后位置的记录 R_j 开始依次往前扫描，若存在 temp≤R_j.key ，则令 j 前移一个位置，即 j=j−1，如此直到 temp＞R_j.key 或 i=j 为止。若 i＜j，则将记录 R_j 放入 R_i 空出的位置(由变量 i 指示的位置)，此时 R_j 位置空出(由变量 j 指示的位置)。

(2) 从序列最前位置的记录 R_i 开始依次往后扫描，若存在 temp≥R[i].key，则令 i 后移一个位置，即 i=i+1，如此比较，直到 temp＜R_i.key 或 i=j 为止。若 i＜j，则将记录 R_i 放入 R_j 空出的位置(由变量 j 指示的位置)，此时 R_i 位置空出(用变量 i 指示的位置)。使 j= j−1，继续进行步骤(1)的操作，即再从变量 j 所指示的当前位置依次向前比较交换。

在一趟快速排序中，整个过程交替地从后往前扫描关键字值小的记录和从前往后扫描关键字值大的记录并放置到对应端空出的位置，又空出新的位置。当从两个方向的扫描重合时，即 i=j，就找到了基准记录的存放位置。

按照快速排序的基本思想，在一趟快速排序之后，需要重复(1)，(2)，直到找到所有记录的相应位置。显然，快速排序是一个递归的过程。

算法描述如下：

```
void Quick_Sort(RecType R[], int left, int right)
{                      //用递归方法把R[left]至R[righ]的记录进行快速排序
int i=left, j=right, k;
RecType temp;
if(left<right){
 temp=R[left];        //将区间的第1个记录作为基准置入临时单元中
 while(i!=j){         //从序列两端交替向中间扫描，直至i=j为止
   while(j>i && R[j].key>=temp.key)
     j--;             //从右向左扫描，找第1个关键字小于temp.key的R[j]
   if (i<j) {         //若找到这样的R[j]，将R[j]存放到R[i]处
     R[i]=R[j]; i++;
   }
   while(i<j&&R[i].key<=temp.key)
      i++;            //从左向右扫描，找第1个关键字大于temp.key的R[i]
   if (i<j){          //找到则将R[i] 存放到 R[j] 处
      R[j]=R[i];
       j--;
   }
 }
 R[i]=temp;                        /将基准放入其最终位置
 Quick_Sort(R, left, i-1);         //对基准前面的记录序列进行递归排序
 Quick_Sort(R, i+1, right);        //对基准后面的记录序列进行递归排序
}
```

【实例 8-5】假设有 8 个记录，关键字的初始序列为{45,34,67,95,78,12,26,45}，用快速排序法进行排序。

1) 快速排序过程(如图 8-4 所示)

选取第一个记录作为基准记录，存入临时单元 temp 中，腾出第一个位置(由 i 指示)。首先将 temp 中的 45 与 R_j.key (45)相比较，因 temp≤R_j. key，j 前移，即 j=j-1；temp 继续与 R_j.key (26)比较，45>26，进行第一次调整，将 R_j.key (26)放到 R_i(i=1)处，R_j(j=7)位置空出；令 i=i+1，然后进行从前往后的比较；当 i=3 时，temp<R_i.key (67)，进行第二次调整，将 R_i.key (67)放到 R_j(j=7)处，于是，R_i(i=3)位置空出；经过 i 和 j 交替地从两端向中间扫描以及记录位置的调整，当执行到 i=j=4 时，一趟排序成功，将 temp 保存的记录放入该位置，这也是该记录的最终排序位置。

2) 各趟排序之后的结果

初始关键字序列　[45　34　67　95　78　12　26　45]

(1)　　[26　34　12]　45　[78　95　67　<u>45</u>]

(2)　　[12]　26　[34]　45　[78　95　67　<u>45</u>]

(3)　　12　26　[34]　45　[78　95　67　<u>45</u>]

(4)	12	26	34	45	[78	95	67	45]
(5)	12	26	34	45	[45	67]	78	[95]
(6)	12	26	34	45	45	[67]	78	[95]
(7)	12	26	34	45	45	67	78	[95]
(8)	12	26	34	45	45	67	78	95

初始关键字序列 j向前搜索	45 (i)	34	67	95	78	12	26	45 (j)
第一次交换后	26	34 (i)	67	95	78	12	(j)	45
i向后搜索	26	34	67 (i)	95	78	12	(j)	45
第二次交换后	26	34	(i)	95	78	12 (j)	67	45
第三次交换后	26	34	12	95 (i)	78	(j)	67	45
第四次交换后	26	34	12	(i)	78 (j)	95	67	45
j向前扫描	26	34	12	45 (i j)	78	95	67	45

图 8-4　快速排序过程示意图

快速排序算法的执行时间取决于基准记录的选择。一趟快速排序算法的时间复杂度为 O(n)。下面分几种情况讨论整个快速排序算法需要排序的趟数。

(1) 在理想情况下，每次排序时所选取的记录关键字值都是当前待排序列中的“中值”记录，那么该记录的排序终止位置应在该序列的中间，这样就把原来的子序列分解成了两个长度大致相等的更小的子序列，在这种情况下，排序的速度最快。设完成 n 个记录待排序列所需的比较次数为 C(n)，则有

$$C(n)\leqslant n+2C(n/2)\leqslant 2n+4C(n/4)\leqslant kn+nC(1)(k\ \text{是序列的分解次数})$$

若 n 为 2 的幂次值且每次分解都是等长的，则分解过程可用一棵满二叉树描述，分解次数等于树的深度 $k=\log_2 n$，因此有：

$$C(n)\leqslant n\log_2 n+nC(1)=O(n\log_2 n)$$

整个算法的时间复杂度为 $O(n\log_2 n)$。

(2) 在极端情况下，即每次选取的“基准”都是当前分组序列中关键字最小(或最大)的值，划分的结果是基准的前边(或右边)为空，即把原来的分组序列分解成一个空序列和一个长度为原来序列长度减 1 的子序列。总的比较次数达到最大值：

$$C_{max}=\sum_{i=1}^{n-1} n-i=\frac{n(n-1)}{2}=O(n^2)$$

如果初始记录序列已为升序或降序排列，并且选取的基准记录又是该序列中的最大或最小值，这时的快速排序就变成了“慢速排序”。整个算法的时间复杂度为 $O(n^2)$。为了避

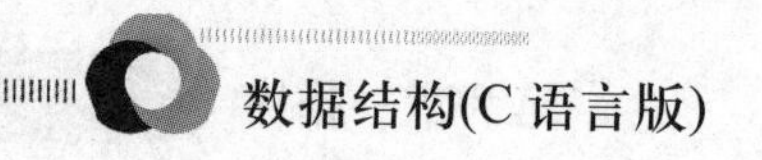

免这种情况的发生，可修改上面的排序算法，在每趟排序之前比较当前序列的第一、最后和中间记录的关键字，取关键字居中的一个记录作为基准值调换到第一个记录的位置。

(3) 一般情况下，序列中各记录关键字的分布是随机的，因而可以认为快速排序算法的平均时间复杂度为 $O(nlog_2n)$。实验证明，当 n 较大时，快速排序是目前被认为最好的一种内部排序方法。

在算法实现中需设置一个栈的存贮空间来实现递归，栈的大小取决于递归深度，最多不会超过 n。若每次都选较长的分组序列进栈，而处理较短的分组序列，则递归深度最多不会超过 log_2n，因此快速排序需要的辅助存贮空间为 $O(log_2n)$。

快速排序算法是不稳定排序，对于有相同关键字的记录，排序后有可能颠倒位置。

8.4 选 择 排 序

选择排序(Selection Sort)的基本思想是：不断从待排记录序列中选出关键字最小的记录插入已排序记录序列的后面，直到 n 个记录全部插入已排序记录序列中。本节主要介绍两种选择排序方法：简单选择排序和堆排序。

8.4.1 简单选择排序

简单选择排序(Simple Selection Sort)也称直接选择排序，是选择排序中最简单直观的一种方法。其基本操作思想如下。

(1) 每次从待排记录序列中选出关键字最小的记录；

(2) 将它与待排记录序列第一位置的记录交换后，再将其“插入”已排序记录序列(初始为空)；

(3) 不断重复过程(1)和(2)，就不断地从待排记录序列中剩下的(n−1, n−2, …, 2)个记录中选出关键字最小的记录与该区第 1 个位置的记录交换(该区第 1 个位置不断后移，该区记录逐渐减少)，然后把第 1 个位置的记录不断“插入”已排序记录序列之后。经过 n−1 次的选择和多次交换后，R_1～R_n 就排成了有序序列，整个排序过程结束。具有 n 个记录的待排记录序列要做 n−1 次选择和交换才能成为有序表。

简单选择排序算法描述如下：

```
void Select_Sort(RecType R[],int n)
{  int i, j, k;
    RecType temp;
   for(i=1;i<n;i++)            //进行 n-1 趟排序，每趟选出 1 个最小记录
   { k=i;                      //假定起始位置为最小记录的位置
      for(j=i+1;j<=n;j++)      //查找最小记录
       if(R[j].key<R[k].key)
         k=j;
       if(i!=k)                //如果 k 不是假定位置，则交换
         { temp=R[k];          //交换记录
             R[k]=R[i];
           R[i]=temp;
          }
```

```
    }
}
```

本算法中有两重循环：外循环用于控制排序的次数，内循环用于查找当前待排记录序列中关键字最小的记录。

【实例 8-6】采用简单选择排序对以下 6 个记录进行排序。

下面是简单选择排序的过程示意，其中[　　]中的数据表示待排记录序列的关键字。

记录的下标	1	2	3	4	5	6
初始关键字序列	[45	32	8	16	27	<u>32</u>]
第 1 次排序	8	[32	45	16	27	<u>32</u>]
第 2 次排序	8	16	[45	32	27	<u>32</u>]
第 3 次排序	8	16	27	[32	45	<u>32</u>]
第 4 次排序	8	16	27	32	[45	<u>32</u>]
第 5 次排序	8	16	27	32	<u>32</u>	[<u>32</u>]

简单选择排序算法的关键字比较次数与记录的初始排列无关。假定整个序列表有 n 个记录，总共需要 n−1 趟选择；第 i(i=1, 2, …, n−1)趟选择具有最小关键字记录所需要的比较次数是 n−i−1 次，总的关键字比较次数为

$$比较次数=(n-1)+(n-2)+\cdots+1=n(n-1)/2$$

而记录的移动次数与其初始排列有关。当这组记录的初始状态是按关键字从小到大有序时，每一趟选择后都不需要进行交换，记录的总移动次数为 0，这是最好的情况；而最坏的情况是每一趟选择后都要进行交换，一趟交换需要移动记录 3 次。总的记录移动次数为 3(n−1)。所以，简单选择排序的时间复杂度为 $O(n^2)$。

简单选择排序算法只需要一个临时单元用作交换，因此空间复杂度为 O(1)。

由于在直接选择排序过程中存在不相邻记录之间的互换，可能会改变具有相同关键字记录的相对位置，所以该算法是不稳定排序。

8.4.2　堆排序

堆排序(Heap Sort)借助于完全二叉树结构进行排序，是一种树型选择排序。

在直接选择排序时，为从 n 个关键字中选出最小值，需要进行 n−1 次比较，然后又在剩下的 n−1 个关键字中选出次最小值，需要 n−2 次比较。在 n−2 次的比较中可能有许多比较在前面的 n−1 次比较中已经做过，因此存在多次重复比较，降低了算法的效率。堆排序方法是由 J. Williams 和 Floyd 提出的一种改进方法，它在选择当前最小关键字记录的同时，还保存了本次排序过程所产生的比较信息。

1. 堆的定义

n 个元素序列$\{k_1, k_2, \cdots, k_n\}$，当且仅当满足以下性质称为堆。

(1)　这些元素是一棵完全二叉树中的结点，且对于 i=1, 2, …, n，k_i 是该完全二叉树中编号为 i 的结点。

(2)　$k_i \leqslant k_{2i}$ (或 $k_i \geqslant k_{2i}$)$(1 \leqslant i \leqslant \lfloor n/2 \rfloor)$。

(3) $k_i \leqslant k_{2i+1}$(或 $k_i \geqslant k_{2i+1}$)($1 \leqslant i \leqslant \lfloor n/2 \rfloor$)。

从堆的定义可以看出，堆是一棵完全二叉树，其中每一个非终端结点的元素均大于等于(或小于等于)其左、右孩子结点的元素值。图 8-5(a)和图 8-5(b)为堆的两个示例，所对应的元素序列分别为{92, 84, 25, 36, 14, 07}和{15, 39, 23, 87, 44, 31, 52, 90}。

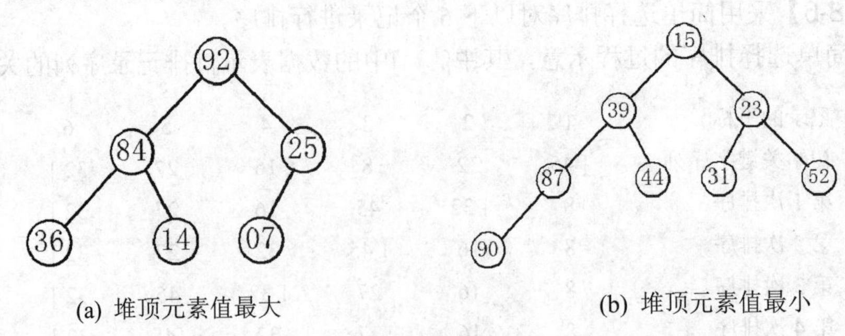

(a) 堆顶元素值最大　　(b) 堆顶元素值最小

图 8-5　堆的示例

根据堆的定义，可以推出堆的两个性质。

(1) 堆的根结点是堆中元素值最小(或最大)的结点，称为堆顶元素。

(2) 从根结点到每个叶结点的路径上，元素的排序序列都是递减(或递增)有序的。

2. 堆的构建

堆排序的基本思想是：对一组待排序记录，首先把它们的关键字按堆定义排列成一个序列(称为初始建堆)，堆顶元素为最小关键字的记录，将堆顶元素输出；然后对剩余的记录再建堆，得到次最小关键字记录；如此反复进行，直到全部记录有序为止，这个过程称为堆排序。

如何将一个无序序列建成一个堆？具体做法是：把待排序记录存放在数组 R[1..n]中，将 R 看作一棵二叉树，每个结点表示一个记录，将第一个记录 R[1]作为二叉树的根，以下各记录 R[2..n]依次逐层从左到右顺序排列，构成一棵完全二叉树，任意结点 R[i]的左孩子是 R[2i]，右孩子是 R[2i+1]，双亲是 R[i/2]。将待排序的所有记录放到一棵完全二叉树的各个结点中(注意：这时的完全二叉树并不具备堆的特征)。此时所有 $i>\lfloor n/2 \rfloor$ 的结点 R[i]都没有孩子结点，因此以 R[i]为根的子树已经是堆。从 $i=\lfloor n/2 \rfloor$ 的结点 R[i]开始，比较根结点与左、右孩子的关键字值，若根结点的值大于左、右孩子中的较小者，则交换根结点和值较小孩子的位置，即把根结点下移，然后根结点继续和新的孩子结点比较，如此一层一层地递归下去，直到根结点下移到某一位置时，它的左、右子结点的值都大于它的值或者已成为叶子结点。这个过程称为“筛选”。从一个无序序列建堆的过程就是一个反复“筛选”的过程，“筛选”需要从 $i=\lfloor n/2 \rfloor$ 的结点 R[i]开始，直至结点 R[1]结束。例如有一个 8 个元素的无序序列{56,37,48,24,61,05,16,<u>37</u>}，它所对应的完全二叉树及其建堆过程如图 8-6 所示。因为 n=8，n/2=4，所以从第 4 个结点起至第一个结点止，依次对每一个结点进行“筛选”。

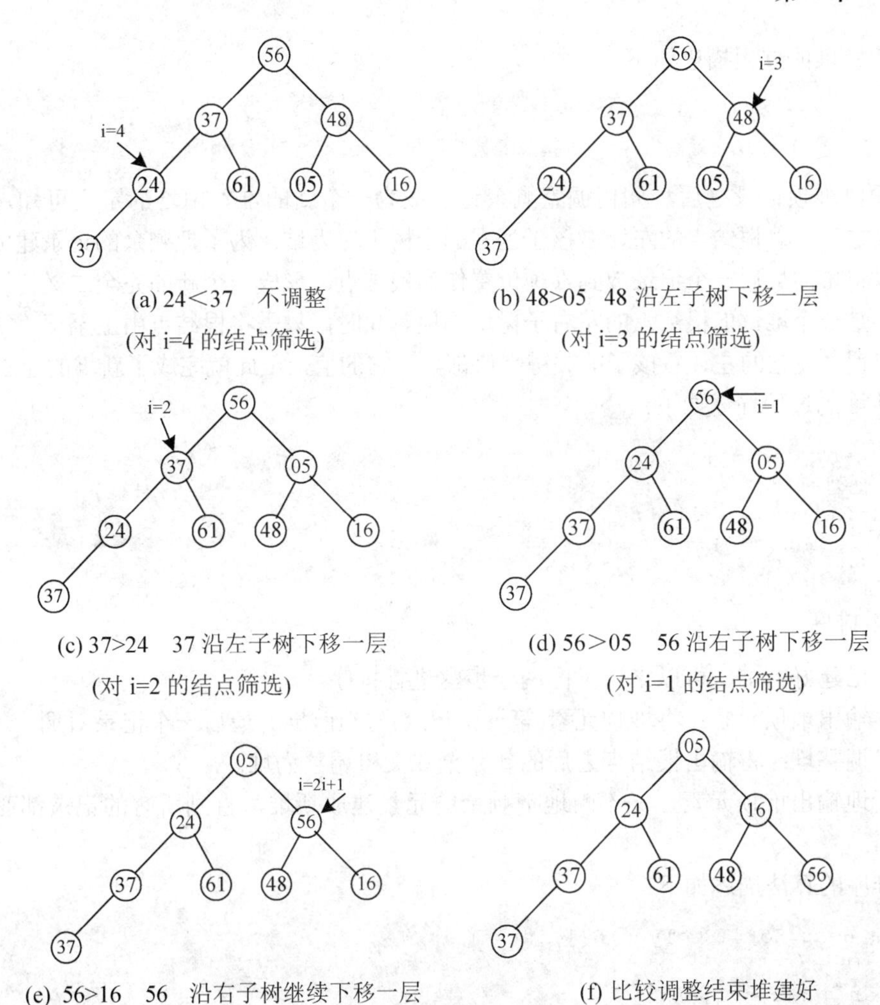

(a) 24＜37　不调整
(对 i=4 的结点筛选)

(b) 48>05　48 沿左子树下移一层
(对 i=3 的结点筛选)

(c) 37>24　37 沿左子树下移一层
(对 i=2 的结点筛选)

(d) 56＞05　56 沿右子树下移一层
(对 i=1 的结点筛选)

(e) 56>16　56　沿右子树继续下移一层

(f) 比较调整结束堆建好

图 8-6　建堆过程示例

建堆过程中使用的筛选算法描述如下：

```
void Sift(RecType R[],int k,int n)
{//k 表示被筛选的结点的关键字，n 表示待排序的记录个数
 int i, j;
  i=k;
  j=2*i;                          //计算 R[i]的左孩子位置
  R[0]=R[i];                      //将 R[i]保存在临时单元中
  while(j<=n)
  {  if((j<n)&&(R[j].key>R[j+1].key))
       ++j;                       //选择左右孩子中最小者
     if(R[0].key>R[j].key)  //当前结点大于左右孩子的最小者
     { R[i]=R[j];
       i=j; j=2*i; }
     else                         //当前结点不大于左右孩子
       break;
  }
   R[i]=R[0];                     //被筛选结点放到最终合适的位置上
}
```

建初始堆的过程描述如下：

```
for(i=n/2;i>0;--i)
  Sift(R,i,n);
```

在输出堆顶记录之后，如何调整剩余记录成为一个新的堆？由堆的定义可知，在输出堆顶记录之后，以根结点的左、右孩子为根的子树仍然为堆。为了把剩余的记录建成一个新堆，可以将堆的最后一个记录放到堆顶位置作为根结点，形成一个新的完全二叉树。该完全二叉树不是一个堆，但根结点的左右子树均为根。此时，只需将根结点由上至下“筛选”到合适的位置，使它的左、右孩子的关键字值都大于它的值，至此就完成了新堆的建立。

建新堆的过程描述如下：

```
for(j=n;j>1;--j){
    R[0]=R[1];
R[1]=R[j]; R[j]=R[0];
   Sift(R,1,j-1);
 }
```

3. 堆排序

对于已建好的堆，可以采用下面两个步骤进行排序。

(1) 输出堆顶元素：将堆顶元素(第一个记录)与当前堆的最后一个记录对调。

(2) 调整堆：将输出根结点之后的新完全二叉树调整为堆。

不断地输出堆顶元素，又不断地把剩余的元素建成新堆，直到所有的记录都变成堆顶元素输出。

堆排序的算法描述如下：

```
void Heap_Sort(RecType R[],int n)
 { int j;
   for(j=n/2;j>0;--j)              //建初始堆
Sift(R,j,n);
   for(j=n;j>1;--j){               //进行 n-1 趟排序
     R[0]=R[1];                    //将堆顶元素与堆中最后一个元素交换
     R[1]=R[j]; R[j]=R[0];
     Sift(R,1,j-1);                //将 R[1]..R[j-1]调整为堆
     }
 }
```

【实例 8-7】用“筛选法”在如图 8-6(f)所示的堆中进行排序。

使用筛选运算进行堆排序的过程如图 8-7(a)～(n)所示。

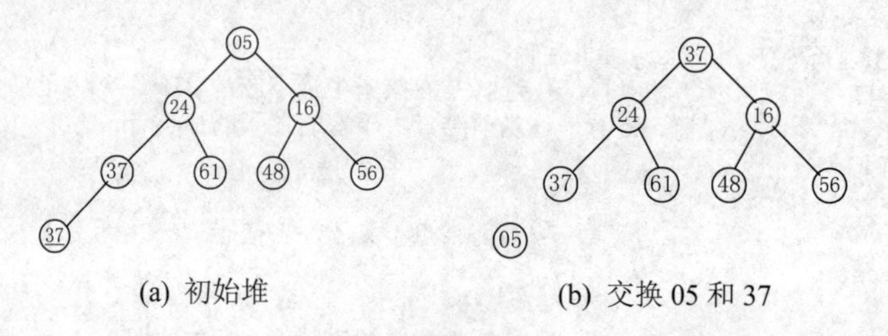

图 8-7　堆排序示例

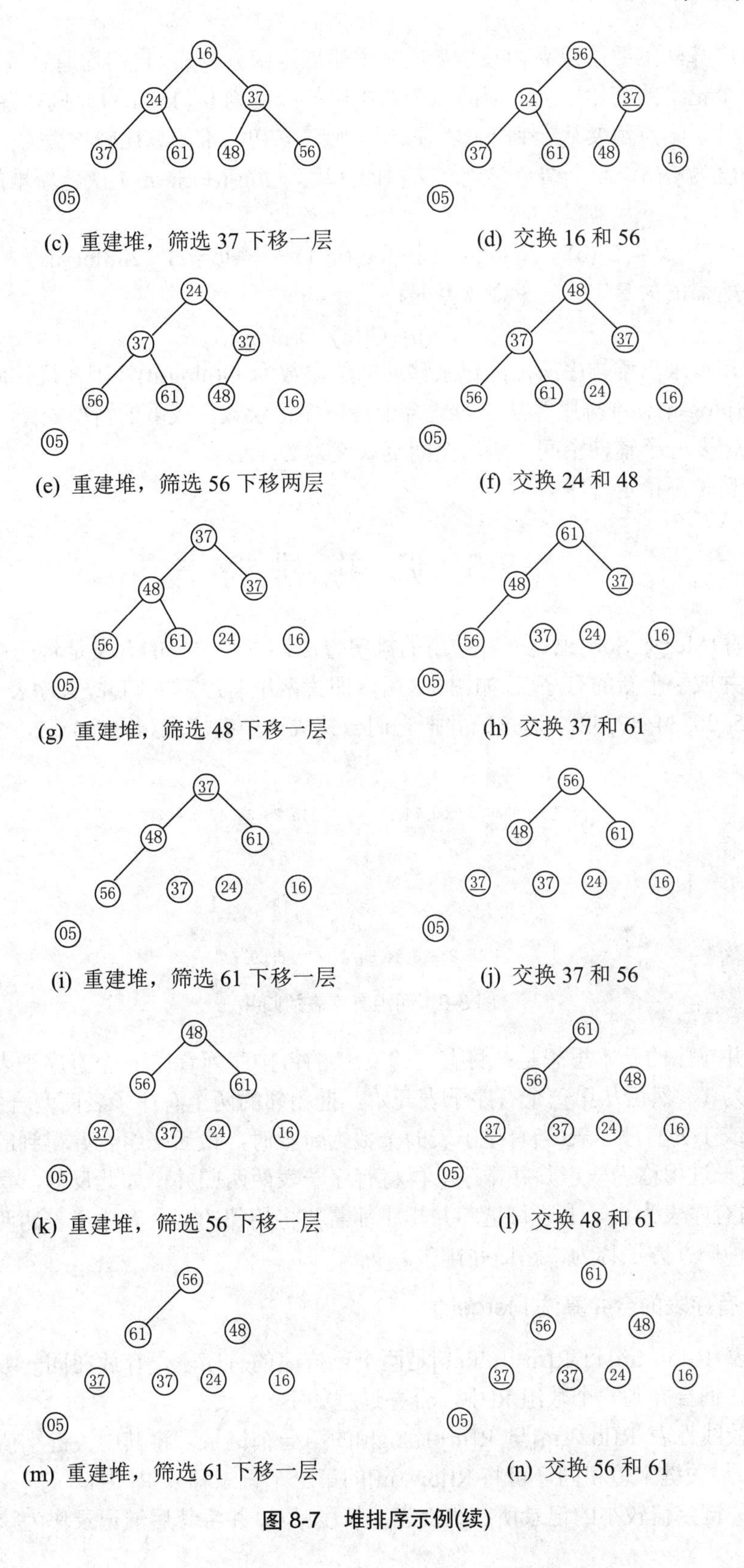

(c) 重建堆，筛选 37 下移一层　　(d) 交换 16 和 56

(e) 重建堆，筛选 56 下移两层　　(f) 交换 24 和 48

(g) 重建堆，筛选 48 下移一层　　(h) 交换 37 和 61

(i) 重建堆，筛选 61 下移一层　　(j) 交换 37 和 56

(k) 重建堆，筛选 56 下移一层　　(l) 交换 48 和 61

(m) 重建堆，筛选 61 下移一层　　(n) 交换 56 和 61

图 8-7　堆排序示例(续)

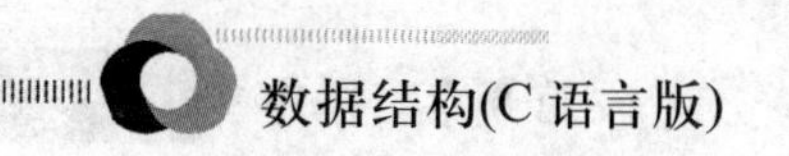

对堆排序算法主要由建立初始堆和反复重建堆两部分构成，它们均通过调用 Sift()实现。假设具有 n 个记录的初始序列对应的完全二叉树的深度为 $h=\lfloor \log_2 n+1 \rfloor$，则在建立初始堆时，对每一个非叶子结点都要从上到下做“筛选”，则建立初始堆的总比较次数 C_1 为 $C_1(n) \leqslant 4n$，其时间复杂度为 O(n)。n 个结点完全二叉树的深度为$\lfloor \log_2 n+1 \rfloor$，n−1 次建新堆的总比较次数 C_2 为：

$$C_2(n) \leqslant 2(\lfloor \log_2 n+1 \rfloor + \lfloor \log_2(n-1) \rfloor + \cdots + \log_2 2) \leqslant 2n \times \log_2 n$$

堆排序所需的关键字比较的总次数是：

$$C_1(n)+C_2(n)=O(n\log_2 n)$$

类似地，可求出堆排序所需的记录移动的总次数为 $O(n\log_2 n)$，因此堆排序的最坏时间复杂度为 $O(n\log_2 n)$。堆排序算法一般适合于待排序记录数比较多的情况。

堆排序需要一个辅助空间，所以空间复杂度为 O(1)。

堆排序也是不稳定排序。

8.5 归并排序

归并排序(Merge Sort)也是一种常用的排序方法，“归并”的含义是将两个或两个以上的有序表合并成一个新的有序表。如图 8-8 所示即为两组有序表的归并，有序表{4, 25, 34, 56, 69, 74}和{15, 26, 34, 47, 52}，通过归并把它们合并成一个有序表{4, 15, 25, 26, 34, 34, 47, 52, 56, 69, 74}。

[4, 25, 34, 56, 69, 74]　　　　[15, 26, 34, 47, 52]

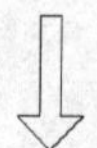

[4, 15, 25, 26, 34, 34, 47, 52, 56, 69, 74]

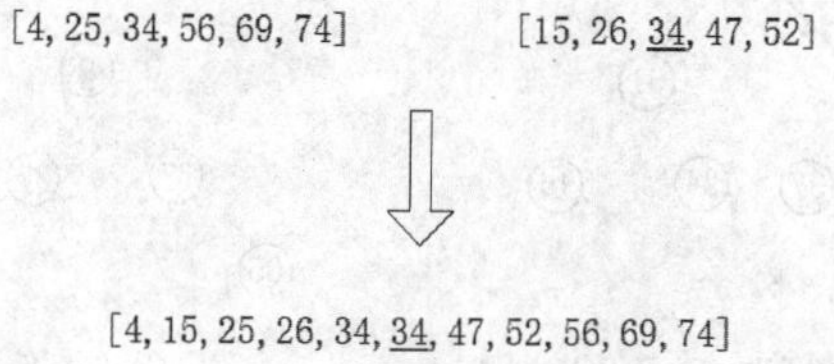

图 8-8　两组有序表的归并

二路归并排序的基本思想是：将有 n 个记录的待排序列看作 n 个有序子表，每个有序子表的长度为 1，然后从第一个有序子表开始，把相邻的两个有序子表两两合并，得到 n/2 个长度为 2 或 1 的有序子表(当有序子表的个数为奇数时，最后一组合并得到的有序子表长度为 1)，这一过程称为一趟归并排序。再将有序子表两两归并，如此反复，直到得到一个长度为 n 的有序表为止。上述每趟归并排序都需要将相邻的两个有序子表两两合并成一个有序表，这种归并方法称为二路归并排序。

1. 两个有序表的合并算法 Merge( )

设线性表 R[low..m]和 R[m+1..high]是两个已排序的有序表，存放在同一数组中相邻的位置上，将它们合并到一个数组 R_1 中，合并过程如下。

(1) 比较线性表 R[low..m]与 R[m+1..high]的第一个记录，将其中关键字值较小的记录移入表 R_1(如果关键字值相同，可将 R[low..m]的第一个记录移入 R_1 中)。

(2) 将关键字值较小的记录所在线性表的长度减 1，并将其后继记录作为该线性表的第

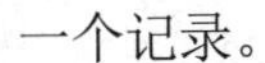

一个记录。

反复执行上述过程，直到线性表 R[low..m]或 R[m+1..high]之一成为空表，然后将非空表中剩余的记录移入 R_1 中，此时 R_1 成为一个有序表。

算法描述如下：

```
void Merge(RecType R[],RecType R1[],int low,int m,int high)
{  //R[low..m]和R[m+1..high]是两个有序表
int i=low, j=m+1, k=low;
//k是R1的下标，i、j分别为R[low..m]和R[m+1..high]的下标
   while(i<=m&&j<=high){
//在R[low..m]和R[m+1..high]均未扫描完时循环
      if(R[i].key<=R[j].key){     //将R[low..m]中的记录放入R1中
         R1[k]=R[i]; i++; k++;
      }
else{                             //将R[m+1..high]中的记录放入R1中
         R1[k]=R[j]; j++; k++;
      }
  }
while(i<=m){                      //将R[low..m]余下部分复制到R1
      R1[k]=R[i];
     i++; k++;
   }
  while(j<=high){                 //将R[m+1..high]余下部分复制到R1
    R1[k]=R[j];
    j++;k++;
   }
}
```

2. 一趟归并排序的算法 MergePass( )

一趟归并排序的算法调用 n/(2*length)次归并算法 merge( )，将 R[1..n]中前后相邻且长度为 length 的有序子表进行两两归并，得到前后相邻且长度为 2*length 的有序表，并存放在 R1[1..n]中。如果 n 不是 2*length 的整数倍，则会出现两种情况：一种情况是，剩下一个长度为 length 的有序子表和一个长度小于 length 的子表，合并之后其有序表的长度小于 2*length；另一种情况是，只剩下一个子表，其长度小于等于 length，此时不调用算法 merge( )，只需将其直接放入数组 R1 中，准备进行下一趟归并排序。

算法描述如下：

```
void MergePass(RecType R[],RecType R1[],int length, int n)
{   int i=0,j;
while(i+2*length-1<n){
Merge(R,R1,i,i+length-1,i+2*length-1);
i=i+2*length;              //归并长度为length的两相邻有序子表
    }
   if(i+length-1<n-1)   //余下两个有序子表，其中一个长度小于length
     Merge(R,R1,i,i+length-1,n-1); //归并两个有序表
   else
     for(j=i;j<n;j++)   //剩下一个有序子表，其长度小于length
```

```
        R1[j]=R[j];
}
```

3. 二路归并排序算法 Merge--_Sort( )

二路归并排序需要由多趟归并过程实现。第一趟 length=1，以后每执行一趟归并后将 length 加倍。第一趟归并的结果存放在 R1 中；第二趟将数组 R1 中的有序子表两两合并，结果存放在数组 R 中；如此反复进行。为使最终排序结果存放在数组 R 中，进行归并的趟数必须是偶数。因此当只需奇数趟归并即可完成排序时，应再进行一趟归并，只是此时只剩下一个长度不大于 length 的有序表，直接从数组 R1 复制到 R 中即可。

算法描述如下：

```
void Merge--_Sort(RecType R[],int n)
{ int length=1;
  while (length<n){
    MergePass(R,R1,length,n);
    length=2*length;
    MergePass(R1,R,length,n);
    length=2*length;
  }
}
```

【实例 8-8】初始序列为{23, 56, 42, 37, 15, 84, 72, 27, 18}，用二路归并排序法排序。排序后的结果为{15, 18, 23, 27, 37, 42, 56, 72, 84}，整个归并过程如图 8-9 所示。

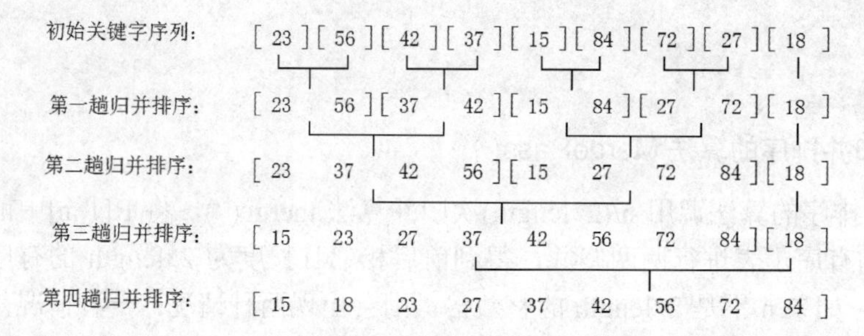

图 8-9 归并排序示例

显然，n 个记录进行二路归并排序时，归并的趟数为 $O(\log_2 n)$，每趟归并中，关键字的比较次数不超过 n，因此，二路归并排序的时间复杂度为 $O(n\log_2 n)$。对序列进行归并排序时，除采用二路归并排序外，还可以采用多路归并排序方法(可参考其他有关书籍)。

归并排序需要的辅助空间 R1 与待排序记录的数量相等，因此二路归并排序的空间复杂度为 O(n)，这是常用的排序方法中空间复杂度最差的一种排序方法。

另外，从排序的稳定性看，二路归并排序是一种稳定的排序方法。

8.6 基数排序

基数排序是和前面所述各类排序方法完全不同的一种排序方法。基数排序(Radix Sort)是一种借助于多关键字排序的思想对单逻辑关键字进行排序的方法，即先将关键字分解成若干部分，然后通过对各部分关键字的分别排序，最终完成对全部记录的排序。

基数排序首先把每个关键字看作一个 d 元组：$K_i=(K_i^0, K_i^1, \cdots, K_i^{d-1})$。

其中，$C_0 \leqslant K_i^j \leqslant C_{r-1}(1 \leqslant i \leqslant n,\ 0 \leqslant j \leqslant d-1)$，r 称为基数。设置 r 个桶，排序时先按 K_i^{d-1} 从大到小将记录分配到 r 个桶中，然后依次收集这些记录，称为一趟基数排序。再按 K_i^{d-2} 从大到小将记录分配到 r 个桶中，如此反复，直到对 K_i^0 分配和收集，得到的便是排好序的序列。基数 r 的选择和关键字的分解法因关键字的类型而异。关键字为十进制整数时，r=10，$C_0=0$，$C_{r-1}=9$，关键字的每一位取值为 $0 \leqslant K_i^j \leqslant 9$，d 为关键字的最大位数。关键字为二进制数时，r=2，$C_0=0$，$C_{r-1}=1$，关键字的每一位取值为 0 或 1，d 为关键字的最大位数。关键字为字母串时，r=26，C_0=‘A’，C_{r-1}=‘Z’，关键字的每一位取值为‘A’$\leqslant K_i^j \leqslant$‘Z’，d 为关键字中字母的最大长度。

基数排序时，为了实现记录的分配和收集，可以设置 r 个队列，排序前均为空队列，分配时将记录分别插入各自的队列中，收集时将这些队列中的记录排列在一起。使用数组 F[ ] 和 E[ ]分别保存各个队列的头、尾指针。设置数组 R 存放待排序记录序列，并令表头结点 head 指向第一个记录，R 数组元素的类型描述如下：

```
typedef struct dataType
{ char key[d];                 //记录中的关键字
  struct dataType *next;       //指向下一个记录的下标
  elemtype otherelement;       //记录中的其他数据
}srecord;
```

算法描述如下：

```
void RadixSort(srecord *head,srecord*F[],srecord*E[],int d,int r)
{//head是指向待排序记录链表的头指针，r为基数，d为每个关键字的最大位数
   int i,j,k;
   srecord *p,*q;
  for(i=0;i<d;i++)                    //循环d次，对各位进行分配和收集
  { for(j=0;j<r;j++)                  //清空保存各个队列头、尾指针的数组
      { F[j]=NULL;
     E[j]=NULL;
  }
p=head;
       While(p!=NULL)                 //进行待排序记录的分配
{k=(p->key[d-1-i])-'0'};
//取出关键字的(d-1-i)位的值，用于判断将当前记录链到哪个队列
    if(F[k]==NULL)                    //将记录添到第k个队列尾部
  F[k]=p;
    else
     E[k]->next=p;
E[k]=p;                               //修改尾指针
     p=p->next;
    }
   head=NULL;                         //head作为收集新记录链表的头指针
   q=NULL;                            //q作为新记录链表的尾指针
for(j=0;j<r;j++)                      //收集按关键字(d-1-i)位分配的记录
{ if(F[j]!=NULL)
{ if(head!=NULL)
q->next=F[j];                         //将第j个“桶”链接到head链表中
          else
   head=F[j];
```

```
q=E[j];
        }
            }
    q->next=NULL;
}
}
```

上述算法中，由 while 循环完成记录的分配，每个记录应存放到哪个队列中与关键字(d-l-i)位的取值有关，关键字(d-l-i)位的值通过语句 p->key[(d-l-i)]-‘0’获得。由内层第二个 for 循环完成对已分配记录的收集。

【实例 8-9】设待排序序列中有 10 个记录，其关键字分别 231、144、037、572、006、249、528、134、065、152，使用基数排序法进行排序。

关键字是十进制整数，r=10，d=3，基数排序过程如图 8-10 所示。第一趟分配对关键字的个位进行，将链表中的记录分配至 10 个队列，每个队列中记录的关键字的个位数相同，如图 8-10(b)所示，其中 F[i]和 E[i]分别为第 i 个队列的头指针和尾指针；第一趟收集是改变所有非空队列的队尾记录的指针域，令其指向下一个非空队列的头指针，重新将 10 个队列中的记录链接成一个链表，如图 8-10(c)所示；第二趟分配、第二趟收集及第三趟分配和第三趟收集分别是对关键字的十位数和百位数进行的，其过程和个位数相同，如图 8-10(d)～(g)所示，至此排序完毕。

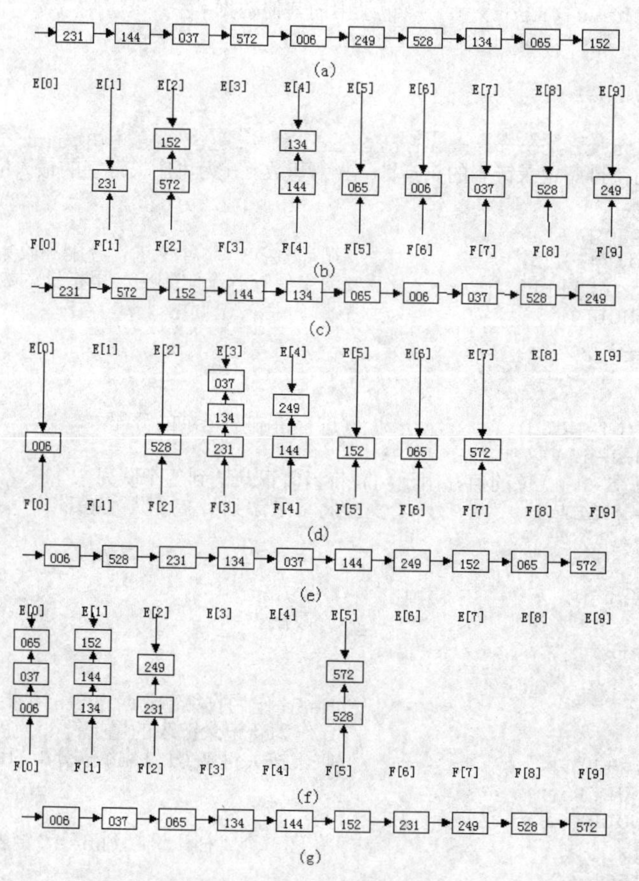

图 8-10　基数排序过程示例

基数排序的执行时间取决于记录关键字 K_i 的最大位数 d。基数排序算法对待排序列中的记录共进行 d 趟分配和收集过程。每趟排序，分配时间为 O(n)，收集时间为 O(r)，因此一趟基数排序的时间为 O(n+r)。经过 d 趟排序的总时间为 O(d×(n+r))。一般情况下，当 n 很大，d 较小时，此算法很有效。

基数排序需要额外设置存放 r 个队列指针的数组，因此空间复杂度为 O(n+r)。

从排序的稳定性看，基数排序是一种稳定的排序方法。

8.7　外 部 排 序

外部排序指的是大文件的排序，即待排序的记录存储在外存储器上，由于文件一般很大，无法把整个文件的所有记录同时调入内存中进行排序，即无法进行内部排序，从而需要研究外存设备上的排序技术，我们称这种排序为外部排序。外部排序的思想就是将排序过程分为两个相对独立的阶段。首先，按内存的大小，将外存上含 n 个记录的文件分成若干个长度为 l 的子文件或段，依次读入内存，并利用有效的内部排序方法对它们进行排序，将排序后得到的有序子文件重写回外存，通常称这些有序子文件为归并段，于是在外存中形成许多归并段；最后再将这些归并段逐趟归并，使得有序的归并段逐渐扩大，直至得到一个有序文件为止。

8.7.1　外部排序过程

外部排序需要经常和外存打交道，因此外部排序的速度比内部排序的速度慢很多。要想提高外部排序速度，应尽量减少与外存打交道的次数，同时也与外部设备本身的存取特性有密切关系。假设有一个含有 10000 个记录的文件，首先通过 10 次内部排序得到 10 个初始归并段 R_1～R_{10}，其中每一段含有 1000 个记录。然后对它们进行两两归并，直至得到一个有序文件为止。

如图 8-11 所示，由 10 个初始归并段到一个有序文件共进行四趟归并，每趟归并从 m 个归并段得到 m/2 个归并段。这种归并方法称为 2-路平衡归并。启动外存储器需要进行八次读写，启动一次外存所需时间为毫秒级，而内部排序仅在毫微秒级，相差 10^6 级别。由此可见，提高外排序的有效措施在于减少归并趟数。显然，增加归并路数，采用多路平衡归并可提高外排序的效率。

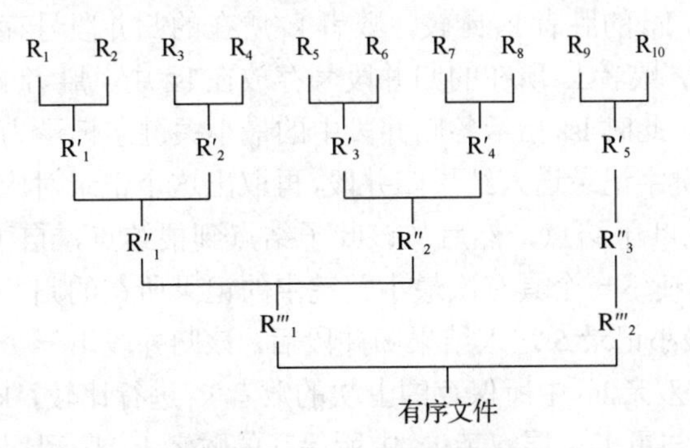

图 8-11　2-路平衡归并过程

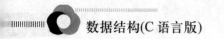

8.7.2 多路平衡归并的实现

假定对 n 个记录进行 k 路平衡归并，令 n 个记录分布在 k 个归并段上。若对 m 个初始归并段进行 k 路平衡归并，则归并趟数 s 为

$$s=\lfloor \log_k m \rfloor$$

显然，归并后的第一个记录应是 k 个归并段中关键字最小的记录，需要比较 k−1 次；每趟归并 n 个记录需要进行(n−1)×(k−1)次比较，则 s 趟归并总共需要的比较次数为

$$s\times(n-1)\times(k-1)=\lfloor \log_k m \rfloor\times(n-1)\times(k-1)=\lfloor \log_2 m \rfloor\times(n-1)\times(k-1)/\lfloor \log_2 k \rfloor$$

其中，$\lfloor \log_2 m \rfloor\times(n-1)$在初始归并段个数 m 与记录个数 n 一定时为常量，而$(k-1)/\log_2 k$随 k 的增大而增大，从而使内部归并的时间增大。虽然归并路数 k 的增大，会减少归并趟数 s。但当$(k-1)/\log_2 k$增大到一定程度时，就会抵消由于归并趟数减少而赢得的磁盘读写时间。

利用败者树在 k 个记录中选择最小者，只需要进行$O(\lfloor \log_2 k \rfloor)$次关键字比较，这时有

$$s\times(n-1)\times\lfloor \log_2 k \rfloor=\lfloor \log_k m \rfloor\times(n-1)\times\lfloor \log_2 k \rfloor$$
$$=\lfloor \log_2 m \rfloor\times(n-1)\times\lfloor \log_2 k \rfloor/\lfloor \log_2 k \rfloor=\lfloor \log_2 m \rfloor\times(n-1)$$

显然，s 趟归并所需要的比较次数与 k 无关，内部归并时间不会随 k 的增大而增大。因此，只要内存空间允许，增大归并路数 k，将有效减少归并树的深度，从而减少读写磁盘次数，提高外部排序的速度。

败者树(tree of loser)是一棵完全二叉树，其中每个叶子结点分别存放各归并段中当前参加归并选择的记录的关键字，每个非叶子结点存放其左右两个孩子中关键字大的结点，即败者，而让胜者去参加更高一层的比较。根结点的双亲结点中存放关键字最小的结点，即冠军。

【实例 8-10】设有 5 个初始归并段 R_1～R_5，它们中各记录的关键字分别是{17, 21, ∞}，{5, 44, ∞}，{10, 12, ∞}，{29, 32, ∞}，{15, 56, ∞}。其中∞为段的结束标记。

利用败者树进行 5 路平衡归并排序的过程如图 8-12(a)所示。其中，叶结点 k_1～k_5 分别是归并段 R_1～R_5 中当前参加归并选择的记录的关键字；各非叶结点 ls_1～ls_4 存放两个孩子结点中关键字大的记录所在的归并段号，即败者；根结点 ls_1 的双亲结点 ls_0 存放冠军所在的归并段号。从图中可知，ls_3 存放 k_2 与 k_3 的败者 k_3 所在的归并段号；ls_4 存放 k_4 与 k_5 的败者 k_4 所在的归并段号；k_1 与 ls_4 的胜者 k_5 比较，败者 k_1 所在的归并段号存放在 ls_2 中；ls_2 的胜者 k_5 与 ls_3 的胜者 k_2 比较，败者 k_5 所在的归并段号存放在 ls_1 中，胜者 k_2 作为冠军，其所在的归并段号存放到 ls_0 中。此时 ls_0 指示各归并段中的最小关键字记录为第二段中的当前记录。

将 ls_0 中的最小关键字记录送入结果归并段，再取出这个记录对应归并段的下一个记录，将其关键字送入对应的叶子结点，然后从该叶子结点到根结点，自下向上沿孩子双亲结点路径进行比较和调整，使下一个具有次最小关键字的记录所在的归并段号调整到冠军位置。如图 8-12(b)所示，将最小记录 5 送入结果归并段后，该归并段下一个记录的关键字 44 替补上来，送入 k_2。k_2 与其双亲 ls_3 中所保存的上次的败者 k_3 进行比较，k_2 是败者，记入双亲结点 ls_3 中，胜者 k_3 继续与更上一层双亲 ls_1 中所保存的败者 k_5 进行比较，k_5 仍是败者，胜者 k_3 记入冠军位置 ls_0。依次重复以上过程，直到选出的冠军记录的关键字为∞时，表明此次

归并完成。败者树的深度为$\lfloor \log_2 k \rfloor$，在每次调整找下一个具有最小关键字记录时，最多需要$\lfloor \log_2 k \rfloor$次关键字比较。

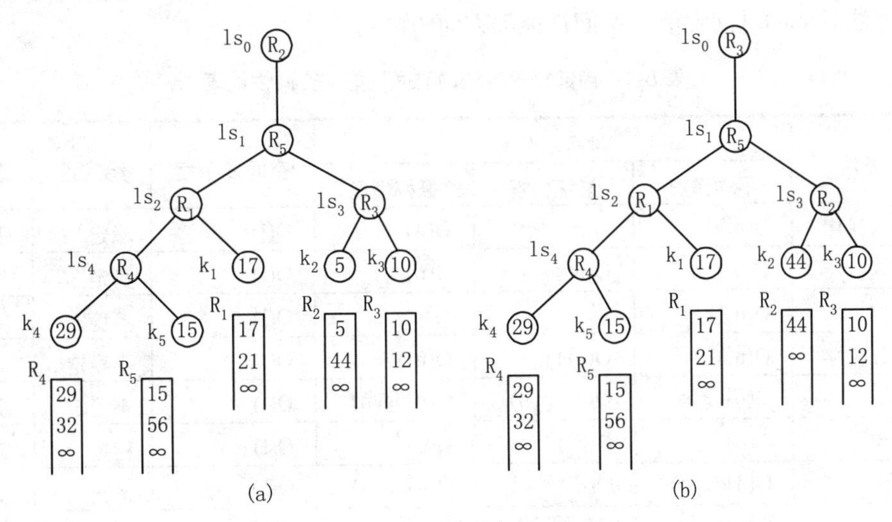

图 8-12　实现 5 路归并的败者树

8.8　各种排序方法的比较

在前面几节中讨论了内部排序和外部排序的方法。对于内部排序主要介绍了五大类排序方法：插入排序(直接插入排序、折半插入排序和希尔排序)、交换排序(冒泡排序和快速排序)、选择排序(简单选择排序和堆排序)、归并排序和基数排序。详细讨论了各种排序方法的基本原理，并从时间复杂性、空间复杂性以及排序的稳定性三方面讨论了各种排序方法的时效性，介绍了各种排序方法的实现算法及其存在的优缺点。如果待排序的数据量很小，最好选择编程简单的排序算法，因为在这种情况下采用编程复杂、效率较高的排序方法所能节约的计算机时间是很有限的。反之，如果待处理的数据量很大，特别是当排序过程作为应用程序的一部分需要经常执行时，就应该认真分析和比较各种排序方法，从中选出运行效率最高的方法。

下面具体比较一下各种排序方法，以便实现不同的排序处理。

(1)　插入排序的原理：向有序序列中依次插入无序序列中待排序的记录，直到无序序列为空，对应的有序序列即为排序的结果，其主旨是“插入”。

(2)　交换排序的原理：先比较大小，如果逆序就进行交换，直到有序。其主旨是“若逆序就交换”。

(3)　选择排序的原理：先找关键字最小的记录，再放到已排好序的序列后面，依次选择，直到全部有序，其主旨是“选择”。

(4)　归并排序的原理：依次对两个有序子序列进行“合并”，直到合并为一个有序序列为止，其主旨是“合并”。

(5)　基数排序的原理：按待排序记录的关键字的组成成分进行排序的一种方法，即依次比较各个记录关键字相应“位”的值，进行排序，直到比较完所有的“位”，即得到一个有序的序列。

各种排序方法的工作原理不同，对应的性能也有很大的差别，下面通过表 8-1 可以看到各排序方法具体的时间性能、空间性能等方面的区别。

表 8-1 内部排序方法的时间性能、空间性能表

排序方法	时间复杂度			空间复杂度	稳定性	复杂性
	平均情况	最坏情况	最好情况			
直接插入排序	$O(n^2)$	$O(n^2)$	$O(n)$	$O(1)$	稳定	简单
折半插入排序	$O(n^2)$	$O(n^2)$	$O(n)$	$O(1)$	稳定	一般
希尔排序	$O(n^{1.3})$			$O(1)$	不稳定	较复杂
简单选择排序	$O(n^2)$	$O(n^2)$	$O(n^2)$	$O(1)$	不稳定	简单
堆排序	$O(n\log_2 n)$	$O(n\log_2 n)$	$O(n\log_2 n)$	$O(1)$	不稳定	较复杂
冒泡排序	$O(n)$	$O(n^2)$	$O(n)$	$O(1)$	稳定	简单
快速排序	$O(n\log_2 n)$	$O(n^2)$	$O(n\log_2 n)$	$O(\log_2 n)$	不稳定	较复杂
归并排序	$O(n\log_2 n)$	$O(n\log_2 n)$	$O(n\log_2 n)$	$O(n)$	稳定	较复杂
基数排序	$O(d(n+r))$	$O(d(n+r))$	$O(d(r+n))$	$O(r+n)$	稳定	较复杂

依据这些因素，可得出如下几点结论。

(1) 若 n 较小(如 n 值小于 50)，对排序稳定性不作要求时，宜采用选择排序方法，若关键字的值不接近逆序，亦可采用直接插入排序法。如果规模相同，且记录本身所包含的信息域比较多的情况，应首选简单选择排序方法。因为直接插入排序方法中记录位置的移动操作次数比简单选择排序多，所以选用简单选择排序为宜。

(2) 如果序列的初始状态已经是一个按关键字基本有序的序列，则选择直接插入排序方法和冒泡排序方法比较合适，因为“基本”有序的序列在排序时进行记录位置的移动次数比较少。

(3) 如果 n 较大，则应采用时间复杂度为 $O(n\log_2 n)$的排序方法，即快速排序、堆排序或归并排序方法。快速排序是目前公认的内部排序的最好方法，当待排序的关键字是随机分布时，快速排序所需的平均时间最少；堆排序所需的时间与快速排序相同，但辅助空间少于快速排序，并且不会出现最坏情况下时间复杂度达到 $O(n^2)$的状况。这两种排序方法都是不稳定的，若要求排序稳定则可选用归并排序。通常可以将它和直接插入排序结合在一起用。先利用直接插入排序求得两个子文件，然后，再进行两两归并。

前面讨论的排序算法，除基数排序外，都是在一维数组上实现的，当记录本身信息量较大时，为了避免移动记录而浪费大量的时间，可以采用链表作为存储结构，如插入排序和归并排序都易于在链表上实现；但有的方法，如快速排序和堆排序，在链表上却难以实现，在这种情况下，可以提取关键字建立索引表，然后，对索引表进行排序。然而更为简单的方法是引入一个整型向量作为辅助表。排序前，若排序算法中要求交换，则只需交换相对应的向量，而无须交换具体的记录内容；排序结束后，向量就指示了记录之间的顺序关系。

本章小结

排序是软件设计中最常用的运算之一。排序分为内部排序和外部排序，涉及多种排序的方法。

内部排序是将待排序的记录全部放在内存的排序。本章所讨论的各种内部排序的方法大致可分为：插入排序、交换排序、选择排序、归并排序和基数排序。

插入排序算法的基本思想是：将待序列表看作是左、右两部分，其中左边为有序序列，右边为无序序列，整个排序过程就是将右边无序序列中的记录逐个插入到左边的有序序列中。直接插入排序是这类排序算法中最基本的一种，然而，该排序法的时间性能取决于待排序记录的初始特性。折半插入排序是通过折半查找的方法在有序表中查找记录插入位置的排序方法。希尔排序算法是一种改进的插入排序，其基本思想是：将待排记录序列划分为若干组，在每组内先进行直接插入排序，以使组内序列基本有序，然后再对整个序列进行直接插入排序。其时间性能不取决于待排序记录的初始特性。

交换排序的基本思想是：两两比较待排序列的记录关键字，发现逆序即交换。基于这种思想的排序有冒泡排序和快速排序两种。冒泡排序的基本思想是：从一端开始，逐个比较相邻的两个记录，发现逆序即交换。然而，其时间性能取决于待排序记录的初始特性。快速排序是一种改进的交换排序，其基本思想是：以选定的记录为中间记录，将待排序记录划分为左、右两部分，其中左边所有记录的关键字不大于右边所有记录的关键字，然后再对左右两部分分别进行快速排序。

选择排序的基本思想是：在每一趟排序中，在待排序子表中选出关键字最小或最大的记录放在其最终位置上。直接选择排序和堆排序是基于这一思想的两个排序算法。直接选择排序算法采用的方法较直观：通过对待排序子表中所有关键字完整地比较一遍以确定最大(小)记录，并将该记录放在子表的最前(后)面。堆排序就是利用堆来进行的一种排序，其中堆是一个满足特定条件的序列，该条件用完全二叉树模型表示为每个结点不大于(小于)其左、右孩子的值。利用堆排序可使选择下一个最大(小)数的时间加快，因而提高算法的时间复杂度，达到 $O(n\log_2 n)$。

归并排序是一种基于归并的排序，其基本操作是指将两个或两个以上的有序表合并成一个新的有序表。首先将 n 个待排序记录看成 n 个长度为 1 的有序序列，第一趟归并后变成 n/2 个长度为 2 或 1 的有序序列；再进行第二趟归并，如此反复，最终得到一个长度为 n 的有序序列。归并排序的时间复杂度为 $O(n\log_2 n)$，最初待排序记录的排列顺序对运算时间影响不大，不足之处就是需要占用较大的辅助空间。

基数排序是利用多次的分配和收集过程进行排序。关键字的长度为 d，其每位的基数为 r。首先按关键字最低位值的大小依次将记录分配到 r 个队列中，然后依次收集；随后按关键字次最低位值的大小依次对记录进行分配并收集；如此反复，直到完成按关键字最高位的值对记录进行分配和收集。基数排序需要从关键字的最低位到最高位进行 d 趟分配和收集，时间复杂度为 $O(d(n+r))$，其缺点是多占用额外的内存空间存放队列指针。

外部排序是对存放在外存的大型文件的排序，外部排序基于对有序归并段的归并，而其初始归并段的产生基于内部排序。

习　　题

一、单选题

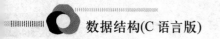

1. 若对 n 个元素进行直接插入排序，在进行第 i 趟排序时，假定元素 r[i+1]的插入位置为 r[j]，则需要移动元素的次数为(　　)。

A. j−i　　B. i−j−1　　C. i−j　　D. i−j+1

2. 若对 n 个元素进行直接插入排序，则进行任一趟排序的过程中，为寻找插入位置而需要的时间复杂度为(　　)。

A. O(1)　　B. O(n)　　C. $O(n^2)$　　D. $O(\log_2 n)$

3. 在对 n 个元素进行直接插入排序的过程中，共需要进行(　　)趟。

A. n　　B. n+1　　C. n−1　　D. 2n

4. 对 n 个元素进行直接插入排序时间复杂度为(　　)。

A. O(1)　　B. O(n)　　C. $O(n^2)$　　D. $O(\log_2 n)$

5. 在对 n 个元素进行冒泡排序的过程中，第一趟排序至多需要进行(　　)对相邻元素之间的交换。

A. n　　B. n−1　　C. n+1　　D. n/2

6. 在对 n 个元素进行冒泡排序的过程中，最好情况下的时间复杂度为(　　)。

A. O(1)　　B. $O(\log_2 n)$　　C. $O(n^2)$　　D. O(n)

7. 在对 n 个元素进行冒泡排序的过程中，至少需要(　　)趟完成。

A. 1　　B. n　　C. n−1　　D. n/2

8. 在对 n 个元素进行快速排序的过程中，若每次划分得到的左、右两个子区间中元素的个数相等或只差一个，则整个排序过程得到的含两个或两个元素的区间个数大致为(　　)。

A. n　　B. n/2　　C. $\log_2 n$　　D. 2n

9. 在对 n 个元素进行快速排序的过程中，第一次划分最多需要移动(　　)次元素，包括开始把支点元素移动到临时变量的一次在内。

A. n/2　　B. n−1　　C. n　　D. n+1

10. 在对 n 个元素进行快速排序的过程中，最好情况下需要进行(　　)趟。

A. n　　B. n/2　　C. $\log_2 n$　　D. 2n

二、填空题

1. 每次从无序子表中取出一个元素，把它插入有序子表中的适当位置，此种排序方法叫作________排序；每次从无序子表中挑选出一个最小或最大元素，把它交换到有序表的一端，此种排序方法叫作________排序。

2. 每次直接或通过支点元素间接比较两个元素，若出现逆序排列时就交换它们的位置，此种排序方法叫作________排序；每次使两个相邻的有序表合并成一个有序表的排序方法叫作________排序。

3. 在简单选择排序中，记录比较次数的时间复杂度为________，记录移动次数的时间复杂度为________。

4. 对 n 个记录进行冒泡排序时，最少的比较次数为________，最少的趟数为_______。

5. 快速排序在平均情况下的时间复杂度为________，在最坏情况下的时间复杂度为________。

6. 若对一组记录(46, 79, 56, 38, 40, 80, 35, 50, 74)进行直接插入排序，当把第 8 个记录插入前面已排序的有序表时，为寻找插入位置需比较________次。

7. 假定一组记录为(46, 79, 56, 38, 40, 84)，则利用堆排序方法建立的初始小根堆为___________________。

8. 假定一组记录为(46, 79, 56, 38, 40, 84)，在冒泡排序的过程中进行第一趟排序后的结果为___________________。

9. 假定一组记录为(46, 79, 56, 64, 38, 40, 84, 43)，在冒泡排序的过程中进行第一趟排序时，元素 79 将最终下沉到其后第_______个元素的位置。

10. 假定一组记录为(46, 79, 56, 38, 40, 80)，对其进行快速排序的过程中，共需要________趟排序。

三、应用题

1. 已知一组记录为(46, 74, 53, 14, 26, 38, 86, 65, 27, 34)，给出采用直接插入排序法进行排序时每一趟的排序结果。

2. 已知一组记录为(46, 74, 53, 14, 26, 38, 86, 65, 27, 34)，给出采用冒泡排序法进行排序时每一趟的排序结果。

3. 已知一组记录为(46, 74, 53, 14, 26, 38, 86, 65, 27, 34)，给出采用快速排序法进行排序时每一趟的排序结果。

4. 已知一组记录为(46, 74, 53, 14, 26, 38, 86, 65, 27, 34)，给出采用简单选择排序法进行排序时每一趟的排序结果。

5. 已知一组记录为(46, 74, 53, 14, 26, 38, 86, 65, 27, 34)，给出采用堆排序法进行排序时每一趟的排序结果。

6. 已知一组记录为(46, 74, 53, 14, 26, 38, 86, 65, 27, 34)，给出采用归并排序法进行排序时每一趟的排序结果。

参考文献

[1] 严蔚敏，吴伟民. 数据结构[M]. 北京：清华大学出版社，1997.
[2] 许卓群等. 数据结构[M]. 北京：高等教育出版社，2004.
[3] 张小丽，王苗. 数据结构[M]. 北京：机械工业出版社，2008.
[4] 蔡明志等. 数据结构[M]. 北京：中国水利水电出版社，2007.